U0186607

国家出版基金项目

绿色制造丛书

组织单位 | 中国机械工程学会

工程机械绿色设计与制造技术

徐格宁　程莹茂　朱昌彪　汤秀丽　戚其松　潘俊萍

辛运胜　张　玉　张国胜　李莺莺　刘艳芳　董　青　著

周鑫淼　孙　丽　付　玲　刘宏亮

机械工业出版社

CHINA MACHINE PRESS

本书全面而详细地介绍了工程机械绿色设计与制造技术的基本原理和方法，包括金属结构减量化设计方法、载荷谱分析技术、失效模式分析技术、疲劳寿命评估方法、大型结构件智能焊接制造技术、共性部件再制造技术、金属结构风险评估技术、金属结构修复利用技术和成套装备绿色供应链技术。

本书聚焦工程机械绿色设计与制造技术主题，以工程机械共性部件与整机结构为对象，基于工程机械经典设计理论和方法，创新预测模型与人工智能算法，融合现代检测、信息评估、决策手段，分析绿色、安全、可靠等指标；面向设计方法、优化算法、预测技术、可靠性分析、制造技术、供应链、评估与决策技术等，开展理论分析、建模仿真、试验验证研究；贯穿工程机械的绿色设计、绿色制造、载荷谱、失效分析、寿命评估、再制造、风险评估、修复利用和供应链等全生命周期；依托国家级科研项目，成功应用于工程。

本书可作为工程机械及相关领域从事绿色设计制造工作科研人员的参考书，也可作为高等学校教师、研究生及本科生的课外读物。

图书在版编目（CIP）数据

工程机械绿色设计与制造技术/徐格宁等著 . —北京：机械工业出版社，2021.9
（国家出版基金项目·绿色制造丛书）
ISBN 978-7-111-69610-0

Ⅰ.①工… Ⅱ.①徐… Ⅲ.①工程机械-机械设计②工程机械-机械制造工艺 Ⅳ.①TH2

中国版本图书馆 CIP 数据核字（2021）第 235327 号

机械工业出版社（北京市百万庄大街22号 邮政编码100037）
策划编辑：罗晓琪 责任编辑：罗晓琪 章承林 安桂芳
责任校对：王明欣 李 婷 责任印制：李 娜
北京宝昌彩色印刷有限公司印刷
2022 年 5 月第 1 版第 1 次印刷
169mm×239mm · 23.25 印张 · 451 千字
标准书号：ISBN 978-7-111-69610-0
定价：116.00 元

电话服务 网络服务
客服电话：010-88361066 机 工 官 网：www.cmpbook.com
　　　　　010-88379833 机 工 官 博：weibo.com/cmp1952
　　　　　010-68326294 金 书 网：www.golden-book.com
封底无防伪标均为盗版 机工教育服务网：www.cmpedu.com

"绿色制造丛书" 编撰委员会

主　任
宋天虎　中国机械工程学会
刘　飞　重庆大学

副主任（排名不分先后）
陈学东　中国工程院院士，中国机械工业集团有限公司
单忠德　中国工程院院士，南京航空航天大学
李　奇　机械工业信息研究院，机械工业出版社
陈超志　中国机械工程学会
曹华军　重庆大学

委　员（排名不分先后）
李培根　中国工程院院士，华中科技大学
徐滨士　中国工程院院士，中国人民解放军陆军装甲兵学院
卢秉恒　中国工程院院士，西安交通大学
王玉明　中国工程院院士，清华大学
黄庆学　中国工程院院士，太原理工大学
段广洪　清华大学
刘光复　合肥工业大学
陆大明　中国机械工程学会
方　杰　中国机械工业联合会绿色制造分会
郭　锐　机械工业信息研究院，机械工业出版社
徐格宁　太原科技大学
向　东　北京科技大学
石　勇　机械工业信息研究院，机械工业出版社
王兆华　北京理工大学
左晓卫　中国机械工程学会
朱　胜　再制造技术国家重点实验室
刘志峰　合肥工业大学
朱庆华　上海交通大学
张洪潮　大连理工大学

李方义　山东大学
刘红旗　中机生产力促进中心
李聪波　重庆大学
邱　城　中机生产力促进中心
何　彦　重庆大学
宋守许　合肥工业大学
张超勇　华中科技大学
陈　铭　上海交通大学
姜　涛　工业和信息化部电子第五研究所
姚建华　浙江工业大学
袁松梅　北京航空航天大学
夏绪辉　武汉科技大学
顾新建　浙江大学
黄海鸿　合肥工业大学
符永高　中国电器科学研究院股份有限公司
范志超　合肥通用机械研究院有限公司
张　华　武汉科技大学
张钦红　上海交通大学
江志刚　武汉科技大学
李　涛　大连理工大学
王　蕾　武汉科技大学
邓业林　苏州大学
姚巨坤　再制造技术国家重点实验室
王禹林　南京理工大学
李洪丞　重庆邮电大学

"绿色制造丛书"　编撰委员会办公室

主　任

刘成忠　陈超志

成　员（排名不分先后）

王淑芹　曹　军　孙　翠　郑小光　罗晓琪　李　娜　罗丹青　张　强　赵范心
李　楠　郭英玲　权淑静　钟永刚　张　辉　金　程

制造是改善人类生活质量的重要途径，制造也创造了人类灿烂的物质文明。

也许在远古时代，人类从工具的制作中体会到生存的不易，生命和生活似乎注定就是要和劳作联系在一起的。工具的制作大概真正开启了人类的文明。但即便在农业时代，古代先贤也认识到在某些情况下要慎用工具，如孟子言："数罟不入洿池，鱼鳖不可胜食也；斧斤以时入山林，材木不可胜用也。"可是，我们没能记住古训，直到 20 世纪后期我国乱砍滥伐的现象比较突出。

到工业时代，制造所产生的丰富物质使人们感受到的更多是愉悦，似乎自然界的一切都可以为人的目的服务。恩格斯告诫过：我们统治自然界，决不像征服者统治异民族一样，决不像站在自然以外的人一样，相反地，我们同我们的肉、血和头脑一起都是属于自然界，存在于自然界的；我们对自然界的整个统治，仅是我们胜于其他一切生物，能够认识和正确运用自然规律而已（《劳动在从猿到人转变过程中的作用》）。遗憾的是，很长时期内我们并没有听从恩格斯的告诫，却陶醉在"人定胜天"的臆想中。

信息时代乃至即将进入的数字智能时代，人们惊叹欣喜，日益增长的自动化、数字化以及智能化将人从本是其生命动力的劳作中逐步解放出来。可是蓦然回首，倏地发现环境退化、气候变化又大大降低了我们不得不依存的自然生态系统的承载力。

不得不承认，人类显然是对地球生态破坏力最大的物种。好在人类毕竟是理性的物种，诚如海德格尔所言：我们就是除了其他可能的存在方式以外还能够对存在发问的存在者。人类存在的本性是要考虑"去存在"，要面向未来的存在。人类必须对自己未来的存在方式、自己依赖的存在环境发问！

1987 年，以挪威首相布伦特兰夫人为主席的联合国世界环境与发展委员会发表报告《我们共同的未来》，将可持续发展定义为：既满足当代人的需要，又不对后代人满足其需要的能力构成危害的发展。1991 年，由世界自然保护联盟、联合国环境规划署和世界自然基金会出版的《保护地球——可持续生存战略》一书，将可持续发展定义为：在不超出支持它的生态系统承载能力的情况下改善人类的生活质量。很容易看出，可持续发展的理念之要在于环境保护、人的生存和发展。

世界各国正逐步形成应对气候变化的国际共识，绿色低碳转型成为各国实现可持续发展的必由之路。

中国面临的可持续发展的压力尤甚。经过数十年来的发展，2020年我国制造业增加值突破26万亿元，约占国民生产总值的26%，已连续多年成为世界第一制造大国。但我国制造业资源消耗大、污染排放量高的局面并未发生根本性改变。2020年我国碳排放总量惊人，约占全球总碳排放量30%，已经接近排名第2~5位的美国、印度、俄罗斯、日本4个国家的总和。

工业中最重要的部分是制造，而制造施加于自然之上的压力似乎在接近临界点。那么，为了可持续发展，难道舍弃先进的制造？非也！想想庄子笔下的圃畦丈人，宁愿抱瓮舀水，也不愿意使用桔槔那种杠杆装置来灌溉。他曾教训子贡："有机械者必有机事，有机事者必有机心。机心存于胸中，则纯白不备；纯白不备，则神生不定；神生不定者，道之所不载也。"（《庄子·外篇·天地》）单纯守纯朴而弃先进技术，显然不是当代人应守之道。怀旧在现代世界中没有存在价值，只能被当作追逐幻境。

既要保护环境，又要先进的制造，从而维系人类的可持续发展。这才是制造之道！绿色制造之理念如是。

在应对国际金融危机和气候变化的背景下，世界各国无论是发达国家还是新型经济体，都把发展绿色制造作为赢得未来产业竞争的关键领域，纷纷出台国家战略和计划，强化实施手段。欧盟的"未来十年能源绿色战略"、美国的"先进制造伙伴计划2.0"、日本的"绿色发展战略总体规划"、韩国的"低碳绿色增长基本法"、印度的"气候变化国家行动计划"等，都将绿色制造列为国家的发展战略，计划实施绿色发展，打造绿色制造竞争力。我国也高度重视绿色制造，《中国制造2025》中将绿色制造列为五大工程之一。中国承诺在2030年前实现碳达峰，2060年前实现碳中和，国家战略将进一步推动绿色制造科技创新和产业绿色转型发展。

为了助力我国制造业绿色低碳转型升级，推动我国新一代绿色制造技术发展，解决我国长久以来对绿色制造科技创新成果及产业应用总结、凝练和推广不足的问题，中国机械工程学会和机械工业出版社组织国内知名院士和专家编写了"绿色制造丛书"。我很荣幸为本丛书作序，更乐意向广大读者推荐这套丛书。

编委会遴选了国内从事绿色制造研究的权威科研单位、学术带头人及其团队参与编著工作。丛书包含了作者们对绿色制造前沿探索的思考与体会，以及对绿色制造技术创新实践与应用的经验总结，非常具有前沿性、前瞻性和实用性，值得一读。

丛书的作者们不仅是中国制造领域中对人类未来存在方式、人类可持续发展的发问者，更是先行者。希望中国制造业的管理者和技术人员跟随他们的足迹，通过阅读丛书，深入推进绿色制造！

华中科技大学　李培根
2021 年 9 月 9 日于武汉

丛书序二

在全球碳排放量激增、气候加速变暖的背景下，资源与环境问题成为人类面临的共同挑战，可持续发展日益成为全球共识。发展绿色经济、抢占未来全球竞争的制高点，通过技术创新、制度创新促进产业结构调整，降低能耗物耗、减少环境压力、促进经济绿色发展，已成为国家重要战略。我国明确将绿色制造列为《中国制造2025》五大工程之一，制造业的"绿色特性"对整个国民经济的可持续发展具有重大意义。

随着科技的发展和人们对绿色制造研究的深入，绿色制造的内涵不断丰富，绿色制造是一种综合考虑环境影响和资源消耗的现代制造业可持续发展模式，涉及整个制造业，涵盖产品整个生命周期，是制造、环境、资源三大领域的交叉与集成，正成为全球新一轮工业革命和科技竞争的重要新兴领域。

在绿色制造技术研究与应用方面，围绕量大面广的汽车、工程机械、机床、家电产品、石化装备、大型矿山机械、大型流体机械、船用柴油机等领域，重点开展绿色设计、绿色生产工艺、高耗能产品节能技术、工业废弃物回收拆解与资源化等共性关键技术研究，开发出成套工艺装备以及相关试验平台，制定了一批绿色制造国家和行业技术标准，开展了行业与区域示范应用。

在绿色产业推进方面，开发绿色产品，推行生态设计，提升产品节能环保低碳水平，引导绿色生产和绿色消费。建设绿色工厂，实现厂房集约化、原料无害化、生产洁净化、废物资源化、能源低碳化。打造绿色供应链，建立以资源节约、环境友好为导向的采购、生产、营销、回收及物流体系，落实生产者责任延伸制度。壮大绿色企业，引导企业实施绿色战略、绿色标准、绿色管理和绿色生产。强化绿色监管，健全节能环保法规、标准体系，加强节能环保监察，推行企业社会责任报告制度。制定绿色产品、绿色工厂、绿色园区标准，构建企业绿色发展标准体系，开展绿色评价。一批重要企业实施了绿色制造系统集成项目，以绿色产品、绿色工厂、绿色园区、绿色供应链为代表的绿色制造工业体系基本建立。我国在绿色制造基础与共性技术研究、离散制造业传统工艺绿色生产技术、流程工业新型绿色制造工艺技术与设备、典型机电产品节能减排技术、退役机电产品拆解与再制造技术等方面取得了较好的成果。

但是作为制造大国，我国仍未摆脱高投入、高消耗、高排放的发展方式，资源能源消耗和污染排放与国际先进水平仍存在差距，制造业绿色发展的目标尚未完成，社会技术创新仍以政府投入主导为主；人们虽然就绿色制造理念形成共识，但绿色制造技术创新与我国制造业绿色发展战略需求还有很大差距，一些亟待解决的主要问题依然突出。绿色制造基础理论研究仍主要以跟踪为主，原创性的基础研究仍较少；在先进绿色新工艺、新材料研究方面部分研究领域有一定进展，但颠覆性和引领性绿色制造技术创新不足；绿色制造的相关产业还处于孕育和初期发展阶段。制造业绿色发展仍然任重道远。

本丛书面向构建未来经济竞争优势，进一步阐述了深化绿色制造前沿技术研究，全面推动绿色制造基础理论、共性关键技术与智能制造、大数据等技术深度融合，构建我国绿色制造先发优势，培育持续创新能力。加强基础原材料的绿色制备和加工技术研究，推动实现功能材料特性的调控与设计和绿色制造工艺，大幅度地提高资源生产率水平，提高关键基础件的寿命、高分子材料回收利用率以及可再生材料利用率。加强基础制造工艺和过程绿色化技术研究，形成一批高效、节能、环保和可循环的新型制造工艺，降低生产过程的资源能源消耗强度，加速主要污染排放总量与经济增长脱钩。加强机械制造系统能量效率研究，攻克离散制造系统的能量效率建模、产品能耗预测、能量效率精细评价、产品能耗定额的科学制定以及高能效多目标优化等关键技术问题，在机械制造系统能量效率研究方面率先取得突破，实现国际领先。开展以提高装备运行能效为目标的大数据支撑设计平台，基于环境的材料数据库、工业装备与过程匹配自适应设计技术、工业性试验技术与验证技术研究，夯实绿色制造技术发展基础。

在服务当前产业动力转换方面，持续深入细致地开展基础制造工艺和过程的绿色优化技术、绿色产品技术、再制造关键技术和资源化技术核心研究，研究开发一批经济性好的绿色制造技术，服务经济建设主战场，为绿色发展做出应有的贡献。开展铸造、锻压、焊接、表面处理、切削等基础制造工艺和生产过程绿色优化技术研究，大幅降低能耗、物耗和污染物排放水平，为实现绿色生产方式提供技术支撑。开展在役再设计再制造技术关键技术研究，掌握重大装备与生产过程匹配的核心技术，提高其健康、能效和智能化水平，降低生产过程的资源能源消耗强度，助推传统制造业转型升级。积极发展绿色产品技术，研究开发轻量化、低功耗、易回收等技术工艺，研究开发高效能电机、锅炉、内燃机及电器等终端用能产品，研究开发绿色电子信息产品，引导绿色消费。开展新型过程绿色化技术研究，全面推进钢铁、化工、建材、轻工、印染等行业绿色制造流程技术创新，新型化工过程强化技术节能环保集成优化技术创新。开展再制造与资源化技术研究，研究开发新一代再制造技术与装备，深入推进废旧汽车（含新能源汽车）零部件和退役机电产品回收逆向物流系统、拆解/破碎/分离、高附加值资源化等关键技术与装备研究并应用示范，实现机电、汽车等产品的可拆卸和易回收。研究开发钢铁、冶金、石化、轻工等制造流程副产品绿色协同处理与循环利用技术，提高流程制造资源高效利用绿色产业链技术创新能力。

在培育绿色新兴产业过程中，加强绿色制造基础共性技术研究，提升绿色制造科技创新与保障能力，培育形成新的经济增长点。持续开展绿色设计、产品全生命周期评价方法与工具的研究开发，加强绿色制造标准法规和合格评判程序与范式研究，针对不同行业形成方法体系。建设绿色数据中心、绿色基站、绿色制造技术服务平台，建立健全绿色制造技术创新服务体系。探索绿色材料制备技术，培育形成新的经济增长点。开展战略新兴产业市场需求的绿色评价研究，积极引领新兴产业高起点绿色发展，大力促进新材料、新能源、高端装备、生物产业绿色低碳发展。推动绿色制造技术与信息的深度融合，积极发展绿色车间、绿色工厂系统、绿色制造技术服务业。

非常高兴为本丛书作序。我们既面临赶超跨越的难得历史机遇，也面临差距拉大的严峻挑战，唯有勇立世界技术创新潮头，才能赢得发展主动权，为人类文明进步做出更大贡献。相信这套丛书的出版能够推动我国绿色科技创新，实现绿色产业引领式发展。绿色制造从概念提出至今，取得了长足进步，希望未来有更多青年人才积极参与到国家制造业绿色发展与转型中，推动国家绿色制造产业发展，实现制造强国战略。

中国机械工业集团有限公司　陈学东
2021 年 7 月 5 日于北京

　　绿色制造是绿色科技创新与制造业转型发展深度融合而形成的新技术、新产业、新业态、新模式，是绿色发展理念在制造业的具体体现，是全球新一轮工业革命和科技竞争的重要新兴领域。

　　我国自 20 世纪 90 年代正式提出绿色制造以来，科学技术部、工业和信息化部、国家自然科学基金委员会等在"十一五""十二五""十三五"期间先后对绿色制造给予了大力支持，绿色制造已经成为我国制造业科技创新的一面重要旗帜。多年来我国在绿色制造模式、绿色制造共性基础理论与技术、绿色设计、绿色制造工艺与装备、绿色工厂和绿色再制造等关键技术方面形成了大量优秀的科技创新成果，建立了一批绿色制造科技创新研发机构，培育了一批绿色制造创新企业，推动了全国绿色产品、绿色工厂、绿色示范园区的蓬勃发展。

　　为促进我国绿色制造科技创新发展，加快我国制造企业绿色转型及绿色产业进步，中国机械工程学会和机械工业出版社联合中国机械工程学会环境保护与绿色制造技术分会、中国机械工业联合会绿色制造分会，组织高校、科研院所及企业共同策划了"绿色制造丛书"。

　　丛书成立了包括李培根院士、徐滨士院士、卢秉恒院士、王玉明院士、黄庆学院士等 50 多位顶级专家在内的编委会团队，他们确定选题方向，规划丛书内容，审核学术质量，为丛书的高水平出版发挥了重要作用。作者团队由国内绿色制造重要创导者与开拓者刘飞教授牵头，陈学东院士、单忠德院士等 100 余位专家学者参与编写，涉及 20 多家科研单位。

　　丛书共计 32 册，分三大部分：① 总论，1 册；② 绿色制造专题技术系列，25 册，包括绿色制造基础共性技术、绿色设计理论与方法、绿色制造工艺与装备、绿色供应链管理、绿色再制造工程 5 大专题技术；③ 绿色制造典型行业系列，6 册，涉及压力容器行业、电子电器行业、汽车行业、机床行业、工程机械行业、冶金设备行业等 6 大典型行业应用案例。

　　丛书获得了 2020 年度国家出版基金项目资助。

　　丛书系统总结了"十一五""十二五""十三五"期间，绿色制造关键技术与装备、国家绿色制造科技重点专项等重大项目取得的基础理论、关键技术和装备成果，凝结了广大绿色制造科技创新研究人员的心血，也包含了作者对绿色制造前沿探索的思考与体会，为我国绿色制造发展提供了一套具有前瞻性、系统性、实用性、引领性的高品质专著。丛书可为广大高等院校师生、科研院所研发人员以及企业工程技术人员提供参考，对加快绿色制造创新科技在制造业中的推广、应用，促进制造业绿色、高质量发展具有重要意义。

当前我国提出了 2030 年前碳排放达峰目标以及 2060 年前实现碳中和的目标，绿色制造是实现碳达峰和碳中和的重要抓手，可以驱动我国制造产业升级、工艺装备升级、重大技术革新等。因此，丛书的出版非常及时。

绿色制造是一个需要持续实现的目标。相信未来在绿色制造领域我国会形成更多具有颠覆性、突破性、全球引领性的科技创新成果，丛书也将持续更新，不断完善，及时为产业绿色发展建言献策，为实现我国制造强国目标贡献力量。

中国机械工程学会　宋天虎
2021 年 6 月 23 日于北京

　　随着我国社会主义现代化的飞速发展，国内各行各业均取得到了巨大的进步。政治、经济、文化、社会、法律等诸多环境的完善，极大地促进了当代国内科学技术的发展。工业概念的提出标志着国家机械化发展逐渐提上日程，机械智能化、物联化、数字化、网络化及现代化将成为发展趋势。工程机械作为国家能源开发、交通设施建设、房地产开发等重要城市基础设施建设的机械装备，日益发挥出重大作用。

　　党的十八大以来，以习近平同志为核心的党中央把握时代大势，鲜明提出要坚定不移贯彻创新、协调、绿色、开放、共享的发展理念，引领中国把握时代机遇、破解发展难题、厚植发展优势。这五大发展理念相互贯通、相互促进，是具有内在联系的集合体。其中，绿色是永续发展的必要条件。绿色发展理念是马克思主义生态文明同我国经济社会发展实际相结合的创新埋念，是深刻体现新阶段我国经济社会发展规律的重大理念，具有深刻理论性、实践指向性等鲜明特征，成为指引我国产业转型升级、实现高质量发展的目标导向、路径模式和主要抓手。

　　随着国内外基础建设速度与规模的不断加速，工程机械以牺牲环境为代价的粗放式发展模式，进一步显现出工程机械设计、制造与运维的功能/社会属性问题，引起了业界的关注。对资源的无序获取、能源的过度消耗和环境的肆意污染，不仅破坏了自然环境，而且影响了可持续发展。为适应循环经济和工程机械可持续发展的要求，绿色设计制造技术应运而生，增强绿色环保意识、提高生产能效、显著减少排放、提高资源利用率的呼声已逐步成为行动。因此，工程机械绿色设计与制造技术具有时代意义与研究前景。

　　当今社会发展主题是大力倡导绿色环保，当前可持续发展观点也是以绿色设计、绿色制造为基础，绿色设计是一种以保护环境和资源优化为目标的新型制造模式。因此，重视工程机械的绿色设计以及制造技术的应用，才能有效促进我国工程机械行业的可持续发展，促进我国工程机械企业的国际化成长。

　　本书作者群体来自高等学校、科研院所、龙头企业，以工程机械共性部件与整机结构为对象，针对工程机械传统设计理论方法和技术装备，开展理论分析、建模仿真、试验验证研究，聚焦工程机械绿色设计与制造技术体系，贯穿了工程机械的绿色设计、绿色制造、载荷谱、失效分析、寿命评估、修复再造和风险评估等全生命周期，以国家级项目的成功应用作为支撑范例，具有较好的引领示范作用。

我相信，以《工程机械绿色设计与制造技术》为指引，工程机械科技工作者一定能够更好地立足国家重大战略、技术进步的发展大局，准确把握工程机械科技前进方向，为工程机械绿色设计与制造事业发展做出更大的贡献。

杨华勇

中国工程院院士、 浙江大学机械学院院长

前　言

1. 所面临的挑战

我国人口众多，制造业资源消耗大、环境污染严重，有限的资源难以支撑传统工业粗放型增长方式，迫切要求改变经济发展模式，走科技含量高、经济效益好、资源消耗低、环境污染少的新型工业化道路。

在经济全球化进程中，新能源和绿色经济将成为引领科技和产业变革的重要方向，技术性贸易壁垒（Technical Barriers to Trade，TBT）从早期的安全、标准、性能方面延伸到资源能源节约、再生利用、保护环境等领域。新能源和绿色经济对我国机电产品出口贸易有非常大的影响。

气候变化、能源安全、人口压力等赖以生存的重大问题，引发全人类的反思。全球绿色环保意识日益增强，提高生产能效、显著减少排放、提高资源利用率的呼声逐步成为行动。美国将投资 1500 亿美元支持新能源发展，提出《清洁能源和安全法案》；欧盟出台新能源科技创新政策和资金支持措施，出台《促进可再生能源利用指令》；日本也出台《国家新能源战略》。中国政府承诺到 2030 年将单位 GDP 碳排放基于 2005 年减排 65%，力求实现碳达峰，2060 年实现碳中和，绿色环保成为全球性共识和消费观。

2. 国家战略之需

《中国制造 2025》提出：以促进制造业创新发展为主题，以提质增效为中心，以加快新一代信息技术与制造业深度融合为主线，以推进智能制造为主攻方向，以满足经济社会发展和国防建设对重大技术装备的需求为目标，强化工业基础能力，提高综合集成水平，全面推行绿色制造，积极构建绿色制造体系，实施绿色战略、绿色标准、绿色管理和绿色生产。完善多层次多类型人才培养体系，促进产业转型升级，培育有中国特色的制造文化，实现制造业由大变强的历史跨越。

《国家中长期科学和技术发展规划纲要（2006—2020 年）》《绿色制造工程实施指南（2016—2020 年）》明确提出：积极发展绿色制造是制造业领域发展思路的三大要点之一，开展典型产品绿色创新与优化设计是重点任务之一，围绕起重设备、工程机械、机床、汽车和电子电器等典型产品，突破减量化设计、节能降噪技术、可拆解与回收技术等核心技术，形成我国机械装备及机电产品的绿色自主创新设计能力，提升产品能效和资源利用率，以及应对国际绿色贸易壁垒能力。2019 年 11 月 19 日中共中央、国务院《关于推进贸易高质量发展的指导意见》进一步指出，推进贸易与环境协调发展。发展绿色贸易，严格控制高污染、高耗能产品进出口。鼓励企业进行绿色设计和制造，构建绿色技术支撑体系和供应链，并采用国际先进环保标准，获得节能、低碳等绿色产品认证，实现可持续发展。

《中国制造 2025》《国家中长期科学和技术发展规划纲要（2006—2020 年）》《绿色制造工程实施指南（2016—2020 年）》将绿色设计、绿色制造、智能制造、绿色供应链、寿命预测和报废决策等关键共性技术列为主攻和发展方向，旨在大力提升绿色设计理论与先进制造技术，对工程机械的安全可靠、保质保寿、节能减排和绿色发展具有非常重要的指导意义。

3. 绿色化的趋势

机械工程技术与人类社会的发展相伴而行，它的重大突破和应用为社会、经济、民生提供丰富的产品和服务，使人类社会的物质生活变得绚丽多彩。据机械工程技术路线图的展望，未来 20 年，在市场和创新双重驱动下，机械工程技术的发展趋势和方向归纳为"绿色、智能、超常、融合、服务"，而绿色为第一位，可见其重要性和必要性。

进入 21 世纪，保护地球环境、保持社会持续发展已成为世界各国共同关注的问题。实现机械工业的节能减排，不仅是自身可持续发展的需要，也是我国经济社会健康永续发展的需要。目前，大力提倡的循环经济模式是一种追求更少资源消耗、更低环境污染、更大经济效益和更多劳动就业的先进经济模式。为适应循环经济和制造业可持续发展的要求，绿色设计制造应运而生，既反映了人类对现代科技导致环境及生态破坏的反思，也体现了绿色道德观念和社会责任的回归。

绿色化设计制造是一种在保证产品功能属性（功能、性能、质量、成本、寿命）的前提下，综合考虑环境属性（拆解、回收、维修、重用）影响和资源效率的现代设计制造模式，在设计阶段即考虑环境因素和防污染措施，将环境性能作为产品的设计目标，通过生态化设计制造技术创新及系统优化各种相关因素，使产品在研发、设计、制造、运输、使用、拆解、回收、维修、再造、重用、评估和报废等全生命周期过程中，对环境索取返排总量最少、资源能源利用率最高、人体健康危害与社会危害最小，并使企业经济效益与社会效益协调优化。

产品全生命周期设计是在设计阶段就考虑到产品生命周期的所有历程，将所有相关因素在产品设计分阶段得到综合规划和优化的一种设计理论。全生命周期设计不仅要设计产品的功能属性，而且要设计产品的环境属性，更要规划研发、设计、制造、运输、使用、回收、维修、再造、重用、评估和报废的全生命周期过程。

产品绿色度（环境属性）体现在其生命周期的各个阶段。机械产品全生命周期的绿色化将是未来机械工程技术发展的重要领域和研究方向。

工程机械作为机械类产品的重要分支，应当也必将顺应其全生命周期的绿色化发展趋势。对于工程机械而言，采用全生命周期理论和绿色设计制造的系统方法，是实现工程机械全生命周期绿色化的必然选择和必由之路。

工程机械全生命周期绿色化应考虑产品设计、制造、使用与回收利用的系统化和一体化，才能将现代生态化设计技术及其知识库和数据库运用到工程机械整个设计过程中，材料生产的减量化、设计制造的轻量化、使用维修的低耗化、回收再生的充分化，使得产品最大限度地节约资源、减少污染，合理充分地利用有限的资源。

在材料生产中，要注重开采、破碎、选取、输送、冶炼、轧制、供应、回收整个材料生产过程中对自然资源的最大利用率，以及对生态环境的最小污染程度。考虑到自然资源的不可再生性以及自然环境的不可再容性，积极采用绿色化低能耗、可回收的新型材料，逐步替代高能耗、重污染、毁环境以及危害人类健康的材料，体现绿色材料生产减量化源头控制的理念。

在产品设计中，要基于"减量化、再利用、资源化"的原则，建立面向新能源和碳排放模型的生态化设计知识库和数据库以及相关技术规范和标准，采用工程机械产品的全链条系统轻量化、全生命周期生态化的现代设计技术，创新结构、机构、控制、传动、尺寸和工艺，结合人机工程学，设计出满足低能耗、低排放和易拆解、易维修、易回收、再制造要求的工程机械。

在产品制造中，要逐步转变减料制造—等料制造—增料制造方式，采用先进绿色制造新工艺为（数控）精确成形技术、快速成型（3DP）技术，提高材料利用率，取消或大幅减少加工工时，既提高了生产效率，又提升了产品质量，重量得到严格控制，而且生产过程洁净、环保，从而实现产品轻量、精确、节能和降耗的目标。

在使用维护中，要注重工程机械在运行中的节能化、高效化，制订能效与能耗评价方法，监控运行过程中的能耗，优化能源利用率；要注重工程机械在维修保养过程中的常态化、规范化，加强对使用者的培训，提高安全作业意识，避免不当或违规使用导致的失度或过度维修，既提高了作业效率，又降低了维护成本。

在产品退役中，要通过科学健全的剩余寿命及报废准则评判，对整机或零部件进行再生、再制造准入期和经济性评估，以确定产品或零部件是否可回收再生、是否可再制造重用，从而实现资源循环利用的充分化。再制造产品比新产品制造节能60%~70%的部件可再生，价格平均为新产品的30%~40%，成本为新产品的50%。再制造作为再生资源利用的一种高级形式，为发展循环经济、推动节能减排创造了条件，推动了工程机械行业的可持续发展。

4. 本书构思特点

本书聚焦工程机械绿色设计与制造技术主题，以工程机械共性部件与整机结构为对象，基于工程机械经典设计理论和方法，创新预测模型与人工智能算法，融合现代检测、信息评估、决策手段，突出绿色、安全、可靠等指标；面向设计方法、优化算法、预测技术、可靠性分析、制造技术、供应链、评估与决策技术等开展理论分析、建模仿真、试验验证研究；贯穿工程机械的绿色设计、绿色制造、载荷谱、失效分析、寿命评估、再制造、风险评估、修复利用和供应链等全生命周期；依托国家级科研项目，成功应用工程实例，显著体现社会效益和经济效益，取得一批科技成果，并全部通过国家验收，具有引领示范作用。

本书的特点是有理论，有方法，有技术，有设备，有应用，有成果，有评价。

本书较全面和详细地介绍了工程机械绿色设计与制造技术的基本原理和方法，其有益的探索可作为构建工程机械绿色设计与制造技术体系的借鉴和参考。

本书由徐格宁教授总体策划、统稿把关，由董青副教授总体修改、梳理校核，由来自高等学校、科研院所、龙头企业的科研精英共同撰写。本书分为10章：第1章为概论（由程莹茂、朱昌彪、徐格宁撰写），第2章为金属结构减量化设计方法（由徐格宁、汤秀丽、戚其松、潘俊萍、辛运胜、张玉撰写），第3章为工程机械载荷谱分析技术（由张国胜、李莺莺、刘艳芳撰写），第4章为工程机械失效模式分析技术（由戚其松、董青、徐格宁撰写），第5章为工程机械疲劳寿命评估方法（由徐格宁、董青、戚其松撰写），第6章为工程机械大型结构件智能焊接制造技术（由周鑫淼、孙丽撰写），第7章为工程机械共性部件再制造技术（由付玲、刘宏亮撰写），第8章为金属结构风险评估技术（由徐格宁、董青、戚其松撰写），第9章为工程机械金属结构修复利用技术（由董青、戚其松、徐格宁撰写），第10章为工程机械成套装备绿色供应链技术（由程莹茂、朱昌彪、董青撰写）。本书作者排名按章节顺序。本书构思如图0-1所示。

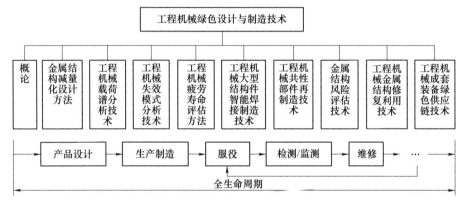

图 0-1　本书构思

由于作者的水平和时间所限，书中难免存在不妥之处，恳请读者批评指正。

作　者
2020 年 10 月

目录 CONTENTS

第 1 章

——

概　　论

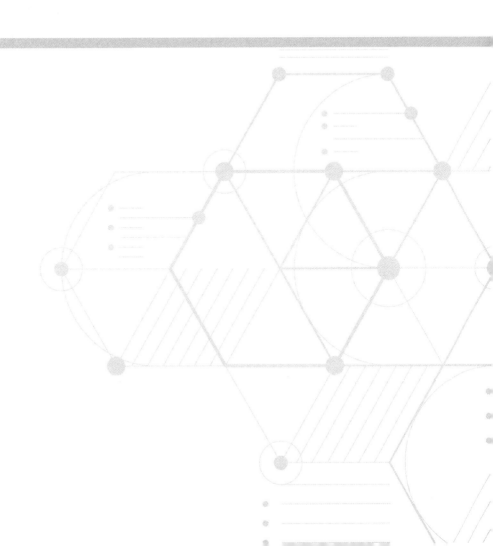

1.1　工程机械绿色设计

1.1.1　减振降噪设计

1. 减振降噪绿色化设计理论和方法

以系统动力学为基础，研究与其性能相关的结构振动、噪声发生机理，阐明系统与机构的失效机制，提出有效减振降噪的措施，改进产品设计制造方法和工艺，降低产品设计制造成本，提高系统运行稳定性、可靠性、产品使用效率和寿命。

通过研究设备在待机和作业工况下的噪声产生机理、特性及噪声源分布情况，提出有效的降噪设计方案和降噪目标值：

1）设备噪声信号分析及结构-声场耦合系统特性研究。通过结构或整机的有限元分析、实测振动信号的分析（频谱分析、倍频程分析等）及结构-声场耦合系统特性研究，了解噪声本身的动态特性及和该型设备结构振动的动态特性的关系，提出有针对性的降噪措施。

2）设备主要噪声源的识别。分析噪声来源、产生机理和传播途径，以及各部分声源对总体噪声贡献的大小次序，找出主要矛盾。

3）设备降噪措施及技术方案研究。通过起重机关键参数的优化，提出降噪设计方案或工艺改进方案并实施，并通过实验证实其降噪效果。

2. 结构及机构静、动态特性测试、分析、计算与优化设计

通过对结构及机构进行静、动力学计算分析和试验研究，对其进行优化设计：

1）实测结构的静、动态参数（应力应变、挠度和固有频率）。

2）结构静、动态响应的有限元分析。

3）用有限元法对结构进行振动模态分析和固有频率计算。

4）结构的疲劳分析。

5）提出结构优化设计方案。

6）提出结构安全系数和动刚度指标的选择方法，以及疲劳寿命的控制原则。

7）在测试基础上，结合结构型式，组合风压计算，提出符合实际的轮压计算公式。

8）在待机和作业情况下，测量机构在不同载荷下电动机的电流、功耗与载荷、速度与加速度之间的关系，提出机构参数理论计算公式的评价意见，以及合理的机构参数的选择方法。

▷ **3. 抗震设计、分析与试验验证**

按照国际先进标准、我国现行国家标准以及工程需求，应对设备进行抗震分析计算和设计：

1）建立结构有限元分析计算模型，根据业主提供的地震响应谱对结构进行抗震分析计算，使结构满足地震强度要求，在正常工作载荷和极限安全地震动载荷下的组合应力小于材料的屈服强度。

2）制作试验模型，在地震试验台上对该模型施加地震运动载荷，考察抗震设计的效果。例如：防止大小车脱轨，保持在各自的轨道上；不掉落零部件，金属结构应力小于屈服极限等。

3）建立结构抗震设计的简化计算模型，便于初始设计时考虑地震作用对结构强度的影响，提高设计计算效率。

▷ **1.1.2 节能降耗设计**

为达到节能降耗的目的，设计设备时应充分考虑节能效果，尽量少选用耗能元器件与同类产品。

以集装箱岸边装卸起重机为例，采用的节能措施包括以下设计方式：

1）前大梁投光灯采用多路控制。

2）所有投光灯具均采用港口起重机专用的高效节能陶瓷金卤灯。

3）在前大梁进钩以后，前大梁投光灯会自动关闭。

4）在俯仰起升或下降过程中，俯仰电动机冷却风扇起动运行。一旦俯仰进入水平或挂钩状态，俯仰电动机冷却风扇就延时 10min 后自动停止运行。

5）起重机室内、控制柜内、步道灯及室内照明灯均采用节能 LED 灯具。

6）整机系统必须考虑电网谐波电压限值，以及由用户端设备注入电网的谐波电流限值，保证整体电网系统稳定，具体可参照对应国家标准。

7）驱动系统在不同的工作条件下，功率因数不低于 0.93。

8）采用低功耗的变压器。

▷ **1.1.3 绿色减量化设计**

绿色减量化设计即材料环保且用量少，以达到整机的减量化要求。因此，进行材料设计时应采用优质材料，选材合理，来源于经买方认可的国家和厂商，材料进库前应进行必要的检查。所有材料都应具有出厂检验合格证。重要部位的材料应按技术要求进行相应的化学成分分析和力学性能试验，应进行材料跟踪，以保证专料专用。

所有材料不能有锈蚀和氧化皮，毛坯不应有任何形式的缺陷，所有铸件都应表面平滑，轮廓清晰，圆角丰满，型芯居中，无气孔、缩孔和夹渣。买方有权要求卖方将所选用的材料进行冲击试验。冲击试验不合格者，将视为不合格材料。

原材料至成品的加工必须严格按照规范的先进工艺进行：

1）对钢材进行喷丸、喷砂预处理或冲砂处理，使金属表面达到相关标准要求。

2）尽量采用数控切割，切割边缘无不良的切割痕迹，如用手工切割则必须消除手工切割痕迹，应保证切割边缘具有正确的角度、形状和光洁的表面。

3）焊缝和焊接工艺。焊缝的设计和构造应符合美国 AWS 标准，焊接工作应由有资质的焊接工操作，焊接工的操作资质须由监理事先认可，重要焊缝应由高级焊接工操作，且必须进行无损探伤。无损探伤应按照美国 AWS 标准的规定进行。

以港口起重机岸桥为例，未经买方认可，主体钢结构不得使用轻合金材料和柔性材料，主要受力构件的厚度不小于 8mm，主要管材的厚度不小于 6mm，机器房围板的厚度不小于 1.2mm。

1）结构件（包含小车架）：Q355B（或英国标准 50B、美国标准 A709）。

2）卷筒：Q355B。

3）滑轮：锻造 45。

4）齿轮：20CrMnMo、45、38CrMnTi。

5）轴、联轴器：40Cr、42CrMo、45、35CrMo。

6）小车车轮：锻造 35CrMo 或 42CrMo。

7）大车车轮：ZG42SiMn。

1.1.4 产品数字化三维设计

设备的绿色设计方法将采用产品数字化三维设计与工艺仿真技术相结合，对产品材料绿色选择、能源节约等做工艺仿真。

1. 焊接数据抽取与重构技术

三维设计系统（Inventor、AutoCAD）中焊接工艺基础数据重用技术，包括装配信息（装配结构树层次，装配节点名称、重量、重心、建造方式等），焊缝几何轨迹，焊缝属性（焊缝名称、焊接类型、焊缝长度和坡口代码等）；研究全三维环境中焊接数据重构技术。

2. 焊接工艺基础数据库

建立焊接工艺基础信息数据库，如焊接方法、接头类型、坡口形式、焊接位置、母材材质、板厚和焊接材料等。

3. 焊接工艺规程知识库

根据焊接工艺试验，建立焊接参数数据库，涵盖载体船的所有板厚。数据库内容包括：规程代码、焊接方法、焊接姿态、接头形式、焊接类型、板厚范围、材质、间隙、坡口、使用气体、气体流量、焊丝材质、丝径、焊道数、电流范围、电压范围和干伸长度等。

▶ 4. 焊接参数智能化设计技术

针对全三维设计的海洋工程起重装备产品，打通三维设计系统与焊接工艺设计平台的数据链路；建立焊接参数智能化设计模型，基于焊接工艺知识库，开展每条焊缝的焊接参数的智能化设计，并为机器人焊接提供数据。

▶ 5. 超大规模焊接作业派工指导文件设计技术

针对高新产品精细化作业要求，开展焊接工艺三维作业指导技术研究，形成以焊缝为基本单位的焊接作业指导系统，设计样例如图 1-1 所示。

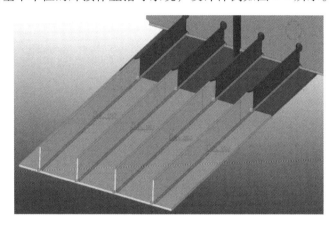

图 1-1　焊接三维作业指导工艺文件设计样例

▶ 6. 机器人焊接工艺数据标准格式

分析机器人焊接对工艺数据的要求，制定焊接工艺数据标准。只要机器人系统提供工艺输入接口，即可通过标准数据自动生成相应的机器人焊接工艺文件。

▶ 7. 机器人焊接参数编程技术

解析焊缝轨迹，定义焊接对象每条焊缝的焊接顺序、焊接方向、焊接轨迹；为每条焊缝赋予焊接参数；根据机器人程序接口规范，生成包含机器人焊接参数的程序。

1.2　工程机械绿色制造

▶ 1.2.1　绿色化制造系统与绿色化改造

绿色化制造系统与绿色化改造如图 1-2 所示。

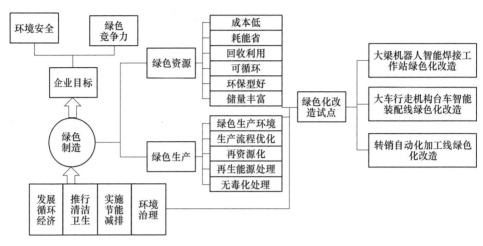

图1-2　绿色化制造系统与绿色化改造

1.2.2　机器人智能焊接工作站绿色化

工作站绿色化，即降低原材料消耗。对于起重机箱梁结构，焊条电弧焊的质量和效率低、耗材量大等，因此应开发适合箱梁狭窄空间的机器人立焊工艺、机器人的智能化传感与控制和焊接程序快速编制，采用多机器人协调控制、焊缝快速定位、弧长控制、间隙自适应等智能化焊接方式，可实现深窄空间箱梁结构的机器人高效自动化柔性制造。该工作站可实现节约焊材30%以上和减员50%以上。大梁机器人智能焊接工作站如图1-3所示。

1.2.3　智能装配线绿色化

1. 节能增效，智能装配线绿色化

作为工程机械的智能化装配生产线，大车行走机构台车智能装配线采用了智能化仓储管理、RGV自动物流、机器人协同装配等技术，通过工业数据采集、MES系统设计实现全程实时监控和柔性化生产，从多方面体现了整条装配线的绿色化节能性、智能性、先进性及效率性。

2. 制造环境绿色化

智能装配线主要由生产准备清洗区、立体库位区、部件装配区、参观物流通道四大区域组成，拥有车轮清洗、车轮加热、轮轴压装、主（从）动轮轴承座清洗、轮轴组件与轴承座压装、台车架装配和立体库等共11个大工位。在信息流、价值流的有效衔接下，工位之间通过RGV以及信息化系统有序地连接，

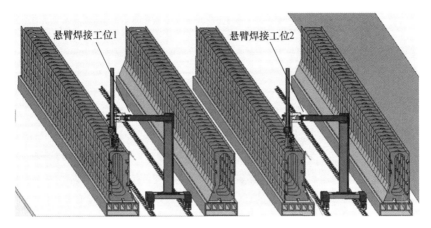

图 1-3　大梁机器人智能焊接工作站

形成一条自动化程度高并实时监控的柔性化台车智能装配线。该装配线可全线实现信息化拉动式生产，其对装配工序复杂程度和规格类型柔性化的要求非常高。

1.2.4　自动化加工线绿色化

1. 智能车间物流与生产实时监控，节能增效

转销作为吊具、吊具上架和超高架等产品的关键零件，其自动化加工线（一）（见图 1-4）整合了转销传统工艺流程，使用搬运机器人完成工件装卸和工序间工件搬运；采用智能传感器对工作站内部设备和工况进行监控；通过工作站上方液晶显示屏为工作人员或参观人员展示生产概况。全线自动化程度高，是传统机加工自动化升级的典范，实现了自动装件、自动加工、自动进行拉伸试验、自动涂油、自动冲钢印、自动分拣不合格产品、自动存放成品等，将原先每班需要 14 名工人缩减至 1 名，设计产量达到 1.5 万件/年，生产效率提升 50% 以上，生产成本降低 12%，能源消耗减少 15%。

2. 制造环境绿色化

转销自动化加工线的实施，有效地改善了工人的工作环境。转销自动化加工线（二）（见图 1-5）不可或缺的磁粉探伤工位，通过 CCD 技术的辅助，避免了工人在暗室中直接观察荧光对眼睛的伤害，同时也减轻了依靠工人用眼判别的工作强度。通过工艺流程的改进，增加自动清洗工序，使用水性检验剂替代原先的油性检验剂，避免了油性检验剂通电起火的危险。机床主传动系统采用交流伺服电动机驱动，配合高效率并联 V 带直接传动主轴，避免了齿轮箱传动

第

1

章

概　论

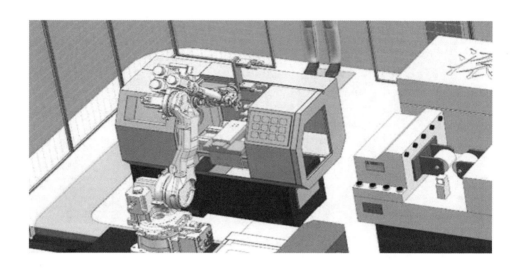

图1-4 转销自动化加工线（一）

链引起的噪声问题。独立的排屑冷却系统配置大流量的冷却泵和链式排屑装置，为车削加工提供强制冷却和自动排屑。通过总控PLC的协调及实时监控，确保人机互不干扰的安全操作。

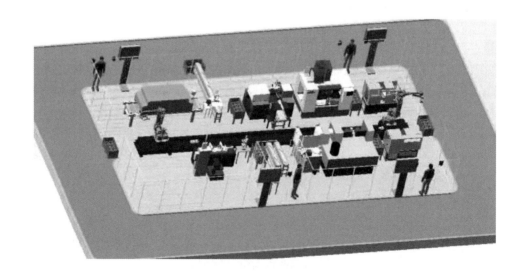

图1-5 转销自动化加工线（二）

本章小结

本章针对工程机械，从绿色设计的角度介绍了减振降噪、节能降耗、绿色减量等设计理念，从绿色制造的角度阐述了绿色化制造系统及机器人智能焊接工作站、智能装配线和自动化加工线的绿色化改造方案。

注：1. 项目名称：工业和信息化部绿色制造专项"智能化港口大型成套装备绿色供应链标准体系建设及示范应用"。
　　2. 验收单位：上海市经济和信息化委员会。
　　3. 验收评价：2019 年 3 月 5 日，验收专家组认为，项目单位完成了项目申报书及实施方案的建设任务内容，超额完成了绩效考核指标要求，一致通过验收。

第 2 章

——

金属结构减量化设计方法

2.1　基本要求

起重机械、工程机械、矿山机械均为重型机械，其特点是载荷大，工作繁忙，大多是移动机械，为保证其正常使用，对其金属结构提出如下要求：

1）力学性能。坚固耐用，即金属结构必须保证有足够的承载能力，也就是应保证有足够的强度（静强度、疲劳强度）、刚度（静态刚度、动态刚度）和稳定性（整体稳定、局部稳定和单肢稳定）。

2）工作性能。满足工作要求，使用方便。如门式起重机的门架，应保证足够的工作高度和空间，才能安全地进行装卸作业。工作高度太小，会限制起升高度和起升速度。工作空间狭窄，会使起吊物品通过支腿架时发生干涉，影响操作视野，降低机械装备的效率。

3）节材性能。减重节材，即结构减量化，节省材料和资源。金属结构的质量在整机质量中占有很大比例。例如，起重机金属结构自重占总重的 50%～70%，重型起重机则达 90%。这些机械装备多半是移动的，因此减轻自重不但节省钢材与能耗，而且减轻了机构的负荷和支承基础及厂房的造价，并为运输安装提供了方便。

4）工艺性能。制造工艺性好，工业化程度高，制造成本低，经济性能好。

5）装运性能。安装迅速，便于运移，维修简便。机械装备的金属结构往往都很庞大，设计时应考虑运输条件，尤其是起重机的桥架、门架常常需要分段或整体运输，水平组装，整体起放。因此，必须要有合理的结构以满足其运输和安装方便的要求。

6）美学性能。宜人美观，即注重人机系统工程，造型美观大方，色彩调配合理，追求宜人化和人—机—环境协调性设计。

7）绿色性能。节能环保，即制造、使用过程中的节能降耗与环境保护，将设备的设计、制造、运输、安装、检验、监察、维修和报废各过程纳入全生命周期而实现节能、节材、减振、降噪和减排。

8）安全性能。从设计层面保证机械装备的本质安全，提供安全运行的硬件保证，如安全装置的设计与配置，关键零部件的可靠性以及剩余寿命的评估。

上述基本要求既互相联系又互相制约，首先要保证金属结构坚固耐用和工作性能，其次应注意减轻自重、节约钢材、降低成本及运输维修等问题，在条件允许时考虑外形美观。

在设计时应该辩证地处理上述要求。若结构设计制造较为坚固，性能优良，则会导致耗材较多，整机装备过于笨重，经济成本较高。若单纯追求节省钢材，而忽视使用要求，使机械装备的性能较差或过早损坏，则会导致更大的浪费。同时，还要考虑不同用途的机械装备金属结构的特殊性。如采油井架，除考虑性能好、坚固耐用外，安装运输是否方便也是很重要的。因此，设计机械装备金属结构时，在首先满足坚固耐用、使用方便的前提下，要最大限度地充分利用材料，减轻自重，并结合机械装备的特殊性，注意解决运输、安装、维护、维修和美观等问题。

2.2 发展趋势

机械装备金属结构的工作特点是受力复杂、自重大、消耗材料多，导致金属结构的成本约占产品总成本的1/3以上。因此，在满足力学性能和工作性能的前提下，合理利用材料，减轻自重，降低制造和运行成本，仍是机械装备金属结构设计制造的发展方向。近几年来，国内外对金属结构进行了大量的研究工作，创造出许多新颖结构型式，涌现出不少先进的设计方法和制造工艺，使金属结构的设计和制造取得很大成就。但是，金属结构的设计和制造仍有不足之处，应进一步完善。

根据对机械金属结构的基本要求，其发展方向和研究的重点如下：

⟩⟩ 1. 研究并广泛运用、推广新的设计理论和设计方法

在机械金属结构中一直使用许用应力设计法，该方法使用简便，能满足设计要求，但缺点是对不同用途、不同工作性质的结构均采用相同的安全系数，使结构要么多消耗材料要么安全度差。生产发展的要求和科学研究工作的开展，促使设计理论和计算方法不断改进和完善。当前国内外出现了许多新的设计理论、计算方法，提出了许多新的参数、数据、计算公式等，主要有：

1）金属结构的极限状态设计方法。

2）金属结构预加应力设计方法。

3）金属结构疲劳强度计算方法。

4）金属结构断裂计算方法。

5）金属结构薄板弹塑性失稳的计算方法。

6）金属结构寿命评估与预测方法。

7）金属结构可靠性设计方法。

8）金属结构动态设计方法等。

上述设计方法在不同的金属结构类型中有的已被采用或试用，有的尚未应用。极限状态法正确地考虑了载荷作用性质、钢材性能及结构工作特点等因素，分别采用不同的载荷系数、抗力系数，使计算更为精确，设计更符合实际情况，并能充分地利用材料。例如，采用预加应力法设计起重机，金属结构能节省材

料30%，采用结构优化设计和CAD技术，能确保结构具有最优的型式和尺寸，简化了设计过程，缩短了设计时间，节省材料15%。采用有限元法，能分析计算复杂的结构，可使计算达到较高的精度，在制造前就可预见装备的动、静态性能，降低样机成本30%~40%。此外，金属结构可靠性设计方法、断裂计算方法等也有了新的进展。而基于优化设计理论的CAD技术和有限元分析方法在金属结构设计中的应用已相当普遍，并不断研制出针对各种类型起重机的成套优化设计和参数化绘图以及起重机计算说明书自动生成软件，提高了设计速度和质量。

▶▶ 2. 部件标准化、模块化和结构定型系列化

机械金属结构构件、部件的标准化、模块化是结构定型系列化的基础。采用一定规格尺寸的标准构件、部件组装成定型系列产品，能减少结构方案数和设计计算量，大大减少设计工作量。而金属结构构件、部件的标准化、模块化可以实现构件、部件的互换，减少维护时间和成本。结构定型系列化能促进标准零部件的大批量生产，构件生产工艺过程也易于程序化，便于使用定型设备组织流水生产作业线，提高生产率，降低成本，又能实现快速安装，保证安装质量。可见，结构定型系列化是简化设计、实现成批生产、缩短工时、降低成本的有效方法，应予足够重视。我国梁式起重机、桥式起重机、门式起重机、塔式起重机和轮胎起重机等均有系列产品，其他类型起重机也在进行标准化和系列化的工作。

为更好地适应我国加入WTO后的要求，应当主动与国际"接轨"，优先采用国际标准和国外先进工业标准，打破国际的技术壁垒。GB/T 3811—2008《起重机设计规范》在技术上更加先进，在内容上更加丰富，已与当前国际标准和国外先进工业标准取得最大限度的一致。国际上先进的标准组织有：

国际标准化组织（ISO）
欧洲标准化委员会（CEN）
欧洲物料搬运、起重和仓储设备制造业协会（FEM）
德国工业标准（DIN）
英国标准（BS）
日本工业标准（JIS）
美国标准协会（ASA）
美国起重机制造业协会（CMAA）

▶▶ 3. 总结、创新和推广先进的结构型式

在保证机械装备工作性能的前提下，改进和创造新型结构，是减轻金属结构自重有效的方法之一。例如，采用模压组合截面单梁桥架代替桁构式桥架，

既简化了结构，又节省了材料，且方便运输和安装。采用 L 形单主梁门式起重机和箱形单主梁桥架（见图 2-1），其自重比箱形双梁门式起重机减轻 40%以上。采用三角形截面管结构臂架和封闭截面三支腿门架的门座起重机（见图 2-2）比采用矩形截面臂架的四支腿门座起重机自重减轻 50%左右。近年来，由于生产的发展，要求钻机增大轴压、加大孔径、增大回转功率，一次钻探到位而不换钻杆，因此需要既保证高度又要兼顾刚度的钻架，于是以方形钢管为骨架的箱形结构钻架（见图 2-3）应运而生，虽比桁架结构钻架自重稍大，但其刚度和抗扭能力大为增强。因此，创新结构型式，不仅能改善性能，满足工作要求，而且能节省钢材，减少能耗，降低制造和运行成本。

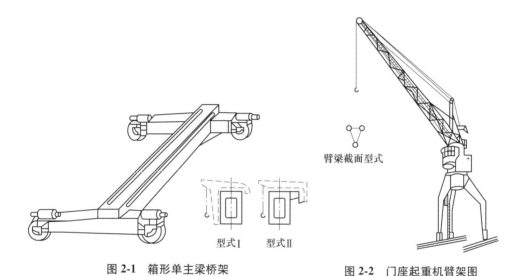

臂梁截面型式

型式Ⅰ　　型式Ⅱ

图 2-1　箱形单主梁桥架　　　　　图 2-2　门座起重机臂架图

》4. 继续使用、 发展和研究具有较高经济指标的合金钢、 轻型金属

采用和生产各种新型热轧薄壁型钢和冷弯模压型材以及其他新兴材料，采用高强度低合金结构钢或轻金属铝合金能够保证性能，是节省材料、减轻自重的有效方法。国外已制造出铝合金结构的桥式起重机和门式起重机的桥架、门座起重机的臂架，其自重减轻 30%~60%。德国制造的铝合金箱形单主梁桥式起重机桥架自重比双梁桥架减轻 70%左右，从而减轻了厂房结构与基础的载荷，降低了投资。我国铝矿资源丰富，采用铝合金前途广阔。

我国生产的 Q355 低合金结构钢早已应用于起重机等大型结构中，其材质好、强度高、产品坚固耐用，可减轻自重达 20%左右。我国新研制的 Q460 高强度钢，其屈服强度约为 Q235 的 2 倍，可作为起重机结构选用的高强度钢材，已用于国家体育场"鸟巢"主体工程。但对用于由刚度和稳定性条件决定截面的结构并不经济。国外低合金钢发展很快,并已广泛应用,如日本、德国对起重机臂架的主要构件、汽车起重机箱形臂架等常采用抗拉强度达1000MPa的合金材料。而我国也有类似的材料,但产量较少。

热轧薄壁型材、冷弯模压型材在金属结构制造中是很有发展前途的材料,它可以设计成任意截面形状,以满足受力要求。在简化结构、节省钢材、减少制造和安装劳动量、缩短工期等方面大有成效。目前,已用于建筑结构中,在电葫芦单梁桥架中也开始采用。今后,应进一步研究、设计适用于机械结构所需的合理型材,添置必要的冷压设备。

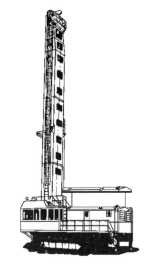

图 2-3 箱形钻架的牙轮钻机

日本、德国曾采用工程塑料制造机器的结构和机器零件,我国曾试制过机器的塑料零件,但未系统研究和推广。采用塑料结构在节省钢材、简化制造工艺、减轻基础负荷等方面开辟了新的途径。

5. 广泛使用焊接结构,研究新的连接方法

由于生产技术的发展、科研工作的进步,焊接质量普遍提高,焊接结构在金属结构中的应用也越来越广泛。焊接连接在简化结构型式、减少制造劳动量、缩短工时等方面具有独特的优点。它与铆接结构相比可节省钢材达30%以上。

高强度螺栓连接是近年来新出现的一种连接方法,这种连接利用螺栓具有的较大预紧力,使钢板之间产生很高的摩擦力来传递外力。由于螺栓连接的强度高(经热处理后的抗拉强度不小于900MPa),连接牢固,工作性能好,安装迅速,施工方便,因此它是一种很有发展前途的连接方法。

胶合连接是构件连接的新动向,不久前英国曾以工程塑料为原料用胶合连接方法制造出起重机结构,大大简化了制造工艺,减轻了自重。我国对工程塑料和胶合剂的研究还处于研发阶段,因此这种连接方法目前尚未被采用。

6. 金属结构的大型化

起重机械、工程机械、矿山机械、采油机械等随着国民经济的发展逐渐向大型化、专业化、高效率的方向发展。机械装备的金属结构也越来越庞大,例如国内外冶金和水电站桥式起重机的起重量已达到 80～1200t(见图 2-4),国内

已生产出世界上最大起重量（20160t）、最大跨度（125m）、最大起升高度（118m）的固定式桥式起重机（见图2-5）。日本已制造出起重量为700t、跨度为115m、起升高度为85m的造船门式起重机。国内已设计制造出起重量为900t、跨度为216m、起升高度为90m的造船门式起重机，起重量为11000t的箱形双梁门式起重机，起重量为1250t的履带式起重机（见图2-6）。德国已制造出起重量为840t、跨度为140m、全高为96m的箱形门式起重机及起重量为1600t的履带式起重机。英国已生产出起重量为1000t、跨度达150m的造船用巨型门式起重机，其主梁高达8m，满载总重为4000t，是目前世界上最大的门式起

重

图2-4 三峡1200t桥式起重机

图2-5 20160t固定式桥式起重机

重机。国内已制造出起重量为 200t、跨度为 66.5m、全高为 50m 的造船用箱形单主梁门式起重机，以及斗容量为 75m³ 的挖掘机，其自重为 1500t，高为 22m。而美国已制造出斗容量为 169m³、机器总重达 13500t、总功率为 50000hp⊖的世界上最大的挖掘机，国内自主研制成功世界上钻井深度为 12000m 特深井石油钻机。

为了发展国际贸易，需在港口装卸作业中提高车船的货运量和装卸效率，各国都采用了集装箱的运输方式。我国建有集装箱专用码头并研制成功 40t 的岸边集装箱装卸桥（岸桥）（见图 2-7），30.5t 的集装箱门式起重机（场桥）和与之配套的搬运跨车，这类装卸桥的金属结构都很庞大，自重达 600t 以上，高达 54m。我国研制的天津港盐（煤）码头机械化装卸系统，包括散料卸船机（见图 2-8）、料场门式堆取料机（见图 2-9）、散料装船机以及输料栈桥等，总重为 1400t，高度为 27m，单机生产率为 1200t/h，极大地提高了港口装卸能力。

图 2-6　1250t 履带式起重机

图 2-7　岸边集装箱起重机

⊖　1hp＝745.7W。

图 2-8　散料卸船机

图 2-9　料场门式堆取料机

2.3　减量化设计的意义

　　节能型减量化起重机械研究与应用是被明确列入《国家中长期科学和技术发展规划纲要（2006—2020 年）》制造业领域中流程工业的绿色化、自动化及装备的优先主题。《国家中长期科学和技术发展规划纲要（2006—2020 年）》中明确提出积极发展绿色制造是制造业领域发展思路的三大要点之一。同时，《绿色制造科技发展"十二五"专项规划》中明确提出开展典型产品绿色创新与优化设计是重点任务之一，具体指出围绕起重设备、工程机械、机床、汽车和电子电器产品等典型产品，突破减量化设计、节能降噪技术、可拆解与回收技术等核心技术，形成我国机械装备及机电产品的绿色自主创新设计能力，提升产品能效和资源利用率，以及应对国际绿色贸易壁垒的能力。

随着我国经济发展，以及工业现代化建设步伐的加快，工程机械年增速达到24%~30%，面对如此大的产量，开展减量化研究已经迫在眉睫。今后市场对桥式起重机的需求量会越来越大，在满足需求的同时也带来了一些与可持续发展相互冲突的问题，如能源问题、环境问题等。与其他重型机械一样，桥式起重机消耗大量的钢材，具有设计制造成本高、工作能源消耗大等特点，因而要在重型机械领域适应国家淘汰高能耗设备的总体方针，对桥式起重机实施减量化设计，研发出自重轻、低净空、外形尺寸小、能耗低的工程机械代替目前粗大笨重、能耗高、操作复杂、维护困难的机械装备的工作势在必行。

工程机械的低净空、低自重、低轮压和高性能已成为衡量该类产品水平的重要技术指标，通过工程机械减量化技术研究，掌握先进设计技术，形成减量化设计方法及相关技术规范，指导减量化设计、制造、试验及安全运行监测，推动我国工程机械向减量化、节能型、安全可靠等国际先进技术方向发展，掌握一批具有自主知识产权的创新技术，促进我国起重机械行业进步，对我国装备制造业实施节能减排战略与低碳经济发展具有很大的推动作用。

自重的减轻和效率的提高，还会带来明显的节能效果。此外，低净空高度、结构紧凑、自重轻的起重机，可使建筑结构轻型化，降低其造价和使用维护成本。由此可见，自重轻、低净空、外形尺寸小、能耗低的工程机械，不仅每年可节省大量钢材，同时减少了用电量，也可节省建筑工程量和成本。

2.4 减量化技术研究现状

减量化技术是集减量化设计、材料和制造技术一体的系统集成工程，其最终目标是产品自重、性能和成本等因素之间的综合优化。近年来，随着国家不断加强节能减排和装备升级的政策引导，高性能的减量化桥式起重机成为发展趋势。起重机减量化技术是一个系统工程，需要从设计理念、设计方法、材料、机械结构、电气系统和安全检测等各个方面进行减量化，并开发高性能的关键配套件及整机的先进集成技术，最终要实现质量、性能和成本等方面的综合优化。

▶ 1. 材料减量化设计

减量化设计是在产品达到设计要求的同时，尽量减少材料的使用量，以减少能源的浪费、降低能耗，最终达到降低成本并满足环保要求的目的。发展新型材料，利用这些力学性能更好、密度更小的材料代替现有材料，使得很多产品都从粗大笨重型转变为精巧轻盈型。

材料科学的发展，对于减量化设计是关键。新材料的出现为起重机减轻自重提供了基础，很多起重机制造企业大量采用高强度钢或高强度轻质合金钢，它们除了具有较高的强度外，还有焊接性好、耐磨性好、加工性好以及价格经济等优点；采用高强度轻质合金可以延长使用寿命和减轻自重。例如：英国科尔斯公司在80t液压伸缩臂汽车起重机上采用尼龙滑轮后，其重量仅为钢制滑轮的1/7；德国德马格公司桥式起重机的车轮材料采用特殊的球墨铸铁（GGG70），具有很好的吸振性能且尺寸小，同时也减少对轨道的磨损。据计算，使用Q355B作为起重机金属结构的材料较使用Q235B时减重20%~30%。此外，高强度细晶粒钢也广泛地应用于起重机的制造中。

▷▷ 2. 金属结构减量化设计

金属结构是工程机械的主要组成部分，其自重占总重的50%~70%，重型起重机则达90%，对其进行减量化设计有着重要的经济意义。由于起重机是移动的机械设备，因此，研究减轻金属结构的自重不但节省了钢材，而且减轻了机构的负荷和降低了支承基础的造价，运输更加方便。

采用先进的金属结构型式，对减轻起重机自重十分明显。例如，德国德马格公司为追求起重机械的减量化，采用新型结构型式的整体轮箱式端梁，由于采用了特殊的支承面新型设计，这种轮箱结构不但轻而且便于更换和运输。

金属结构减量化设计是应用优化设计方法，在保证起重机设计要求的前提下，尽量减少材料冗余，提高材料利用率，以达到结构减重和降低成本的目的。

结构优化主要的三个方面分别是结构的拓扑优化、形状优化以及尺寸优化。结构优化设计方法为起重机的减量化设计提供了理论和方法的支撑。通过有限元等软件对产品工作过程中的受力及力矩进行分析，从产品功能出发，采用优化方法对产品结构进行优化，得到整个产品最优结构及尺寸，达到结构设计的减量化。

（1）拓扑优化 拓扑优化研究的是在满足有关应力、位移等约束条件下，探讨结构构件的相互连接方式，结构内有无空洞及空洞的数量、位置等，同时使结构的某种性能指标达到最优。拓扑优化的主要难点在于，在满足一定功能的条件下，结构的拓扑形式有很多种，而且这些拓扑关系难以定量描述，因此增加了求解难度。

拓扑优化已成为结构优化设计的一大研究热点，无论是针对离散结构还是连续结构都取得了一些进展，随着计算机软件技术的发展，以及有限元方法与拓扑优化结合，整体全面地分析结构，使得拓扑优化方法不断应用于起重机各个结构中。国内在汽车起重机伸缩式箱形梁截面结构的设计中已有应用，通过截面形状优化解决了起重臂具有较好抗失稳条件下的材料最优分布问题，提高了起重机结构的力学性能。拓扑优化不但在结构型式上要找到新的突破点，节省材料，而且筋板的布置更加合理，有效优化整机性能的同时实现金属结构的减量化。

（2）形状优化　形状优化结构是在整体拓扑关系大致确定的情况下，通过调整结构内外边界以达到节省材料的目的，并进一步提高产品的优越性，改善产品的性能。例如，在零件同一部位开孔，是矩形合适，还是圆形更加优越，这便是形状优化。优化的对象主要有杆系离散结构和体、板、壳类的连续体结构，对于杆系结构的形状优化，一般选择结点坐标位置为设计变量，须同时考虑其截面尺寸，此时，就出现了构件尺寸与结构几何形状两类设计变量。

（3）尺寸优化　尺寸优化是指零部件的基本外形和尺寸已经确定，产品的功能也已经实现，为了提高性能、降低成本而进行的优化，一般在拓扑优化和结构优化之后。尺寸优化可以选取多种不同类型的尺寸进行优化，也可以仅对产品的关键尺寸进行优化。一般优化尺寸是根据所需达到的功能、力学性能上的约束从某一限定范围之内选取最优的组合。如在桥式起重机的主梁优化设计中，其主梁结构和各个参数的范围、相互之间的关系已经明确，优化是对其选定的优化参数求最优解。优化参数可以是主梁关键的几个参数，如主梁截面的参数，也可以是纵向加强筋及横向隔板的参数。

针对起重机金属结构减量化的优化设计方法多种多样：结合实际工作情况，分析材料的极限载荷，最终完成设计的极限状态法；分析起重机参数之间的内在关系，将数学与计算机结合的优化设计方法；有限元法及模块化设计。尤其是模块化设计提高了起重机部件的通用性，缩短了起重机的装配和维修时间。这不仅减轻了起重机的自重，而且加快了起重机的更新换代。

▶ 3. 起升机构减量化设计

传统起升机构的布置型式是卷筒两端用轴承座支承，卷筒通过联轴器与减速器的低速轴相连，电动机通过联轴器与减速器的高速轴相连，电动机、减速器、制动器的支座及卷筒的轴承座均固定在小车架上。传动链尺寸庞大，结构型式复杂，整体小车架刚性过大，导致了起升机构的重量和外形尺寸均偏大。随着起重运输事业的发展，起重机开始向大型化、专业化、减量化方向发展，因此对起升机构提出了更高的要求，传统电动机、减速器等关键配套件已无法适应减量化起升机构的传动需求，亟须在结构、安装型式及性能上有所突破。国内学者为此提出减量化起升机构布置方案，将整个起升机构传动链重新优化布置，外部支承转换成为内部支承，简化支承位置，使整个起升机构更加紧凑。

由于新型起升机构的受力状态与传统起升机构存在较大差别，计算方法及部件的设计要求也与传统方式不同。通过起升机构传动系统整体力学特性分析，提出新型结构型式下设计的重要环节及薄弱点，也是起升机构关键部件优化设计的基础。综合考虑传动系统内部激励及起重机的变载荷运行工况，确定各部件间的结合部参数，建立包括电动机、减速器及卷筒在内的整个起升机构的动力学模型，是准确计算系统的动载荷及变形状况的基础，也是亟待解决的技术难点。

▶ 4. 状态监测技术

状态监测是一种掌握起重机动态特性的检查技术。它包括各种主要的无损监测技术，如振动监测、应力监测、噪声监测、腐蚀监测、光谱分析及其他各种监测技术等。

在当今物联网和大数据时代，通过建立工程机械运行状态安全监控系统，可以对工程机械运行状况进行远程监视，及时捕获过载、紧急制动等安全情况，对出现故障的起重机进行远程维护和诊断，将会极大地减小起重机的运行和维护成本，提高工程机械的安全性和生产率，进而为用户带来直接的经济效益。避免了目前业主维护需通过电话联系厂家，厂家指派技术人员前往现场处理，此种维护方式需要较高的时间成本和经济成本。通过状态监控，可长期直接或间接地测量起重机械的运行参数，根据这些长期的、实际投入使用设备的详细参数，设计者和研究人员可由此获取同批次类似型号设备完整可靠的大量数据，从而对在用工程机械做出疲劳分析、寿命评估，同时改进、改善起重机的设计，开发新产品、新功能。

在状态监控系统方面，国外始终处于主导地位，较著名的有 GE、ABB、SIEMENS和施耐德等公司。这些公司应用先进的计算机控制技术、智能传感器技术、高速宽带通信技术等，不断推出新方案和新装置，使起重作业的装卸效率和安全可靠度都有了极大的提高，整机向有机、完善、协调和适配方向发展。在工程应用中，日本安川公司在起重机监控方面通过采用智能传感器技术、无线接入技术等多种技术相结合的方式，从而实现对起重机结构数据的实时监控与传输，从而为远程服务端对起重机结构的故障诊断提供数据来源与支撑。英国的起重机械上通常装有感应装置，可以监控起重机械的空间位姿，有效避免各起重设备之间的相互碰撞，延长起重机械的使用寿命。同时，设备上还配有自诊断监控系统，可对载荷情况、运行时间、电动机状态、运行温度、吊钩及钢丝绳情况等多个对象进行实时监控。

我国工程机械的检验检测主要依靠现场经验和简单的仪器探伤，检测水平较低、检验内容单一，且仅限于相关的法定检验。传统的人工检测方式，需要停工停机，不仅对生产具有较大影响，对人员安全也有很大的隐患。而传统的检测报告，则是基于相关的设计规范、文件、行业专家的知识储备和经验对检测数据进行分析。这些都在很大程度上造成了人力、物力及时间资源的浪费。

同时，很多高端测试仪器依赖于进口，国产化程度低，监测系统智能化程度不够，监测系统主要用于反映设备的实时运行参数，对于运行参数的分析不够深入，难以评估出起重机械的当前安全状态和故障可能性。因此，急需提升我国检验检测机构的装备技术水平，尤其是在起重机械多维度、多参数检测系统及数据集成平台的开发上，仍有很大的进步空间和难度。

▶▶ 5. 安全状态评估技术

在工程机械安全状态评估方面，国外工程机械的安全评估侧重于事故的分析以及风险评估模型的研究，即开展事故原因排查、危险源辨别等方面的研究。在国内，更侧重于安全状态评估方法的研究。常用的安全状态评估方法主要包括四大类：基于非线性理论的信息综合分析、基于 CAE 的结构承载能力评估、基于微观组织分析的安全性能评估和基于实测数据的结构状态综合评估。

（1）基于非线性理论的信息综合分析　基于非线性理论的信息综合分析方法主要有人工神经网络、小波变换和分形理论等。

神经网络由大量节点组成，且节点间相互连接。一般节点代表激励函数，各节点间的连线表示相连节点信息传输的权重值。人工神经网络是一种新的方法体系，它具有非线性影射、分布并行处理和鲁棒容错等特点，被广泛应用于知识工程、模式识别、信号处理、专家系统、智能控制和优化组合等领域。由于它能解决一些传统计算机难以求解的问题，因此在实际工程应用中，人工神经网络取得了显著成就。

小波变换是一种用于视频信号分析的工具方法，在具体应用时，该方法将信号分成时间和频率的独立部分，而不丢失原有信号包含的信息，具有对信号进行平移、放大和缩小的功能。同时，还可以与其他非线性方法组合，对信号特征进行综合处理。国内有学者将小波分析用于桥梁的损伤诊断与评估中，将桥梁的实测数据采用小波基进行连续小波变换，进行损伤位置识别与损伤程度评估，然后结合桥梁的实际服役情况，就当前情况给出科学合理的维护方案。

分形理论是用分维和多重分形谱来描述复杂现象的无序程度，进而揭示无序系统的内在规律。分形理论最基本的特点是它跳出了一维的线、二维的面、三维的立体乃至四维时空的传统藩篱，用分形分维的数学工具来描述研究客观事物，能更加趋近系统的真实属性。目前，分形理论已经逐步应用到物理、化学、数学、冶金、材料、机械工程、管理学等领域。在设备的故障诊断领域，分形理论和方法也得到了较好的应用。国内有学者基于分形理论建立了非均匀腐蚀模型，再采用有限元数值模拟方法研究腐蚀表面参数对极限强度的影响，最后建立便于工程化的极限强度评估方法。

（2）基于 CAE 的结构承载能力评估　目前，计算机被广泛应用在工程领域，CAE 已经和 CAD、CAM、CAT 一同成为结构分析的重要工具和手段，基于

CAE 技术的工程结构件安全评估已有成功的应用案例。在零部件使用阶段，采用 CAE 开展承载能力分析可以判断结构件在面向损伤和缺陷时，还具有多大的承载能力。具体而言，可基于相关分析、参数估计、敏感度分析和模态分析等方法建立相应的有限元模型，开展结构件的损伤机理研究，再针对在役的机械零部件进行安全评估。需要说明的是，基于 CAE 的结构承载能力评估可以是面向整机结构的，也可以是面向某个关键部件的结构。

（3）基于微观组织分析的安全性能评估　基于微观组织分析的安全性能评估方法，是借助电子显微镜和微观分析理论对微观观察结果进行科学归纳，找出构件组织性能与失效破坏间的影响关系。例如，针对起重机械金属构件的断口或裂纹区域进行微观分析，从材料的微观组织层面确定构件母材的开裂原因，并从结构设计、热处理工艺、加工工序等方面提出改进建议，从而提高起重机械构件的安全性，合理延长其使用寿命。再者，利用电子显微镜对不同钢材焊接区域的组织性能进行分析，确定不同类别的钢材焊在一起后的性能，可有效指导起重机械钢结构的设计、制造与维护。因此，基于微观组织分析的安全性能评估丰富了钢结构的安全性评估内容，是结构安全性评估的一个发展方向。

国内学者在对钢轨进行观测时，在其表面发现了很多肉眼可见的缺陷，包括裂纹和挤压变形。通过对钢轨钢材的微观组织和化学成分进行分析，认为白点行为是造成钢轨失效的关键因素，接着针对白点断口形貌进行了微观分析，揭示了失效机理。再通过有限元模拟和断裂力学方法，确定钢轨不发生失效破坏的最大承受应力与临界缺陷尺寸，提出了面向含缺陷钢轨的安全性能评估方法。

（4）基于实测数据的结构状态综合评估　现场实测是安全评估的一种直接且直观的方法，根据相关标准与规范，可基于实测的数据从强度、刚度等角度对结构件进行安全评估。目前，基于实测数据的安全评估方法得到了较快发展，一套完整的安全性评估流程包括试验方案的确定、试验数据的处理、测试结果的分析、安全评估体系的搭建等步骤。

获取现场实测数据后，可以用贝叶斯理论或模糊数学理论融合数据信息，建立结构安全评估的准则和体系，对结构件的安全性能进行评估，还可以对结构件的剩余安全使用期限进行预测。

贝叶斯网络是以概率论为数学基础，解决不确定问题的一种相关性模型，是表达各个问题间因果关系的结构模型。贝叶斯网络实质上是有向无环图，主要包括若干节点和连接各节点的有向边，其中，节点表示与所研究问题相关的随机变量，随机变量可以理解为某种现象、状态、属性等。连接节点的有向边表示节点间的相互依存关系，因果关系的方向性可以通过箭头来表示，单箭头的起始节点是"因"，另一侧的节点是"果"，两个节点间会产生一个条件概率，它可以表征变量间相互程度的强弱。贝叶斯拓扑结构可以实现对数据信息的抽象处理，如果节点间没有有向边，则意味着这些节点间的随机变量是相互独立的。

在现场实测数据基础上，也可以利用模糊数学理论开展安全评估工作。模糊数学是研究和处理模糊性现象的一种数学理论和方法，它是以模糊集合论为基础发展起来的一门学科。模糊综合评判作为模糊数学的一种具体应用方法，是模糊理论和实际应用的结合物，主要是基于模糊变换原理和最大隶属度原则，综合描述与被评价事物相关的各个因素。模糊综合评估模型一般包括四个步骤：确定评价指标体系、计算各评价指标的权重、确定评价指标的隶属度函数、模型建立与应用。

2.5　结构优化设计基本理论

2.5.1　结构优化设计数学模型

机械优化问题中最重要的是需要根据工程实际建立相应的数学模型。数学模型包括设计变量、约束条件、目标函数三大模块，在创建数学模型的时候，需要根据相应的力学知识明确设计区域的边界和期望的目标值，即明确各设计变量之间的关系。数学模型即需要表达出设计变量和目标函数之间的关系。

1. 设计变量

设计变量是一组能直接影响目标函数大小的参数。针对实际优化问题，可以根据需要选取单个或者一组截面大小、重量、惯性矩、频率等参数作为设计变量。这些参数是在整个优化过程中不断变化的，需要进行不断的修改和完善，从而达到最优值。选取设计变量时需要注意设计变量的维数不能过大，否则就会导致设计过程非常复杂，尽量选择较少的设计变量参数。设计变量可用一个矢量表示：

$$\boldsymbol{x} = (x_1, x_2, \cdots, x_n)^{\mathrm{T}} \tag{2-1}$$

2. 约束条件

为了满足工程设计方案，需要在设计区域内寻求最优解，以达到最经济、最减量化。但是有些优化结果是工程实际中所不能接受的，所以必须对该设计过程提出设计限制条件（即约束条件）。约束条件可以分为两类：一类为针对工程结构的性能要求提出的约束条件，称为性能约束；另一类为针对工程结构的设计变量取值上、下限提出的约束条件，称为边界约束。性能约束和边界约束表达式为

$$\begin{cases} h(x) = 0 \\ g(x) \leqslant 0 \end{cases} \qquad (2\text{-}2)$$

3. 目标函数

目标函数的目的在于评估设计方案的优缺点，也可称为评估函数，写作 $f(x)$。目标函数是设计变量的可计算函数，目标函数的建立即确定了设计变量的函数关系。

结构优化的一般数学模型为

$$\boldsymbol{x} = (x_1, \ x_2, \ \cdots, \ x_n)^{\mathrm{T}}$$

使

$$f(x) \rightarrow \min$$

且满足约束条件：

$$\begin{cases} h_k(x) = 0 & (k = 1,2,\cdots,l) \\ g_j(x) \leqslant 0 & (j = 1,2,\cdots,m) \end{cases} \qquad (2\text{-}3)$$

2.5.2　结构优化求解方法

在优化设计中，设计方法可以分为数学规划法、优化准则法和智能优化算法。

1. 数学规划法

数学规划法理论发展完备，不同情况都有相对应的算法。结构优化设计问题可以看作是求解带有线性或非线性约束的多维设计空间的目标函数的极值问题。但是运用数学规划法需要计算目标函数的导数，迭代步骤多、计算量大、收敛速度很慢、计算效率低，所以单纯的应用数学规划法求解优化问题很难得到发展。因此，许多专家学者将数学规划法与优化准则法相结合，运用各自的优点来进行结构优化问题的求解，大大提高了计算效率。

2. 优化准则法

优化准则法是根据物理条件的要求，以材料的性能要求为优化目标，以应力、位移和频率等结构需满足的最佳准则为约束条件，从可行的设计中找出最优化结构。优化准则法不需要计算目标函数的导数，收敛速度快，受设计变量数量的影响较小。但是对不同的结构和条件都需要推导出对应的优化准则，通用性小，缺乏严格的理论支撑。

3. 智能优化算法

1980 年以来，随着优化设计的发展和应用，结构优化算法也朝着智能化的方向发展。人们开始利用生物群体的规律和本能，通过研究和揭示其本质规律进而得到各种智能优化算法。智能优化算法能够将复杂的问题简单化，求解更快捷、更准确,在求解的过程中表现出明显的智能特点,因此被称为智能优化算法。相较于数学规划法和优化准则法,智能优化算法对目标函数的要求非常低,不需要目标函数连续、可微或者为凸函数,有时甚至不需要解析表达式。同时,智能优化算法还具有全局性,从初始点开始以一定的概率在整个搜索空间进行搜索。因此,智能优化算法具有全局性、并行效率高、通用性强、对目标函数的要求低等特点,这些特点使得解决复杂的问题有了新的途径和方法,进而促使智能优化算法在工程设计领域被广泛应用。

粒子群优化算法(Particle Swarm Optimization)又称粒子群算法、微粒群算法等,是由 Eberhart 博士和 Kennedy 博士于 1995 年提出的,是通过研究和揭示鸟群协同搜寻食物的过程而兴起的一种随机智能搜索算法。

粒子群优化算法中每一个粒子相当于一个个体,犹如鸟群中的鸟一样,粒子之间会相互合作也会相互竞争,因此这种相互合作和竞争的关系即称为群体智能,它使得整个群体能在全局范围内快速地搜索到最优解。粒子群优化算法具有记忆功能,通过记忆上一次的搜索方式和位置,从而动态地调整当前的搜索方向。由于算法收敛速度快,实现起来比较容易,自提出以来就受到科研学者们的重视。

遗传算法(Genetic Algorithm)是从达尔文的进化论中得到灵感和启发,参考物竞天择、优胜劣汰、适者生存的自然法则,并引入生物过程中的繁殖、选择、杂交、变异和竞争等概念而形成的一种并行优化求解方法。遗传算法从本质上就是一个群体迭代的过程,从待求解问题的一个可能潜在解集开始,该解集被称为初始解集或者初始种群。当产生初始种群之后,按照适者生存和优胜劣汰的原理,在每一代中根据每个个体的适应度大小来选择优秀的个体,进行交叉和变异,交叉使得子代保持父代的特征,变异则产生与父代不同特征的子代,从而形成新的解集种群。以此类推逐代进行衍化,从而产生更优秀的解。遗传算法的求解过程就犹如自然界中生物们的遗传进化一样,后代比前一代更能适应环境。但是遗传算法目前还存在一些缺点,如要求种群规模较大、优化时间较长、会较早地收敛于局部最优解、需要进行复杂的编码等。

蜂群算法(Bee Colony Algorithm)是通过研究蜜蜂的行为从而提出的一种智能优化算法,又称为仿生优化算法。蜜蜂是一种社会性的群居动物,它们分工合作,依赖群体的智慧进行繁衍和生存。根据蜂群中的觅食行为和繁殖行为,蜂群算法可以分为基于繁殖机理和觅食机理两种不一样的智能算法。在人工蜂群算法中,根据采蜜行为开发的智能算法被广泛应用。在算法中蜜蜂搜寻花粉的过程就如同搜寻结构优化问题中全局最优解的过程。在搜寻的过程中,每个花粉源就代表待解决问题的一个解,花粉源的质量代表适应度值，花粉源的质量越优，则蜜蜂所取得的花粉越多，即待解决问题的解越好。蜂群算法拥有非常棒的搜索最优解的能力，因为该算法利用了正反馈机制，具有广泛的适用性。但是，由于受进化方式和策略选择的影响，该算法在接近全局最优解时，也存在搜索速度慢、种群多样性减少、容易陷入局部最优解等缺点。

灰狼算法（Grey Wolf Optimizer）是通过模拟灰狼狼群中的阶级层次和狩猎机制进而衍生出的一种群体智能优化算法。狼群被誉为顶级掠食者，它们处在食物链的顶端，通过有效的组织和严格的纪律，狼群总是能快速抓捕到猎物。灰狼算法将灰狼捕猎的过程比作在设计域内搜索全局最优解，捕猎过程分为三步：①追踪、追逐、接近猎物，即寻找最优解；②追逐、包围，直到猎物停止行动，即追踪最优解；③攻击猎物，即得到最优解。灰狼算法收敛速度快、操作简单、易于实现，但是这种算法是近几年新提出的一种算法，在许多方面仍然有待改进和完善。

2.5.3　结构优化步骤流程

工程优化问题就是将具体的工程设计问题转化为对应的、合适的数学表达式，根据工程需要确定约束条件，求解极值问题，然后利用优化算法和计算机程序，计算得到最优结果。

结构优化设计的基本步骤如下：

1）根据工程条件的需要确定完善的数学模型。选择设计变量、确定目标函数、计算约束条件。

2）选择合适的优化算法。根据目标函数的维数、目标函数是否需要求导、目标函数和约束条件是线性还是非线性的、需要求出精确结果还是近似结果等来选择。

3）选择合适的算法参数，确定初始位置，进行计算机编程。

4）通过计算机的运行得到最优结果。

5）对优化结果和数据进行分析。

结构优化设计的基本步骤如图 2-10 所示。

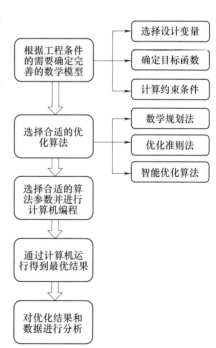

图 2-10　结构优化设计的基本步骤

2.6 基于智能优化算法的金属结构减量化设计方法

在传统的确定性尺寸优化设计中，确定性即是把结构中的参数均看作准确值。然而，在实际工程中，由于诸多因素的影响，这些结构参数往往具有不确定性，而可靠性优化设计是一种能在不确定性参数影响下研究结构性能的方法。可靠性优化设计就是从结构安全性和经济性两方面考虑，以优化方法作为基本工具，并将可靠性分析融入优化模型，使优化出来的结果既满足结构性能要求，又满

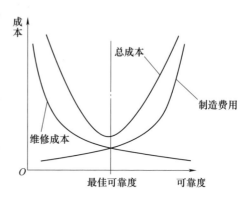

图 2-11 可靠性优化设计的意义

足可靠性要求，从而使设计的结构在经济成本和安全稳定之间达到最佳匹配，实现效益最大化，图 2-11 所示为可靠性优化设计的意义。本节将在区间非概率可靠性的基础上，研究基于飞蛾火焰算法的区间模型非概率可靠性优化问题。

▷ 2.6.1 可靠性优化的数学模型

在以往的确定性尺寸优化模型中，通常只需要确定与结构有关的目标函数及与结构性能有关的约束条件：

$$\begin{cases} \min\quad f(x) \\ \text{s. t.} \begin{cases} g_i(x) \leq 0 \quad (i=1,2,\cdots,m) \\ x^{\mathrm{l}} \leq x \leq x^{\mathrm{u}} \end{cases} \end{cases} \tag{2-4}$$

式中，x 为设计变量；$f(x)$ 为目标函数；$g_i(x)$ 为约束函数；m 为约束条件的个数；x^{u}、x^{l} 分别为设计变量 x 的上、下限。

但是，在前面所述的确定性尺寸优化模型中过于理想化，因为在工程实践中，与结构有关的参数通常存在不确定性，所以需要在传统的确定性优化中加入与结构性能相关的可靠性分析，通过引入的可靠性分析来处理结构中相关参数的不确定性。因此，在上述的优化模型中添加可靠性指标约束，即可建立以下优化模型：

$$\begin{cases} \min\quad f(x) \\ \text{s. t.} \begin{cases} \eta_i^{\min} - \eta\big[g_i(x,p)\big] \leq 0 \quad (i=1,2,\cdots,m) \\ x^{\mathrm{l}} \leq x \leq x^{\mathrm{u}} \end{cases} \end{cases} \tag{2-5}$$

式中，x 为设计变量；p 为不确定性变量；$f(x)$ 为目标函数；$g_i(x,p)$ 为极限状态函数；$\eta[g_i(x,p)]$ 为与结构性能相关的可靠性分析结果；$\eta_i^{\min}$ 为结构所能接受的最低值。

2.6.2 基于区间模型的非概率可靠性优化求解方法

可靠性指标的求解是一个优化迭代问题，在上一节所建的模型中，外部也是一个优化迭代问题。所以可靠性优化设计实际上需要解决在一个优化问题中处理另一个优化问题，也就是双层嵌套优化，它包括两个方面：一方面是与结构有关的目标函数；另一方面是对结构性能进行可靠性分析。双层嵌套优化的流程图如图 2-12 所示。

由图 2-12 可知，外层优化是对与结构相关的目标函数，需要在整个可行域内对每个点进行优化迭代，是一个计算量较大的工作，需要寻求一个高效的优化算法，直到搜索到满足约束的最佳空间点。

内层优化是对结构性能进行可靠性分析，由于可靠性指标的求解是一个十

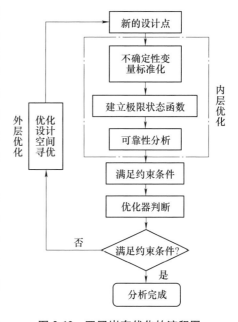

图 2-12 双层嵌套优化的流程图

分复杂的问题，其所需存储空间大，计算效率低。针对此缺陷，关于内层可靠性分析，选择 MATLAB 内部函数 Vpasolve；关于外层优化，选择飞蛾火焰算法。

2.6.3 基于 MATLAB 的内层可靠性分析方法

MATLAB 是一个包含大量计算算法的集合，Vpasolve 是在 Symbolic Math Toolbox 下的一个数值计算函数，可以求解一元或多元函数零点，Vpasolve 不需要提供初值，并且能够搜索指定范围的多个解，其调用形式为

$$S = \text{Vpasolve}(\text{eqn}, \text{var}) \tag{2-6}$$

式中，eqn 为符号方程；var 为待求变量。

在标准化空间内存在这样的直线，即凸集内任意顶点与原点的连线，其势必与极限状态函数的临界失效面相交，而可靠性指标为这些相交点中的一个。由此可以缩小之前可靠性指标求解的空间范围，将其锁定在有限的空间内。利用锁定的有限空间，将可靠性指标的求解转化为一元方程的求解，得到非概率

可靠性结果。但当不确定性参数较多时，这样的连线将会以指数倍增长，求解难度同样十分巨大。

针对此缺陷，引入随机变量系数矩阵 A，该矩阵大小为 $2^{n-1} \times (n-1)$。具体做法如下。

假设功能函数随机变量为三维，则其系数矩阵为

$$A = \begin{pmatrix} 1 & 1 \\ 1 & -1 \\ -1 & 1 \\ -1 & -1 \end{pmatrix} \qquad (2\text{-}7)$$

综上所述，结合 MATLAB 内部函数 Vpasolve 对非概率可靠性指标进行求解，求解步骤如下：

1）根据结构失效模式写出极限状态功能函数并对其进行标准化，计算随机变量个数，写出随机变量系数矩阵。

2）设置 $i=1$，随机变量 $\delta \times A$，得到第一个一元函数，对其进行求解，将其存放在矩阵 B。

3）设置 $i=i+1$，直到求解完所有的一元函数，将所有的值存放在矩阵 B。

4）求取矩阵 B 的绝对值，并寻找到最小的值作为可靠性指标。

▷▷ 2.6.4 基于飞蛾火焰算法的外层优化方法

飞蛾火焰优化算法（Moth-Flame Optimization，MFO）是由 Seyedali Mirjalili 于 2015 年提出的一种新型仿生群体智能算法，该算法的灵感源于飞蛾在夜间飞行时与月光保持一个角度进行横向定位导航，并通过观察学习飞蛾在绕火焰飞行时呈螺旋状继而建立了螺旋函数数学模型用来更新飞蛾所处位置的新型仿生群体智能算法。

在飞蛾火焰优化算法中，蛾群中的个体空间位置可以被看作是目标函数中的可行性方案之一，用矩阵 M 表示；火焰的位置也就是相对应飞蛾的位置是组成飞蛾火焰算法的另一个重要部分，存储其大小的矩阵类似于飞蛾矩阵。该算法选择对数螺旋函数 S 作为飞蛾位置更新机制，因此飞蛾火焰算法定义的对数螺旋函数为

$$S(M_i, F_j) = D_i \cdot e^{bt} \cdot \cos(2\pi t) + F_j \qquad (2\text{-}8)$$

式中，D_i 为火焰与飞蛾距离的绝对值，表示为 $D_i = |F_j - M_i|$；b 为螺旋形状常数；t 为 $[-1, 1]$ 之间的随机数。

该算法提出者为了使算法在迭代过程中获得更快的收敛速率，提出自适应火焰数量更新机制，公式为

$$\text{flame no} = \text{round}\left(N - l \times \frac{N-1}{T}\right) \qquad (2\text{-}9)$$

式中，l 表示当前迭代次数；N 表示火焰的最大数量；T 表示迭代的最大次数。

本章提出了一种新的自适应-学习型飞蛾火焰算法，其核心是对飞蛾火焰算法中自适应火焰数量更新机制进行了改进和优化，将沿直线下降的火焰数量更新机制改为沿曲线下降，从而提高自适应火焰数量收敛速度；在飞蛾更新位置时赋予飞蛾"学习"能力，即所有的飞蛾更新位置时均参考最好的火焰，从而提高位置更新的搜索精度。改进以后的飞蛾位置更新机制和火焰数量更新机制如下：

$$S(M_i, F_j) = D_i \cdot e^{bt} \cdot \cos(2\pi t) + F_1 \tag{2-10}$$

$$\text{flame} \quad \text{no} = \text{round}\left[T/(l + T/N) \right] \tag{2-11}$$

式中，F_1 为每代种群中表现最好的个体。

基于改进型飞蛾火焰算法的结构可靠性优化流程如图 2-13 所示。

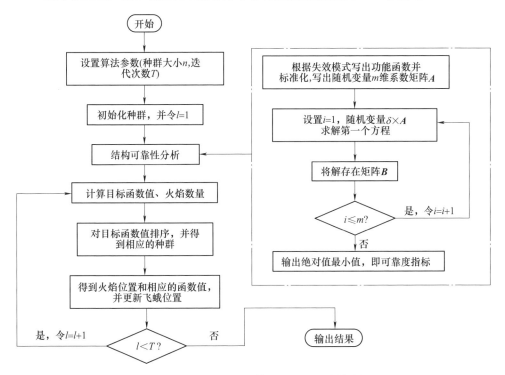

图 2-13　基于改进型飞蛾火焰算法的结构可靠性优化流程图

2.7　连续体拓扑优化原理及设计方法

2.7.1　变密度法概述

离散结构拓扑优化问题是指具有离散可行域或者离散目标函数的问题，它在计算机科学、运筹学和工程中有着广泛的应用。离散结构优化问题顾名思义其设计变量是离散的，则所求解也是离散的，因此在其数学模型中目标函数和约束函数不连续。目前，离散变量优化问题越来越受到人们的重视，且其主要被用在桁架结构的优化问题上。由于所研究的对象主要是连续体结构，因此这里主要讨论连续体拓扑优化。

连续体结构在拓扑优化方面受到了大量的关注。连续体结构拓扑优化问题因为其数学模型描述的难度很大、求解困难、计算量大，所以发展非常缓慢。对连续体结构进行拓扑优化的方法有基结构方法、均匀化方法、变密度法、变厚度法、独立连续映射法（ICM）和渐进结构优化法（ESO）等。

基结构方法是将规定的设计区域通过有限单元法离散成合适的子设计区域，再通过一定的准则和方法将某些子设计域删除，将保留下来的子设计域当作新的、最优的拓扑结构。

均匀化方法属于材料描述方法中的一种，通过材料插值的方式对连续体结构拓扑优化问题进行描述。均匀化方法是将微结构即单胞引入结构材料中，单胞的尺寸和形状参数决定了宏观材料在该点的密度和弹性模量。但是，均匀化方法的设计变量较多，计算量非常大，结构灵敏度求解困难，所以其很难用于复杂结构的拓扑优化。

变厚度法是将结构中基本单元的厚度作为设计变量，从而将拓扑优化问题转化成难度和层次更低的尺寸优化问题，通过删除厚度小于指定值的单元，剩余厚度大于指定值的结构作为最优拓扑结构，从而实现结构拓扑优化。变厚度法只适用于二维结构，很难在三维结构上得到应用，适用对象方面受到限制。

独立连续映射法（ICM）通常是以重量作为目标函数，通过磨光函数和过滤函数对设计变量进行映射，使得设计变量从离散到连续再到离散。独立连续映射法的设计变量是在 [0，1] 上的不间断的连续值，并且独立于低层次的设计变量（一般指依附于所优化结构的截面尺寸、材料属性或者厚度等）。通过上述设计变量的定义使得求解过程的效率更高，并且能很好地表现出拓扑优化的特点。

渐进结构优化法（ESO）是根据特殊的准则，逐步迭代删除低效或者无用的材料，最终使得剩余结构的性能达到最优。渐进结构优化法只需要设定两个参数：删除率 RR 和进化率 ER。通过删除率 RR 判断是否删除材料，进化率 ER 则表示 RR 的改变程度。ESO 的单元删除准则：在一轮迭代中，需要删除那些在本轮迭代中灵敏度小于删除率的单元。删除率计算式为

$$RR_{i+1} = RR_i + ER \quad (i = 0,1,2,\cdots) \tag{2-12}$$

渐进结构优化法的参数少，优化效率高，并且在优化的过程中，所划分的网格固定不变，每一次迭代的结果都可以作为设计参考，所以被广泛地应用于

实际工程中，但是渐进结构优化法的缺点是往往得不到全局最优解，得不到想要的结果。

变密度法是均匀化方法的拓展，其本质是人为地提出一种材料，这种材料的密度在 0 到 1 之间。假设初始材料属性和材料密度之间成指数函数关系，在优化过程中将材料的密度作为拓扑设计变量，通过引入材料的方式，变密度法将拓扑优化转化为更容易理解和计算的材料最优分布问题。变密度法普遍采用目标结构的柔顺度作为目标函数（即使目标结构刚度最大）。因为人为引入的中间密度难以判断材料是否应该删除，所以变密度法中常用的密度插值模型有 SIMP 模型和 RAMP 模型。上述两种插值模型是通过引入惩罚因子，通过惩罚因子的惩罚作用，使复合材料即单元的中间密度向 0 和 1 两端靠近，这样避免了中间密度的产生，使整个优化过程顺利地进行下去。

变密度法一个单元只包含一个设计变量，所以和均匀化方法相比较，其设计变量较少，计算难度大大减小，简化了整个计算过程。变密度法材料插值模型理论简单，能很好地描述材料拓扑优化的本质，所以是目前应用最广的拓扑优化设计方法。

2.7.2 变密度法的插值模型及数学模型

变密度法是以各向同性材料为基础，人为地引入密度大小介于 [0，1] 的假想材料，单元的相对密度和单元材料性质之间的关系可以用指数函数来表示。变密度法本质上是假设结构由密度在 0 到 1 之间的材料组成，迭代计算中以单元的相对密度即设计变量的数值决定单元的删除与否。与采用尺寸设计变量相比较，变密度法能很好地反映拓扑优化的本质。

SIMP 插值模型的公式为

$$\begin{cases} E = \rho(x)^p E_0 \\ \int \rho(x)\,\mathrm{d}\Omega \leqslant V \end{cases} \tag{2-13}$$

式中，p 为惩罚因子；E_0 为材料的原始弹性模量；E 为材料的等效弹性模量；$\rho(x)$ 为材料的密度函数，$0 \leqslant \rho(x) \leqslant 1$；$V$ 为材料的允许用量；设计变量 $x \in \Omega$。

从式（2-13）可以看出，$\rho(x)$（即材料的密度函数）在 0 到 1 之间变化时，材料的等效弹性模量在 0 和其原始弹性模量之间变化。通过惩罚因子 p，使得材料的等效弹性模量偏向 0 或者 1。当弹性模量为 0 时，可以认为单元不受载荷的作用，不进行载荷的传递，即该单元没有材料；当弹性模量为 1 时，材料即为实体材料。

RAMP 插值模型的公式为

$$E(\rho) = E^{\min} + \frac{\rho}{1 + p(1 - \rho)}(E^0 - E^{\min}) \tag{2-14}$$

式中，$E^{\min}$ 为空洞材料的弹性模量；E^0 为实体材料的弹性模量；p 为惩罚因子，$p>1$。

变密度法拓扑优化的数学模型如下：

$$\text{find} \quad \boldsymbol{x} = (x_1, x_2, x_3, \cdots, x_N)^{\mathrm{T}} \in \mathbf{R}$$

$$\min \quad C(x) = \boldsymbol{F}^{\mathrm{T}}\boldsymbol{U} = \boldsymbol{U}^{\mathrm{T}}\boldsymbol{K}\boldsymbol{U}^{\mathrm{T}}$$

$$C(x) = \sum_{i=1}^{N} (x_i)^p \boldsymbol{u}_i^{\mathrm{T}} \boldsymbol{k}_0 \boldsymbol{u}_i \tag{2-15}$$

$$\text{s. t.} \begin{cases} \boldsymbol{F} = \boldsymbol{K}\boldsymbol{U} \\ V_0 \geqslant fV \\ 0 < x_{\min} < x_i < x_{\max} < 1 \end{cases}$$

式中，x_i 为离散单元的相对密度，$0<x_i<1$；$\boldsymbol{K}$ 为结构的刚度矩阵；$\boldsymbol{U}$ 为结构的位移矢量；$\boldsymbol{F}$ 为结构的外力矢量；$\boldsymbol{u}_i$ 为材料位移列矢量；V 为优化后结构的体积；V_0 为优化前结构的体积；f 为材料体积优化比率；$\boldsymbol{k}_0$ 为单元刚度矩阵；$x_{\min}$、$x_{\max}$ 分别为单元设计变量的下、上限。

2.7.3 有限元理论

有限元方法（Finite Element Method）是求解各种复杂数学物理问题的重要方法，是处理各种复杂工程问题的重要手段，也是进行科学研究的重要工具。该方法的应用和实施包括三个方面：有限元理论、软件及硬件。这三个方面是相互关联的，缺一不可。以弹性力学为基础理论，通过数值离散技术实现有限元法，同时，还需要有限元分析软件作为载体。

在变密度拓扑优化方法中，需要通过有限元方法来进行求解，将设计区域离散成许多个小单元，将材料的密度设置为 [0，1] 之间的连续变量，假定密度和材料属性两者间的关系，通过一系列迭代优化计算，得到最终结果，所以有限元方法在其中必不可少。

有限元分析的基本流程如下：

1）节点编号和单元划分。
2）计算各单元的单元刚度方程。
3）组装各单元刚度方程。
4）处理边界条件并求解。
5）求约束力。
6）求解各个单元的其他力学量。

有限元标准化分析过程的核心要素是单元，所以在进行铸造起重机主梁有限元分析的时候，采用连续体平面 4 节点矩形单元进行离散。矩形单元因为其形状简单，所以被用来作为基准单元进行研究。矩形单元如图 2-14 所示。

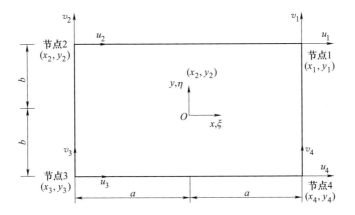

图 2-14 矩形单元示意图

如图 2-14 所示，矩形单元的每个端点代表一个节点，每个节点有两个自由度，沿 x 轴、y 轴两个方向。每个节点的位移为 $(u_i, v_i)(i = 1, 2, 3, 4)$。

无量纲坐标的转换公式为

$$\xi = \frac{a}{x}, \eta = \frac{y}{b} \tag{2-16}$$

那么矩形单元的每个节点的几何位置为：$(\xi_1, \eta_1) = (1, 1)$，$(\xi_2, \eta_2) = (-1, 1)$，$(\xi_3, \eta_3) = (-1, -1)$，$(\xi_4, \eta_4) = (1, -1)$。

该矩形单元的节点位移列阵 $\boldsymbol{q}^e$ 和节点位移列阵 $\boldsymbol{P}^e$ 的公式为

$$\boldsymbol{q}^e = (u_1, v_1, u_2, v_2, u_3, v_3, u_4, v_4)^T \tag{2-17}$$

$$\boldsymbol{P}^e = (P_{x1}, P_{y1}, P_{x2}, P_{y2}, P_{x3}, P_{y3}, P_{x4}, P_{y4})^T \tag{2-18}$$

矩形单元的位移场模式公式为

$$u(x, y) = a_0 + a_1 x + a_2 y + a_3 xy \tag{2-19}$$

$$v(x, y) = b_0 + b_1 x + b_2 y + b_3 xy \tag{2-20}$$

节点条件公式为

$$\begin{cases} u(x_i, y_i) = u_i \\ v(x_i, y_i) = v_i \end{cases} \tag{2-21}$$

将式（2-19）~式（2-21）联立求解得到结果为

$$u(x, y) = N_1(x, y)u_1 + N_2(x, y)u_2 + N_3(x, y)u_3 + N_4(x, y)u_4 \tag{2-22}$$

$$v(x, y) = N_1(x, y)v_1 + N_2(x, y)v_2 + N_3(x, y)v_3 + N_4(x, y)v_4 \tag{2-23}$$

其中，N_1、N_2、N_3、N_4 为

$$\begin{cases} N_1(x,y) = \dfrac{1}{4}\left(1 + \dfrac{x}{a}\right)\left(1 + \dfrac{y}{b}\right) \\[2mm] N_2(x,y) = \dfrac{1}{4}\left(1 - \dfrac{x}{a}\right)\left(1 + \dfrac{y}{b}\right) \\[2mm] N_3(x,y) = \dfrac{1}{4}\left(1 - \dfrac{x}{a}\right)\left(1 - \dfrac{y}{b}\right) \\[2mm] N_4(x,y) = \dfrac{1}{4}\left(1 + \dfrac{x}{a}\right)\left(1 - \dfrac{y}{b}\right) \end{cases} \tag{2-24}$$

若将式（2-24）以无量纲坐标系来表达，则为

$$N_i = \frac{1}{4}(1 + \xi_i\xi)(1 + \eta_i\eta) \quad (i = 1,2,3,4) \tag{2-25}$$

将式（2-22）和式（2-23）写成矩阵的形式为

$$\begin{pmatrix} u(x,y) \\ v(x,y) \end{pmatrix} = \begin{pmatrix} N_1 & 0 & N_2 & 0 & N_3 & 0 & N_4 & 0 \\ 0 & N_1 & 0 & N_2 & 0 & N_3 & 0 & N_4 \end{pmatrix} \begin{pmatrix} u_1 \\ v_1 \\ u_2 \\ v_2 \\ u_3 \\ v_3 \\ u_4 \\ v_4 \end{pmatrix} = \boldsymbol{N}\boldsymbol{q}^e \tag{2-26}$$

式中，$\boldsymbol{N}$ 为形状函数矩阵。

根据弹性力学理论，得到矩形单元的应变表达为

$$\boldsymbol{\varepsilon}(x,y) = \begin{pmatrix} \varepsilon_{xx} \\ \varepsilon_{xx} \\ \gamma_{xy} \end{pmatrix} = \partial\boldsymbol{u} = \partial\boldsymbol{N}\boldsymbol{q}^e = \boldsymbol{B}\boldsymbol{q}^e \tag{2-27}$$

式中，$\boldsymbol{B}$ 为形状函数，形状函数 $\boldsymbol{B}$ 表示为

$$\boldsymbol{B}(x,y) = \partial\boldsymbol{N} = \begin{pmatrix} \dfrac{\partial}{\partial x} & 0 \\[2mm] 0 & \dfrac{\partial}{\partial y} \\[2mm] \dfrac{\partial}{\partial y} & \dfrac{\partial}{\partial x} \end{pmatrix} \begin{pmatrix} N_1 & 0 & N_2 & 0 & N_3 & 0 & N_4 & 0 \\ 0 & N_1 & 0 & N_2 & 0 & N_3 & 0 & N_4 \end{pmatrix}$$

$$= (\boldsymbol{B}_1 \quad \boldsymbol{B}_2 \quad \boldsymbol{B}_3 \quad \boldsymbol{B}_4) \tag{2-28}$$

其中，$\boldsymbol{B}_i$ 的计算公式为

$$\boldsymbol{B}_i = \begin{pmatrix} \dfrac{\partial N_i}{\partial x} & 0 \\[2mm] 0 & \dfrac{\partial N_i}{\partial y} \\[2mm] \dfrac{\partial N_i}{\partial y} & \dfrac{\partial N_i}{\partial x} \end{pmatrix} \quad (i = 1,2,3,4) \tag{2-29}$$

根据弹性力学理论，得到矩形单元的应力表达式为

$$\boldsymbol{\sigma} = \boldsymbol{D}\boldsymbol{\varepsilon} = \boldsymbol{D}\boldsymbol{B}\boldsymbol{q}^e = \boldsymbol{S}\boldsymbol{q}^e \tag{2-30}$$

式中，$\boldsymbol{S}$ 为应力函数矩阵，$\boldsymbol{S} = \boldsymbol{D}\boldsymbol{B}$。

根据单元势能原理计算得到矩形单元的刚度矩阵为

$$\boldsymbol{K}^e = \int_{A^e} \boldsymbol{B}^{\mathrm{T}} \boldsymbol{D}\boldsymbol{B} \, \mathrm{d}A \cdot t = \begin{pmatrix} k_{11} & & & \\ k_{21} & k_{22} & & \\ k_{31} & k_{32} & k_{33} & \\ k_{41} & k_{42} & k_{43} & k_{44} \end{pmatrix} \tag{2-31}$$

式中，t 为厚度；子矩阵 $\boldsymbol{k}_{ij}$ 为

$$\boldsymbol{k}_{ij} = \int_{A^e} \boldsymbol{B}_i^{\mathrm{T}} \boldsymbol{D}\boldsymbol{B}_j t \mathrm{d}x\mathrm{d}y \quad (i, j = 1,2,3,4) \tag{2-32}$$

式（2-32）还可以写成

$$\boldsymbol{k}_{ij} = \frac{Et}{4(1 - \mu^2)ab} \begin{pmatrix} k_1 & k_3 \\ k_2 & k_4 \end{pmatrix} \tag{2-33}$$

其中，k_1、k_2、k_3、k_4 的公式为

$$\begin{cases} k_1 = b^2 \xi_i \xi_j \left(1 + \dfrac{1}{3}\eta_i \eta_j\right) + \dfrac{1-\mu}{2} a^2 \eta_i \eta_j \left(1 + \dfrac{1}{3}\xi_i \xi_j\right) \\[3mm] k_2 = ab\left(\mu \eta_i \xi_j + \dfrac{1-\mu}{2}\eta_j \xi_i\right) \\[3mm] k_3 = ab\left(\mu \eta_j \xi_i + \dfrac{1-\mu}{2}\eta_i \xi_j\right) \\[3mm] k_4 = a^2 \eta_i \eta_j \left(1 + \dfrac{1}{3}\xi_i \xi_j\right) + \dfrac{1-\mu}{2} b^2 \xi_i \xi_j \left(1 + \dfrac{1}{3}\eta_i \eta_j\right) \end{cases} \tag{2-34}$$

▷▷ 2.7.4　基于优化准则法的变密度拓扑优化

基于优化准则法的变密度拓扑优化其实就是解决一个非线性优化问题，即一个具有不等式约束的多元函数的极值问题。本章在解决这类问题时用到了拉格朗日乘子法，通过拉格朗日乘子法将目标函数、等式约束、不等式约束组合成一个式子，即拉格朗日函数。然后，写出该优化问题的库恩-塔克条件

（Kuhn-Tucker Condition），对于解决不等约束的优化问题，所求得的最优值必须满足库恩-塔克条件，即库恩-塔克条件是求得最优值的必要条件。

基于 SIMP 插值的数学模型通过引入拉格朗日乘子 λ_1、$\boldsymbol{\lambda}_2$、λ_3、λ_4（其中 $\boldsymbol{\lambda}_2$ 是矢量，λ_1、λ_3、λ_4 是标量，λ_1，λ_3，$\lambda_4 \geqslant 0$），得到连续体拓扑优化数学模型的拉格朗日函数为

$$L(x_i) = C(x_i) + \lambda_1(V - fV_0) + \boldsymbol{\lambda}_2^{\mathrm{T}}(\boldsymbol{KU} - \boldsymbol{F}) +$$

$$\sum_{i=1}^{N} \lambda_3(x_{\min} - x_i) + \sum_{i=1}^{N} \lambda_4(x_i - x_{\max}) \quad (2\text{-}35)$$

需要求解的优化问题的数学模型为

$$\begin{cases} \min \quad f(\boldsymbol{x}) \\ \text{s. t.} \begin{cases} g_s(\boldsymbol{x}) \leqslant 0 \quad (s = 1,2,\cdots,l) \\ h_r(\boldsymbol{x}) = 0 \quad (r = 1,2,\cdots,m) \end{cases} \end{cases} \quad (2\text{-}36)$$

根据式（2-36）可以得到在极值点 x^* 处满足的库恩-塔克条件为

$$\begin{cases} \dfrac{\mathrm{d}f(x_i)}{\mathrm{d}x_i} + \sum_{s=1}^{l} \mu_s \dfrac{\mathrm{d}g_s(x_i)}{\mathrm{d}x_i} + \sum_{r=1}^{m} \lambda_r \dfrac{\mathrm{d}h_r(x_i)}{\mathrm{d}x_i} = 0 \quad (i = 1,2,\cdots,n) \\ h_r(x_i) = 0 \quad (r = 1,2,\cdots,m) \\ \mu_s g_s(x_i) = 0 \quad (s = 1,2,\cdots,l) \\ \mu_s \geqslant 0 \end{cases} \quad (2\text{-}37)$$

根据式（2-37）可以推导出以结构柔顺度为目标函数，体积为约束，基于 SIMP 插值的拓扑优化模型在极值点 $\boldsymbol{x}^*$ 处满足的库恩-塔克条件为

$$\begin{cases} \dfrac{\partial L(x_i)}{\partial x_i} = \dfrac{\partial C(x_i)}{\partial x_i} + \lambda_1 \dfrac{\partial(V - fV_0)}{\partial x_i} + \boldsymbol{\lambda}_2 \dfrac{\partial(\boldsymbol{KU} - \boldsymbol{F})}{\partial x_i} - \lambda_3 + \lambda_4 = 0 \\ V - fV_0 = 0 \\ \boldsymbol{KU} - \boldsymbol{F} = 0 \\ \lambda_3(x_{\min} - x_i) = 0 \\ \lambda_4(x_i - x_{\max}) = 0 \\ \lambda_1,\boldsymbol{\lambda}_2,\lambda_3,\lambda_4 \geqslant 0 \\ 0 < x_{\min} \leqslant x \leqslant 1 \end{cases} \quad (2\text{-}38)$$

根据分析得到库恩-塔克条件还与自变量的取值有关，当 $x_{\min} \leqslant x_i \leqslant x_{\max} = 1$ 时，约束条件不起作用，所以 $\lambda_3 = 0$，$\lambda_4 = 0$；当 $x_i = x_{\min}$ 时，约束条件中自变量 x_i 的下限约束不起作用，所以 $\lambda_3 \geqslant 0$，$\lambda_4 = 0$；当 $x_i = x_{\max} = 1$ 时，约束条件中自变量 x_i 的上限约束不起作用，所以 $\lambda_3 = 0$，$\lambda_4 \geqslant 0$。

所以式（2-38）中的第一个式子可以写成如下形式：

$$\begin{cases} \dfrac{\partial L(x_i)}{\partial x_i} = \dfrac{\partial C(x_i)}{\partial x_i} + \lambda_1 \dfrac{\partial(V - fV_0)}{\partial x_i} + \lambda_2 \dfrac{\partial(\boldsymbol{KU} - \boldsymbol{F})}{\partial x_i} = 0 \quad (x_{\min} \leqslant x_i \leqslant x_{\max}) \\[2ex] \dfrac{\partial L(x_i)}{\partial x_i} = \dfrac{\partial C(x_i)}{\partial x_i} + \lambda_1 \dfrac{\partial(V - fV_0)}{\partial x_i} + \lambda_2 \dfrac{\partial(\boldsymbol{KU} - \boldsymbol{F})}{\partial x_i} \leqslant 0 \quad (x_i = x_{\min}) \\[2ex] \dfrac{\partial L(x_i)}{\partial x_i} = \dfrac{\partial C(x_i)}{\partial x_i} + \lambda_1 \dfrac{\partial(V - fV_0)}{\partial x_i} + \lambda_2 \dfrac{\partial(\boldsymbol{KU} - \boldsymbol{F})}{\partial x_i} \geqslant 0 \quad (x_i = x_{\max}) \end{cases}$$

$$(2\text{-}39)$$

取 $\dfrac{\partial L(x_i)}{\partial x_i} = \dfrac{\partial C(x_i)}{\partial x_i} + \lambda_1 \dfrac{\partial(V - fV_0)}{\partial x_i} + \lambda_2 \dfrac{\partial(\boldsymbol{KU} - \boldsymbol{F})}{\partial x_i} = 0$

其中，右侧各项可表示为

$$\frac{\partial C(x_i)}{\partial x_i} = \frac{\partial(\boldsymbol{U}^{\mathrm{T}}\boldsymbol{KU})}{\partial x_i} = \frac{\partial \boldsymbol{U}^{\mathrm{T}}}{\partial x_i}\boldsymbol{KU} + \boldsymbol{U}^{\mathrm{T}}\frac{\partial \boldsymbol{K}}{\partial x_i}\boldsymbol{U} + \boldsymbol{U}^{\mathrm{T}}\boldsymbol{K}\frac{\partial \boldsymbol{U}}{\partial x_i} = -\sum_{i=1}^{n} P x_i^{p-1} \boldsymbol{u}_i^{\mathrm{T}} \boldsymbol{k}_0 \boldsymbol{u}_i$$

$$(2\text{-}40)$$

$$\frac{\partial(V - fV_0)}{\partial x_i} = \frac{\partial\left(\sum\limits_{i=1}^{n} x_i v_i - fV_0\right)}{\partial x_i} = \sum_{i=1}^{n} v_i$$

$$(2\text{-}41)$$

$$\frac{\partial(\boldsymbol{KU} - \boldsymbol{F})}{\partial x_i} = \frac{\partial \boldsymbol{K}}{\partial x_i}\boldsymbol{U} + \boldsymbol{K}\frac{\partial \boldsymbol{U}}{\partial x_i}$$

$$(2\text{-}42)$$

所以经过整理得

$$-\sum_{i=1}^{n} P x_i^{p-1} \boldsymbol{u}_i^{\mathrm{T}} \boldsymbol{k}_0 \boldsymbol{u}_i + \lambda_1 \sum_{i=1}^{n} v_i = 0$$

$$(2\text{-}43)$$

根据式（2-43）可以得到优化准则为

$$x_i^{(k+1)} = \frac{\sum\limits_{i=1}^{n} P x_i^{p-1} \boldsymbol{u}_i^{\mathrm{T}} \boldsymbol{k}_0 \boldsymbol{u}_i}{\lambda \sum\limits_{i=1}^{n} v_1} x^{(k)}$$

$$(2\text{-}44)$$

2.7.5 拓扑优化步骤

基于优化准则法求解 SIMP 变密度拓扑优化问题的步骤如下：

1）确定设计区域、约束条件和载荷条件。

2）定义目标函数，将相对密度作为设计变量，进行网格划分，并初始化设计变量。

3）计算单元刚度矩阵，组装总刚度矩阵。

4）有限元分析得到位移矢量，计算目标函数值及其灵敏度值。

5）通过优化准则法对设计变量进行迭代计算，并计算出相应的拉格朗日乘子。

6）判断结果是否满足约束条件，如果满足则继续下一步，如果不满足则返回步骤5）。

7）判断优化结果是否收敛，如果收敛则输出结果，如果不收敛则返回步骤4），重新开始迭代。

基于优化准则法的变密度拓扑优化流程如图2-15所示。

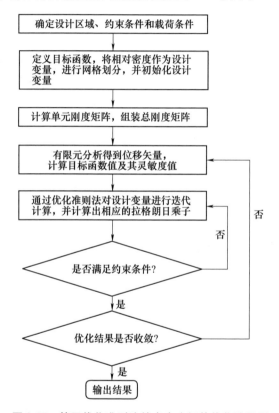

图 2-15　基于优化准则法的变密度拓扑优化流程图

2.8　动态设计基本理论

机械结构动态特性的分析方法有：理论建模及分析、实验测试及分析以及两种方法的结合。理论建模及分析方法是以结构动力学作为理论基础，结合设备、结构特点和其他资料等建立能模拟机械结构动态特性的系统模型，研究过程并不依赖实际设备。动力学模型不仅可以有效地计算出系统部件的动力学特性，从而验证现有设备的动力学特性是否满足设计要求，现有设计是否需要做出修改或优化，还可以作为计算机仿真建模的基础，实现结构设计优化前、后动态特性的对比和结构的动态优化设计。机械结构设计方案实施前可以建立其动力学模型，通过计算机建模和分析对现有方案进行评估和优化，不断修改可以得到最优化的设计方案。该设计方法不仅可以得到最优化的结构设计方案，而且提高了设计效率、降低了设计成本。这是理论建模及分析方法最大的优点。

理论建模及分析方法应用的最大难点在于建立一个能够完全模拟结构动力学特性的模型。机械结构在不同工况下的边界条件处理很难与实际情况完全一致，等效结构参数也很难得到一个准确值，再加上模型简化带来的一些误差，因此提高动力学模型的模拟精度，满足工程设计需求是机械结构动态特性理论建模的核心问题。机械结构动力学建模方法可分为动力学问题有限元法、集中参数法和传递矩阵法，其中传递矩阵法也是集中参数法的一种。

▷▷ 2.8.1　动力学问题有限元法

机械结构在工作过程中所承受的动载荷通常随时间变化，当动载荷随时间变化较大时，机械结构振动会变得强烈。因此，在结构分析时不能仅按照静力学问题来分析结构的位移、应力和应变，还需要依据弹性动力学理论，同时要考虑结构惯性和阻尼特性。三维弹性动力学基本方程式为

$$\begin{cases} \dfrac{\partial \sigma_x}{\partial x} + \dfrac{\partial \tau_{yx}}{\partial y} + \dfrac{\partial \tau_{zx}}{\partial z} + p_x = \rho \dfrac{\partial^2 u}{\partial t^2} + c \dfrac{\partial u}{\partial t} \\[3mm] \dfrac{\partial \sigma_y}{\partial y} + \dfrac{\partial \tau_{xy}}{\partial x} + \dfrac{\partial \tau_{zy}}{\partial z} + p_y = \rho \dfrac{\partial^2 v}{\partial t^2} + c \dfrac{\partial v}{\partial t} \\[3mm] \dfrac{\partial \sigma_z}{\partial z} + \dfrac{\partial \tau_{xz}}{\partial x} + \dfrac{\partial \tau_{yz}}{\partial y} + p_z = \rho \dfrac{\partial^2 w}{\partial t^2} + c \dfrac{\partial w}{\partial t} \end{cases} \qquad (2\text{-}45)$$

式中，ρ 为物体密度；c 为阻尼系数；$\dfrac{\partial^2 u}{\partial t^2}$、$\dfrac{\partial^2 v}{\partial t^2}$、$\dfrac{\partial^2 w}{\partial t^2}$ 和 $\dfrac{\partial u}{\partial t}$、$\dfrac{\partial v}{\partial t}$、$\dfrac{\partial w}{\partial t}$ 分别为加速度和速度在三个坐标轴上的分量；右侧两项分别为惯性力和阻尼力。

由于机械结构和边界条件的复杂性，很难求得式（2-45）的解析解，为了满足工程设计与分析需求，许多学者提出了从物理近似和数学近似两个方面来求解方程的数值解。其中，能量变分原理是求解动力学问题有限元法最有效的方法。

在动力学有限元分析中，由于具有时间变量 t，所有求解问题转换成了一个变量 (x, y, z, t) 的四维空间问题，其形函数既包含了时间又包含了空间。单元形状不仅由静态位移分布决定，也还会受到时间 t 的影响。场变量 ϕ 的表达式为

$$\boldsymbol{\phi}(x,y,z,t) = \boldsymbol{N\phi}^e = \sum_{i=1}^{n} N_i(x,y,z,t)\phi_i \tag{2-46}$$

式中，$\boldsymbol{\phi}(x,y,z,t)$ 为场变量；$N_i(x,y,z,t)$ 为形函数；ϕ_i 为节点参数。

有限元法采用了空间和时间上的离散，根据 Hamilton 变分原理可以建立每一个单元的运动方程，由此得到的方程中，质量矩阵和刚度矩阵中的元素均包含时间 t。由于时空有限元推导出的方程阶数很高，尤其是在非线性动力学响应问题上，因此方程求解过程很困难。现有计算方法主要是将空间域进行离散，将场变量转换成如下形式：

$$\boldsymbol{\phi}(x,y,z,t) = \boldsymbol{N\phi}^e = \sum_{i=1}^{n} N_i(x,y,z)\phi_i(t) \tag{2-47}$$

式中，$N_i(x,y,z)$ 为通常的形函数；$\phi_i(t)$ 为随时间变化的节点参数。

机械结构动力学分析中的有限元法与静力学分析相同，首先对连续弹性体进行离散，将连续求解域转换成单元和节点进行分析；其次考虑时间和动载荷作用下的应力、应变和位移，通过能量变分原理求解出动力学问题中的运动方程。

▶ 1. 单元动力学有限元

在动力学问题有限元中，外载荷与位移都是时间 t 的函数，为了建立有限元动力学响应控制方程，根据达朗贝尔原理将每一个时间 t 的惯性力和阻尼力加载在连续介质汇总的质点上，动力学问题将被转换成等效静力学问题。整个单元瞬时总势能可表示为

$$\Pi = U + V = \int_{\Omega}\left(\frac{1}{2}\boldsymbol{\varepsilon}^{\mathrm{T}}\boldsymbol{\sigma} + c\tilde{\boldsymbol{a}}^{\mathrm{T}}\frac{\partial\tilde{\boldsymbol{a}}}{\partial t} + \rho\tilde{\boldsymbol{a}}^{\mathrm{T}}\frac{\partial^2\tilde{\boldsymbol{a}}}{\partial t^2} - \boldsymbol{p}^{\mathrm{T}}\tilde{\boldsymbol{a}}\right)\mathrm{d}V - \int_S \bar{\boldsymbol{p}}^{\mathrm{T}}\tilde{\boldsymbol{a}}\mathrm{d}S - \boldsymbol{G}^{\mathrm{T}}\tilde{\boldsymbol{a}}$$

$$\tag{2-48}$$

式中，$\boldsymbol{\varepsilon}$ 和 $\boldsymbol{\sigma}$ 分别为弹性体内部任一点的应变和应力矢量；$\bar{\boldsymbol{p}}$ 为作用在二维体边界上的面力；$\boldsymbol{p}$ 为体积力；$\boldsymbol{G}$ 为集中力；$\tilde{\boldsymbol{a}}$ 为单元位移函数。

应变矢量 $\boldsymbol{\varepsilon}$ 和应力矢量 $\boldsymbol{\sigma}$ 与节点位移之间的关系可分别表示为

$$\boldsymbol{\varepsilon} = \boldsymbol{Ba}^e \tag{2-49}$$

$$\boldsymbol{\sigma} = \boldsymbol{DBa}^e \tag{2-50}$$

式中，$\boldsymbol{D}$ 为弹性矩阵；$\boldsymbol{B}$ 为应变矩阵。

依据最小势能原理有

$$\delta\Pi = 0 \tag{2-51}$$

单元位移函数通过单元节点位移表示，动力分析单元位移模式可表示为

$$\boldsymbol{a}(t) = N_i(x,y,z)\left[a_i(t)\right]^e = \boldsymbol{Na}^e(t) \tag{2-52}$$

也就是说，单元任意一点位移均可由单元节点位移通过插值函数来表示，单元中单位体积力和黏性阻尼力分别表示为

$$P_{\mathrm{I}} = -\rho \frac{\partial^2 \tilde{\boldsymbol{a}}}{\partial t^2} = -\rho \boldsymbol{N} \ddot{\boldsymbol{a}}^{\mathrm{e}} \tag{2-53}$$

$$P_{\mathrm{D}} = -c \frac{\partial \tilde{\boldsymbol{a}}}{\partial t} = -c \boldsymbol{N} \dot{\boldsymbol{a}}^{\mathrm{e}} \tag{2-54}$$

将式（2-49）~式（2-54）代入式（2-48）中，单元瞬时总势能可转换成如下形式：

$$\Pi = (\boldsymbol{a}^{\mathrm{e}})^{\mathrm{T}} \boldsymbol{m}^{\mathrm{e}} \ddot{\boldsymbol{a}}^{\mathrm{e}} + (\boldsymbol{a}^{\mathrm{e}})^{\mathrm{T}} \boldsymbol{c}^{\mathrm{e}} \dot{\boldsymbol{a}}^{\mathrm{e}} + (\boldsymbol{a}^{\mathrm{e}})^{\mathrm{T}} \boldsymbol{k}^{\mathrm{e}} \boldsymbol{a}^{\mathrm{e}} + (\boldsymbol{a}^{\mathrm{e}})^{\mathrm{T}} \boldsymbol{F}^{\mathrm{e}} \tag{2-55}$$

式中，$\boldsymbol{m}^{\mathrm{e}} = \int_V \rho \boldsymbol{N}^{\mathrm{T}} \boldsymbol{N} \mathrm{d}V$ ；$\boldsymbol{c}^{\mathrm{e}} = \int_V c \boldsymbol{N}^{\mathrm{T}} \boldsymbol{N} \mathrm{d}V$ ；$\boldsymbol{k}^{\mathrm{e}} = \int_V \boldsymbol{B}^{\mathrm{T}} \boldsymbol{D} \boldsymbol{B} \mathrm{d}V$ ；$\boldsymbol{F}^{\mathrm{e}} = \boldsymbol{p}^{\mathrm{e}} + \boldsymbol{Q}^{\mathrm{e}} + \boldsymbol{R}^{\mathrm{e}} = \int_V \boldsymbol{N}^{\mathrm{T}} \boldsymbol{p} \mathrm{d}V + \int_V \boldsymbol{N}^{\mathrm{T}} \bar{\boldsymbol{p}} \mathrm{d}s + \boldsymbol{N}^{\mathrm{T}} \boldsymbol{G}$

通过变分原理将式（2-55）进行变分，根据最小势能原理并考虑到瞬时变分可得，单元运动方程的一般表达式为

$$\boldsymbol{m}^{\mathrm{e}} \ddot{\boldsymbol{a}}^{\mathrm{e}} + \boldsymbol{c}^{\mathrm{e}} \dot{\boldsymbol{a}}^{\mathrm{e}} + \boldsymbol{k}^{\mathrm{e}} \boldsymbol{a}^{\mathrm{e}} = \boldsymbol{F}^{\mathrm{e}} \tag{2-56}$$

≫ 2. 质量矩阵

由于推导式（2-45）时选取了与刚度矩阵一致的形函数。因此，式（2-57）可定义为一致质量矩阵。另外，整体质量矩阵是将结构中所有单元质量矩阵按节点形式集成而得，整体质量矩阵形式为

$$\boldsymbol{m}^{\mathrm{e}} = \iiint \boldsymbol{N}^{\mathrm{T}} \rho \boldsymbol{N} \mathrm{d}V \tag{2-57}$$

为了提高计算效率，通常将每个单元质量作用在相应节点上。因此，节点惯性力并不受其他节点加速度的影响，由此得到的对角线方阵为集中质量矩阵。从形式上看，一致质量矩阵比集中质量矩阵更复杂，而根据计算经验，在单元数目相同的条件下，从振动频率的计算结果分析，两种方法的计算精度差不多且质量矩阵计算结果略低，权衡工程计算精度和效率，工程计算和分析主要选用集中质量矩阵。

≫ 3. 阻尼矩阵

任何机械机构在振动过程中总存在阻尼作用，阻尼耗散系统的能量，使结构振动响应逐渐减弱。因此，在结构动态特性分析过程中，阻尼对振动响应的影响不能忽略，但是由于结构本身和阻尼机理的复杂性，要完成结构阻尼机理的研究十分困难，因此人们将线性阻尼思想引入弹性体振动中。假设一部分阻尼力正比于质点运动速度，即单元阻尼矩阵正比于单元质量矩阵；另一部分阻尼力正比于结构应变速度，即单元阻尼矩阵正比于单元刚度矩阵。在实际计算中，结构的阻尼矩阵公式为

$$\boldsymbol{C} = \alpha \boldsymbol{M} + \beta \boldsymbol{K} \tag{2-58}$$

式中，α 和 β 为比例常数。在工程中通常选取结构的前两阶固有频率 ω_1、ω_2 和阻尼比 γ_1、γ_2 来计算，可得

$$\alpha = \frac{2\omega_1\omega_2(\gamma_1\omega_2 - \gamma_2\omega_1)}{\omega_2^2 - \omega_1^2}, \quad \beta = \frac{2(\gamma_2\omega_2 - \gamma_1\omega_1)}{\omega_2^2 - \omega_1^2} \tag{2-59}$$

2.8.2 集中参数法

集中参数法是假设将系统中各部件质量集中在质心上，将部件之间连接、部件与支承件连接简化为弹簧-阻尼系统，从而将复杂系统转换成质量-弹簧-阻尼模型的分析方法。在分析求解中复杂系统等价为由集中质量、弹性和阻尼组成的动力学模型。从模型简化原则分析，质量大、弹性小的部件等效为无弹性质量，如飞轮、齿轮；质量小、弹性大的部件等效为当量弹簧，如弹簧、绳索、齿轮轮齿；质量小、弹性小、阻尼大的部件等效为当量阻尼；系统中分布载荷可等价为集中载荷。通过集中参数法可以大大简化模型计算的复杂性，提高设计、计算效率。通过集中参数法建立起重机与轨道耦合动力学模型时可以将两者间的相互作用简化为弹簧单元，将结构复杂的非线性转化为弹簧的等效线性或者非线性来考虑。对于复杂的起重机设备而言，依据其结构型式和工作原理，建立合理的起重机振动系统模型，实现了集中参数法在起重机振动系统中的应用。

2.8.3 拉格朗日方程

动力学问题基本研究方法为矢量动力学和分析动力学。矢量动力学的基本原理是通过矢量形式描述运动与相互作用的关系，其理论基础是牛顿运动定律；而分析动力学则是通过能量、功等标量表示运动与相互作用关系，建立普遍适用的系统动力学方程，其理论基础为达朗贝尔原理和虚位移原理。分析动力学在建立系统动力学方程时，选取广义坐标描述动力学一般方程，而获得与系统自由度相同且相互独立的动力学方程，即拉格朗日方程。拉格朗日方程是求解机械系统动力学最普遍的方法，在非保守系统体系中，拉格朗日方程可表示为

$$\frac{\mathrm{d}}{\mathrm{d}t}\left(\frac{\partial T}{\partial \dot{y}_i}\right) - \frac{\partial T}{\partial y_i} + \frac{\partial U}{\partial y_i} + \frac{\partial D}{\partial \dot{y}_i} = F_i \quad (i = 1, 2, \cdots, n) \tag{2-60}$$

式中，T 为系统动能；U 为系统势能；D 为系统能量耗散函数；$\partial D/\partial \dot{y}_i$ 为因能量耗散函数 D 而引起的阻尼力；F_i 为外力作用下的广义激振力；y_i 为广义坐标；$\dot{y}_i$ 为广义速度。

拉格朗日方程是通过广义坐标描述系统的运动规律，独立方程的数量与系统自由度相同。主要有形式简洁、便于计算等特点，系统动力学问题分析以研究中普遍适用。因此，广泛应用在复杂系统动力学和非线性分析中，起重机系

统动力学方程的建立采用拉格朗日方程方法。

▷▷2.8.4 非线性多自由度系统运动方程求解与分析

自然界中系统大多都是连续的，具有无限多个自由度。然而连续系统振动偏微分方程求解十分困难，且大多数的偏微分方程并不存在解析解，因此，基于模型或方程的合理简化，从求解方法的可行性角度考虑将连续系统近似转换成多自由度系统，多自由度系统的运动方程可表示为

$$M\ddot{a}(t) + C\dot{a}(t) + Ka(t) = F(t) \tag{2-61}$$

从数学角度分析，式（2-61）为二阶常微分方程，可以通过 Runge-Kutta 法求解，但是运动方程中矩阵的阶数很大时，这种求解方法效率很低。采用振型叠加法和直接积分法可有效克服求解过程慢的缺点，提高计算效率，工程中广泛应用这两种方法求解动力学问题的数值解。

▷▷1. 振型叠加法

振型叠加法则是基于系统振动的固有振型将方程组等价变换为 n 个相互独立的方程，再对这些方程进行数值积分处理，从而得到了每个振型的振型响应，最后将各个振型响应叠加即得到了精度较高的系统振动响应的数值解。

在应用振型叠加法时，首先需要引入坐标变换方法，其公式为

$$a(t) = \Phi x(t) = \sum_{i=1}^{n} \phi_i x_i(t) \tag{2-62}$$

式中，$x(t) = (x_1, x_2, \cdots, x_n)^T$ 为广义位移坐标；Φ 为系统振型向量。

从数学角度看，式（2-62）是将广义位移向量 $a(t)$ 从以单位向量 e_i 为基向量的 n 维物理空间变换到以各阶振型 ϕ_i 为基向量的 n 维模态空间，这一变换过程是完全等价的。将式（2-62）代入到系统运动方程中，考虑到 Φ 关于质量矩阵 M 和刚度矩阵 K 的正交性，对方程做等价变换可以得到系统以 ϕ_i 为基向量的运动方程，计算公式为

$$\ddot{x}(t) + \Phi^T C \Phi \dot{x}(t) + \Lambda x(t) = r(t) \tag{2-63}$$

式中，$r(t)$ 为广义力；Λ 为相应振动圆频率 ω_i 的振型矩阵，可通过式（2-64）表示。

将式（2-62）两端同时左乘 $\Phi^T M$ 矩阵，可以将 $t=0$ 时系统运动方程的初始条件转换成式（2-65）。从式（2-63）中可以看出，如果忽略系统阻尼的作用，可以通过振型矩阵 Φ 对系统运动方程进行解耦，从而得到 n 个相互独立的单自由度系统运动方程。考虑到阻尼机理的复杂性，在结构振动计算过程中，通常假设阻尼矩阵与振型矩阵正交，可将式（2-63）转换成式（2-66）。

$$\begin{cases} r(t) = \Phi^T F(t) = [r_1(t), r_2(t), \cdots, r_n(t)]^T \\ \Lambda = \mathrm{diag}(\omega_1^2, \omega_2^2, \cdots, \omega_n^2) \end{cases} \tag{2-64}$$

$$x_0 = \boldsymbol{\Phi}^{\mathrm{T}} \boldsymbol{M} \boldsymbol{a}_0, \quad \dot{x}_0 = \boldsymbol{\Phi}^{\mathrm{T}} \boldsymbol{M} \dot{\boldsymbol{a}}_0 \tag{2-65}$$

$$\ddot{x}_i(t) + 2\omega_i \xi_i \dot{x}_i(t) + \omega_i^2 x_i(t) = r_i(t) \tag{2-66}$$

式中，ξ_i 为第 i 阶振型的模态阻尼比。

式（2-66）中每一个方程相当于一个单自由度振动，可以通过直接积分法求解方程的数值解，也可通过杜哈美（Duhamel）积分计算求解，杜哈美（Duhamel）积分求解方法如下：

$$x_i(t) = \frac{1}{\bar{\omega}_i} \int_0^t r_i(\tau) \mathrm{e}^{-\xi_i \omega_i (t-\tau)} \sin\bar{\omega}_i(t-\tau) \mathrm{d}\tau + \mathrm{e}^{-\xi_i \omega_i t} (a_i \sin\bar{\omega}_i t + b_i \cos\bar{\omega}_i t)$$

$$\tag{2-67}$$

式中，$\bar{\omega}_i = \omega_i \sqrt{1-\xi_i^2}$；$a_i$ 和 b_i 为初始条件确定的常数；右端第一项为系统强迫振动引起的响应；右端第二项为初始条件下自由振动引起的响应。当忽略阻尼影响时，即 $\xi_i = 0$，杜哈美（Duhamel）积分可变为

$$x_i(t) = \frac{1}{\omega_i} \int_0^t r_i(\tau) \sin\omega_i(t-\tau) \mathrm{d}\tau + (a_i \sin\omega_i t + b_i \cos\omega_i t) \tag{2-68}$$

振型叠加法求解系统振动响应主要分三步：首先求解广义特征值，其次通过式（2-66）计算出 n 个独立方程的解，最后通过式（2-62）将系统的振动模态响应叠加，得到多自由度系统的振动响应。

▶▶ **2. 基于 Lagrange 体系的直接积分法**

直接积分法并不对矩阵方程做任何变换处理，而是直接将运动方程积分求解得到其数值解，其核心思想主要是基于两个基本原理：一是将求解域 $0 \leq t \leq T$ 离散成相隔 Δt 的离散时间点，在这时间点上近似满足运动方程；二是在一定数目的 Δt 区域内，假设位移 $\boldsymbol{a}$、速度 $\dot{\boldsymbol{a}}$ 和加速度 $\ddot{\boldsymbol{a}}$ 的近似函数形式。

每一次积分计算都会带来误差 ε_t，误差主要包括两方面：一是计算速度和加速度近似计算而忽略的高阶小量 $O(\Delta t^k)$，也可称之为截断误差，其产生原因由求解原理决定且不可避免；二是计算机字长是有限位的，超出计算机存储范围时，计算机自动四舍五入。尽管这个误差很小，但是经过大量递推过程会将这个很小的误差不断放大，也有可能会使计算结果出现很大误差，影响计算过程的稳定性。如果 Δt 无论取多大且给定任意初始条件，计算结果都不会无界增大，则该求解方法可以无条件稳定。

（1）直接积分法的格式及求解稳定性　在建立直接积分法格式时，首先假定已知时刻 0，Δt，$2\Delta t$，$\cdots$，$t-\Delta t$ 和 t 的解，通过直接积分法递推得到 $t+\Delta t$ 时刻的解，递推格式为

$$\boldsymbol{X}_{t+\Delta t} = \boldsymbol{D} \boldsymbol{X}_t + \boldsymbol{R} r_t \tag{2-69}$$

式中，$\boldsymbol{X}_{t+\Delta t}$ 和 $\boldsymbol{X}_t$ 为包含位移和速度等解的向量；矩阵 $\boldsymbol{D}$ 为递推矩阵。

式（2-69）右端第二项与系统外载荷有关，在进行稳定性分析时令 $\boldsymbol{R}=0$，在给定初始条件 $\boldsymbol{X}_0$ 后，$t+\Delta t$ 时刻的解 $\boldsymbol{X}_{t+\Delta t}$ 为

$$\boldsymbol{X}_{t+\Delta t} = \boldsymbol{D}^{n+1}\boldsymbol{X}_0 \tag{2-70}$$

对矩阵 $\boldsymbol{D}$ 进行谱分解可得

$$\boldsymbol{D} = \boldsymbol{P}\boldsymbol{J}\boldsymbol{P}^{-1} \tag{2-71}$$

式中，$\boldsymbol{P}$ 为 $\boldsymbol{D}$ 的特征向量组成的矩阵；$\boldsymbol{J}$ 为矩阵 $\boldsymbol{D}$ 的 Jordan 标准形，对角元素为 $\boldsymbol{D}$ 的特征值。当矩阵 $\boldsymbol{D}$ 有重特征根时，$\boldsymbol{J}$ 中响应的非对角元素可能为 1；如果 $\boldsymbol{D}$ 为对称矩阵，则 $\boldsymbol{P}=\boldsymbol{\Phi}$，$\boldsymbol{P}^{-1}=\boldsymbol{P}^{\mathrm{T}}$，$\boldsymbol{J}=\boldsymbol{\Lambda}$。

如果矩阵 $\boldsymbol{D}$ 为二阶非对称矩阵，其中，λ 为其重特征根，其 Jordan 标准形为

$$\boldsymbol{J} = \begin{pmatrix} \lambda & \alpha \\ 0 & \lambda \end{pmatrix} \tag{2-72}$$

当 α 等于 0 或 1 时，可得到式（2-73）。因此，当 $\alpha=1$ 时，必须满足 $|\lambda|<1$ 才能保证 $\boldsymbol{J}^n$ 在 $n\to\infty$ 时有界，而当 $\alpha=0$ 时，只要保证 $|\lambda|\leqslant1$ 即可保证 $\boldsymbol{J}^n$ 在 $n\to\infty$ 时有界。如果矩阵 $\boldsymbol{D}$ 没有重特征根，只要保证矩阵 $\boldsymbol{D}$ 的谱半径满足式（2-74），即可保证 $\boldsymbol{J}^n$ 在 $n\to\infty$ 时有界。

$$\boldsymbol{J}^n = \begin{pmatrix} \lambda^n & \alpha n \lambda^{n-1} \\ 0 & \lambda^n \end{pmatrix} \tag{2-73}$$

$$\rho(\boldsymbol{D}) = \max_{i=1,2}|\lambda_i| \leqslant 1 \tag{2-74}$$

对于一般结构动力学求解问题，系统低阶振型是影响系统响应的主要因素，高阶振型的贡献很小，如果直接积分法不能通过引入数值阻尼来有效消除虚假高阶分量，计算精度将会大大降低。因此，一个好的求解方法应该有效消除高频振型对系统响应的影响，同时，尽量消除低频段数值阻尼对计算精度的影响，才能保证计算结果的精度。

（2）Newmark 法　直接积分法种类很多，主要包括中心差分法、Houbolt 法、Wilson 法、Newmark 法和广义 α 法等。这几种方法求解过程类似，Newmark 法在进行多自由度求解过程中具有很好的稳定性，同时也可以满足工程上的精度要求。因此，可以选择 Newmark 法来完成结构振动的求解。

系统振动方程按照泰勒级数展开，如果只保留一阶导数项，则 $t+\Delta t$ 时刻的位移 $\boldsymbol{a}_{t+\Delta t}$ 和速度 $\dot{\boldsymbol{a}}_{t+\Delta t}$ 可以通过 t 时刻的位移 $\boldsymbol{a}_t$ 和速度 $\dot{\boldsymbol{a}}_t$ 线性表示为

$$\boldsymbol{a}_{t+\Delta t} = \boldsymbol{a}_t + \dot{\boldsymbol{a}}_t\Delta t \tag{2-75}$$

$$\dot{\boldsymbol{a}}_{t+\Delta t} = \dot{\boldsymbol{a}}_t + \ddot{\boldsymbol{a}}_t\Delta t \tag{2-76}$$

在初始位移 $\boldsymbol{a}_0$ 和速度 $\dot{\boldsymbol{a}}_0$ 给定的情况下，可通过 t 时刻运动方程求出 t 时刻的加速度 $\ddot{\boldsymbol{a}}_t$，通过式（2-75）和式（2-76）可以求出 $t+\Delta t$ 时刻的位移 $\boldsymbol{a}_{t+\Delta t}$ 和速

度 $\dot{a}_{t+\Delta t}$。通过平均加速度法可以得到位移和速度的关系为

$$a_{t+\Delta t} = a_t + \dot{a}_t \Delta t + \frac{1}{4}(\ddot{a}_t + \ddot{a}_{t+\Delta t})\Delta t^2 \tag{2-77}$$

$$\dot{a}_{t+\Delta t} = \dot{a}_t \Delta t + \frac{1}{2}(\ddot{a}_t + \ddot{a}_{t+\Delta t})\Delta t \tag{2-78}$$

基于欧拉法和平均加速度法，Newmark 法提出了新的位移和速度的关系，其公式为

$$a_{t+\Delta t} = a_t + \dot{a}_t \Delta t + \left(\frac{1}{2} - \beta\right)\ddot{a}_t \Delta t^2 + \beta \ddot{a}_{t+\Delta t}\Delta t^2 \tag{2-79}$$

$$\dot{a}_{t+\Delta t} = \dot{a}_t \Delta t + (1 - \gamma)\ddot{a}_t \Delta t + \gamma \ddot{a}_{t+\Delta t}\Delta t \tag{2-80}$$

通过改变参数 β 和 γ 的取值，可以得到多种算法，如 $\beta = 0.25$、$\gamma = 0.5$ 为平均加速度法；$\beta = 0$、$\gamma = 0.5$ 为中心差分法等。当满足式（2-81）条件时，Newmark 法可以实现无条件稳定。

$t+\Delta t$ 时刻系统振动方程的矩阵形式为

$$\gamma \geqslant \frac{1}{2}, \quad \beta \geqslant \frac{1}{4}\left(\frac{1}{2} + \gamma\right) \tag{2-81}$$

$$M\ddot{a}_{t+\Delta t} + C\dot{a}_{t+\Delta t} + Ka_{t+\Delta t} = F_{t+\Delta t} \tag{2-82}$$

因此，Newmark 法求解 $t+\Delta t$ 时刻响应是通过 $t+\Delta t$ 时刻的运动方程，为了求未知位移 $a_{t+\Delta t}$，可以将方程中的速度 $\dot{a}_{t+\Delta t}$ 和加速度 $\ddot{a}_{t+\Delta t}$ 由未知位移 $a_{t+\Delta t}$ 和其他常量表示，由式（2-79）可得

$$\ddot{a}_{t+\Delta t} = \frac{1}{\beta \Delta t^2}(a_{t+\Delta t} - a_t) - \frac{1}{\beta \Delta t}\dot{a}_t - \left(\frac{1}{2\beta} - 1\right)\ddot{a}_t \tag{2-83}$$

将式（2-83）代入式（2-80），可得

$$\dot{a}_{t+\Delta t} = \frac{\gamma}{\beta \Delta t}(a_{t+\Delta t} - a_t) + \left(1 - \frac{\gamma}{\beta}\right)\dot{a}_t + \left(1 - \frac{\gamma}{2\beta}\right)\Delta t \ddot{a}_t \tag{2-84}$$

将式（2-83）和式（2-84）代入式（2-82），可得

$$\tilde{K}_{t+\Delta t}a_{t+\Delta t} = \tilde{F}_{t+\Delta t} \tag{2-85}$$

式（2-85）中矩阵的计算公式为

$$\tilde{K}_{t+\Delta t} = K_{t+\Delta t} + a_0 M_{t+\Delta t} + a_1 C_{t+\Delta t} \tag{2-86}$$

$$\tilde{F}_{t+\Delta t} = F_{t+\Delta t} + M\left[\frac{1}{\beta \Delta t^2}a_t + \frac{1}{\beta \Delta t}\dot{a}_t + \left(\frac{1}{2\beta} - 1\right)\ddot{a}_t\right] +$$
$$C\left[\frac{\gamma}{\beta \Delta t}a_t + \left(\frac{\gamma}{\beta} - 1\right)\dot{a}_t + \left(\frac{\gamma}{2\beta} - 1\right)\Delta t \ddot{a}_t\right] \tag{2-87}$$

Newmark 法求解运动方程的动态响应过程可总结为：首先，在给定初始速度 $\dot{a}_0$ 和位移 a_0 的基础上计算初始加速度，选取合适时间步长 Δt、参数 β 和 γ

计算得到系统有效的刚度矩阵；其次，对每一个时间步长计算其有效载荷；最后，得到各个步长点的振动位移 a_t、速度 $\dot{a}_t$ 和加速度 $\ddot{a}_t$。

▶▶ 3. 基于 Hamilton 体系的精细积分法

基于 Lagrange 体系的直接积分法求得的数值解有时会受到积分步长大小的影响，求解精度也会受到一定影响，当数值解计算精度要求很高时，该方法计算结果只能近似表示出系统响应。除了上述直接积分法外，还可以通过精细积分法求解二阶动力学方程的近似解。基于 Hamilton 体系的基本原理，有学者提出了一种时间步长大小不受离散化结构自然周期限制的一种积分法。该方法将Hamilton 体系混合变量方法应用到弹性力学中，成功地用新的、统一的方法论处理弹性力学问题，同时基于 2N 类算法的精细积分法得到动力学方程数值解基本与精确解相同，该方法在非线性动力学问题求解中得到了广泛应用。载荷的三种形式（线载荷、正弦载荷和傅里叶载荷）与精细时间步长积分法（Precise Time Step Integration Method，PTSIM）相结合分别形成了 PTSIM-L、PTSIM-S 和PTSIM-F 三种不同格式的精细积分法，这三种方法都被应用于各种结构瞬态动态分析。研究表明，这三种方法都是有效的，且具有较高的求解精度。具体地说，在几个载荷情况下，可以利用 PTSIM-L、PTSIM-S 和 PTSIM-F 直接集成方法进行适当选择或灵活组合，从而达到良好效果。作为显式的集成方法，这三种方法都是无条件稳定的，并且给出了这种稳定性的正式证明，下面介绍精细积分法的基本原理和求解过程。

（1）精细积分法的基本原理　多自由度系统运动方程的矩阵形式通常可表示为

$$\boldsymbol{M}\ddot{\boldsymbol{X}}(t) + \boldsymbol{C}\dot{\boldsymbol{X}}(t) + \boldsymbol{K}\boldsymbol{X}(t) = \boldsymbol{F}(t) \qquad (2\text{-}88)$$

对式（2-88）所示动力学方程仿照哈密顿体系对偶变量的引入。初始条件为

$$\boldsymbol{X}(t)\big|_{t=0} = \boldsymbol{X}_0, \quad \dot{\boldsymbol{X}}(t)\big|_{t=0} = \dot{\boldsymbol{X}}_0$$

写成状态空间形式为

$$\dot{\boldsymbol{u}} = \boldsymbol{H}\boldsymbol{u} + \boldsymbol{r} \qquad (2\text{-}89)$$

其中，$\boldsymbol{u}$、$\boldsymbol{H}$、$\boldsymbol{r}$ 的表达式为

$$\boldsymbol{u} = \begin{pmatrix} \boldsymbol{x} \\ \dot{\boldsymbol{x}} \end{pmatrix}; \ \boldsymbol{H} = \begin{pmatrix} \boldsymbol{0} & \boldsymbol{I} \\ -\boldsymbol{M}^{-1}\boldsymbol{K} & -\boldsymbol{M}^{-1}\boldsymbol{C} \end{pmatrix}; \ \boldsymbol{r} = \begin{pmatrix} \boldsymbol{0} \\ \boldsymbol{M}^{-1}\boldsymbol{F} \end{pmatrix} \qquad (2\text{-}90)$$

式（2-89）解的形式包括其对应的齐次方程解 $\boldsymbol{u}_\mathrm{h}$ 和特解 $\boldsymbol{u}_\mathrm{t}$ 两部分，可分别表示为

$$\boldsymbol{u}_\mathrm{h}(t) = \exp(\boldsymbol{H} \times t)\boldsymbol{u}_0 \qquad (2\text{-}91)$$

$$\boldsymbol{u}_\mathrm{t}(t) = \int_0^t \exp[\boldsymbol{H} \times (t-\tau)]\boldsymbol{r}(\tau)\mathrm{d}\tau \qquad (2\text{-}92)$$

式（2-91）和式（2-92）中，$\boldsymbol{u}_0 = (\boldsymbol{x}_0, \dot{\boldsymbol{x}}_0)^\mathrm{T}$ 为初始状态向量。

因此，根据微分方程通解的求解方法，式（2-89）的通解形式可表示为

$$\boldsymbol{u}(t) = \exp(\boldsymbol{H} \times t)\boldsymbol{u}_0 + \int_0^t \exp[\boldsymbol{H} \times (t - \tau)]\boldsymbol{r}(\tau)\mathrm{d}\tau \qquad (2\text{-}93)$$

在结构动态响应求解过程中，时间积分步长为 Δt，则第 k 个步长的积分时间点 $t_k = k\Delta t$，在 k 到 $k{+}1$ 区间内，将式（2-93）进行离散化可表示为

$$\boldsymbol{u}(t_{k+1}) = \exp(\boldsymbol{H} \times t_{k+1})\boldsymbol{u}(t_{k+1}) + \int_0^{t_{k+1}} \exp[\boldsymbol{H} \times (t_{k+1} - \tau)]\boldsymbol{r}(\tau)\mathrm{d}\tau$$

$$= \exp(\boldsymbol{H} \times \Delta t) \cdot \left\{ \exp(\boldsymbol{H} \times t_k)\boldsymbol{u}(t_k) + \int_0^{t_k} \exp[\boldsymbol{H} \times (t_k - \tau)]\boldsymbol{r}(\tau)\mathrm{d}\tau \right\} +$$

$$\int_{t_k}^{t_{k+1}} \exp[\boldsymbol{H} \times (t_{k+1} - \tau)]\boldsymbol{r}(\tau)\mathrm{d}\tau \qquad (2\text{-}94)$$

因此，整理式（2-94）可得最终 t_{k+1} 时刻的动态响应，表示为

$$\boldsymbol{u}(t_{k+1}) = \boldsymbol{G}(t_k)\boldsymbol{u}(t_k) + \int_{t_k}^{t_{k+1}} \exp[\boldsymbol{H} \times (t_{k+1} - \tau)]\boldsymbol{r}(\tau)\mathrm{d}\tau \qquad (2\text{-}95)$$

求解 $\boldsymbol{G}(\Delta t)$ 的主要方法：通过数值计算方法可求得式（2-95）中矩阵 $\boldsymbol{G}$，为了精确计算 $\boldsymbol{G}(\Delta t)$，可以将时间积分步长 Δt 等分成 $n = 2^N$ 个时间段，具体计算方法如下，首先定义每个时间段为

$$\tau = \Delta t / n \qquad (2\text{-}96)$$

依据式（2-96）的定义方式，状态转换矩阵可表示为

$$\boldsymbol{G}(\Delta t) = \exp(\boldsymbol{H} \times \Delta t) = \left[\exp\left(\boldsymbol{H} \times \frac{\Delta t}{n} \right) \right]^n = [\exp(\boldsymbol{H} \times \tau)]^n \qquad (2\text{-}97)$$

在式（2-97）中对 $\boldsymbol{G}(\tau)$ 应用截断的泰勒级数展开，则 $\boldsymbol{G}(\tau)$ 可近似表示为

$$\boldsymbol{G}(\tau) = \exp(\tau\boldsymbol{H}) \approx \boldsymbol{I} + \boldsymbol{G}_{a0} \qquad (2\text{-}98)$$

其中，$\boldsymbol{G}_{a0}$ 的公式为

$$\boldsymbol{G}_{a0} = (\tau\boldsymbol{H}) + \frac{(\tau\boldsymbol{H})^2}{2!} + \frac{(\tau\boldsymbol{H})^3}{3!} + \cdots + \frac{(\tau\boldsymbol{H})^p}{p!} \qquad (2\text{-}99)$$

式中，p 为指数函数 $\mathrm{e}^{\tau\boldsymbol{H}}$ 泰勒级数展开式的阶数。

将式（2-98）代入式（2-97），可得

$$\boldsymbol{G}(\Delta t) = (\boldsymbol{I} + \boldsymbol{G}_{a0})^n = (\boldsymbol{I} + \boldsymbol{G}_{a0})^{2^N} \qquad (2\text{-}100)$$

根据矩阵计算原理可得

$$\begin{cases} (\boldsymbol{I} + \boldsymbol{G}_{a0})^2 = \boldsymbol{I} + 2 \times \boldsymbol{G}_{a0} + \boldsymbol{G}_{a0} \times \boldsymbol{G}_{a0} \equiv \boldsymbol{I} + \boldsymbol{G}_{a1} \\ (\boldsymbol{I} + \boldsymbol{G}_{a1})^2 = \boldsymbol{I} + 2 \times \boldsymbol{G}_{a1} + \boldsymbol{G}_{a1} \times \boldsymbol{G}_{a1} \equiv \boldsymbol{I} + \boldsymbol{G}_{a2} \\ \qquad\qquad\qquad\qquad \vdots \\ (\boldsymbol{I} + \boldsymbol{G}_{a,N-1})^2 = \boldsymbol{I} + 2 \times \boldsymbol{G}_{a,N-1} + \boldsymbol{G}_{a,N-1} \times \boldsymbol{G}_{a,N-1} \equiv \boldsymbol{I} + \boldsymbol{G}_{aN} \end{cases} \qquad (2\text{-}101)$$

根据式（2-101）的递推关系可得

$$I + G_{aN} = (I + G_{a,N-1})^2 = (I + G_{a,N-2})^4 = \cdots = (I + G_{a0})^{2N} = G(\tau) \tag{2-102}$$

在 $G(\Delta t)$ 求解过程中依据式（2-99）截断泰勒级数展开式近似计算，选取典型情况下 $N = 20$ 且 $n = 1048576$ 时，可得到 $\tau = 10^{-6}\Delta t$，由于计算机计算精度的限制，单位矩阵不应该包括递推计算过程中。因此，G_{ai} 的计算公式为

$$G_{ai} = 2 \times G_{a,i-1} + G_{a,i-1} \times G_{a,i-1} \tag{2-103}$$

除了上述基本求解方法外，还可以采用其他方法来计算指数矩阵。式（2-95）中第二项是一个向量积分，采用载荷在时间步长内线性化的假设计算响应的数值解或采用辛普森公式直接积分，对于载荷为常数的简单情形而言，解的精度得到了提高。下面分析 PTSIM-L、PTSIM-S 和 PTSIM-F 三种精细积分法的格式。

1）PTSIM-L：实际上，式（2-95）第二项积分与式（2-104）所示的单个函数积分等价。

$$r(\tau) = r_0 + (\tau - t_k)r_1 \tag{2-104}$$

将式（2-104）代入式（2-95）中，则 PTSIM-L 的积分公式为

$$u(t_{k+1}) = G(\Delta t)[u(t_k) + H^{-1}(r_0 + H^{-1}r_1)] - H^{-1}(r_0 + H^{-1}r_1 + r_1\Delta t) \tag{2-105}$$

2）PTSIM-F：当载荷通过傅里叶变换进行计算时，可得

$$r(t) \cong b_0 + \sum_{i=1}^{p}[\sin(i\omega t)a_i + \cos(i\omega t)b_i] \tag{2-106}$$

式中，p 为正整数，可以确保截断误差足够小，可以忽略。

将式（2-106）代入式（2-95）中，则 PTSIM-F 的积分公式为

$$u(t_{k+1}) = G(\Delta t)\{u(t_k) + [I - G(\Delta t)]B_0\} +$$

$$\sum_{i=1}^{p}[\sin(i\omega t_{k+1})I - \sin(i\omega t_k)G(\Delta t)]A_i +$$

$$\sum_{i=1}^{p}[\cos(i\omega t_{k+1})I - \cos(i\omega t_k)G(\Delta t)]B_i \tag{2-107}$$

其中，$B_0 = -H^{-1}b_0$

$$A_i = (i^2\omega^2 I)^{-1}(-Ha_i + i\omega b_i) \quad (i = 1, 2, \cdots, p)$$

$$B_i = (i^2\omega^2 I)^{-1}(-i\omega a_i + Hb_i) \quad (i = 1, 2, \cdots, p)$$

3）PTSIM-S：如果载荷在 $t \in [t_k, t_{k+1}]$ 区间以正弦的形式变化，则

$$r(t) = r_1\sin(\omega t) + r_2\cos(\omega t) \tag{2-108}$$

式中，r_1 和 r_2 为时不变向量。

将式（2-108）代入式（2-89）中，可得

$$u_p = A\sin(\omega t) + B\cos(\omega t) \tag{2-109}$$

其中，$A = (\omega I + H^2/\omega)^{-1}(r_2 - Hr_1/\omega)$

$\qquad\quad B = (\omega I + H^2/\omega)^{-1}(-r_1 - Hr_2/\omega)$

将式（2-109）代入式（2-95）中，可得在 $t=t_{k+1}$ 时解的一般形式为

$$u(t_{k+1}) = G(\Delta t)\left[u(t_k) - A\sin(\omega t_k) - B\cos(\omega t_k)\right] +$$
$$A\sin(\omega t_{k+1}) + B\cos(\omega t_{k+1}) \qquad (2\text{-}110)$$

许多文献中已经证明了三种精细积分法在求解二阶系统动力学响应中均可以得到较精确的解，在工程应用中平衡求解的精度和计算速度，三种精细积分法与 Newmark 法均能满足工程计算的要求。

（2）精细积分法的稳定性分析　直接积分法在选取合适参数时动力学方程的求解无条件稳定，因此直接积分法的稳定性对方法优劣至关重要。如果精细积分法在单自由度系统振动方程求解结果的无条件稳定，则可以说明在多自由度非线性系统中也是无条件稳定，单自由度系统振动方程为

$$m\ddot{x} + c\dot{x} + kx = f(t) \qquad (2\text{-}111)$$

依据直接积分法稳定性分析方法，只需要满足积分的传递算子 $G(\tau)$ 的谱半径小于或等于 1 即可。根据式（2-90），可得单自由度振动系统中矩阵 H 为

$$H = \begin{pmatrix} -\dfrac{c}{2m} & \dfrac{1}{m} \\ \dfrac{c^2}{4m} - k & -\dfrac{c}{2m} \end{pmatrix} = \begin{pmatrix} -\omega & \dfrac{1}{m} \\ -m\omega'^2 & -\omega\xi \end{pmatrix} \qquad (2\text{-}112)$$

其中，$\xi = \dfrac{c}{2m\omega}$；$\omega'^2 = (1-\xi^2)\omega^2$；$\omega^2 = \dfrac{k}{m}$。

将式（2-112）代入式（2-98）和式（2-99）中，可得传递矩阵 $G(\tau)$ 为

$$G(\tau) = \begin{pmatrix} a & -\dfrac{b}{m\omega'} \\ m\omega'b & a \end{pmatrix} \qquad (2\text{-}113)$$

其中，

$$a = 1 - \xi\omega\tau + \frac{1}{2}(\xi^2\omega^2 - \omega'^2)\tau^2 - \frac{1}{6}\xi\omega(\xi^2\omega^2 - 3\omega'^2)\tau^3 +$$

$$\frac{1}{24}\xi^2\omega^2(\xi^2\omega^2 - 6\omega'^2 + \omega'^4)\tau^4 - \frac{1}{120}\xi\omega[\xi^2\omega^2(\xi^2\omega^2 - 10\omega'^2) - 5\omega'^4]\tau^5 +$$

$$\frac{1}{720}[\xi^4\omega^4(\xi^2\omega^2 - 15\omega'^2) + 15\xi^2\omega^2\omega'^4 - \omega'^6]\tau^6 + \cdots \qquad (2\text{-}114)$$

$$b = -\omega'\tau + \xi\omega\omega'\tau^2 - \frac{1}{6}\omega'(3\xi^2\omega^2 - \omega'^2)\tau^3 + \frac{1}{6}\xi\omega\omega'(\xi^2\omega^2 - \omega'^2)\tau^4 -$$

$$\frac{1}{120}\omega'[\xi^2\omega^2(5\xi^2\omega^2 - 10\omega'^2) + \omega'^4]\tau^5 + \frac{1}{720}\omega'[\xi^3\omega^3(6\xi^2\omega^2 - 20\omega'^2) +$$

$$6\xi\omega\omega'^4]\tau^6 + \cdots \tag{2-115}$$

当系统阻尼 $\xi<1$ 时，矩阵 $\boldsymbol{G}(\tau)$ 的特征值 λ_1 和 λ_2 可通过式（2-116）求得，特征值计算结果如式（2-117）所示。

$$\left|\boldsymbol{G}(\tau) - \lambda\boldsymbol{I}\right| = 0 \tag{2-116}$$

$$\lambda_{1,2} = a \pm \mathrm{i}|b| \tag{2-117}$$

矩阵 $\boldsymbol{G}(\tau)$ 的谱半径为特征根的模，可表示为

$$\rho(\boldsymbol{G}(\tau)) = \sqrt{a^2 + b^2} \tag{2-118}$$

当 $p\to\infty$ 时，矩阵 $\boldsymbol{G}(\tau)$ 的谱半径为

$$\rho(\boldsymbol{G}(\tau)) = \mathrm{e}^{-\xi\omega\tau} \tag{2-119}$$

因此，当矩阵的谱半径小于或等于 1 时，精细积分法可以无条件稳定，即

$$\rho(\boldsymbol{G}(\tau)) \leq 1 \tag{2-120}$$

根据式（2-118）~式（2-120）可以得到在无阻尼状态下，精细积分法稳定条件为

$$\begin{cases} \tau/T \leq 0.01 & (L=3) \\ \tau/T \leq 0.27 & (L=4) \\ \tau/T \leq 0.45 & (L=5) \\ \tau/T \leq 0.04, 0.30 \leq \tau/T \leq 0.54 & (L=6) \\ \tau/T \leq 0.07 & (L=7) \\ \tau/T > 0 & (L\to\infty) \end{cases} \tag{2-121}$$

同理，可以计算在不同阻尼作用下精细积分法稳定性条件，当 $\xi=0.01$ 时，稳定性条件为

$$\begin{cases} \tau/T \leq 0.07 & (L=3) \\ \tau/T \leq 0.28 & (L=4) \\ \tau/T \leq 0.45 & (L=5) \\ \tau/T \leq 0.52 & (L=6) \\ \tau/T \leq 0.33 & (L=7) \\ \tau/T > 0 & (L\to\infty) \end{cases} \tag{2-122}$$

当 $N=20$ 时，由式（2-96）可以计算积分步长 $\tau=\Delta t/1048576$，在一般情况下式（2-121）和式（2-122）均可以得到满足，因此精细积分法的稳定性条件极其容易达到。由于该方法的精度比 Newmark 法高，因此完全可以满足工程应用的计算精度需求，在工程应用中经常被应用于求解结构动力学响应问题。

2.8.5 动态优化设计数学模型

动态优化设计是结构动力学、计算机技术、优化算法、实验测试技术与数据处理等学科综合应用的设计方法。具体方法是在目标或约束中考虑系统动力

特性（如频率、振型）或动力响应（如动位移、动应力等）等因素，而得到优化设计参数，避免振动产生的有害作用，提高系统动态稳定性。动态优化设计的主要研究难点在于：建立一个与实际结构特征相吻合的动力学模型；选择有效结构动态优化设计方法。其中，结构动态优化设计方法分为"逆问题"与"正问题"两类。根据工程应用需求选择结构动态优化方法中的"逆问题"研究方法，根据铸造起重机整机结构特点进行动态优化设计。动态设计在机械系统设计分析中起到了重要作用，起重机动态优化设计核心内容可以从以下几方面展开：

1）对起重机整体结构和其他结构部件进行动态优化设计的结构动力学设计。

2）对起重机的起升、运行、旋转等机构运动学和动力学进行动态优化设计的机构动力学设计。

3）对起重机运动学参数和动力学参数进行分析的运动学与动力学参数设计。

4）对起重机金属结构、结构组件及整机系统可靠度进行分析的强度与可靠性设计。

5）对起重机相对运动组件进行动态摩擦设计与分析的动态摩擦设计。

6）对起重机外观形态及环境影响与动力学相关的造型设计。

7）其他相关设计。

动态优化设计的数学模型可描述为

$$\begin{cases} 设计变量: \pmb{x} = (x_1, x_2, \cdots, x_n)^{\mathrm{T}} \\ 目标函数: \min f(\pmb{x}) \\ 约束条件: \begin{cases} G_i(\pmb{x}) \leq 0 & (i = 1, 2, \cdots, L) \\ Q_j(\pmb{x}) \leq 0 & (j = 1, 2, \cdots, M) \\ U_k(\pmb{x}) \leq 0 & (k = 1, 2, \cdots, T) \\ x_r^{\mathrm{l}} \leq x_r \leq x_r^{\mathrm{u}} & (r = 1, 2, \cdots, N) \end{cases} \end{cases} \quad (2\text{-}123)$$

式中，$G_i(\pmb{x})$ 为静态约束函数；$Q_j(\pmb{x})$ 为动态约束函数；$U_k(\pmb{x})$ 为其他约束条件函数；x_r^{u} 和 x_r^{l} 分别为第 r 个设计变量的上限和下限。

▶2.8.6 优化设计流程

现役的 100/40t-28.5m 铸造起重机在工作过程中司机出现了振动不舒适的情况，通过对现役的 100/40t-28.5m 铸造起重机在轨道缺陷下运行时司机振动舒适性的分析发现，该设计参数并不能满足在轨道缺陷下人体舒适性要求，该起重机在设计初期并没有考虑轨道缺陷下司机振动的舒适性。因此，针对上述问题，本书提出了一种起重机司机振动舒适性的评价方法，并以人体舒适性作为优化目标，实现结构参数的动态优化设计。起重机振动系统动态优化流程如图 2-16 所示。

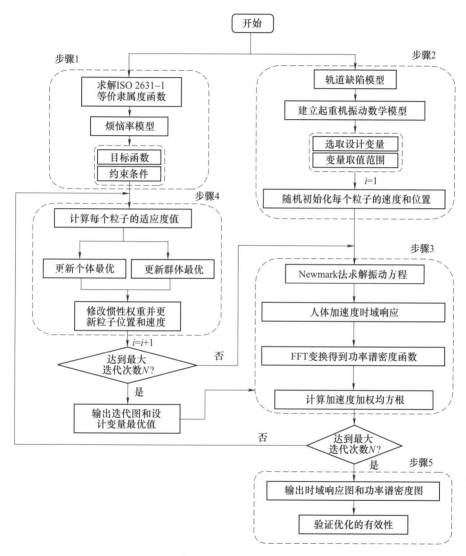

图 2-16　起重机振动系统动态优化流程

司机-起重机-轨道系统优化过程如下：

1）根据 ISO 2631—1：2011 评价准则，确定人体主观评价的隶属度函数，结合心理物理学上的 Fechner 定律，建立仅与加速度加权均方根有关的人体振动舒适性评价烦恼率模型，并将其作为目标函数（即适应度函数）。

2）在分析轨道缺陷的基础上建立起重机结构振动系统的数学模型，确定设计变量及变量的取值范围，利用 PSO 算法对每个粒子（即设计变量）的速度和位置进行随机初始化（此时迭代次数 $i=1$）。

3）采用 Newmark 法，确定结构振动系统数学模型的数值解，得到人体加速度时域响应，结合 FFT 变换获取功率谱密度函数，以人体加速度时域响应为基础，采用 ISO 2631—1：2011 推荐的连续计权函数法得到人体振动加速度加权均方根。判断是否达到最大迭代次数 N，若不满足要求（$i<N$），执行步骤 4，直至满足条件（$i=N$），执行步骤 5。

4）结合起重机加速度幅值及位移幅值响应的约束条件，计算每个粒子的适应度值，确定最优个体和最优群体，在此基础上，修改惯性权重并更新粒子位置和速度，迭代次数 $i=i+1$。判断是否达到最大迭代次数 N，若满足要求（$i=N$），输出迭代过程图和设计变量最优值后，代入步骤 3 得到最优设计变量下的人体振动响应，否则将更新后的粒子位置和速度代入步骤 3。

5）输出时域响应图和功率谱密度图，并验证优化的有效性。

▶ 2.8.7 人体舒适性定量评价方法

人体舒适性评价方法适用于人体所处的不同环境，而且这些评价方法都是通过模糊区间方法定性地评价人体处于振动环境时的舒适性，并不能直接对人体振动舒适性进行定量分析，舒适性评价方法很少在起重机司机舒适性评价中应用。因此，提出一种烦恼率模型应用到起重机司机振动评价中，通过定量评价方式分析司机处于振动环境时的舒适性。

（1）烦恼率模型　烦恼率的概念属于心理物理学范畴，是指某一振动强度下产生烦恼反应的人数占受测者总数的比例，反映在一定振动强度下认为振动"不可接受"或因此使人产生烦恼的比例。烦恼率模型评价方法的理论基础是实验数据处理的心理物理学信号检测。烦恼率是振动舒适度标准确定烦恼阈限的依据，烦恼阈限即为保证舒适感所不能超过的振动加速度限值。1978 年，Griffin 通过实验测试数据证明人类对振动的响应服从对数正态分布。由于振动主观反应判断的模糊性和随机性，根据集值统计方法和心理学烦恼率计算方法，连续分布情况下结构振动烦恼率可表示为

$$f(x \mid u) = \frac{1}{\sqrt{2\pi}u\sigma}\exp\left[-\frac{1}{2}\left(\frac{\ln u - \mu_{\ln x}}{\sigma}\right)^2\right] \tag{2-124}$$

式中，$\mu_{\ln x} = \ln x - \frac{1}{2}\sigma^2$；$\sigma^2 = \ln(1+\delta^2)$；$x$ 和 σ 分别为 u 下的期望值和变异系数；σ 由实验数据确定，通常情况下取值范围为 0.1~0.5。

式（2-124）所表达的物理含义：在加速度大小为 x 的振动环境下，由于人体感觉之间的差异性存在，每个人对振动的感受并不相同，但是通过统计和计算均值仍然可等效为加速度 x 时的激励作用。考虑到人体对振动感受的模糊性和随机性分布因素，振动加速度为 x 时，连续分布的烦恼率可表示为

$$A(a_w) = \int_{u_{\min}}^{\infty} \frac{1}{\sqrt{2\pi}\, u\sigma_{\ln}} \exp\left[-\frac{1}{2}\left(\frac{\ln\left(\dfrac{u}{a_w}\right) + 0.5\sigma_{\ln}^2}{\sigma_{\ln}} \right)^2 \right] v(u)\,\mathrm{d}u \quad (2\text{-}125)$$

式中，$\sigma_{\ln}^2 = \ln(1+\delta^2)$；$a_w$ 为经频率加权的振动强度；$v(u)$ 为振动强度模糊隶属度函数。

求解式（2-125）首先需要求解加速度均方根 a_w 和隶属度函数 $v(u)$，下面介绍这两个参数的求解方法。

（2）加权加速度均方根　由于随机振动频率的组成复杂、人体处在不同频率的振动环境时感受也不同等原因，考虑到窄带随机振动的不同频带对人体感受的干扰，必须将人体敏感频率范围以外的其他频带等效振动加速度进行频率加权计算，等效折算为人体最敏感频率范围的等效振动加速度，即加权加速度有效值。

求解频率加权加速度 a_w 时可采用 ISO 2631—1：2011 推荐的连续加权函数法。通过实测或计算得到振动加速度时程 $a_w(t)$，采用等带宽频谱分析法得到频域内的加速度自功率谱密度函数 $G_a(f)$，加速度均方根计算方法为

$$\left[\int_{0.5}^{80} W^2(f) G_a(f)\,\mathrm{d}f \right]^{\frac{1}{2}} = \left[\sum_{i=1}^{n} W^2(f_i) G_a(f_i)\delta f \right]^{\frac{1}{2}} \quad (2\text{-}126)$$

式中，n 为频谱分析后在 0.5~80Hz 范围内功率谱密度函数的离散点数；$W(f_i)$ 为频率计权函数。在垂直方向振动情况下，$W(f_i)$ 的计算公式为

$$W(f_i) = \begin{cases} 0.5 & (0.5\mathrm{Hz} < f_i \leqslant 2\mathrm{Hz}) \\ \dfrac{f_i}{4} & (2\mathrm{Hz} < f_i \leqslant 4\mathrm{Hz}) \\ 1 & (4\mathrm{Hz} < f_i \leqslant 12.5\mathrm{Hz}) \\ \dfrac{12.5}{f_i} & (12.5\mathrm{Hz} < f_i \leqslant 80\mathrm{Hz}) \end{cases} \quad (2\text{-}127)$$

（3）振动强度模糊隶属度函数　人体振动固有频率一般在 4~8Hz，当外激励频率和人体振动频率接近时，人体会发生共振，使人感到相当不舒服，甚至会危及人的生命安全，而起重机受到轨道缺陷激励时，座椅将能量传递给司机，使司机发生振动。但起重机振动系统的优化结果并不能直接优化激励力频率，而是通过优化振动系统的结构参数减少座椅能量的传递，从而降低人体振动强度。在 ISO 2631—1：2011《机械振动与冲击　人体暴露于全身振动的评价　第

1 部分：通用要求》中，将人的主观感受作为评价人舒适性的标准，当人体感觉舒适时，振动使人体产生职业病的概率降低。因此，人的主观反应可以定性反映产生职业危害的概率。

目前，振动强度是通过人对振动的主观反应和相对应的加速度范围的形式表达，根据信号检测理论所确定的隶属度函数在振动强度坐标上进行定义的，从而给出振动隶属度值与振动加速度对数值之间的关系，国际上引用频度比较高的几组数据如图 2-17 所示。

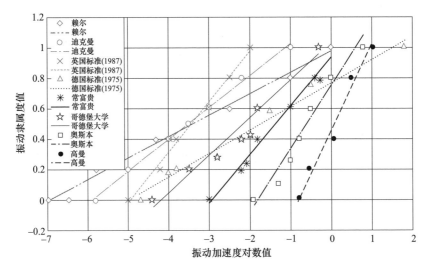

图 2-17　振动隶属度与振动加速度对数值之间的关系

从图 2-17 中可以看出，尽管实验测试数据的离散性较大，但是对于每一组测试数据而言，均服从心理物理学上的 Fechner 定律：主观反应的隶属度值与振动加速度的对数值成正比。因此，振动强度模糊隶属函数 $v(u)$ 可表示为

$$v(u) = \begin{cases} 0 & (u < u_{\min}) \\ \alpha \ln u + \beta & (u_{\min} \leq u \leq u_{\max}) \\ 1 & (u > u_{\max}) \end{cases} \tag{2-128}$$

式中，$u_{\min}$ 为人体感到"不可感受"的振动强度上限；$u_{\max}$ 为人体感到"无法忍受"的振动强度下限；α 和 β 分别为待定系数，求解方法参见式（2-129）。

$$\begin{cases} \alpha \ln u_{\min} + \beta = 0 \\ \alpha \ln u_{\max} + \beta = 1 \end{cases} \tag{2-129}$$

根据 ISO 2631—1：2011 振动加速度对人体舒适性影响的上限、下限的定义，可取 $u_{\min} = 0.315 \text{m/s}^2$ 和 $u_{\max} = 2.5 \text{m/s}^2$，通过式（2-129）可计算得到 $\alpha = 0.4827$、$\beta = 0.5577$。在 δ 取不同值时，烦恼率与加速度均方根的关系如图 2-18

所示。同样用绘图方法对 ISO
2631—1：2011 规定的判断标准
进行图形描述，如图 2-19 所示，
横轴表示加权加速度均方根值，
纵轴表示人体主观不舒适性等
级，随着颜色加深表示人体主观
不舒适程度增加。对比图 2-18 可
以看出，两者在趋势和形状上基
本一致，进一步验证烦恼率分析
法和 ISO 2631—1：2011 评价法
是一致的。通过烦恼率模型可以
避免 ISO 2631—1：2011 中的模

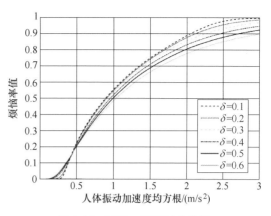

图 2-18　不同 δ 下烦恼率曲线

糊概念，定量确定感觉不舒适的人所占比例，建立感觉不舒适的比例和人体振
动加速度之间的关系。因此，用烦恼率模型评价人体对振动的主观感受具有可
行性。

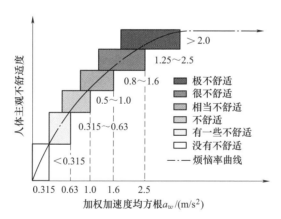

图 2-19　烦恼率与 ISO 2631—1：2011 一致性对比

2.9　工程实例

2.9.1　减量化在起重机设计中的应用

　　以桥式起重机为例，目前，我国有相当批量的桥式起重机是在一般的车间
和仓库使用，要求并不很高，工作也不十分频繁。为了考虑综合效益，要求起
重机尽量降低外形高度、简化结构、减少自重和轮压，以便使整个建筑物车间
厂房高度下降，使建筑结构轻型化，降低其造价和使用维护成本。因此，结构

紧凑、轻巧、建筑高度低、总装机功率小（能耗低）的起重机研制，符合现代起重机向小型化、轻型化、简易化、标准化及模块化等方面的发展趋势，符合我国建设资源节约型社会的国情，该项研究也符合国家的节能降耗的产业政策，有利于国家的可持续发展，市场前景广阔。同时，与芬兰科尼、德国德马格等进口设备相比具有价格优势，可较快推广。

一方面，进行量大面广的通用型桥式起重机械减量化技术研究不仅能充分利用钢材，节省金属材料，同时由于其减量化，结构紧凑、轻巧，利用现在的变频调速等新技术，也可降低起重机械的电动机功率。随着我国现代化建设发展的需要，2015 年我国桥式起重机的市场年需求已达到 450 亿元，年产量可达500 万 t。从建设资源节约型社会方面来看，减量化桥式起重机可平均减轻重量20%，减量化起重机在满足国民经济建设的同时，每年可节约钢材 58 万 t，减少制造成本近 58 亿元，而且降低了由于钢铁生产所带来的相关能源消耗并减少有关污染。由于自重的减轻和效率的提高，产品结构合理，技术性能优越，在使用和维护过程中还会带来明显的节能效果，降低使用和维护成本。以起重量为80t、工作级别为 A5 的通用桥式起重机为例，传统 QD 产品需配功率为 75kW 以上的电动机，减量化桥式起重机可采用功率为 63kW 的电动机，以每台起重机起升机构年平均工作时间 1000h 计算，每台起重机每年运行节电为 12000kW·h，仅 50t 以上的各种起重机的在用量约 10 万台，按起重量平均 80t 计算，如采用减量化起重机的推广率为 20%，每年可节电 2.4 亿 kW·h 以上，相当于每年节约9.7 万 t 原煤，每年可减少 23.04 万 t 碳排放量污染。

另一方面，由于自重轻、轮压小、外形尺寸小，降低了厂房建筑高度，可节省建筑工程量、建筑材料。以 24m×120m 的单层厂房为例，在以平均降低建筑高度 1m 的情况，经测算，可节约建筑围护材料 107m³，可节省建筑立柱材料8 m³，同时，取暖、照明使用维护成本等各方面都得到节约，产生较好的二次经济效益。

由此可见，研制重量轻、低净空、外形尺寸小、能耗低的桥式起重机，每年节省大量钢材的同时，减少了用电量，也使建筑工程量、建筑材料，建筑厂房的取暖、照明使用维护成本等各方面都得到节约。同时，大力开发和应用节能降耗的各种设备，有利于建设资源节约型、环境友好型社会，有利于社会主义市场经济建设，这也是落实科学发展观，实现经济社会可持续发展的客观需要。

▶ 2.9.2　桥式起重机减量化系列设计

通过进行桥式起重机减量化共性技术研究，主要开展桥架结构减量化设计和新型起升机构设计。经样机设计、试验验证及行业专家论证，形成减量化桥式起重机设计准则，并以此为基准开展系列设计。结合减量化桥式起重机的市场推广应用，将传统桥式起重机系列（QD系列）起重量5~50t延伸到5~100t，进行系列型谱设计、模块化设计等，形成桥式起重机更新换代的减量化系列产品（QDL系列）。通过开展主梁疲劳试验、起升小车试验、样机强度刚度试验等多种试验，验证新产品设计理论的可行性及安全可靠性。

⟫ 1. 桥式起重机减量化系列主参数匹配

起重机的系列主参数能够表征起重机的作业能力，是金属结构和部件选型与设计的依据。通用桥式起重机的主要参数包括起重量、机构工作速度、工作级别和跨度等。以上主要参数的选配，将影响金属结构的设计，以及关键部件的合理选择，如电动机、减速器、制动器、卷筒、吊钩和车轮等。为了提高起重机的整机性能，用较少规格的部件组成多品种规格的系列起重机，满足用户的需求并降低制造成本，应对起重机系列主参数进行最佳匹配。

（1）起重机系列主参数

1）起重量。起重量是起重机的首要参数，金属结构尺寸、工作机构优化、电动机驱动功率等都受其制约。合理选择起重量系列是起重机系列设计的重要环节。

按照GB/T 783—2013《起重机械 基本型的最大起重量系列》的规定，桥式起重机的起重量系列采用的是R10优先数系，从5t开始，具体见表2-1。但目前国内的桥式起重机产品根据多年生产惯例和市场需求，从表2-1中数列选出一部分组成实际起重量系列。传统通用桥式起重机系列（QD系列）的起重量范围是5t、10t、16t、20t、32t和50t，共6个规格。

表2-1　基本型的最大起重量系列　　　　　　　　　　　　　（单位：t）

5	12.5	25	(45)	80
6.3	(14)	(28)	50	(90)
8	16	32	(56)	100
10	20	(36)	63	(112)
(11.2)	(22.5)	40	(71)	125

注：应尽量避免选用括号中的最大起重量参数。

开展桥式起重机减量化系列设计，结合减量化桥式起重机的市场推广应用，扩展传统的QD系列型谱，优选桥式起重机常用规格，将原QD系列中小起重量（5~50t）型谱扩展到大起重量（5~100t）型谱。具体起重量为5t、10t、16t、20t、25t、32t、40t、50t、63t、80t和100t，共11个规格。

参考国家标准GB/T 14405—2011《通用桥式起重机》中主钩、副钩的匹配关系为 3：1～5：1。并在现有起重机系列产品中 5t、10t 桥式起重机不设置副起升机构。

2）工作级别和跨度。工作级别表征起重机工作繁重程度，对起重机的工作级别进行合理分级，是起重机设计的基础参数，也是用户与制造企业协商时合理可信的根据。

我国通用吊钩桥式起重机的系列产品，主要用于机械加工车间和工作不太繁忙的仓库内，工作繁忙程度低，工作级别常为 A5、A6 两种。A7 工作级别的起重机多应用于冶金行业，但冶金用桥式起重机有许多特殊安全要求，超过了通用吊钩桥式起重机标准规定，无法直接采用通用桥式起重机。因此，桥式起重机减量化系列（QDL 系列）型谱中，其模块化起升小车按工作级别 A3～A7 设计，金属结构按整机的工作级别 A3～A6 设计。

机构的工作级别、跨度等参数则参考 GB/T 14405—2011，结合市场需求，起重量在 5～50t 范围内时，涵盖 8 个起重量，8 个标准跨度（10.5～31.5m）；起重量在 63～100t 范围内时，涵盖 3 个起重量，7 个标准跨度（16～34m）。通过模块化设计及合理组合，桥式起重机减量化系列（QDL 系列）可以组成 340 个规格产品。桥式起重机减量化系列主参数匹配型谱见表 2-2。起升及运行速度参数的确定应考虑桥式起重机标准、产品市场推广及用户实际需求等因素。

（2）主参数匹配　桥式起重机的主参数中，跨度与其他主参数之间的关系最不密切，通常小车运行速度的选择也不随着跨度变化。关系密切的是起重量、工作速度与工作级别三个主参数及其匹配关系。桥式起重机减量化系列（5～100t）主参数匹配见表 2-2。表 2-2 中的速度参数为电动机和减速器匹配后的实际速度。

表 2-2　桥式起重机减量化系列主参数匹配型谱

起重量/t	整机工作级别			A3		A4		A5		A6		A7	
	小车代号			P1		P1		P2		P3		P4	
	起升机构	参数		主	副	主	副	主	副	主	副	主	副
		工作级别		M3	—	M4	—	M5	—	M6	—	M7	—
		速度/(m/s)		6.74	—	6.74	—	8.72	—	10.77	—	12.83	—
5	小车运行	工作级别		M3		M3		M5		M5		M6	
		速度/(m/s)		24.13		24.13		33.68		32.17		35.69	
	大车运行速度/(m/s)	跨度/m	工作级别	M3		M4		M5		M6		M7	
			10.5～16.5	44.53		83.13		82.14		87.09		—	
			19.5～22.5			83.14							
			25.5～31.5	45.24		85.45		84.19		84.19			

起重量/t	整机工作级别		A3		A4		A5		A6		A7	
	小车代号		P3		P4		P5		P6		P7	
10	起升机构	参数	主	副	主	副	主	副	主	副	主	副
		工作级别	M3	—	M4	—	M5	—	M6	—	M7	—
		速度/(m/s)	6.21	—	7.40	—	9.51	—	10.77	—	11.77	—
	小车运行	工作级别	M3		M3		M5		M5		M6	
		速度/(m/s)	24.13		24.13		32.17		36.19		40.06	
	大车运行速度/(m/s)	工作级别	M3		M4		M5		M6		M7	
		跨度/m 10.5~22.5	38.59		85.11		—		85.11		—	
		25.5~31.5	40.21		84.19		—		91.73		—	
	小车代号		P5		P6		P7		P9		—	
16/3.2	起升机构	参数	主	副	主	副	主	副	主	副	主	副
		工作级别	M3	—	M4	—	M5	M5	M6	M5	M7	—
		速度/(m/s)	6.60	—	7.24	—	9.47	9.86	10.99	9.86	—	—
	小车运行	工作级别	3		M3		M5		M5		M6	
		速度/(m/s)	24.13		27.65		34.56		34.56		—	
	大车运行速度/(m/s)	工作级别	M3		M4		M5		M6		M7	
		跨度/m 10.5~16.5	40.21		84.19		84.19		84.19		—	
		19.5~25.5	40.84		87.96		84.82		84.82			
		28.5~31.5			84.82							
	小车代号		P8		P8		P10		P11		P12	
20/5	起升机构	参数	主	副	主	副	主	副	主	副	主	副
		工作级别	M3	M5	M4	M5	M5	M7	M6	M7	M7	M7
		速度/(m/s)	6.62	8.72	6.62	8.72	7.30	12.83	8.43	12.83	8.46	12.83
	小车运行	工作级别	M3		M3		M5		M5		M6	
		速度/(m/s)	25.13		25.13		34.56		36.62		43.54	
	大车运行速度/(m/s)	工作级别	M3		M4		M5		M6		M7	
		跨度/m 10.5~16.5	40.21		84.19		84.19		84.19		—	
		19.5~31.5	39.27		84.82		84.82		84.82			
	小车代号		P8		P10		P11		P12		P13	
25/5	起升机构	参数	主	副	主	副	主	副	主	副	主	副
		工作级别	M3	M5	M4	M5	M5	M7	M6	M7	M7	M7
		速度/(m/s)	6.62	8.72	6.62	8.72	7.30	12.83	8.43	12.83	8.46	12.83

（续）

起重量/t	整机工作级别		A3		A4		A5		A6		A7	
25/5	小车代号		P8		P10		P11		P12		P13	
	小车运行	工作级别	M3		M3		M5		M5		M6	
		速度/(m/s)	25.13		25.13		34.56		36.62		40.57	
	大车运行速度/(m/s)	工作级别	M3		M4		M5		M6		M7	
		跨度/m 10.5~16.5	40.21		84.19		84.19		84.19		—	
		19.5~31.5	39.27		84.82		84.82		84.82			
32/8	小车代号		P10		P11		P12		P13		P14	
	起升机构	参数	主	副	主	副	主	副	主	副	主	副
		工作级别	M3	M5	M4	M5	M5	M5	M6	M5	M7	M6
		速度/(m/s)	5.19	8.16	6.11	8.16	6.14	8.16	6.75	8.16	7.28	10.25
	小车运行	工作级别	M3		M3		M5		M5		M6	
		速度/(m/s)	25.13		28.70		31.67		35.63		40.21	
	大车运行速度/(m/s)	工作级别	M3		M4		M5		M6		M7	
		跨度/m 10.5~16.5	40.21		67.86		67.86		84.82		—	
		19.5~31.5	39.27		65.97		65.97		81.68			
40/8	小车代号		P11		P12		P13		P14		P15	
	起升机构	参数	主	副	主	副	主	副	主	副	主	副
		工作级别	M3	M5	M4	M5	M5	M5	M6	M6	M7	M6
		速度/(m/s)	4.80	8.16	5.50	8.16	5.97	8.16	6.68	10.25	6.73	10.25
	小车运行	工作级别	M3		M3		M5		M5		M6	
		速度/(m/s)	28.70		28.70		35.63		35.19		45.20	
	大车运行速度/(m/s)	工作级别	M3		M4		M5		M6		M7	
		跨度/m 10.5~16.5	39.27		65.97		—		84.82		—	
		19.5~31.5							81.68			
50/10	小车代号		P13		P13		P14		P15		—	
	起升机构	参数	主	副	主	副	主	副	主	副	主	副
		工作级别	M3	M5	M4	M5	M5	M5	M6	M5	—	—
		速度/(m/s)	5.30	8.16	5.30	8.16	5.99	9.51	6.27	9.51	—	—
	小车运行	工作级别	M3		M3		M5		M5		M6	
		速度/(m/s)	24.74		24.74		35.19		35.19		—	
	大车运行速度/(m/s)	工作级别	M3		M4		M5		M6		M7	
		跨度/m 10.5~16.5	39.27		65.97		65.97		81.68		—	
		19.5~31.5							83.25			

起重量/t	项目	A3主	A3副	A4主	A4副	A5主	A5副	A6主	A6副	A7主	A7副
63/16	小车代号	P16		P16		P17		P18		P19	
	起升机构 参数	主	副	主	副	主	副	主	副	主	副
	起升机构 工作级别	M3	M6	M4	M6	M5	M6	M6	M6	M7	M6
	起升机构 速度/(m/s)	3.54	10.99	3.54	10.99	4.45	10.99	4.97	10.99	4.99	10.99
	小车运行 工作级别	M3		M3		M5		M5		M6	
	小车运行 速度/(m/s)	20.11		20.11		31.42		29.85		32.99	
	大车运行 工作级别	M3		M4		M5		M6		M7	
	大车运行速度/(m/s) 跨度16~22/m	40.21		62.83		62.83		75.40		—	
	大车运行速度/(m/s) 跨度25~34/m	39.27		64.40		64.40		84.82		—	
80/20	小车代号	P16		P17		P18		P19		P20	
	起升机构 参数	主	副	主	副	主	副	主	副	主	副
	起升机构 工作级别	M3	M4	M4	M4	M5	M4	M6	M4	M7	M4
	起升机构 速度/(m/s)	3.12	9.64	3.72	9.64	3.96	9.64	4.47	9.64	4.60	9.64
	小车运行 工作级别	M3		M3		M5		M5		M6	
	小车运行 速度/(m/s)	20.11		22.62		29.85		29.85		32.99	
	大车运行 工作级别	M3		M4		M5		M6		M7	
	大车运行速度/(m/s) 跨度16~22/m	39.27		64.40		64.40		84.82		—	
	大车运行速度/(m/s) 跨度25~34/m	39.27		64.40		65.97		81.68		—	
100/20	小车代号	P17		P18		P19		P20		—	
	起升机构 参数	主	副	主	副	主	副	主	副	主	副
	起升机构 工作级别	M3	M4	M4	M4	M5	M4	M6	M4	—	—
	起升机构 速度/(m/s)	2.92	9.64	3.52	9.64	3.97	9.64	4.07	9.64	—	—
	小车运行 工作级别	M3		M3		M5		M5		M6	
	小车运行 速度/(m/s)	22.62		21.99		29.85		29.85		32.99	
	大车运行 工作级别	M3		M4		M5		M6		M7	
	大车运行速度/(m/s) 跨度16~22/m	43.98		64.40		65.97		81.68		—	
	大车运行速度/(m/s) 跨度25~34/m	39.27		65.97		65.97		81.68		—	

2. 桥式起重机减量化设计准则

开展桥式起重机减量化关键技术研究，经样机试制、试验验证和专家论证后，形成桥式起重机减量化设计准则，并以此开展减量化系列设计。

（1）桥架结构设计

1）桥架整体结构。减量化桥式起重机的桥架优化设计采用四梁模块结构，主梁和端梁结构均可以独立整体加工，减少了焊接变形，便于组装、存放、运输并保证桥架几何尺寸精度。更为重要的是可以降低主梁与端梁加工生产的依赖性，实现了主梁和端梁的模块化生产，优化了生产工艺，提高了生产率，降低了生产资源消耗。

中小吨位桥式起重机采用单根端梁的四梁结构（见图 2-20），大吨位桥式起重机则采用铰接端梁的四梁结构（见图 2-21）。

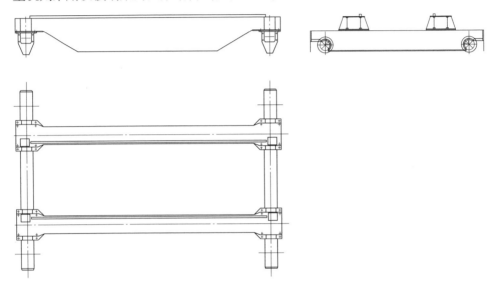

图 2-20　单根端梁的四梁结构

2）主梁设计。

结构型式：主梁采用焊接轨道的窄翼缘偏轨箱形梁结构，偏轨箱形梁设置了横隔板，用于抵抗扭转载荷引起箱形截面的周边扭曲变形及避免向一边侧倾。主梁的横向大隔板间距尺寸采用 2m，其间距数宜为奇数。根据主梁腹板高度，应设置一根或两根纵向加筋板，以保证局部稳定性，纵向加筋板按照 GB/T 3811—2008《起重机设计规范》的要求选取。

静强度：经研究确定桥式起重机减量化系列结构设计中，依据 GB/T 3811—2008《起重机设计规范》，用载荷组合 A 计算时，根据强度（含疲劳强度）、静刚度的计算控制值，材料采用 Q235B 或 Q355B。同一起重量吨位、同一工作级别的各种跨度的主梁宜采用一种材料。需要进行疲劳强度核算的主梁，其焊接接头应力集中情况等级采用 K3，其结构强度控制值，采用 Q235B 时，最大许用正应力为 140MPa；采用 Q355B 时，最大许用正应力为 200MPa。

静刚度：刚度控制值为跨度的 1/750。刚性不足会影响结构的使用性能并恶化构件的工作条件，间接地影响结构的承载能力，而刚度过大又意味着增加重量和

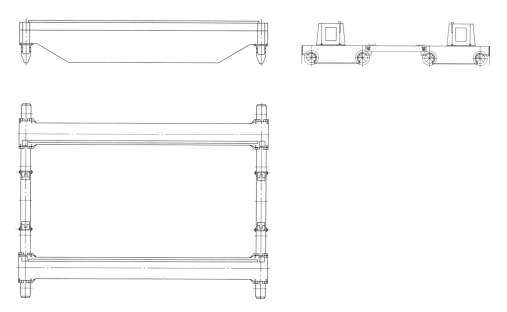

图 2-21　铰接端梁的四梁结构

外形尺寸。根据 GB/T 3811—2008《起重机设计规范》及变频控制系统的使用，减量化桥式起重机的刚度准则相对传统控制值有所突破，刚度控制值为跨度的 1/750，既可以充分利用金属结构材料，又能达到起重机主梁减量化设计的目标。

高跨比：通过理论分析、试验验证、对比国内外双梁桥式起重机主梁高跨比参数等，提出推荐适用于减量化桥式起重机的高跨比取值范围，主梁高跨比最小值可取 1/25，以利于进一步达到主梁降高减重的目的。

焊接轨道：采用方钢或扁钢与主梁焊接，作为小车轨道承载。

3）端梁设计。

模块化设计：根据车轮及计算的截面尺寸进行系列化规划，对减量化桥式起重机系列端梁开展模块化设计，实现工艺过程的典型化和工装标准化。

结构型式：端梁采用四块钢板焊接而成的箱形梁结构型式。端梁端部两腹板落在车轮轴承箱上，与大车运行机构采用螺栓连接；端梁的截面尺寸主要由大车车轮的轴承间距和直径确定，选择适当的板厚以满足刚度和强度的要求。小吨位起重机采用单根端梁的结构型式，大吨位起重机采用铰接端梁的结构型式，两根端梁间采用具有一定柔性的铰接连杆，如图 2-22、图 2-23 所示。

静强度与静刚度：采用 Q235 时，最大正应力控制值在 100MPa；采用 Q355 时，其最大正应力控制值在 140MPa。静刚度控制值为跨度的 1/2000。

轮跨比：端梁的轮跨比取值大于或者等于 1/7。鉴于轮跨比与整机的工作范围、桥架自锁和偏斜运行侧向力等密切相关，轮跨比应有合理的比例关系，通

图 2-22　单根端梁

图 2-23　铰接端梁

过分析论证及参考国内外相关设计规范与标准，推荐取此范围值。

主端梁连接：主端梁连接采用搭接的型式，以削弱主梁、端梁之间的依赖，实现端梁模块化设计，保证主梁、端梁连接部位的安全可靠性。

起重量在 32t 以下的采用精制螺栓连接，起重量在 40t 以上的采用普通螺栓加定位块连接。

（2）起升小车设计

1）小车模块化设计。综合分析起重量、起升速度、起升机构的工作级别、滑轮组的倍率之间关系，在此基础上规划小车模块。小车及其零部件如钢丝绳、卷筒、车轮组等在设计中均采用模块化技术，并按照模块化设计思路开展后续设计。

2）结构型式。小车架采用刚柔结合的三梁小车架设计，即"横刚纵柔"理论及其匹配参数。小车架横向刚度要强，以保证载荷的稳定起升和定位准确性；纵向刚度要柔，以保证小车四轮适应主梁的工作变形，与轨道可靠接触，使轮压载荷均匀传递给主梁。三梁结构（见图 2-24）在减轻小车重量的同时，也降低了小车高度，使小车更加紧凑。

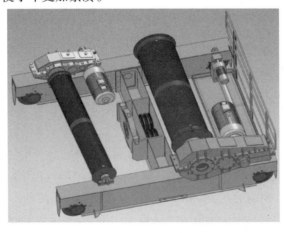

图 2-24　小车架三梁结构

3）起升机构。

结构型式：采用三支点静定支承起升机构，将电动机、制动器、减速器和起升卷筒布置成紧凑型传动系统，整体采用三个支点静定支承在小车架上，彻底消除超静定附加载荷作用。即减速器高速轴与起升电动机采用法兰连接，联轴器采用梅花弹性联轴器；减速器低速轴出轴端采用花键与锥形接手相连，锥形接手另一端通过螺栓与卷筒法兰盘连接。起升机构结构型式（三支点支承）如图 2-25 所示。

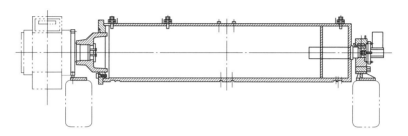

图 2-25 起升机构结构型式（三支点支承）

卷筒：减量化起重机设计中，在直径规格允许的范围内，使用无缝钢管加工卷筒，而对于大尺寸卷筒，则可采用 Q355 钢板焊接而成，确保卷筒安全可靠。

滑轮与滑轮组：采用轧制滑轮。轧制滑轮多选用 Q235、Q355 和 45 钢三种材料，采用特殊工艺方法制作，具有结构合理、强度高、重量轻、外形美观和绳槽光滑耐磨等优点。滑轮组采用 2、4、6 等偶数倍率的布置模式，使滑轮固定于梁内，通过改变滑轮数量来改变滑轮组倍率，以实现起重量和起升高度的改变，从而扩大小车的服务范围。

吊钩组：采用新型的吊钩组，其动滑轮轴与卷筒轴垂直布置，以保证与钢丝绳偏角在合理范围内；吊钩使用新标准材料，主要有 35CrMo、Q355D、34Cr2Ni2Mo 等材料；同吨位级别下选用 P 级吊钩（比 M 级吊钩轻 28%～39%），以在保证高安全性的前提下减轻自重。

钢丝绳：采用强度等级为 1570～1960 的钢丝绳。钢丝绳直径的大小及其规格决定着滑轮和卷筒的最小卷绕直径及其通用化设计和选型，根据模块化设计的需要，在满足强度要求的基础上以减小钢丝绳直径为优化目的。选取强度等级为 1570～1960 的钢丝绳，可满足系列化设计需求，并降低了生产成本。

（3）运行机构设计

1）结构型式。大、小车运行机构均采用"三合一"驱动装置，如图 2-26 所示。驱动装置安装于主动车轮组一侧，传动轴间采用渐开线花键连接。大吨位小车当其轨距过大时，可采用分别驱动的结构型式；而小吨位小车当其轨距等于或者小于 4.4m 时，可采用集中驱动。车轮组与小车架通过自锁螺栓进行连接，以利用自锁螺栓较好的抗振能力、耐磨性和耐剪切能力，从而简化安装，并保证安全可靠。

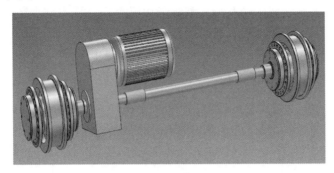

图 2-26　运行机构结构型式

2）车轮与车轮组。车轮组采用可调心的月牙形结构型式，其轴承箱与端梁的连接处设计成月牙形，用偏心式轴承箱，采用分体式挡板，可有效地减少车轮啃轨现象的发生，避免车轮过速磨损，并利于安装与日常维护。球墨铸铁经过近几年的发展，其生产工艺相对成熟，机械性能及耐磨性等已适合作为起重机车轮的材料，在国内已有应用，实测硬度达 310HBW，能够满足车轮要求，因此小车车轮材料采用 QT700-2，大车车轮材料采用 42CrMo 或 65Mn。

3. 减量化桥式起重机模块化系列设计

模块化是绿色制造和减量化设计的重要技术特征，系列设计对桥式起重机功能部件进行模块划分，以实现专业化生产，降低生产成本。减量化桥式起重机系列设计引进模块化设计理念，对起升小车、卷筒组、车轮组和端梁等开展模块化设计。

桥式起重机减量化系列（QDL 系列）是以桥式起重机主要部件为模块单元，包括起升小车 20 套、卷筒组 15 套、运行机构 20 套、车轮组 7 套、吊钩组 20 套、主梁 130 套、端梁 14 套等。以上模块单元，可以组合构成 340 个规格的减量化桥式起重机。

（1）起升小车模块　起升小车的模块化设计，是在综合分析起重量、起升速度、起重小车的起升机构的工作级别和滑轮组的倍率之间关系基础上规划而确定的。考虑倍率对机构布置的影响，把小车按倍率分为 3 部分，20t 以下采用倍率 2 的小车，20~50t 采用倍率 4 的小车，63~100t 采用倍率 6 的小车，在每部分中按起重量分为若干个小车。

每个小车对应 5 种不同工作级别及 5 种起重量。例如，10t、M5 小车的起重量涵盖 6.3t、M7，8t、M6，10t、M5，12.5t、M4，16t、M3。小车模块化系列有 20 个小车模块，对应 70 个不同工作级别、不同吨位的小车。其中有部分规格的小车超出起重机整机起重量系列参数，可作为系列产品扩展和储备。起升小车模块的选配见表 2-3，小车代号 P1~P20。

表 2-3　起升小车模块的选配

起重量/t	小车代号				
100	P17	P18	P19	P20	—
80	P16	P17	P18	P19	P20
63	P16	P16	P17	P18	P19
50	P13	P13	P14	P15	—
40	P11	P12	P13	P14	P15
32	P10	P11	P12	P13	P14
25	P8	P10	P11	P12	P13
20	P8	P8	P10	P11	P12
16	P5	P6	P7	P9	—
12.5	P4	P5	P6	P7	P9
10	P3	P4	P5	P6	P7
8	P2	P3	P4	P5	P6
6.3	—	P2	P3	P4	P5
5	P1	P1	P2	P3	P4
4	—	P1	—	P2	P3
3.2	—	—	P1	—	P2
工作级别	M3	M4	M5	M6	M7

（2）卷筒组模块　卷筒直径系列为 260、310、340、390、490、560、630、710（单位：mm）8 种规格。根据小车轨距优化卷筒长度为 1500、2300、4000（单位：mm）3 种规格，按照卷筒直径和长度划分后的卷筒规格为 15 套，卷筒模块是同时结合小车模块来划分的，同一小车模块下卷筒模块相同。

（3）车轮组模块　小车车轮组模块根据车轮直径和轨道规格的因素分为 6 个规格，小车车轮组模块是同时结合小车模块来划分的，同一小车模块下小车车轮组模块相同。大车车轮组模块分为 5 个规格，是同时结合端梁模块化来划分的，同一端梁模块下大车车轮组模块相同。

将车轮组模块与三合一减速电动机型号相结合就组成了大、小车运行机构模块，小车运行机构模块为 9 种，大车运行机构模块即驱动装置单元划分为 10 种。

（4）端梁模块　车轮组的模块化设计为端梁的模块化打下良好的基础，根据整机跨度，结合轮跨比要求，小车轨距和大车车轮直径，初定各个规格的端梁大车车轮轮距；从整体角度对大车车轮轮距进行初步的模块化优化组合；配合大车车轮组安装初定各个端梁的截面尺寸；根据小车轮压、载荷及大车轮距计算初定的各规格的端梁强度和刚度；在保证端梁重量轻的同时，将强度、刚度计算结果相近且大车轮距、大车车轮相同的端梁规格进行优化组合，最终得端梁模块化型谱。全系列起重机采用14个端梁模块即可满足桥架和大车运行机构的设计要求。

2.9.3　司机-起重机-轨道系统动态优化设计

人体短期暴露在振动环境下会使司机产生不舒适感，而且长时间强烈振动也会给司机身体造成安全危害。在轨道缺陷作用下，起重机运行过程中不仅主梁产生了疲劳破坏，而且使司机感受到了强烈的不舒适。然而，在起重机设计和分析中很少将司机振动舒适性作为考虑的主要因素。在起重机动力学特性研究中，人体振动舒适性更是被忽略，同时现有人体振动评价标准中还存在不能量化的缺点。因此，以轨道缺陷模型和起重机的结构特点为基础，以人体振动舒适性作为优化目标，建立基于"司机-起重机-轨道"的系统动力学模型（见图2-27），并分析在正常运行和轨道缺陷两种情况下的人体振动舒适性，提出了一种以人体烦恼率为优化目标的动态优化设计方法，为起重机设计和分析提供数据和模型参考。

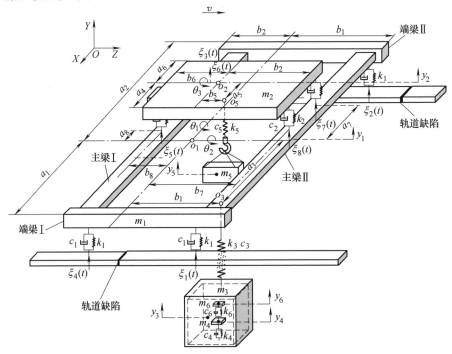

图 2-27　司机-起重机-轨道系统振动模型

起重机带载或空载运行于具有一定弹性、接头处有间隙或高低错位的钢轨上时，发生的垂直冲击动力效应取决于结构型式（质量分布、起重机的弹性、支承方式）、运行速度、车轮直径及轨道接头状况，因此基于司机-起重机-轨道系统的振动模型中应该体现这些因素对系统振动的影响。

1. 系统模型合理性分析

现有的起重机设计目标仅追求起重机性能，而缺乏对司机和环境的考量，基于"司机-起重机-轨道"系统的起重机设计目标从单一到多极、从片面到全面，体现了起重机设计对环境的适应性、人体的舒适性和起重机的高效性。因此，基于"人—机—环"视角的起重机设计思想将提升起重机设计质量和水平，具有重大的理论意义和工程参考价值。

2. 振动模型假设

大车运行过程中，高低错位和接缝缺陷是引起起重机结构振动的主要原因，轨道和车轮自身材料缺陷与这两种缺陷相比影响甚微。在大车起动或制动过程中，主梁和端梁在 Z 方向（见图 2-27）会产生很小的弹性变形，当大车匀速运行时，主梁所受惯性力为 0 且 Z 方向的变形在结构阻尼作用下很快消失，此时，起重机结构沿 Z 方向的振动可忽略不计。由于车轮与轨道接缝间隙的存在，会使主梁在 X 方向（见图 2-27）产生弹性变形，但是在运行过程中接缝间隙所引起 X 方向的冲击很小，此时，起重机结构沿 X 方向的振动可忽略不计。铸造起重机质量大、缺少悬架系统，由于轨道缺陷对起重机冲击时间短，运行速度基本不受轨道冲击的影响，且各部件的振幅很小，可将系统简化为线性系统。在研究轨道缺陷对起重机司机产生影响时，考虑产生振动的主要因素、忽略次要因素，为简化系统振动模型和求解过程而做如下假设：

1）忽略起重机结构在沿水平方向的振动及主梁、端梁沿 X、Z 方向的变形。

2）将各部件简化成质量块，且各质量块在平衡位置做微幅振动。

3）系统中的刚度与位移、阻尼与相应速度均成线性关系。

4）起重机大车通过轨道缺陷时水平速度保持恒定不变。

5）对于每个车轮而言，运行中的轨道缺陷所引起的激励力均相同。

6）主梁运行轨道除了连接处的高低错位和接缝缺陷外，其他部位无缺陷。

人体各器官固有频率的取值范围为 3~17Hz。其中，头部固有频率为 8~12Hz，腹部内脏固有频率为 4~6Hz，而人体整体的共振频率在 7.5Hz 左右。从司机整体舒适性角度评价垂直振动对人体的影响，该评价方法与 ISO 2631—1：2011 所规定的机械设备司机舒适性评价准则相一致。因此，评价司机整体舒适性时，模型简化始终将司机作为一个整体进行讨论，而不是依据人体结构进行多自由度简化。

▶▶**3. 系统运动方程**

在假设的基础上建立起重机振动系统的物理模型如图 2-27 所示，该系统可认为是常系数线性动力学系统。在该振动系统中，主要考虑到大车 Y 方向的振动和绕 X、Z 轴的转动，小车 Y 方向的移动和绕 Z 轴的转动，以及吊物、司机室、座椅和人体 Y 方向的振动。以各自平衡位置建立广义坐标系 y_i 和 θ_k，系统的动能可表示为

$$T_1 = \sum_{i=1}^{6} \frac{1}{2} m_i \dot{y}_i^2 + \sum_{k=1}^{3} \frac{1}{2} J_k \dot{\theta}_k^2 \tag{2-130}$$

系统势能 U_1 主要包括各等效弹簧的弹性势能以及大车、小车的转动势能，势能 U_1 可表示为

$$U_1 = \frac{1}{2} k_1 \left\{ \begin{array}{l} [\xi_1(t) + a_1\theta_2 - b_1\theta_1 - y_1]^2 + [\xi_2(t) - b_1\theta_1 - a_2\theta_2 - y_1]^2 + \\ [\xi_3(t) + b_2\theta_1 - y_1 - a_2\theta_2]^2 + [\xi_4(t) + a_1\theta_2 + b_2\theta_1 - y_1]^2 \end{array} \right\} +$$

$$\frac{1}{2} k_2 \left\{ \begin{array}{l} [\xi_5(t) + a_4\theta_3 - y_2 + (y_1 + a_8\theta_2 - b_8\theta_1)]^2 + \\ [\xi_6(t) - a_6\theta_3 - y_2 + (y_1 + a_7\theta_2 - b_8\theta_1)]^2 + \\ [\xi_7(t) - a_6\theta_3 - y_2 + (y_1 + a_7\theta_2 + b_7\theta_1)]^2 + \\ [\xi_8(t) + a_4\theta_3 - y_2 + (y_1 + a_8\theta_2 + b_7\theta_1)]^2 \end{array} \right\} +$$

$$\frac{1}{2} k_3 (y_3 + a_3\theta_2 - b_3\theta_1 - y_1)^2 + \frac{1}{2} k_4 (y_4 - y_3)^2 +$$

$$\frac{1}{2} k_5 (y_5 + a_5\theta_3 - y_2)^2 + \frac{1}{2} k_6 (y_6 - y_4)^2 \tag{2-131}$$

系统耗散能 D_1 主要包括各连接弹簧阻尼和大车、小车转动阻尼产生的能量损耗，耗散能 D_1 可表示为

$$D_1 = \frac{1}{2} c_1 \left\{ \begin{array}{l} [\dot{\xi}_1(t) + a_1\dot{\theta}_2 - b_1\dot{\theta}_1 - \dot{y}_1]^2 + [\dot{\xi}_2(t) - b_1\dot{\theta}_1 - a_2\dot{\theta}_2 - \dot{y}_1]^2 + \\ [\dot{\xi}_3(t) + b_2\dot{\theta}_1 - \dot{y}_1 - a_2\dot{\theta}_2]^2 + [\dot{\xi}_4(t) + a_1\dot{\theta}_2 + b_2\dot{\theta}_1 - \dot{y}_1]^2 \end{array} \right\} +$$

$$\frac{1}{2} c_2 \left\{ \begin{array}{l} [\dot{\xi}_5(t) + a_4\dot{\theta}_3 - \dot{y}_2 + (\dot{y}_1 + a_8\dot{\theta}_2 - b_8\dot{\theta}_1)]^2 + \\ [\dot{\xi}_6(t) - a_6\dot{\theta}_3 - \dot{y}_2 + (\dot{y}_1 + a_7\dot{\theta}_2 - b_8\dot{\theta}_1)]^2 + \\ [\dot{\xi}_7(t) - a_6\dot{\theta}_3 - \dot{y}_2 + (\dot{y}_1 + a_7\dot{\theta}_2 + b_7\dot{\theta}_1)]^2 + \\ [\dot{\xi}_8(t) + a_4\dot{\theta}_3 - \dot{y}_2 + (\dot{y}_1 + a_8\dot{\theta}_2 + b_7\dot{\theta}_1)]^2 \end{array} \right\} +$$

$$\frac{1}{2} c_3 (\dot{y}_3 + a_3\dot{\theta}_2 - b_3\dot{\theta}_1 - \dot{y}_1)^2 +$$

$$\frac{1}{2} c_4 (\dot{y}_4 - \dot{y}_3)^2 + \frac{1}{2} c_5 (\dot{y}_5 + a_5\dot{\theta}_3 - \dot{y}_2)^2 + \frac{1}{2} c_6 (\dot{y}_6 - \dot{y}_4)^2 \tag{2-132}$$

广义坐标表示的二阶微分方程即为第二类拉格朗日方程，拉格朗日方程是解决具有完整约束的质点系动力学问题的普遍方法，对离散质点系统和多自由度刚体系统尤为适用，而且也可以很好地建立动力学非线性问题的运动方程。因此，在司机-起重机-轨道振动系统微分方程建立过程中采用该方法。

式（2-130）~式（2-132）给出了起重机振动系统的能量计算方法，在此基础上，根据非保守力下的拉格朗日方程［即式（2-60）］和司机-起重机-轨道振动系统广义坐标，可得到与广义坐标相同数目的振动方程，即各个集中质量（大车、小车、司机室、座椅、吊重和司机）Y方向的振动微分方程，大车绕X、Z轴的转动微分方程以及小车绕Z轴转动的微分方程。

大车Y方向的振动微分方程可表示为

$$m_1\ddot{y}_1 + k_1\begin{bmatrix} 4y_1 - 2a_1\theta_2 + 2a_2\theta_2 - 2b_2\theta_1 + 2b_1\theta_1 - \\ \xi_1(t) - \xi_2(t) - \xi_3(t) - \xi_4(t) \end{bmatrix} +$$

$$c_1\begin{bmatrix} 4\dot{y}_1 - 2a_1\dot{\theta}_2 + 2a_2\dot{\theta}_2 - 2b_2\dot{\theta}_1 + 2b_1\dot{\theta}_1 - \\ \dot{\xi}_1(t) - \dot{\xi}_2(t) - \dot{\xi}_3(t) - \dot{\xi}_4(t) \end{bmatrix} -$$

$$k_2\begin{bmatrix} 4y_2 - 4y_1 - 2(a_7 + a_8)\theta_2 - 2(b_7 - b_8)\theta_1 - 2a_4\theta_3 + \\ 2a_6\theta_3 - \xi_5(t) - \xi_6(t) - \xi_7(t) - \xi_8(t) \end{bmatrix} -$$

$$c_2[4\dot{y}_2 - 4\dot{y}_1 - 2a_4\dot{\theta}_3 + 2a_6\dot{\theta}_3 - \dot{\xi}_5(t) - \dot{\xi}_6(t) - \dot{\xi}_7(t) - \dot{\xi}_8(t)] +$$

$$k_3(y_1 + b_3\theta_1 - a_3\theta_2 - y_3) + c_3(\dot{y}_1 + b_3\dot{\theta}_1 - a_3\dot{\theta}_2 - \dot{y}_3) = 0 \qquad (2\text{-}133)$$

小车Y方向的振动微分方程可表示为

$$m_2\ddot{y}_2 + k_2\begin{bmatrix} 4y_2 - 4y_1 - 2(a_7 + a_8)\theta_2 - 2(b_7 - b_8)\theta_1 - 2a_4\theta_3 + \\ 2a_6\theta_3 - \xi_5(t) - \xi_6(t) - \xi_7(t) - \xi_8(t) \end{bmatrix} +$$

$$c_2\begin{bmatrix} 4\dot{y}_2 - 4\dot{y}_1 - 2(a_7 + a_8)\dot{\theta}_2 - 2(b_7 - b_8)\dot{\theta}_1 - 2a_4\dot{\theta}_3 + \\ 2a_6\dot{\theta}_3 - \dot{\xi}_5(t) - \dot{\xi}_6(t) - \dot{\xi}_7(t) - \dot{\xi}_8(t) \end{bmatrix} +$$

$$k_5(y_2 - a_5\theta_3 - y_5) + c_5(\dot{y}_2 - a_5\dot{\theta}_3 - \dot{y}_5) = 0 \qquad (2\text{-}134)$$

司机室Y方向的振动微分方程可表示为

$$m_3\ddot{y}_3 + k_3(y_3 + a_3\theta_2 - b_3\theta_1 - y_1) + c_3(\dot{y}_3 + a_3\dot{\theta}_2 - b_3\dot{\theta}_1 - \dot{y}_1) +$$

$$k_4(y_3 - y_4) + c_4(\dot{y}_3 - \dot{y}_4) = 0 \qquad (2\text{-}135)$$

座椅Y方向的振动微分方程可表示为

$$m_4\ddot{y}_4 + k_4(y_4 - y_3) + c_4(\dot{y}_4 - \dot{y}_3) - k_6(y_6 - y_4) - c_6(\dot{y}_6 - \dot{y}_4) = 0$$

$$(2\text{-}136)$$

吊重Y方向的振动微分方程可表示为

$$m_5\ddot{y}_5 + k_5(y_5 + a_5\theta_3 - y_2) + c_5(\dot{y}_5 + a_5\dot{\theta}_3 - \dot{y}_2) = 0 \tag{2-137}$$

司机 Y 方向的振动微分方程可表示为

$$m_6\ddot{y}_6 + k_6(y_6 - y_4) + c_6(\dot{y}_6 - \dot{y}_4) = 0 \tag{2-138}$$

大车绕 X 轴的转动微分方程可表示为

$$
\begin{aligned}
J_1\ddot{\theta}_1 &+ [2k_1(b_1 - b_2) + 2k_2(b_7 - b_8) + k_3b_3]y_1 + \\
&[2c_1(b_1 - b_2) + 2c_2(b_7 - b_8) + c_3b_3]\dot{y}_1 - \\
&2k_2(b_7 - b_8)y_2 - 2c_2(b_7 - b_8)\dot{y}_2 - k_3b_3y_3 - c_3b_3\dot{y}_3 + \\
&[2k_1(b_1^2 + b_2^2) + 2k_2(b_7^2 + b_8^2) + k_3b_3^2]\theta_1 + \\
&[2c_1(b_1^2 + b_2^2) + 2c_2(b_7^2 + b_8^2) + c_3b_3^2]\dot{\theta}_1 + \\
&[k_1(a_1 - a_2)(b_1 + b_2) + k_2(b_7 - b_8)(a_7 + a_8) - a_3b_3k_3]\theta_2 + \\
&[c_1(a_1 - a_2)(b_1 + b_2) + c_2(b_7 - b_8)(a_7 + a_8)]\dot{\theta}_2 + \\
&k_2(a_4 - a_6)(b_7 - b_8)\theta_3 + c_2(a_4 - a_6)(b_7 - b_8)\dot{\theta}_3 - \\
&b_1k_1[\xi_1(t) + \xi_2(t)] - b_1c_1[\dot{\xi}_1(t) + \dot{\xi}_2(t)] + \\
&b_2k_1[\xi_3(t) + \xi_4(t)] + b_2c_1[\dot{\xi}_3(t) + \dot{\xi}_4(t)] + \\
&b_7k_2[\xi_7(t) + \xi_8(t)] + b_7c_2[\dot{\xi}_7(t) + \dot{\xi}_8(t)] + \\
&b_8k_2[\xi_5(t) + \xi_6(t)] - b_8c_2[\dot{\xi}_5(t) + \dot{\xi}_6(t)] = 0
\end{aligned} \tag{2-139}
$$

大车绕 Z 轴的转动微分方程可表示为

$$
\begin{aligned}
J_2\ddot{\theta}_2 &+ (2a_2k_1 - 2a_1k_1 + 2a_7k_2 + 2a_8k_2 - a_3k_3)y_1 + \\
&(2a_2c_1 - 2a_1c_1 + 2a_7c_2 + 2a_8c_2 - a_3c_3)\dot{y}_1 - \\
&(2a_7k_2 + 2a_8k_2)y_2 - (2a_7c_2 + 2a_8c_2)\dot{y}_2 + a_3k_3y_3 + a_3c_3\dot{y}_3 + \\
&[k_1(b_2 - b_1)(a_1 - a_2) + k_2(b_7 - b_8)(a_7 + a_8) - a_3b_3k_3]\theta_1 + \\
&[c_1(b_2 - b_1)(a_1 - a_2) + c_2(b_7 - b_8)(a_7 + a_8) - a_3b_3c_3]\dot{\theta}_1 + \\
&[2k_1(a_1^2 + a_2^2) + 2k_2(a_7^2 + a_8^2) + a_3^2k_3]\theta_2 + \\
&[2c_1(a_1^2 + a_2^2) + 2c_2(a_7^2 + a_8^2) + a_3^2c_3]\dot{\theta}_2 + \\
&2k_2(a_4a_8 - a_6a_7)\theta_3 + 2c_2(a_4a_8 - a_6a_7)\dot{\theta}_3 + \\
&a_1k_1[\xi_1(t) + \xi_4(t)] + a_1c_1[\dot{\xi}_1(t) + \dot{\xi}_4(t)] - \\
&a_2k_1[\xi_2(t) + \xi_3(t)] - a_2c_1[\dot{\xi}_2(t) + \dot{\xi}_3(t)] + \\
&a_7k_2[\xi_6(t) + \xi_7(t)] + a_7c_2[\dot{\xi}_6(t) + \dot{\xi}_7(t)] + \\
&a_8k_2[\xi_5(t) + \xi_8(t)] + a_8c_2[\dot{\xi}_5(t) + \dot{\xi}_8(t)] = 0
\end{aligned} \tag{2-140}
$$

小车绕 Z 轴的转动微分方程可表示为

$$J_3\ddot{\theta}_3 + 2k_2(a_4 - a_6)y_1 + 2c_2(a_4 - a_6)\dot{y}_1 +$$
$$2k_2(a_6 - a_4 - a_5k_5)y_2 + 2c_1(a_6 - a_4 - a_5c_5)\dot{y}_2 +$$
$$a_5k_5y_5 + a_5c_5\dot{y}_5 + k_2(a_4 - a_6)(b_7 - b_8)\theta_1 + c_2(a_4 - a_6)(b_7 - b_8)\dot{\theta}_1 +$$
$$2k_2(a_4a_8 - a_6a_7)\dot{\theta}_2 + 2c_2(a_4a_8 - a_6a_7)\dot{\theta}_2 +$$
$$[2k_2(a_4^2 + a_6^2) + a_5^2k_5]\theta_3 + [2c_2(a_4^2 + a_6^2) + a_5^2c_5]\dot{\theta}_3 +$$
$$a_4k_2[\xi_5(t) + \xi_8(t)] + a_4c_2[\dot{\xi}_5(t) + \dot{\xi}_8(t)] -$$
$$a_6k_2[\xi_6(t) + \xi_7(t)] - a_6c_2[\dot{\xi}_6(t) + \dot{\xi}_7(t)] = 0 \qquad (2\text{-}141)$$

式（2-133）~式（2-141）为 9 个相互独立的微分方程，整理微分方程组并写成矩阵形式为

$$M_t\ddot{y}(t) + C_t\dot{y}(t) + K_ty(t) = B_1h_1(t) + B_2h_2(t) \qquad (2\text{-}142)$$

式中，M_t、C_t 和 K_t 分别为质量矩阵、阻尼矩阵和刚度矩阵；B_1 和 B_2 为不平度函数系数矩阵；$h_1(t)$ 和 $h_2(t)$ 为车轮所受不平度函数。

▶ 4. 工程计算与铸造起重机实测结果对比

求解常系数线性动力学系统可以采用平均加速度法、Wilson 法、中心差分法和 Newmark 法等直接积分法，从而得到动力学系统时域响应。在选取合适参数后，Newmark 法可以无条件稳定。因此，下面采用 Newmark 法计算在不同轨道缺陷下起重机结构振动方程的数值解，并分析大车运行速度和轨道缺陷对大车和司机的振动影响。

以某企业生产的 100/40t-28.5m 铸造起重机为例，分析轨道缺陷和大车运行速度对大车、人体振动所产生的影响。将参数代入式（2-142）中，可求得大车、人体的振动响应。

（1）起重机大车的运行速度　在轨道缺陷恒定时，选取高低错位 $h_s = 6mm$ 和间隙缺陷 $e_g = 18mm$，分析不同大车运行速度下，轨道缺陷所产生的冲击对起重机大车振动的影响。图 2-28 和图 2-29 所示为不同运行速度下两种轨道缺陷时大车振动的时域响应。从图 2-28 和图 2-29 中可以看出，运行速度对大车振动加速度的幅值影响不大，而轨道高低错位所产生的冲击作用远大于间隙缺陷的作用，在 $h_s = 6mm$ 时大车向上的振动加速度最大值为 $3.7m/s^2$。

在高低错位 $h_s = 6mm$、速度为 $0.5\sim2m/s$ 的情况下，人体振动的时域响应如图 2-30 所示。从图 2-30 中可以看出，运行速度为 $0.5m/s$ 时比其他运行速度时人体振动加速度峰值略大，当速度为 $1.0m/s$、$1.5m/s$ 和 $2.0m/s$ 时加速度峰值相差很小。这是因为在大车运行速度较小（$0.5m/s$）时，车轮与轨道缺陷作用时间较长，系统振动延迟性相对较小；而当运行速度较大时，由于冲击时间很短，系统振动延迟性明显。

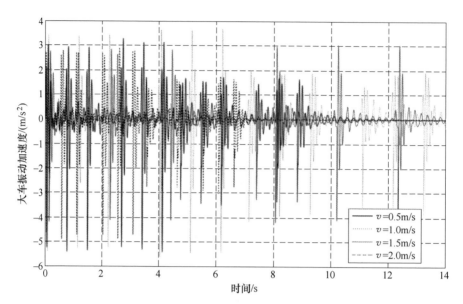

图 2-28　不同运行速度下大车振动的时域响应（$h_s = 6$mm）

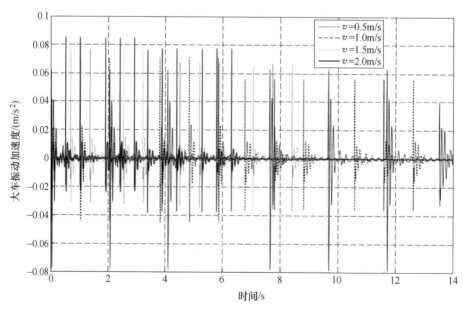

图 2-29　不同运行速度下大车振动的时域响应（$e_g = 18$mm）

在轨道间隙缺陷 $e_g = 18$mm、速度为 0.5~2m/s 的情况下，人体振动的时域响应如图 2-31 所示，从图 2-31 中可以得出与图 2-30 一致的结论。另外，对比图 2-30 和图 2-31 还可以发现，加速度瞬时值较大的区域出现在起重机轮组 1 发生

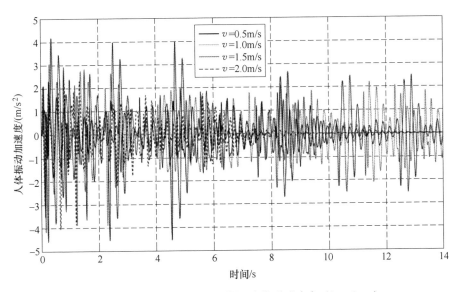

图2-30 不同运行速度下人体振动的时域响应（$h_s = 6\mathrm{mm}$）

冲击的过程中，这是由于司机室距离轮组 1 距离最近，与实际人体感受情况相一致。图 2-30 和图 2-31 中人体振动最大加速度分别为 $4.6\mathrm{m/s^2}$ 和 $0.032\mathrm{m/s^2}$，因此轨道高低错位对人体振动影响最强烈，而间隙缺陷对人体振动影响很小。

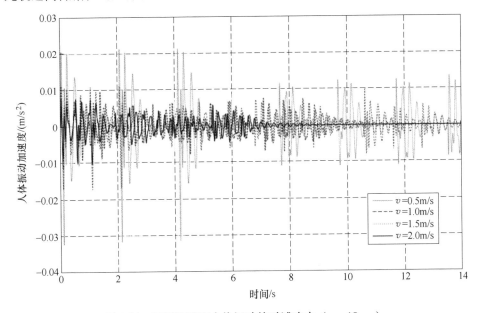

图2-31 不同速度下人体振动的时域响应（$e_g = 18\mathrm{mm}$）

（2）两种轨道缺陷大小　运行速度恒定（$v=1\mathrm{m/s}$）时，分析两种不同轨道缺陷下，起重机轨道缺陷对人体振动加速度时域响应、功率谱密度的影响。当高低错位 h_s 分别为 2mm、4mm、6mm、8mm 时，大车和人体振动加速度时域响应分别如图 2-32 和图 2-33 所示，对人体振动时域响应进行功率谱变换可得如图 2-34 所示的人体振动频域响应。

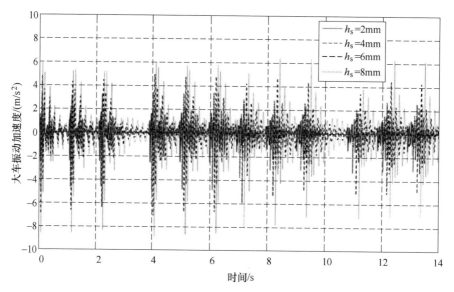

图 2-32　不同轨道高低差下的大车振动加速度时域响应

从图 2-32 中可以看出，高低错位对大车振动影响明显，轨道高低错位越大，大车振动越强烈。当 $h_\mathrm{s}=8\mathrm{mm}$ 时，大车向上的振动加速度甚至达到了 $6.6\mathrm{m/s^2}$，冲击载荷系数为 1.67，该计算结果与理论计算结果相吻合。轨道高低错位越大，起重机所承受的冲击作用越大，因此在轨道安装时要严格控制安装产生的高低误差，减小环境因素对轨道的破坏，降低轨道缺陷大小不仅可以提高起重机使用寿命，而且可以降低驾驶人的身体损伤、提高工作舒适性。

由图 2-33 和图 2-34 可知，h_s 对人体振动加速度影响很大。当 $h_\mathrm{s}=8\mathrm{mm}$ 时，人体振动加速度最大达到 $3.7\mathrm{m/s^2}$，人体振动的功率谱密度为 $0.36\mathrm{m^2/s^3}$；而当 $h_\mathrm{s}=2\mathrm{mm}$ 时，人体振动加速度最大仅为 $0.5\mathrm{m/s^2}$，人体振动的功率谱密度为 $0.01\mathrm{m^2/s^3}$。对比两组数据可以看出，轨道高低错位大小对人体振动的影响明显。在频率为 7.6Hz 时人体振动最为强烈，符合人体对频率敏感为 4~8Hz 的实际情况。

当间隙缺陷 e_g 分别为 6mm、12mm、18mm、24mm 时，大车和人体振动加速度时域响应分别如图 2-35 和图 2-36 所示。从图 2-35 和图 2-36 中可以看出，大

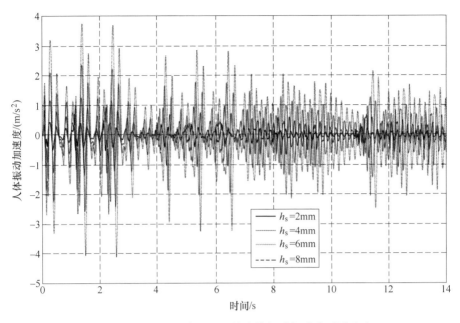

图 2-33　不同轨道高低差下的人体振动加速度时域响应

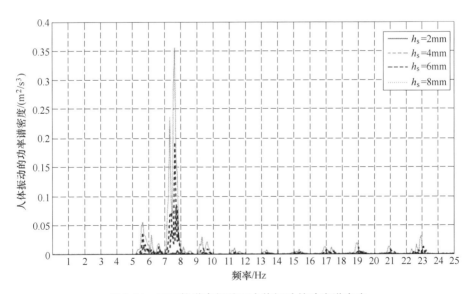

图 2-34　不同轨道高低差下人体振动的功率谱密度

车和人体振动加速度都随着间隙缺陷增大而增大，大车和人体振动加速度的最大值分别为 $0.12 \mathrm{m/s^2}$ 和 $0.026 \mathrm{m/s^2}$。相比于高低错位下的计算结果，间隙缺陷所引起的大车、人体振动加速度可忽略。因此，高低错位是引起起重机大车疲劳损伤和人体振动职业病的主要原因。

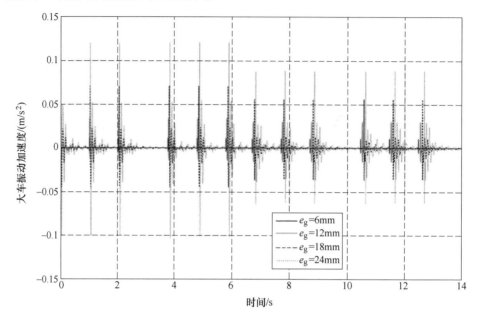

图 2-35　不同间隙缺陷下的大车振动加速度时域响应

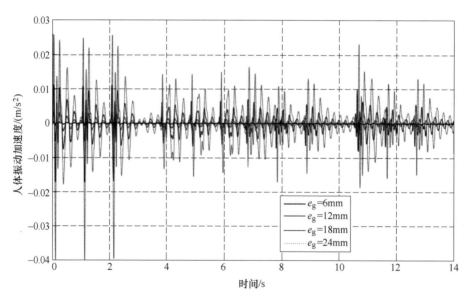

图 2-36　不同间隙缺陷下的人体振动加速度时域响应

由图 2-36 可知，当 $e_g = 6\mathrm{mm}$ 时，人体振动加速度峰值为 $0.008\mathrm{m/s}^2$；当 $e_g = 24\mathrm{mm}$ 时，人体振动加速度峰值为 $e_g = 6\mathrm{mm}$ 时的 5 倍，在这种环境下，ISO

2631—1：2011 的评价结果仍然为"没有不舒适"，所以人并没有感觉到疲劳或烦恼。将人体振动加速度进行频域变换可得图 2-37 所示的功率谱密度图，从图 2-37 中可以看出，在 7.6Hz 附近人体振动的功率谱密度值最大，在 6Hz 左右位置出现第二个峰值，在这两个频率上人体振动极为强烈。

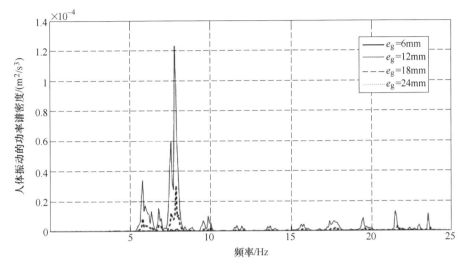

图 2-37　不同间隙缺陷下人体振动的功率谱密度

⟩⟩ 5. 模型计算结果的有效性分析

为了验证模型的有效性和可行性，可将大车振动冲击系数与理论计算结果对比。当轨道高低错位为 2mm、4mm、6mm 和 8mm 时，大车向上的振动加速度分别为 $1.8m/s^2$、$3.2m/s^2$、$5.0m/s^2$ 和 $6.6m/s^2$，依据大车受力情况可得对应冲击载荷系数分别为 1.1837、1.3265、1.5102 和 1.6735，模型计算结果和理论计算结果的对比见表 2-4。两个计算结果的偏差很小，从而证明模型的有效性和计算方法的准确性。缺陷较大时理论计算结果比模型结果更保守，更有利于铸造起重机安全运行。

表 2-4　模型计算结果和理论计算结果的对比

高低错位大小/mm		2	4	6	8
冲击载荷系数	模型计算	1.1837	1.3265	1.5102	1.6735
	理论计算	1.1651	1.3437	1.5206	1.6902

⟩⟩ 6. 数值计算结果

以司机-起重机-轨道系统的九自由度数学模型为基础，在不同运行速度、不同轨道高低错位下，计算人体的加速度均方根，结果见表 2-5。以烦恼率模型为基础，将加速度均方根转换成烦恼率值，结合 MATLAB 软件绘制人体振动烦恼率、轨道高低错位和运行速度三维关系图，如图 2-38 所示。

表 2-5　不同运行速度和不同轨道高低错位下人体的加速度均方根

（单位：m/s²）

$v/(m/s)$	h_s/mm							
	1	2	3	4	5	6	7	8
0.4	0.09	0.247	0.389	0.562	0.704	0.834	1.006	1.124
0.6	0.073	0.190	0.297	0.428	0.588	0.737	0.8946	1.084
0.8	0.060	0.187	0.352	0.528	0.655	0.804	0.971	1.090
1.0	0.041	0.147	0.226	0.326	0.460	0.628	0.794	1.095
1.2	0.041	0.111	0.186	0.305	0.437	0.565	0.805	1.007
1.4	0.050	0.133	0.248	0.447	0.603	0.838	0.996	1.181
1.6	0.025	0.096	0.136	0.196	0.283	0.319	0.395	0.517
1.8	0.035	0.107	0.167	0.265	0.373	0.466	0.580	0.687
2.0	0.022	0.079	0.119	0.200	0.267	0.425	0.585	0.743
2.2	0.017	0.038	0.064	0.100	0.157	0.207	0.224	0.330

由表 2-5 可知，当 $v=1m/s$、$h_s=6mm$ 时，人体振动的最大加速度均方根为 $0.628m/s^2$，根据烦恼率计算方法可得相应的烦恼率值为 31.3%，即处于该振动环境中的人有 31.3% 会感到不舒适。由图 2-38 可知，随着轨道高低错位的增加，烦恼率值呈线性增加趋势，而运行速度对烦恼率的影响并不明显。

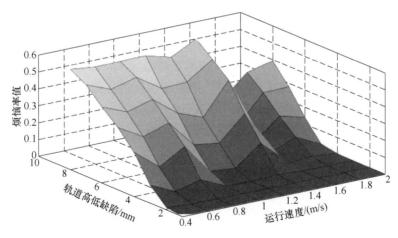

图 2-38　不同参数下烦恼率曲面

以起重机结构参数为基本变量，以司机烦恼率模型为目标函数，以各组件

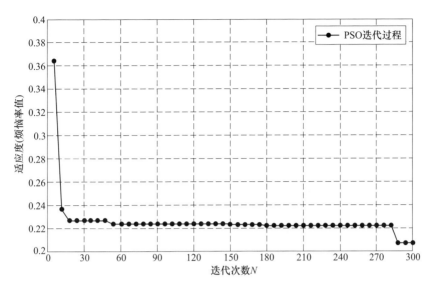

图 2-39　优化迭代过程中适应度值

的加速度幅值及相对位移幅值为约束条件，采用 PSO 算法对系统进行优化，得到满足司机舒适性指标的起重机结构参数的优化结果。优化过程中，初始状态选取 20 个粒子作为初始种群，经过 300 次迭代过程，并运行 50 次，优化迭代过程中适应度值如图 2-39 所示，参数的取值范围见表 2-6。

由图 2-39 可知，在迭代过程中，适应度的值不断减小，达到迭代次数后得到适应度的值（烦恼率值）为 20.7%。相比于原来的 31.3%，本次优化目标得到了较好的改善。

表 2-6　参数的取值范围

参数	$k_1/(\mathrm{N/m})$	$k_2/(\mathrm{N/m})$	$k_3/(\mathrm{N/m})$	$k_4/(\mathrm{N/m})$
最小值	3×10^7	3×10^7	1×10^5	1×10^5
最大值	8×10^7	8×10^7	1×10^6	6×10^5
参数	$k_5/(\mathrm{N/m})$	$k_6/(\mathrm{N/m})$	$c_1/(\mathrm{N\cdot s/m})$	$c_2/(\mathrm{N\cdot s/m})$
最小值	3×10^8	4×10^4	6×10^4	6×10^4
最大值	8×10^8	1×10^5	1×10^5	1×10^5
参数	$c_3/(\mathrm{N\cdot s/m})$	$c_4/(\mathrm{N\cdot s/m})$	$c_5/(\mathrm{N\cdot s/m})$	$c_6/(\mathrm{N\cdot s/m})$
最小值	1×10^3	5×10^2	1×10^5	1.5×10^3
最大值	6×10^3	1×10^3	6×10^5	5×10^3

将优化后的结构参数（见表 2-7）代入式（2-142）中，并选取轨道高低错位为 6mm，可得到优化后的人体振动加速度时域响应和功率谱密度，优化前后

结果对比如图 2-40 和图 2-41 所示。从图 2-40 和图 2-41 中可以看出，优化后的人体向上的振动加速度为 $1.9m/s^2$，明显小于优化前的 $2.45m/s^2$，优化后的功率谱密度为 $0.28m^2/s^3$，明显小于优化前的 $0.47m^2/s^3$。因此，人体振动得到了很好的改善，减振效果显著。

表 2-7　优化前后参数对比

参数	$k_1/(N/m)$	$k_2/(N/m)$	$k_3/(N/m)$	$k_4/(N/m)$
优化前	6.5×10^7	5.5×10^7	8.8×10^5	5×10^5
优化后	4.8×10^7	3.01×10^7	8.0×10^5	5.98×10^5
参数	$k_5/(N/m)$	$k_6/(N/m)$	$c_1/(N\cdot s/m)$	$c_2/(N\cdot s/m)$
优化前	5×10^8	2.5×10^4	80742	60691
优化后	4.57×10^8	4.44×10^4	93000	98200
参数	$c_3/(N\cdot s/m)$	$c_4/(N\cdot s/m)$	$c_5/(N\cdot s/m)$	$c_6/(N\cdot s/m)$
优化前	3416	1000	8×10^4	2000
优化后	5996	563	2.66×10^5	4663

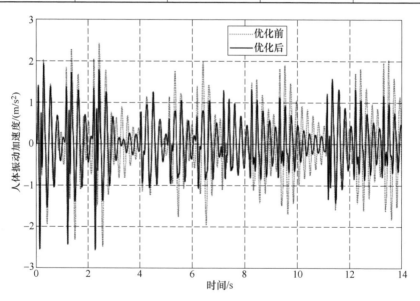

图 2-40　优化前后人体振动加速度时域响应对比

为了进一步验证优化结果的有效性，将优化后的结构参数代入系统振动方程中，计算在轨道高低缺陷分别为 2mm、4mm、6mm 和 8mm 时人体振动加速度均方根和烦恼率值，优化前后的结果对比见表 2-8。从表中可以看出，优化后的人体振动加速度均方根和烦恼率值明显小于优化前。因此，优化后的人体感受将会更为舒适。

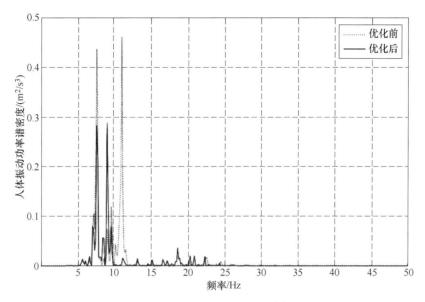

图 2-41 优化前后人体振动功率谱密度对比

表 2-8 不同缺陷下优化前后加速度均方根和烦恼率对比

轨道高低错位/mm	2	4	6	8
RMS（优化前）/(m/s²)	0.147	0.326	0.628	1.095
RMS（优化后）/(m/s²)	0.012	0.271	0.5	0.836
烦恼率（优化前）	0.013%	5.44%	31.3%	58.1%
烦恼率（优化后）	10.4e-31	2.17%	20.7%	45%

▷▷ 7. 计算结果分析

为了进一步确定基于司机-起重机-轨道系统动力学和烦恼率的起重机动态优化设计方法的科学性与适用性，分别从人体振动产生的原因、加速度响应、轨道缺陷的影响、人体舒适性方面进行分析。

（1）人体振动产生的原因 从图 2-30、图 2-31 和图 2-38 中可以看出，大车运行速度对人体振动加速度峰值影响不大，虽然人体振动最强烈的时间有所不同，但是当距司机室最近的车轮发生冲击时，人体产生的振动最强烈。这是由于司机室一般位于主梁端部，其位置刚好处于大车轮上方，当该大车轮发生冲击时，通过结构传递到人体的激励力比较大，人体振动加速度幅值最大。当其他车轮发生冲击时，人体振动响应明显小于司机室下方车轮发生冲击时。随着冲击过程结束，人体振动在阻尼作用下衰减。

（2）人体加速度响应 通过方程求解人体加速度时域响应后，将人体振动加速度通过 FFT 变换得到对应的人体振动功率谱密度函数。在 FFT 变换中采样频率为 100Hz,采样点为 2000 个,因此可以分辨到 0.05Hz,可以满足人体振动分析的要求。频响函数描述的是线性系统在频率域上的动态特性,是线性动力系统的本质特征,与外界激励大小及类型无关。从图 2-34、图 2-37 和图 2-41 中可以看出,频率在 7.6Hz 左右时,人体振动最为强烈,在 6Hz 时人体振动出现第二个峰值,这符合了人体共振频率为 4~8Hz 的事实。

(3)轨道缺陷的影响   轨道缺陷是产生人体振动的激励源。从图 2-33 和图 2-36 中可以看出,随着轨道缺陷增大,人体振动明显增加,这是由于在轨道缺陷增大后,起重机轨道对车轮的冲击力成正比增加,振动系统激励力作用使人体振动变强烈。轨道高低错位对人体振动的影响明显高于轨道间隙缺陷,这是因为系统的激励力是由车轮刚度和高低差引起的。由于车轮直径远大于轨道间隙缺陷,轨道间隙引起的垂直位移激励很小,振动系统受到的激励力比高低错位激励力小很多。因此,在同时存在两种缺陷耦合激励时,可以忽略轨道间隙缺陷的影响。

对比图 2-34 和图 2-37 可以看出,轨道高低错位 $h_s = 6$mm 和间隙缺陷 $e_g = 18$mm 时,人体功率谱密度值分别为 0.18m^2/s^3 和 0.000031m^2/s^3。存在轨道高低错位的情况下,加速度振动峰值大小主要取决于轨道接缝处的高度差。因此,在起重机轨道安装中必须降低安装误差,同时在复杂环境影响下轨道地基不能出现大幅度的变形。

当轨道高低错位为 6mm 时,人体加速度均方根为 0.628m/s^2,对比图 2-19 可以看出,人体舒适性评价在有一些不舒适和不舒适之间,但更偏向于不舒适。显然 ISO 2631—1:2011 很难精确地界定在该加速度均方根下人体舒适性程度,这也反映了提出精确评价人体舒适性标准的必要性,但是可以得出人体处于"不舒适"状态的结论。

(4)人体舒适性分析   通过 PSO 算法优化烦恼率模型,得到起重机系统参数的优化结果,将参数回代到式(2-142)中可得到优化后的系统振动的人体响应。优化后与优化前结果对比(见图 2-40),人体向下的振动加速度幅值均为 2.5m/s^2,而人体向上的振动加速度峰值由原来的 2.45m/s^2 减小到 1.9m/s^2,加速度均方根由原来的 0.628m/s^2 减小到 0.5m/s^2,减小了 20.4%;从功率谱密度角度分析可发现,在共振频率为 7.6Hz 时,峰值由 0.47m^2/s^3 减小到 0.28m^2/s^3,人体共振反应明显减小,减小幅度为 40.4%。根据 ISO 2631—1:2011标准,人体舒适性评价结果由"很不舒适"变为"稍微不舒适",人体主观舒适性明显改善;基于烦恼率模型评价方法的计算结果由原来的 31.3% 减少为 20.7%,感觉不舒适的人所占比例显著减小。这是因为改变了起重机结构参数使传递到人体的能量变少,同时由于阻尼的存在消耗了一部分能量。优化结果有效地减小了人体振动并提高了人体舒适性。

本章小结

　　本章以通用桥式起重机为对象，开展了金属结构减量化设计、模块化设计、紧凑型起升机构等关键技术研究，提出桥式起重机减量化设计准则，并以此完成了 QDL 桥式起重机减量化系列产品设计，起重量 5~100t，涵盖 340 种规格，市场适用性强，全系列整机平均减重约 25%，能效降低约 17%，从绿色设计源头上实现节材节能。

　　注：1. 项目名称
　　　　1）国家"十二五"科技支撑计划项目"通用型桥式起重机轻量化设计技术及应用"，编号：2011BAF11B02。
　　　　2）国家"十二五"科技支撑计划项目"桥式起重机械轻量化共性技术研究"，编号：2015BAF06B01。
　　　　2. 验收单位：中国机械工业联合会。
　　　　3. 验收评价
　　　　1）2013 年 12 月 17 日，验收专家组认为，课题按计划完成了各项研究任务，达到了预期目标，在三支点静定支承起升机构、刚柔结合的三梁小车架、桥式起重机安全监控管理系统、远程诊断技术和起重机能效分析评价等方面具有创新性，同意通过验收。
　　　　2）2018 年 3 月 29 日，验收专家组认为，课题围绕 5~200t 桥式起重机轻量化共性技术要求，开展了轻量化桥式起重机金属结构优化设计、起升机构关键配套件技术要求、智能控制、在线安全监测及寿命评价等关键技术研究；开发了新型桥式起重机拓扑优化主梁结构，研制了卧式结构综合试验装置，完成了课题任务书规定的各项研究内容和考核指标，达到预期目标，同意通过验收。

第 3 章

——

工程机械载荷谱分析技术

3.1 典型工况载荷谱测试分析技术

3.1.1 典型工况载荷谱测试分析技术研究

工程机械的载荷复杂多变，冲击剧烈，对其进行测试分析将为工程机械整机能效及关键零部件耐久性分析提供重要的数据基础，通过对实际工况载荷的深入理解分析，将更加有效地指导整机节能及全生命周期维度的零部件耐久性研究，对工程机械绿色制造能力的提升具有非常重要的意义。

3.1.2 载荷谱测试技术

载荷谱是整机和零部件寿命预测和可靠性分析的数据基础，为编制更加符合实际的载荷谱，需要从载荷测试阶段开始，不断优化载荷数据的分析和处理流程，并制订合理的载荷测试规范和要求，相关测试流程如图 3-1 所示。通过对两种典型工程机械机型——挖掘机和装载机不同的作业对象、作业环境、作业模式与作业特点的分析，确定有针对性的同时兼顾整体与局部的最优测点布置策略，选取典型的作业对象和作业模式，按典型作业比例进行作业，以建立标准测试工况，进行挖掘机液压系统和典型结构件、装载机传动系等关键部件的载荷谱测试；形成针对工程机械典型作业工况的载荷谱集成测试方法和技术规范。

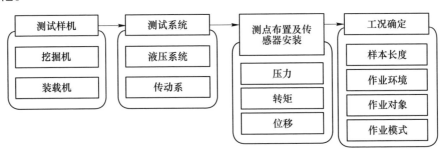

图 3-1 测试流程

1. 样本长度的确定

由于全寿命实际载荷时间历程的测试是一个需要昂贵费用和长久时间的过程，很难直接实现。因此，全寿命载荷谱常通过一定的外推方法估计得到。这个估计过程本质上是通过雨流计数和分布模型估计等方法对样本载荷进行统计处理分析，再结合特定的外推公式，从而实现对全寿命载荷谱的估计。载荷谱编制的准确性直接决定着零部件疲劳寿命预测的精度，为了保证估计总体载荷的精度，首先应当实现采集样本载荷精度的要求。工程机械作业工况大都没有确定的模型，其不同零部件在不同工况下所承受的载荷历程也有较大区别。因此，确定出适用于特性明显不同的多个工况下的载荷样本长度确定方法，保证样本载荷反应总体载荷的能力，将直接影响着全寿命载荷编制的可信度。只有具备了足够的采样数据，才能基于各种分布模型对载荷谱进行外推，从而得到长周期的载荷谱，反映研究对象在实际作业环境下的载荷特征，并实现零部件寿命的精确估计。最优样本长度的确定对于准确掌握工程车辆载荷信息、缩短采样周期及成本和提高工程机械的载荷样本采集理论均有重要意义。

利用模糊多准则决策技术计算典型工况最优测试样本，面向作业对象、作业环境和被测系统组成的复杂系统，基于已有的研究成果，提出通过变量的权重将载荷不同特性综合考虑，从而确定多种作业工况下的最优样本长度确定的理论模型，相关流程如图 3-2 所示。通过考虑载荷的特性，研究载荷样本长度经典的确定方法，选取载荷极值均值、载荷极值标准差和载荷幅值作为最优样本长度的确定准则，结合多准则决策技术，从主观权重和客观权重两方面确定所选准则在各种工况下的综合权重值，最终确定不同工况下的最优样本长度。在挖掘机液压系统载荷的测试中基于模糊多准则技术，通过对大石方、小石方和原生土作业工况载荷统计，从主观权重和客观权重两方面综合确定了所选准则在多个工况下的权重值，最终实现最优样本长度的确定。

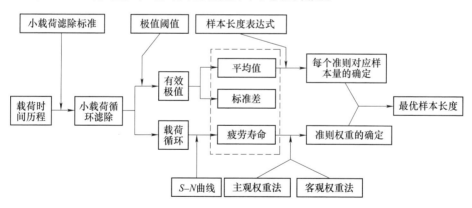

图 3-2　最佳样本长度确定流程

⚙ 2. 挖掘机液压元件载荷的测试

目前，国产挖掘机用高压液压元件的主要差距在于可靠性问题。进行挖掘机液压元件可靠性分析、试验方法等方面的研究，首先需要获取液压元件的载荷谱，并以此为基础，开发符合实际工况的液压元件可靠性试验方法。

（1）测点选择　挖掘机的主要液压元件包括液压泵、多路阀、回转马达和行走马达等，由于挖掘机工作时行走马达并不工作，这里不做重点考虑。液压元件的受载情况主要由压力参数表征，但是为了对液压元件的整体情况进行分析，还需要结合挖掘机当前的工作状态，以确定当前载荷发生在一个工作循环的哪个工作段，除了需要采集压力信号外，还需要获得泵转速、先导压力、动臂液压缸位移、斗杆液压缸位移、铲斗液压缸位移，以及挖掘机的回转角度等参数。

（2）作业工况和作业对象　为了保证测试载荷谱存在多样性并且使其最大限度地接近车辆实际作业工况，需要合理确定测试过程中车辆的作业对象。确定作业对象时需要依据主机厂提供的被测样机常见的作业对象分布情况和样机的工作模式等。挖掘机的常用工况有甩方工况、平地工况、挖沟工况、强行挖掘工况等，但是对于不同吨位等级的挖掘机，常用工况和物料对象有所区别。21t级的中等吨位液压挖掘机主要的作业对象是土方物料，而36t级的中大吨位液压挖掘机主要的作业对象是土石混合物料或岩石物料。根据挖掘机吨位及常用工况的不同，可以采取不同工况的组合，对于21t级的挖掘机建议采用三级原生土物料的定点定高甩方工况，对于36t级的挖掘机建议采用岩石和扰动土物料的定点定高甩方工况、倒退深挖掘工况和石方强行挖掘工况，其他吨位的挖掘机可以参照选择。

1）定点定高甩方工况。以实际挖掘模式为基础，根据液压挖掘机控制系统的模式及作业载荷，将发动机油门固定于最大油门开度；根据挖掘机的吨位采用不同的挖掘深度，如21t级挖掘机的挖掘深度约2m，36t级挖掘机的挖掘深度约2.5m；挖掘宽度约为铲斗宽度的3倍；最大堆积斗容、全速回转90°卸料；卸载高度为2.5m。样本长度：每种物料连续工作100个作业循环。

作业对象可以分为三级原生土、扰动土、岩石。其中三级原生土的湿密度为1.75~1.8t/m³，干密度为1.55~1.6t/m³，如果没有合适的原生土壤，就无法对干燥的黄土物料进行振动压实处理，使压实后的物料场地土壤干密度符合要求。扰动土：天然结构受到破坏或含水率有了改变，或两者兼而有之的土样。岩石：开采后经过破碎的岩石，粒径为0.2~0.6m，级配良好。

2）倒退深挖掘工况。挖掘机以直线挖掘、后退行走的方式进行挖沟作业，挖掘以最快工作速度进行，回转90°卸料，将土壤平行地卸到沟的一侧，挖掘深度为该机最大挖掘深度的一半，挖掘宽度为铲斗宽度的2倍。前方物料挖完后，挖掘机沿沟槽的中心线以倒退的方式继续挖掘。样本长度：以15个工作循环为一组，每一组结束后，挖掘机后退一定距离，继续进行下一组挖掘，一共采集十组数据。

作业对象为扰动土。

3）石方强行挖掘工况。根据挖掘姿态的不同选取平坦、坚硬的作业面，将发动机油门固定于最大油门开度，挖掘机以不同的姿态切削岩壁，进行岩层剥离作业。

作业对象为矿山岩壁，挖掘机的姿态为上挖、平挖、下挖。每种作业姿态工作时间 300s 以上。

（3）作业环境 挖掘机载荷测试中，装车工况和甩方工况存在作业环境的要求，作业环境主要包括测试当天天气环境和作业场地条件。天气环境确定为无雨；作业场地确定为平坦、坚硬的土地，坡度不大于 1°。

▶▶ 3. 装载机传动系载荷的测试

装载机传动系的故障率较高，尤其是变速器部件，为了提高变速器的可靠性，进行台架试验分析，需要获知装载机传动系的载荷谱数据。

（1）测点选择 装载机传动系的载荷谱重点针对变速器前后输出轴及 4 个半轴进行载荷测试，同时，为了对整机工况进行分析，增加了发动机 CAN 通信发送的发动机转速、计算扭矩百分比、各档位的变速压力、牵引力等测量参量。

（2）扭矩测试方法 扭矩的测试首先需要在轴上粘贴应变片，并进行扭矩标定。信号的传输方式多受到机械结构的制约，对于有实轴输出的测点可以采用定制扭矩传感器的方式测量，变速器的前后输出轴采用的就是这个方法，将应变片引线连接到扭矩传感器的转子模块，转子将信号采用无线方式进行发射，信号通过一个非接触的导线接入定子段，最后进入信号采集系统。装载机的 4 个半轴由于没有外漏的轴，则需要进行测试工装的加工，将半轴端部的花键磨掉一个齿作为应变片引线的通道，经过对轮毂端盖的改制将应变片引线引出，经过滑环将应变片信号接入测试系统。

（3）测试工况和作业对象 装载机的常用工况可以分为作业工况和行走工况。作业工况依据装载路径、卸料路径以及回转角度的不同，又可以细分为 V 形、I 形和 L 形等类型，其中"V 形六段"作业最为常见。装载机的作业对象种类分为土、砂、石子、大石块、原生土和煤等，这些物料松散程度和铲掘阻力不同，载荷谱测试可以选取容易获得的典型物料来代表不同铲掘阻力的物料。

1）典型作业工况。采用"V 形六段"作业模式，每一斗的工作循环由空载前进接近物料、铲装、满载倒退、满载前进举升、卸料、空载倒退六个作业段组成。在循环的初始状态，装载机的工作装置和附属装置降低到铲土位置时，以发动机最大规定转速行驶到铲装区域，并将铲斗插入物料向前行驶，然后进行收斗铲满物料。铲满物料后，换倒档回到作业开始时的位置并调整方向使装载机垂直于卸料位置（卸料位置可由标志杆代替并规定标志杆的高度），然后驶向卸料位置（或标杆），装载机到铲土目标区域的行驶路线和到卸载区域的路线间夹角应成 60°。实时记录所有测试参数，铲装作业时，满斗系数不小于 0.9。场地应为平坦坚硬的土地，坡度不大于 1°，运距不小于 2 倍车长，物料无黏结，天气无雨。对于典型作业工况，驾驶人的操作熟料程度对载荷的测试影响较大，该项测试需要选择经验丰富的专业操作手。

作业对象选择小石子、大石头和石粉，分别代表不同铲掘阻力的物料类型。小石子物料粒径为 40~70mm，级配良好，密度不小于 $1.75t/m^3$；大石头物料粒径 200~250mm，级配良好，密度不小于 $1.75t/m^3$；石粉物料粒径为 0.2~0.02mm，粒径大于 0.075mm 的颗粒超过全重 85%。

2）行走工况。行走工况分为高速行走工况和爬坡工况，其中高速行走工况的场地为平坦、水平、硬实的沥青或混凝土场地。各向坡度应不大于 0.5%，平整度应不大于 $3mm/m^2$；爬坡工况的场地为平坦、硬实的覆盖层，坡度角为 20°，坡底有能获得规定行驶速度所需的加速距离，坡道的最短长度应超过试验样机总长的 3 倍，坡道上的测量区段应大于试验样机总长的 1.5 倍。高速行走工况和爬坡工况分别对空载和满载进行测试。

▶▶ 4. 工程机械结构件载荷的测试

挖掘机的斗杆是挖掘机结构件中比较容易出现故障的构件，以挖掘机斗杆为例说明工程机械结构件载荷的测试分析。

（1）测点选择　分别在斗杆上选取 6 个横截面为布置应变片的截面，测量某截面的应力需要在该截面上的 4 个表面上布置应变片。在斗杆的左侧板和右侧板中部位置各布置 1 个三向应变花（三向成 0°/45°/90° 排列），每个应变花内包含 3 个单向应变片。在斗杆的左侧板和右侧板上、下位置各布置 1 个单向应变片，斗杆的顶板和底板两边位置各布置 1 个单向应变片，共计 10 个应变片。每个应变片均为 1/4 桥电路，需 14 个通道。测试过程中除了应变参数外，还对液压缸大小腔压力和液压缸的位移进行了同步采集，采样频率为 1kHz。

（2）测试工况　斗杆的应力测试分为三种工况进行，除了挖掘机常用的挖掘工况外，为了突显斗杆的受力，设计了止动工况和冲击工况。

1）挖掘工况。挖掘工况的作业对象分别为扰动土和岩石。测试开始前的起始位置设定为：机器为前进方向，上、下车相对回转角度为 0°，工作装置最大程度伸长为铲斗、斗杆液压缸全缩，调整动臂液压缸伸缩，使得工作装置接触地面。采用重载模式最高档位，原地挖坑，尽量做到各液压缸满行程，满铲斗操作，回转 120°卸料，卸载高度为 2.5m。按照上述方法进行 15 个工作循环为一组，每一种物料进行 10 组测试。

2）提升、下降止动工况。止动工况要求场地为平坦、坚硬的土地，坡度不大于 1°，天气无雨。止动工况的起始位置与挖掘工况相同，测试时，采用重载模式最高档位，动臂液压缸工作，铲斗由最低位置快速上升到最高位置前切断油路为提升止动工况；铲斗由最高位置快速下降到最低位置前切断油路为下降止动工况。5 个工作循环为一组，一共进行 3 组测试。

3）下降冲击工况。下降冲击工况要求场地地面硬度不低于Ⅳ级。测试时，动臂液压缸工作，铲斗由最低位置快速上升到最高位置，铲斗由最高位置下降冲击地面。5 个工作循环为一组，一共进行 3 组测试。

3.1.3 载荷信号分析技术

工程机械作业时通常存在很强的外界振动干扰，机械本身与测试系统间也存在一定的干扰，这些干扰都会使采集的信号存在难以用常规方法去除的噪声。下面研究载荷信号干扰因素的消除方法，并对载荷信号的影响因素进行分析、提取载荷特征及差异性分析。

1. 载荷信号预处理

载荷测试过程中，传感器、采集仪等的异常会造成测试信号存在很多的异常值。在测试的载荷数据中，噪声和趋势项是主要的异常值，因此载荷预处理的主要内容就是降噪和趋势项消除。

降噪的主要目的是去除因外部原因导致的载荷异常值。异常值的存在，一方面会很大程度上影响载荷特性，从而影响后期编制载荷谱的真实性；另一方面，会增加数据量，从而增加研究人员的工作量，因此需要将其剔除。该项目中，载荷降噪采用的是小波降噪的方法，对测试载荷进行程序化的小波降噪处理。基于光滑性和相似性的准则，小波降噪的原理如下：在实际的工程应用中，有用信号通常表现为低频信号或是一些比较平稳的信号，而噪声信号通常表现为高频信号。实际的含噪声信号的上述特点为利用小波分析消噪提供了条件。对信号进行小波分解时，含噪声部分主要包含在高频小波系数中，因此可以应用门限阈值等形式对小波系数进行处理，然后对信号进行重构，即可达到消噪的目的。一维信号利用小波降噪的大体流程如图 3-3 所示。

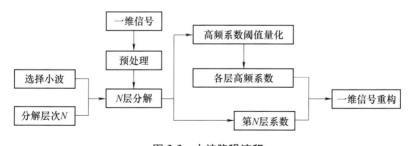

图 3-3　小波降噪流程

从图 3-3 中的 4 个步骤中可以看出，小波降噪中最关键的步骤就是选取合适的阈值并进行阈值量化，阈值选取和量化结果直接关系到信号消噪的质量。

趋势项是在时域载荷信号中存在的线性项或缓慢变化的、周期大于记录长度的非线性成分。它的存在会使低频谱完全失去真实性，影响后续载荷特征值提取和差异性分析的准确性。所以信号处理时，需要消除测试载荷中的趋势项。在众多载荷趋势项消除方法中，最小二乘法的应用最广泛。因此，可以采用最小二乘法来消除时域载荷中的趋势项。

▶ 2. 载荷特性分析

（1）不同因素之间的耦合关系研究　为了获得符合司机操作特性的载荷谱，可以客观地通过手动干预来控制除了司机之外的所有因素。但是载荷随机性的存在，让司机的影响因素变得很复杂。不同的司机就会导致相应测试载荷的差异。因此，当工程机械在典型的实验条件下运行时，有必要对司机的操作特性进行评估，以挖掘机司机作业为例，提出了一种基于中值损伤的综合评估方法。

该方法用于评估挖掘机司机的实际操作特性。比较结果表明，提出的方法是可行的，当涉及更多的指标时，会更方便。该方法首先采用稳定性分析、损伤分析和综合评估。其中稳定性分析不仅是衡量载荷稳定性的一种测量方法，而且为操作特性评估提供了一个指标。然后计算由载荷谱引起的损伤值，根据中值损伤，每个司机的载荷谱就避免了随机因素的影响。最后，运用多项指标综合评估司机的操作特性。整个过程如图 3-4 所示。

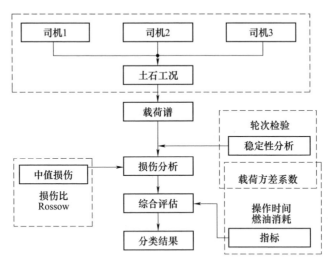

图 3-4　挖掘机操作特性评估的过程

重点关注了司机差异对挖掘机液压系统关键部件载荷特性的影响，并选择了液压系统主泵出口压力作为研究对象进行研究。相关研究的主要步骤为：各司机操作下挖掘段载荷提取、各组载荷特征值确定和提取、各组特征值间分布确定和验证、基于显著性差异方法的载荷特性分析。

（2）挖掘机作业段的划分　挖掘机实验中，司机采用了回转与动臂升降复合动作的操作方式，以尽可能地与实际生产作业相接近。因此，将挖掘机的工作循环划分为4段：挖掘段、满斗举升回转段、卸料段和空斗返回段，如图3-5所示。

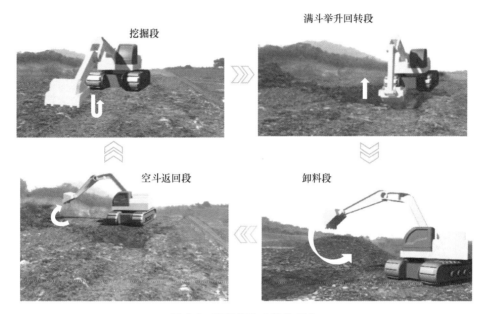

图 3-5　挖掘机作业段的划分

挖掘机液压泵载荷工作段划分的关键是明确各工作段挖掘机的动作特征、确定相邻工作段间的分界点，主要依据挖掘机在完成各操作时各主要液压元件的动作并结合液压泵自身压力载荷的波动情况来完成。挖掘机执行各作业段操作时各主要液压元件的动作见表3-1。

表 3-1　各作业段主要液压元件的动作

内容	铲斗液压缸位移	斗杆液压缸位移	动臂液压缸位移	回转马达线位移
挖掘段	+	+	−	0
满斗举升回转段	0	0	+	−
卸料段	−	−	0	0
空斗返回段	0	0	0	+

注：0表示位移基本保持不变，+表示位移增加，−表示位移减小。

由于在测试过程中，司机的操作并不能完全严格地按照标准进行，存在一定的随机性，因此针对同一个划分点，不同的划分准则会使划分结果存在着一定的差异。此时，通过观察液压泵压力值的变化情况，对比由不同准则确定的临界点，对划分点进行最终的确定，避免了由单一准则划分工作段造成的结果偏差，使划分更加精确。

（3）挖掘段载荷提取　为了提高载荷分析的效率，重点关注了挖掘机完整工作循环中的挖掘段载荷，提取的关键就是挖掘段起始点的判断，主要的参考量为铲斗、斗杆和动臂的液压缸位移信号和先导压力信号。分别将3名司机测得的10组载荷数据进行分段处理，将每组数据中的15个挖掘段载荷数据进行组合，得到了相应的挖掘段载荷。

（4）载荷特征值确定和提取　通常，表征载荷特性的参数值主要包括极值、均值、幅值和标准差等，选择载荷均值和标准差作为载荷特性研究的对象。均值和标准差是表征载荷特性的关键值，基于完整载荷循环统计得到，能够避免数据的偶然性。载荷均值能够表征数据的集中位置，反映数据的整体水平；标准差能够表征数据分散程度，反映数据的波动情况。提取得到的载荷特征值如图3-6和图3-7所示。

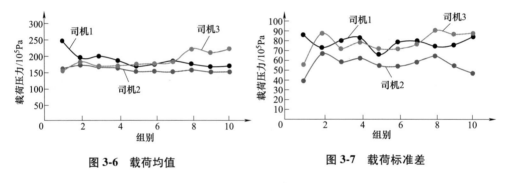

图3-6　载荷均值　　　　　　　　　图3-7　载荷标准差

3.1.4　工程机械载荷谱编谱方法研究

为了编制出实用、准确的载荷谱，对工程领域常见的载荷外推方法进行综述，将常见的载荷外推方法分为参数外推方法、非参数外推方法和分位点外推方法，其中参数外推方法又可以分为参数估计外推方法和极值外推方法，考虑到极值提取方法的差异，极值外推方法又可以分为时域极值外推方法和雨流域极值外推方法。本节将详细介绍上述外推方法的理论原理和使用方法，列举多个典型的使用案例，并对各种方法的关键点、优缺点和使用范围进行介绍，以便于项目载荷谱编制过程中载荷外推方法的选取。

1. 贝叶斯改进算法

贝叶斯定理由条件概率计算公式推理引导而来，能充分利用现有的已知信息，并将分布参数视为随机变量，通过对信息的实时更新不断地修复原有认识，达到先验知识与现有数据的充分结合与应用，将估测中的误差与问题本身不确定性系统地联系起来，可以有效地减少因样本数量少带来的统计误差。吉林大学王继新教授团队利用已有的载荷数据，对概率分布参数加以估计，在考虑了参数随机性的基础上，实现了先验信息与样本信息的有效统一，具体的过程详述如下：

首先，对这些超越量数据进行分割处理。为了减少数据分段产生的误差，一般要求分段数不能超过数据个数，以保证每个区间都有数据。同时，分段最好采用不等间距区间，尽量保证试验值居于区间中间。这里采用 Sturges 提出的经验公式确定组数 $K' = 1 + \dfrac{\lg 2}{\lg n}$，并修正成整数 K。

对应的组距 $\Delta\theta = \dfrac{\max(x_i) - \min(x_i)}{K}$，然后，统计每个区组中的试验概率，即

$$p(E \mid \theta_i) = \frac{f_i}{\sum\limits_{i=1}^{K} f_i} \tag{3-1}$$

式中，$p(E \mid \theta_i) = p(E \mid \theta_i < \theta \leqslant \theta_i + \Delta\theta)$ 是 $\sigma = \dfrac{1}{2}\bar{x}(\bar{x}^2 / s^2 + 1)$ 发生在区间 $(\theta_i, \theta_i + \Delta\theta)$ 上的试验概率；E 代表试验结果；K 为试验数据分段数；f_i 为第 i 组的频数。

已知超越量的分布函数 $F(x)$（极值模型的先验概率分布函数），则 $f'(\theta_i)\Delta\theta = F(\theta_{i\text{right}}) - F(\theta_{i\text{left}})$，其中，$\theta_{i\text{right}}$ 为第 i 个区间的右端点，$\theta_{i\text{left}}$ 为第 i 个区间的左端点。

根据已知变量 θ 的先验分布函数 $f'(\theta)$ 和后验分布函数 $f''(\theta)$，并结合贝叶斯公式可得

$$f''(\theta_i)\Delta\theta = \frac{p(E \mid \theta_i) \cdot f'(\theta_i)\Delta\theta}{\sum\limits_{j=1}^{n} p(E \mid \theta_j) \cdot f'(\theta_j)\Delta\theta} \tag{3-2}$$

处理数据时，通常假定变量的后验分布函数与先验分布函数类型是一致的，则变量 θ 的后验分布参数均值 μ_θ 与方差 σ_{θ^2} 可以近似的利用式（3-1）与式（3-2）确定。

$$\mu_\theta = \sum_{i=1}^{K} \bar{\theta}_i f''(\theta_i)\Delta\theta \tag{3-3}$$

$$\sigma_{\theta^2} = \sum_{i=1}^{K} (\bar{\theta}_i - \mu_\theta)^2 f''(\theta_i)\Delta\theta \tag{3-4}$$

式中，$\bar{\theta}_i$ 为分段区间 $(\theta_i, \theta_i + \Delta\theta)$ $(i = 1, 2, \cdots, K)$ 上 θ 的中间值。

最后，结合分布参数之间的关系，建立等式，求解出函数表达式中的未知参数。对于 GPD 分布，其分布参数 σ、ξ 的近似表达式分别为

$$\sigma = \frac{1}{2}\bar{x}(\bar{x}^2 / s^2 + 1) \tag{3-5}$$

$$\xi = \frac{1}{2}\bar{x}(\bar{x}^2/s^2 - 1) \tag{3-6}$$

式中，$\bar{x}$ 和 s 为超越量载荷数据的均值和方差。

将求解出的参数代入极值模型，可以得到对应的后验概率密度函数 $f''(\theta)$。这种方法同样还适用于其他类型超越量的经验值拟合分布函数。对不同阈值超越量的参数进行灵敏度分析，并计算出其 95% 的置信区间。

在众多的载荷外推方法中，目前，我们重点关注了非参数外推方法和极值外推方法，重点研究非参数外推方法中的核函数和带宽的选取，研究极值外推方法中极值提取阶段阈值的选取。

▶▶ 2. 非参数外推方法

对于工程车辆而言，由于其具有一机多用、作业环境复杂恶劣、作业方式多变等特点，通常情况下，将实测载荷-时间历程进行雨流计数后，得到的雨流矩阵形状复杂，用简单的单峰分布很难描述雨流矩阵分布的所有特征。因此，学者 D. F. Socie 提出了基于核密度估计的非参数雨流外推方法。由于核密度估计不需要假设样本数据服从某种分布，其可以突破对母体分布的依赖，对载荷概率密度进行准确非参数估计。与参数雨流外推相比，非参数雨流外推具有较强的适用性。

在非参数外推方法中，传统的单带宽非参数外推方法具有一定的局限性。为了进一步提高载荷外推精度、改善八级载荷谱的真实性，研究构建了基于载荷扩展的全带宽非参数外推模型，对样本量进行判断及扩展，并着重考虑了核函数和带宽的影响，并确定两者的选择机制。基于载荷扩展的非参数雨流外推流程如图 3-8 所示。

基于载荷扩展的非参数雨流外推的具体步骤如下：

1）对载荷循环样本量进行判断及扩展。对实测载荷-时间历程进行雨流计数，判断载荷循环样本量是否满足核密度估计的样本需求，从而能够获得较好的大载荷分布。如果满足，直接将载荷-时间历程转化为雨流域载荷并进行核密度估计及外推；如果不满足，对载荷-时间历程进行转折点提取，通过马尔科夫过程模拟生成新的转折点，扩展得到符合渐进最优载荷分布的载荷循环样本。

2）核函数类型的选取。在核密度估计中，核函数 $K(x)$ 是一个权函数，核函数的形状控制着用来估计点 x 对应的 $f(x)$ 时所考虑数据点的利用程度。核函数有许多种类型，常用核函数有矩形核函数、三角核函数、Epanechikov 核函数、高斯核函数、四次核函数、六次核函数以及对数核函数。

当前的研究中尚没有公认的最优核函数类型，与带宽参数相比，核函数类型选取对核密度估计效果的影响不大。通过对不同核函数对应的混合正态分布核密度估计对比可知，矩形核函数、对数核函数在波峰处的核密度估计效果较

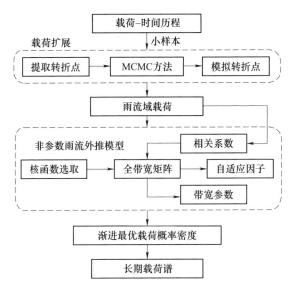

图 3-8 基于载荷扩展的非参数雨流外推流程

差，其他核函数对应的核密度估计效果几乎相同，可以认为任意选择其中一种核函数是合理的。因此，本次研究选取了最常用的高斯核函数。

3）自适应带宽矩阵的确定。本次研究选用三参数全带宽矩阵来进行样本的核密度估计，全带宽矩阵对应的高斯核函数等高线图为椭圆形，且椭圆的轴线不受限制，为任意方向，相比于单带宽和双带宽矩阵，其对位置和形状的限制更小，提高了载荷概率分布估计的精确性；同时，三参数全带宽矩阵并不会因参数的增加而使计算效率降低。

4）带宽求取方法。与核函数类型相比，带宽是影响核密度估计精度更关键的参数。当带宽为自适应带宽时，核密度估计结果最接近其概率密度的真实值，而当带宽值非常小或者比较大时，核密度估计结果则会偏离真实值。

比较常用的 4 种带宽求取方法为最小二乘交叉验证法、有偏交叉验证法、拇指法以及 L 阶直接插入法。本次研究对比了 4 种方法对核密度估计精度的影响计算效率，最终选择了 L 阶直接插入法用于载荷非参数外推模型中带宽参数的求取。

▶▶ 3. 极值外推方法

极值外推方法重点外推对疲劳和可靠性影响较大的极值载荷循环，即大载荷循环。前期研究中，在原有极值理论和极值载荷外推方法的基础上，重点解决了其中的两个问题，为后期的研究做铺垫。问题一：由于实测载荷样本很难包含全生命周期内可能出现的极值载荷，因此需要有效利用样本中的极值信息，确定一种可靠的极值载荷度量方法。问题二：在极值循环外推过程中，为了考虑大载荷循环对疲劳寿命的影响，需要提出一种改进的极值循环外推方法。

（1）马尔科夫蒙特卡洛载荷重构法　马尔科夫蒙特卡洛（MCMC）法也称为动态的蒙特卡洛方法，是一种基于马尔科夫链，利用已知的概率分布，通过产生随机数列得到具有相同数据特征数列的方法。其核心过程是，通过马尔科夫链获取样本数据内所有的相邻转折点的幅值和频次，再通过状态转移矩阵和累积状态转移矩阵明确从一个状态转移到另一状态的概率，在已知的幅值-频次和状态转移矩阵的基础上，以初始状态为起点，设定模拟倍数，进行外推数据。在此过程中，频域内的幅值被单独提取出来，作为初始点和各个状态的选择点，并没有超出原始数据范畴，而时域却得到了延伸，长度得以成倍延长，MCMC实现了幅值向时域的转化。

在实际应用中，应用马尔科夫链建立了时域载荷-时间历程的平稳转移概率模型，通过将引入马尔科夫蒙特卡洛载荷重构法，利用已知的实验测得的载荷数据，模拟出具有相同统计特性的载荷特征，基于此进行各统计推断。采用MCMC重构，载荷的特性能够得到保存，可重现载荷数据的变化规律。为得到可靠平稳的模拟载荷数据，在进行模拟载荷重构时应合理选择倍数，文献对于载荷模拟倍数进行了讨论，当模拟倍数达到100时，可认为单次模拟的结果可靠，能满足数据统计的精度要求。

（2）极值载荷外推方法改进　极值载荷度量的目的是从有限的载荷样本中度量出全生命周期内可能出现的极值载荷。事实表明工程车辆载荷数据具有明显的厚尾特性，极值理论采用极值分布对尾部数据建模，在有限采样数据的情况下，极值理论能很好地拟合尾部数据。随着样本极值抽取方法的不同，本次项目研究的模型有：超阈值模型（POT）和区组极大值模型（BMM）。两种模型的抽样方法如图3-9和图3-10所示。

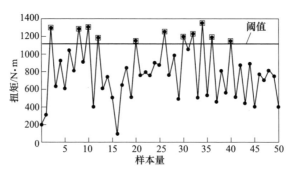

图3-9　POT模型

在实际应用中，采用POT模型进行极值推测时，阈值选取得是否准确直接

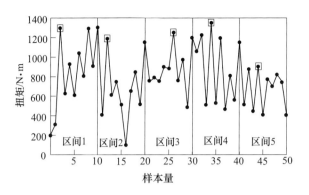

图 3-10　BMM 模型

决定了所选极值样本的有效性和度量结果的精度。选取的阈值偏大，会造成估计结果误差较大；选取的阈值偏小，会形成有偏估计。在实际应用中，采用 BMM 模型进行极值推测时，样本区组个数也极大程度地影响最终的精度。

针对上述模型的特点和缺陷，将多准则决策（MCDM）用于确定 POT 模型的最佳阈值和 BMM 模型样本区组个数，解决了 POT 模型阈值选取和 BMM 模型样本区组个数确定的问题，以尽可能多地提取有效的极值信息，提高模型精度。下面将介绍 MCDM 在 POT 模型和 BMM 模型中应用的大体流程。

1）基于 MCDM 确定 POT 模型阈值。常用的阈值选取方法有图解法和计算法。然而图解法主观性强，计算法的检验也仅是在某一方面的优劣，检验量不同时，结果变化也很大。因此，需综合多种拟合检验结果来确定阈值。

选取的阈值是否得当没有统一、权威的标准直接评价，当阈值选取不同时，$K\text{-}S$ 统计量、χ^2 统计量和平均偏差呈现出不同的变化规律，无法给出统一的评价。而综合检验法可以将多个检验量整合为一个综合检验量，这个检验量考虑了多种检验方法。具体流程如图 3-11 所示。

2）基于 MCDM 确定 BMM 模型样本区组个数。采用 BMM 极值抽样模型时，初步划分的区组个数可通过图示法或者计算检验法判断优劣。然而图解法主观性强，计算法的检验也仅是在某一方面的优劣。由于无法直接评价提取的载荷样本是否准确，即无法直接说明样本区组个数是否合适，以初步划分的区组个数为基础，需要划分出不同的区组个数，再对拟合出的 GEV 函数进行拟合优度检验，反过来说明提取的载荷样本是否准确。

为了得到最优的区组大小，需综合考虑多个检验量值的情况，计算每个检验量在区组评价中所占有的客观权重，依据此权重值得到一个综合检验指标来衡量拟合好坏更具合理性。采用熵值法计算各个检验量的客观权重，其流程如图 3-12 所示。

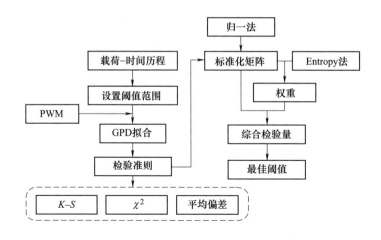

图 3-11 基于综合检验法的最佳阈值确定方法流程

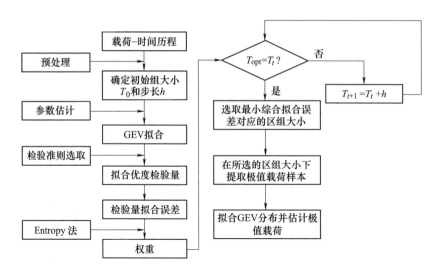

图 3-12 基于熵值法的客观权重确定方法流程

3.2 随机工况载荷谱统计分析技术

3.2.1 小样本实测载荷谱中特征参数的数据处理

1. 分布拟合

在检验结果无法预知的情况下，选取常用的 6 种概率分布模型 [正态分布 $N(\mu, \sigma^2)$、对数正态分布 $L_n(\mu, \sigma^2)$、伽马分布 $\Gamma(\alpha, \lambda)$、指数分布 $E_{xp}(\mu)$、

两参数威布尔分布 $W(m, \eta)$ 和三参数威布尔分布 $W(m, \eta, \gamma)$] 对获取的关键参数数据样本进行概率分布拟合。以 6 种概率分布模型的密度函数为基础，采用极大似然法，求得概率分布模型参数的估计值，计算结果见表 3-2。

由表 3-2 可知，伽马分布 $\Gamma(\alpha, \lambda)$ 和两参数威布尔分布 $W(m, \eta)$ 中，极大似然估计参数无法显示表示，需采用数值迭代解法进行求解。

相对于其他概率分布模型而言，三参数威布尔分布 $W(m, \eta, \gamma)$ 的参数估计过于复杂。针对此问题，国内学者做了许多研究，并提出了许多方法，如图参估计法、极大似然估计法、矩估计法、相关系数优化法及概率加权矩法等。极大似然估计法作为一种有效且通用的参数估计法，计算精度高，但十分复杂，需要采用迭代法求解 3 个超越方程组成的方程组。利用降阶的原理，将三元方程组转换为关于位置参数 γ 的一元方程，结合二分法求解 γ。在此基础上，通过两参数威布尔分布极大似然估计法确定形状参数 m 和尺度参数 η。三参数威布尔分布 $W(m, \eta, \gamma)$ 的密度函数为

$$f(x) = \begin{cases} \dfrac{m}{\eta}\left(\dfrac{x-\gamma}{\eta}\right)^{m-1} \exp\left[-\left(\dfrac{x-\gamma}{\eta}\right)^{m}\right] & (x \geqslant \gamma) \\ 0 & (x < \gamma) \end{cases} \quad (m, \eta > 0) \quad (3\text{-}7)$$

根据式（3-7）构造似然函数，可表示为

$$L(m, \eta, \gamma) = \prod_{i=1}^{n}\left\{\dfrac{m}{\eta}\left(\dfrac{x_i-\gamma}{\eta}\right)^{m-1} \exp\left[-\left(\dfrac{x_i-\gamma}{\eta}\right)^{m}\right]\right\} \quad (3\text{-}8)$$

表 3-2　6 种概率分布模型参数的极大似然估计值

分布模型	概率密度函数	极大似然估计值
$X \sim N(\mu, \sigma^2)$	$f(x) = \dfrac{1}{\sigma\sqrt{2\pi}}\exp\left[-\dfrac{1}{2}\left(\dfrac{x-\mu}{\sigma}\right)^2\right]$	$\hat{\mu} = \dfrac{1}{n}\sum\limits_{i=1}^{n}x_i, \hat{\sigma}^2 = \dfrac{1}{n-1}\sum\limits_{i=1}^{n}(x_i - \hat{\mu})^2$
$X \sim L_n(\mu, \sigma^2)$	$f(x) = \dfrac{1}{x\sigma\sqrt{2\pi}}\exp\left[-\dfrac{1}{2}\left(\dfrac{\ln x-\mu}{\sigma}\right)^2\right]$	$\hat{\mu} = \dfrac{1}{n}\sum\limits_{i=1}^{n}\ln x_i, \hat{\sigma}^2 = \dfrac{1}{n-1}\sum\limits_{i=1}^{n}(\ln x_i - \hat{\mu})^2$
$X \sim E_{xp}(\mu)$	$f(x) = \dfrac{1}{\mu}\exp\left(-\dfrac{x}{\mu}\right)$	$\hat{\mu} = \dfrac{1}{n}\sum\limits_{i=1}^{n}x_i$
$X \sim \Gamma(\alpha, \lambda)$	$f(x) = \dfrac{1}{\lambda\Gamma(\alpha)}\left(\dfrac{x}{\lambda}\right)^{\alpha-1}\exp\left(-\dfrac{x}{\lambda}\right)$	$\dfrac{\mathrm{d}\ln\Gamma(\hat{a})}{\mathrm{d}\hat{a}} - \ln\hat{a} = \dfrac{1}{n}\sum\limits_{i=1}^{n}\ln x_i - \ln\left(\dfrac{1}{n}\sum\limits_{i=1}^{n}x_i\right),$ $\hat{\lambda} = \dfrac{1}{\hat{a}}\left(\dfrac{1}{n}\sum\limits_{i=1}^{n}x_i\right)$
$X \sim W(m, \eta)$	$f(x) = \dfrac{m}{\eta}\left(\dfrac{x}{\eta}\right)^{m-1} \times$ $\exp\left[-\left(\dfrac{x}{\eta}\right)^m\right] (m, \eta > 0)$	$\dfrac{\sum\limits_{i=1}^{n}x_i^{\hat{m}}\ln x_i}{\sum\limits_{i=1}^{n}x_i^{\hat{m}}} - \dfrac{1}{\hat{m}} = \dfrac{1}{n}\sum\limits_{i=1}^{n}\ln x_i, \hat{\eta} = \left(\dfrac{1}{n}\sum\limits_{i=1}^{n}x_i^{\hat{m}}\right)^{\frac{1}{\hat{m}}}$

（续）

分布模型	概率密度函数	极大似然估计值
$X \sim$ $W(m,\eta,\gamma)$	$f(x) = \dfrac{m}{\eta}\left(\dfrac{x-\gamma}{\eta}\right)^{m-1} \times$ $\exp\left[-\left(\dfrac{x-\gamma}{\eta}\right)^{m}\right]$ $(m,\eta > 0, x > \gamma)$	利用降阶的原理，将三元方程组转换为关于 γ 的一元方程，结合二分法对 γ 进行求解 $$\dfrac{\sum\limits_{i=1}^{n}(x_i-\hat{\gamma})^{\hat{m}}\ln(x_i-\hat{\gamma})}{\sum\limits_{i=1}^{n}(x_i-\hat{\gamma})^{\hat{m}}}-\dfrac{1}{\hat{m}}=$$ $\dfrac{1}{n}\sum\limits_{i=1}^{n}\ln(x_i-\hat{\gamma}),\ \hat{\eta}=\left[\dfrac{1}{n}\sum\limits_{i=1}^{n}(x_i-\hat{\gamma})^{\hat{m}}\right]^{\frac{1}{\hat{m}}}$

对式（3-8）两端取对数后，再分别对各参数 m、η 和 γ 求偏导数，进而得到参数的似然方程组为

$$
\begin{cases}
\dfrac{\partial L(m,n,\gamma)}{\partial m} = -\dfrac{n}{m} + \sum\limits_{i=1}^{n}\ln(x_i-\gamma) - n\ln\eta - \sum\limits_{i=1}^{n}\left(\dfrac{x_i-\gamma}{\eta}\right)^{m}\ln\left(\dfrac{x_i-\gamma}{\eta}\right) = 0 \\[2mm]
\dfrac{\partial L(m,\eta,\gamma)}{\partial \eta} = -\dfrac{nm}{\eta} + \dfrac{m}{\eta}\sum\limits_{i=1}^{n}\left(\dfrac{x_i-\gamma}{\eta}\right)^{m} = 0 \\[2mm]
\dfrac{\partial L(m,\eta,\gamma)}{\partial \gamma} = \dfrac{m}{\eta^{m}}\sum\limits_{i=1}^{n}(x_i-\gamma)^{m-1} - (m-1)\sum\limits_{i=1}^{n}\left(\dfrac{1}{x_i-\gamma}\right) = 0
\end{cases}
$$

(3-9)

由式（3-9）可知，当 $m \leqslant 1$ 时，$\partial L(m,\eta,\gamma)/\partial\gamma > 0$，即对于任意 $m \leqslant 1$，当 $\gamma \to x_i$ 时，$L(m,\eta,\gamma) \to \infty$，显然此时无法采用极大似然法进行求解，因此只考虑 $m > 1$ 的情况。

若位置参数 γ 已知，则方程组（3-9）将变为两参数威布尔分布 $W(m,\eta)$ 的似然方程组，此时采用数值迭代解法即可求得形状参数 $m(\gamma)$ 和尺度参数 $\eta(\gamma)$，此时将三元方程组（3-9）转化为关于位置参数 γ 的一元方程，即

$$\frac{m(\gamma)}{\eta(\gamma)^{m(\gamma)}}\sum_{i=1}^{n}(x_i-\gamma)^{m-1} - [m(\gamma)-1]\sum_{i=1}^{n}\left(\frac{1}{x_i-\gamma}\right) = 0 \tag{3-10}$$

利用二分法对式（3-10）进行求解，将位置参数 γ 的计算结果代入式（3-10）即可得到其余两个参数 m 和 η。

▶▶ 2. 拟合优度检验

工程机械领域中，目前常采用 EDF 统计量进行拟合优度检验，通过经验分布函数（Empirical Distribution Function，EDF）与理论分布函数之差构造一系列统计量，包括 A^2 统计量、W^2 统计量和 D 统计量，与不同显著水平下各统计量对应的临界值相比，若统计量的计算值小于对应的临界值，则接受原假设。对于上述 6 种概率分布模型而言，采用 EDF 统计量进行拟合优度检验时，通常会

遇到在某些显著水平下，几种概率分布模型均通过了概率分布检验，此时无法判断哪种模型最优。鉴于此，采用赤池信息准则（Akaike's Information Criterion，AIC）法进行拟合优度检验，该方法是由日本统计学家 Akaike 创立的，以信息熵为基础，用于衡量模型的复杂度及拟合优度。该方法使用范围广，不受模型限制，不需要针对不同模型构造一系列统计量，克服了置信水平的主观性。AIC 准则可描述为

$$AIC = -2lg[L(\hat{\theta} \mid y)] + 2(K + 1) \tag{3-11}$$

式中，$L(\hat{\theta} \mid y)$ 为模型的极大似然函数；K 为模型中变量的个数。

用最小二乘估计法简化式（3-11），则 AIC 可进一步表示为

$$AIC = nlg(\hat{S}^2) + 2(K + 1) \tag{3-12}$$

式中，$\hat{S}^2$ 为残差方差 S^2 的极大似然估计，可按式（3-13）进行确定；n 为样本大小。

$$\hat{S}^2 = RSS/n \tag{3-13}$$

式中，RSS 为拟合结果的残差平方和。

AIC 准则法是一种估计 K-L 距离的方法，K-L 距离越小，模型的效果越好。因此，可通过比较 6 种常用概率分布模型的 AIC 值，来确定样本的最佳分布概率模型。

▷3.2.2　随机载荷谱的获取

为实现对小样本实测载荷谱的扩展，采用拉丁超立方抽样（Latin Hypercube Sampling，LHS）代替传统的蒙特卡罗法（Monte Carlo Simulation，MCS）抽样，结合流动式起重机起升高度曲线、额定起重量表及额定起重力矩表获取符合工程实际的随机载荷谱。MCS 法又称随机抽样法、概率模拟法或统计试验法，是以概率统计理论为基础，利用一系列符合统计分布特征的随机数来模拟试验结果，该方法抽样原理简单，但抽样结果较分散，误差的方差较大。LHS 法是一种特殊的多维分层抽样方法，其抽样点的分布具有均匀性，收敛速度较快。相比 MCS 法而言，LHS 法的误差较小，抽样的稳定性更强，其基本原理如下：

假设 n 维随机变量 $\boldsymbol{x} = (x_1, x_2, \cdots, x_i, \cdots, x_n)$，$x_i$ 服从某一概率分布，其分布函数可表示为 $Y_i = F_i(x_i)$。采用 LHS 法，首先确定抽样次数 N，然后将分布函数 $F_i(x_i)$ 的值域范围（0，1）分成 N 个等间距不重叠的区间，各区间的长度均为 $1/N$，选择每个区间的中点作为 $Y_{ij}(j = 1, 2, \cdots, N)$，在此基础上，根据式（3-14）计算随机变量 x_i 的采样值，其具体示意图如图 3-13 所示。

$$x_{ij} = F_i^{-1}\left(\frac{j - 0.5}{N}\right) \quad (j = 1, 2, \cdots, N) \tag{3-14}$$

式中，x_{ij} 为随机变量 x_i 的第 j 个随机实现。

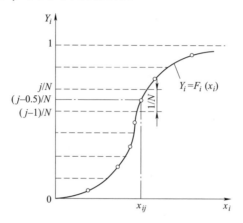

图 3-13　LHS 法的抽样示意图

3.3　当量载荷谱预测技术

3.3.1　基于改进 v-SVR 算法的预测模型

支持向量机是一种以统计学习理论、VC 维理论及结构风险最小化原理为基础的机器学习方法。该方法具有坚实的理论基础，在处理小样本、非线性和高维模式识别问题中具有明显的优势，在一定程度上克服了"维数灾难"和"过学习"等问题。本节将支持向量机理论引入流动式起重机载荷谱的预测中。从 v-SVR 算法的改进、预测模型的建立、实测载荷谱的采集、预测模型参数优化（确定预测模型的四大参数、选取合适的优化算法）等角度确定优化后的改进 v-SVR 算法的预测模型，通过特征参数来预测起重机的工作循环次数，形成符合工程实际的当量载荷谱。

1. 预测模型的建立

为获取符合工程实际的流动式起重机载荷谱，需将工程问题转化为可用 v-SVR 算法求解的预测模型。因此，根据现场采集的小样本实测载荷谱（由起重量、臂架工作长度、工作幅度、工作循环数组成），确定改进 v-SVR 算法预测模型的训练集为

$$S = \{(x_1, y_1), (x_2, y_2), \cdots, (x_i, y_i), \cdots, (x_n, y_n)\} \tag{3-15}$$

式中，S 为训练集；x_i 为输入参数，即载荷谱特征参数；y_i 为希望输出，其中 $i = 1, 2, \cdots, n$；n 为样本容量。

由流动式起重机分级、起升载荷状态级别、整机工作级别可知，训练集的

输入变量 $\boldsymbol{x}=(x_1,x_2,x_3)$ 和输出变量 y 之间存在某一未知的联合概率 $F(x,y)$ 分布。因此，原问题转化为在一组函数集 $\{f(x)\}$ 中寻找一个最优函数 $f(x)$，即决策函数，使得期望风险最小：

$$R(f) = \int C[x,y,f(x)] \mathrm{d}F(x,y) \tag{3-16}$$

式中，$R(f)$ 为期望风险；$C[x,y,f(x)]$ 为 ε-不敏感损失函数，$C[x,y,f(x)] = |y-f(x)|_\varepsilon$，且 $|y-f(x)|_\varepsilon = \max\{0, y-f(x)-\varepsilon\}$，$\varepsilon \geqslant 0$。

实际情况中，$F(x,y)$ 很难确定，而传统算法多采用经验风险最小化（ERM）准则代替期望风险，即用经验风险来估计，经验风险为

$$R_{\mathrm{emp}}(f) = 1/n \sum_{i=1}^{n} C(x_i, y_i, f_i) \tag{3-17}$$

当样本容量有限时，传统算法误差较大，无法达到经验风险和置信区间同时最小。为解决此问题，引进结构风险最小化（SRM）原则，结构风险为

$$R_{\mathrm{str}}(f) = 1/2 \|w\|^2 + CR_{\mathrm{emp}}(f) \tag{3-18}$$

式中，C 为惩罚因子，且 $C \geqslant 0$；$\|w\|^2$ 为高维特征空间中所建立的线性回归函数 $f(x) = w\phi(x) + b$ 的复杂性；$\phi(x)$ 为非线性映射函数；w、b 为待求系数。

最小化式（3-18）等价于式（3-19）的最优化问题，即

$$\begin{cases} \min\limits_{w,\xi,\xi^*,b,\varepsilon} \dfrac{1}{2}\|w\|^2 + C\left[\nu\varepsilon + \dfrac{1}{n}\sum_{i=1}^{n}(\xi_i + \xi_i^*)\right] \\ \mathrm{s.t.} \begin{cases} [w\phi(x_i) + b] - y_i \leqslant \varepsilon + \xi_i \\ y_i - [w\phi(x_i) + b] \leqslant \varepsilon + \xi_i^* \\ \xi_i, \xi_i^* \geqslant 0, \varepsilon \geqslant 0 \end{cases} \end{cases} \tag{3-19}$$

式中，ν 为损失参数，$\nu \in (0,1]$；ξ_i、ξ_i^* 为松弛变量。

式（3-19）的对偶问题为

$$\begin{cases} \min\limits_{\alpha,\alpha^*} \dfrac{1}{2}\sum_{i=1}^{n}\sum_{j=1}^{n}(\alpha_i - \alpha_i^*)(\alpha_j - \alpha_j^*)K(x_i,x_j) - \sum_{i=1}^{n}[\alpha_i^*(y_i - \varepsilon) - \alpha_i(y_i + \varepsilon)] \\ \mathrm{s.t.} \begin{cases} \sum\limits_{i=1}^{n}(\alpha_i - \alpha_i^*) = 0 \quad (0 \leqslant \alpha_i, \alpha_i^* \leqslant C/n) \\ \sum\limits_{i=1}^{n}(\alpha_i + \alpha_i^*) \leqslant C\nu \quad (i = 1,2,\cdots,n) \end{cases} \end{cases} \tag{3-20}$$

式中，$K(x_i,x_j)$ 为核函数；α_i、α_i^* 为拉格朗日因子。

支持向量机是一种基于核函数的模式识别技术，该技术通过核函数映射实现数据空间、特征空间和类别空间的非线性变换。传统支持向量机使用单一核函数完成映射过程，但当数据样本规模较大、特征信息多样、映射后在新

空间生成的数据不够平滑时，采用单一核函数对所有样本实现高维空间中的非线性变换存在较大的局限性，无法适应样本数据类型的多样性与数据结构的复杂性。

根据核函数的性质，可将其分为局部核函数（如高斯径向基核函数、柯西核函数、逆多元二次核函数等）和全局核函数（如多项式核函数、样条核函数等），前者具有较强的非线性逼近能力，后者具有较强的泛化能力。

针对上述问题，以"取长补短、优势互补"的组合策略为理念，根据核函数的构造原理，将不同性质的核函数进行融合。以常用的高斯径向基核函数为基础，并选用典型的全局核函数—多项式核函数进行线性组合，组合后的混合核函数为

$$K(x_i, x_j) = \omega K_{\text{Gauss}}(x_i, x_j) + (1 - \omega)\theta K_{\text{Poly}}(x_i, x_j) \tag{3-21}$$
$$= \omega \exp(- \parallel x_i - x_j \parallel^2/2\sigma^2) + (1 - \omega)\theta(x_i x_j + 1)^d$$

式中，ω 为权参数；θ 为幅度影响因子；σ 为高斯径向基核函数的参数；d 为多项式核函数的参数。

设最优解为 $\boldsymbol{\alpha} = (\alpha_1, \alpha_2, \cdots, \alpha_n)$，$\boldsymbol{\alpha}^* = (\alpha_1^*, \alpha_2^*, \cdots, \alpha_n^*)$，则

$$\begin{cases} w^* = \sum_{i=1}^{n} (\alpha_i - \alpha_i^*)\phi(x_i) \\ b^* = 1/2N_{\text{nsv}}\Big\{ \sum_{0 \leqslant \alpha_i \leqslant C/n} \big[y_i - \sum_{x_i \in \text{SV}} (\alpha_i - \alpha_i^*)K(x_i, x_j) - \varepsilon \big] + \\ \qquad \sum_{0 \leqslant \alpha_i \leqslant C/n} \big[y_i - \sum_{x_i \in \text{SV}} (\alpha_i - \alpha_i^*)K(x_i, x_j) + \varepsilon \big] \Big\} \end{cases} \tag{3-22}$$

式中，N_{nsv} 为支持向量个数。

流动式起重机工作循环次数与起重机的类型、起重量、载荷状态级别、工作级别有关，而起重机的载荷状态级别直接影响载荷谱系数，进而影响载荷谱的分布，为更好地描述载荷谱的分布，提高预测精度，提出将载荷谱系数引入 b^* 中，构建基于工况特征的决策函数为

$$\begin{cases} b^* = 1/2N_{\text{nsv}}\Big\{ \sum_{0 \leqslant \alpha_i \leqslant C/n} \big[y_i(1 + \exp(K_p)) - \sum_{x_i \in \text{SV}} (\alpha_i - \alpha_i^*)K(x_i, x_j) - \varepsilon \big] + \\ \qquad \sum_{0 \leqslant \alpha_i \leqslant C/n} \big[y_i(1 - \exp(K_p)) - \sum_{x_i \in \text{SV}} (\alpha_i - \alpha_i^*)K(x_i, x_j) + \varepsilon \big] \Big\} \\ f^*(x) = \sum_{i=1}^{n} (\alpha_i - \alpha_i^*)K(x_i, x) + b^* \end{cases}$$

$$\tag{3-23}$$

式中，K_p 为载荷谱系数。

▶▶ **2. 预测模型参数优化**

由改进 v-SVR 算法的预测模型可知，它包含四类参数：容错参数（C，v）、

核参数（σ，d）、权参数 ω、幅度影响因子 θ，而参数的选择直接影响了模型的复杂度、稳定性、泛化能力、预测速度与精度。常规的参数选择方法多以经验取值范围假定其中任意三种参数，再确定其余一种参数的最优解，运算时间较长、精度较低，容易出现欠学习和过学习的现象。为解决上述问题，提出采用混合算法［改进果蝇算法（IFOA）与外点惩罚函数法（SUMT）相组合］来优化预测模型的参数。改进果蝇算法用于解决四类参数同时搜索的问题，而收敛性较好的外点惩罚函数法提高了改进果蝇算法的稳定性。因此，混合算法既保证了稳定性又提高了计算精度。

根据上述四类参数的性质及特点，选择四类不同性质的果蝇种群并行优化对应的参数，其中不同性质的种群具有不同的初始位置、不同的约束条件、不同的飞行距离，但种群选择方式和学习方式相同，从而确定四类参数的初选值，进而得到拉格朗日因子的初选值 $\overline{\alpha} = (\overline{\alpha}_1, \overline{\alpha}_2, \cdots, \overline{\alpha}_n)$，$\overline{\alpha}^* = (\overline{\alpha}_1^*, \overline{\alpha}_2^*, \cdots, \overline{\alpha}_n^*)$。在此基础上，利用反约束思想（由 v-SVR 算法可知，支持向量机通过容错参数的选取来约束拉格朗日因子，而反约束是用拉格朗日因子控制容错参数的取值范围），进行参数的二次优化。以四类参数的初选值为二次优化的初始值，以拉格朗日因子的初选值反约束容错参数的取值范围，采用 IFOA 和 SUMT 双管齐下的策略，确定容错参数的最优值 $(\overline{C}, \overline{v})$。在此基础上，利用 IFOA，确定核参数 $(\overline{\sigma}, \overline{d})$，结合 SUMT 获得权参数 $\overline{\omega}$、幅度影响因子 $\overline{\theta}$，从而得到最终的优化结果。具体步骤如下：

步骤 1：确定四类果蝇种群的规模 P_{Ni} 和最大迭代次数 $M_{Ni}(i=1,2,3,4)$。

步骤 2：根据经验确定四类参数的搜索空间，容错参数（$[C_a, C_b]$，$[v_a, v_b]$）、核参数（$[\sigma_a, \sigma_b]$，$[d_a, d_b]$）、权参数 $[\omega_a, \omega_b]$、幅度影响因子 $[\theta_a, \theta_b]$。

步骤 3：按式（3-24）初始化各类果蝇个体的位置，并判断是否满足步骤 2，否则重新初始化。

$$\begin{cases} X_{i1} = \psi_{i1} \\ Y_{i1} = \psi_{i2} \end{cases} (i = C, v, \sigma, d, \omega, \theta) \qquad (3-24)$$

式中，X_{i1}、Y_{i1} 为第一个果蝇个体的初始坐标；ψ_{i1}、ψ_{i2} 为随机数，且 $\psi_{i1}, \psi_{i2} \in [i_a, i_b]$；$i = C, v, \sigma, d, \omega, \theta$。

步骤 4：按式（3-25）确定各类果蝇种群的初始化结果，并判断是否满足步骤 2 中的搜索空间，否则重新进行搜索。

$$\begin{cases} X_{ij} = X_{i1} + \psi_{ij1} \\ Y_{ij} = Y_{i1} + \psi_{ij2} \end{cases} (i = C, v, \sigma, d, \omega, \theta) \qquad (3-25)$$

式中，X_{ij}、Y_{ij} 为各类种群中其他果蝇个体的位置坐标；$j = 2, 3, \cdots, P_{Ni}$；ψ_{ij1}、ψ_{ij2} 为随机数，且 $\psi_{ij1}, \psi_{ij2} \in [-1, 1]$。

步骤5：由式（3-26）确定各类果蝇种群味道浓度的判定值：

$$S_{ij} = 1/\sqrt[3]{X_{ij}^2 + Y_{ij}^2} \quad (i = C, \nu, \sigma, d, \omega, \theta) \tag{3-26}$$

步骤6：根据各类果蝇种群味道浓度判定值的倒数（即 $1/S_{ij}$），通过改进 v-SVR 预测模型，确定训练集的预测结果 $\{\hat{y}_{1j}, \hat{y}_{2j}, \cdots, \hat{y}_{kj}, \cdots, \hat{y}_{nj}\} \in R$。

步骤7：以预测结果的均方根误差来构造浓度判定函数（目标函数），记录并保存最优个体味道浓度。

$$S_{mj} = \sqrt{1/n \sum_{k=1}^{n} \left[(\hat{y}_{kj} - y_{kj})/y_{kj} \right]^2} \tag{3-27}$$

式中，y_{kj} 为目标输出，$k = 1, 2, \cdots, n$；S_{mj} 为种群果蝇个体的味道浓度，$j = 1, 2, 3, \cdots, P_{Ni}$。

$$B_S = \min(S_{m1}, S_{m2}, \cdots, S_{mj}, \cdots, S_{mP_{Ni}}) \tag{3-28}$$

式中，B_S 为最优个体的味道浓度。

步骤8：记录各类果蝇的最优味道浓度值及坐标值，果蝇种群飞往该位置。

$$\begin{cases} S_B = B_S \\ X_{besti} = X_{i1} \quad (i = C, \nu, \sigma, d, \omega, \theta) \\ Y_{besti} = Y_{i1} \end{cases} \tag{3-29}$$

步骤9：重复步骤4~步骤7，进行迭代循环，并判断味道浓度是否好于前一循环结果，若是，则进入步骤8，根据式（3-28）和式（3-24）确定优化结果：容错参数（C_0，ν_0）、核参数（σ_0，d_0）、权参数 ω_0 和幅度影响因子 θ_0。

步骤10：通过改进 v-SVR 算法的预测模型，确定拉格朗日因子的初选值为 $\overline{\boldsymbol{\alpha}} = (\overline{\alpha}_1, \overline{\alpha}_2, \cdots, \overline{\alpha}_n)$，$\overline{\boldsymbol{\alpha}}^* = (\overline{\alpha}_1^*, \overline{\alpha}_2^*, \cdots, \overline{\alpha}_n^*)$。

步骤11：利用反约束思想，以四类参数的初选值为二次优化的初始值，以拉格朗日因子的初选值反约束容错参数的取值范围，分别采用 IFOA 和 SUMT 双管齐下的策略，确定容错参数的最优值 $(\overline{C}, \overline{\nu})$；

步骤12：利用 IFOA，确定核参数 $(\overline{\sigma}, \overline{d})$，结合 SUMT 获得权参数 $\overline{\omega}$、幅度影响因子 $\overline{\theta}$。

3.3.2 基于改进相关向量机的预测模型

与传统的回归模拟算法、BP 神经网络算法相比，支持向量机（SVM）具有出色的小样本、非线性特性，可较好地解决欠学习、过学习、维数灾难、局部最优等问题，预测精度高、鲁棒性好，但 SVM 的惩罚因子 C 难以确定，并且其核函数必须满足 Mercer 定理。为解决上述问题，相关向量机（RVM）应运而生。近年来，RVM 作为一个全新的模式识别技术，其研究已成继 SVM 之后的又一个热点。

▶▶ **1. RVM 理论**

对于给定的训练样本集，包括输入值 $\{x_i\}_{i=1}^N$ 和相应的目标值 $\{t_i\}_{i=1}^N$。RVM 与 SVM 采用相同的预测式：

$$t = y(\boldsymbol{x};\boldsymbol{\omega}) = \sum_{i=1}^N \omega_i K(\boldsymbol{x},x_i) + \omega_0 = \boldsymbol{\Phi}(\boldsymbol{x})\boldsymbol{\omega} \tag{3-30}$$

式中，t 为目标值，即输出值 $t = (t_1,t_2,\cdots,t_N)^T$；$K(\boldsymbol{x},x_i)$ 为核函数；$\boldsymbol{\omega} = (\omega_0,\omega_1,\cdots,\omega_i,\cdots,\omega_N)^T$ 为对应的权值；$\boldsymbol{\Phi}(\boldsymbol{x})$ 为核矩阵，可按式（3-31）进行计算。

$$\boldsymbol{\Phi}(\boldsymbol{x}) = \begin{bmatrix} 1 & K(x_1,x_1) & K(x_1,x_2) & \cdots & K(x_1,x_N) \\ 1 & K(x_2,x_1) & K(x_2,x_2) & \cdots & K(x_2,x_N) \\ \vdots & \vdots & \vdots & & \vdots \\ 1 & K(x_N,x_1) & K(x_N,x_2) & \cdots & K(x_N,x_N) \end{bmatrix} \tag{3-31}$$

引入噪声影响，则输入向量与目标值的关系变为

$$t = y(\boldsymbol{x};\boldsymbol{\omega}) + \varepsilon \tag{3-32}$$

式中，ε 为随机噪声，且 ε 服从均值为 0、方差为 σ^2 的正态分布，即 $\varepsilon \sim N(0,\sigma^2)$。

于是，RVM 模型的概率公式可表示为

$$p(t_i \mid \boldsymbol{x}) = N(t_i \mid y(\boldsymbol{x};\boldsymbol{\omega}),\sigma^2) \tag{3-33}$$

由于 $\{t_i\}_{i=1}^N$ 为独立随机变量，故整个样本集的似然函数为

$$p(t \mid \boldsymbol{\omega},\sigma^2) = \prod_{i=1}^N N(t_i \mid y(x_i;\boldsymbol{\omega}),\sigma^2) = (2\pi\sigma^2)^{-\frac{N}{2}} \exp\left(-\frac{\|t - \boldsymbol{\Phi}(\boldsymbol{x})\boldsymbol{\omega}\|^2}{2\sigma^2}\right) \tag{3-34}$$

未知目标值的条件概率为

$$p(t^* \mid t) = \int p(t^* \mid \boldsymbol{\omega},\sigma^2)p(\boldsymbol{\omega},\sigma^2 \mid t)\mathrm{d}\omega\mathrm{d}\sigma^2 \tag{3-35}$$

式中，t^* 为未知目标值。

若直接采用极大似然法求解 $\boldsymbol{\omega}$ 和 σ^2，将会导致过拟合现象。为避免这一现象，设定超参 $\boldsymbol{\alpha} = (\alpha_1,\alpha_2,\cdots,\alpha_n)$ 来约束权重 $\boldsymbol{\omega}$，从而可得

$$p(\boldsymbol{\omega} \mid \alpha) = \prod_{i=0}^N N(\omega_i \mid 0,1/\alpha_i) \tag{3-36}$$

式中，α 为超参，服从 Gamma 分布。

因此，将式（3-36）变为

$$p(t^* \mid t) = \int p(t^* \mid \boldsymbol{\omega},\boldsymbol{\alpha},\sigma^2)p(\boldsymbol{\omega},\boldsymbol{\alpha},\sigma^2 \mid t)\mathrm{d}\omega\mathrm{d}\alpha\mathrm{d}\sigma^2 \tag{3-37}$$

由式（3-37）可知，权重 $\boldsymbol{\omega}$ 受超参 $\boldsymbol{\alpha}$ 的约束，当 $\alpha_i \to \infty$ 时，$\omega_i \to 0$，此时 ω_i 对决策函数的构造无影响，与之对应的 x_i 称为非相关向量；当 α_i 为有限值时，ω_i 为非 0 值，此时与之对应的 x_i 称为相关向量。

将式（3-37）中的 $p(\boldsymbol{\omega},\boldsymbol{\alpha},\sigma^2|\boldsymbol{t})$ 按照贝叶斯定理进行展开得

$$p(\boldsymbol{\omega},\boldsymbol{\alpha},\sigma^2 \mid \boldsymbol{t}) = p(\boldsymbol{\omega} \mid \boldsymbol{t},\boldsymbol{\alpha},\sigma^2)p(\boldsymbol{\alpha},\sigma^2 \mid \boldsymbol{t}) \tag{3-38}$$

通过贝叶斯定理可知

$$p(\boldsymbol{\omega} \mid \boldsymbol{t},\boldsymbol{\alpha},\sigma^2) = \frac{p(\boldsymbol{t} \mid \boldsymbol{\omega},\sigma^2)p(\boldsymbol{\omega} \mid \boldsymbol{\alpha},\sigma^2)}{p(\boldsymbol{t} \mid \boldsymbol{\alpha},\sigma^2)}$$

$$= (2\pi)^{\frac{N+1}{2}} \mid \boldsymbol{\psi} \mid^{\frac{1}{2}}\exp\left[-\frac{1}{2}(\boldsymbol{\omega}-\boldsymbol{\mu})^{\mathrm{T}}\boldsymbol{\psi}^{-1}(\boldsymbol{\omega}-\boldsymbol{\mu}) \right] \tag{3-39}$$

式中，$\boldsymbol{\psi} = \left[\sigma^{-2}\boldsymbol{\Phi}(\boldsymbol{x})^{\mathrm{T}}\boldsymbol{\Phi}(\boldsymbol{x})+\boldsymbol{A} \right]^{-1}$ 为后验协方差；$\boldsymbol{\mu} = \sigma^{-2}\boldsymbol{\psi}\boldsymbol{\Phi}(\boldsymbol{x})^{\mathrm{T}}\boldsymbol{t}$ 为均值；$\boldsymbol{A} = \mathrm{diag}(\alpha_0,\alpha_1,\cdots,\alpha_N)$。

将式（3-39）代入式（3-38）得

$$p(\boldsymbol{t}^* \mid \boldsymbol{t}) = \int p(\boldsymbol{t}^* \mid \boldsymbol{\omega},\boldsymbol{\alpha},\sigma^2)p(\boldsymbol{\omega} \mid \boldsymbol{t},\boldsymbol{\alpha},\sigma^2)p(\boldsymbol{\alpha},\sigma^2 \mid \boldsymbol{t})\mathrm{d}\omega\mathrm{d}\alpha\mathrm{d}\sigma^2 \tag{3-40}$$

由于后检验概率 $p(\boldsymbol{\alpha},\sigma^2|\boldsymbol{t})$ 难以通过分解计算的方式获得，因此引入狄拉克（Dirac Delta）函数 $p(\boldsymbol{\alpha},\sigma^2|\boldsymbol{t}) = \delta(\boldsymbol{\alpha},\sigma_{\mathrm{M}}^2)$ 对其进行近似求解，其中 α_{M}、σ_{M}^2 为检验概率 $p(\boldsymbol{\alpha},\sigma^2|\boldsymbol{t})$ 的最优解。

从而，将式（3-40）变为

$$p(\boldsymbol{t}^* \mid \boldsymbol{t}) = \int p(\boldsymbol{t}^* \mid \boldsymbol{\omega},\ \boldsymbol{\alpha},\ \sigma^2)p(\boldsymbol{\omega} \mid \boldsymbol{t},\ \boldsymbol{\alpha},\ \sigma^2)p(\boldsymbol{\alpha},\ \sigma^2 \mid \boldsymbol{t})\mathrm{d}\omega\mathrm{d}\alpha\mathrm{d}\sigma^2$$

$$\approx \int p(\boldsymbol{t}^* \mid \boldsymbol{\omega},\ \boldsymbol{\alpha},\ \sigma^2)p(\boldsymbol{\omega} \mid \boldsymbol{t},\ \boldsymbol{\alpha},\ \sigma^2)\delta(\boldsymbol{\alpha}-\alpha_{\mathrm{M}})\delta(\sigma^2-\sigma_{\mathrm{M}}^2)\mathrm{d}\omega\mathrm{d}\alpha\mathrm{d}\sigma^2$$

$$= \int p(\boldsymbol{t}^* \mid \boldsymbol{\omega},\ \alpha_{\mathrm{M}},\ \sigma_{\mathrm{M}}^2)p(\boldsymbol{\omega} \mid \boldsymbol{t},\ \alpha_{\mathrm{M}},\ \sigma_{\mathrm{M}}^2)\mathrm{d}\omega \tag{3-41}$$

由于 $p(\boldsymbol{t}^*|\boldsymbol{\omega},\alpha_{\mathrm{M}},\sigma_{\mathrm{M}}^2)$ 和 $p(\boldsymbol{t}^*|\boldsymbol{t},\alpha_{\mathrm{M}},\sigma_{\mathrm{M}}^2)$ 均服从正态分布，因此得

$$p(\boldsymbol{t}^* \mid \boldsymbol{t},\alpha_{\mathrm{M}},\sigma_{\mathrm{M}}^2) = N(\boldsymbol{t}^* \mid y^*,\sigma^{*2}) \tag{3-42}$$

$$\begin{cases} y^* = \boldsymbol{\mu}^{\mathrm{T}}\varphi(\boldsymbol{x}^*) \\ \sigma^{*2} = \sigma_{\mathrm{MP}}^2 + \varphi(\boldsymbol{x}^*)^{\mathrm{T}}\boldsymbol{\psi} \\ \varphi(\boldsymbol{x}^*) = \left[1,K(\boldsymbol{x}^*,x_1),K(\boldsymbol{x}^*,x_2),\cdots,K(\boldsymbol{x}^*,x_N) \right] \end{cases} \tag{3-43}$$

采用极大似然法求解 α_{M} 和 σ_{M}^2，只需最大化 $p(\boldsymbol{t}|\boldsymbol{\alpha},\sigma^2)$，即

$$p(\boldsymbol{t} \mid \boldsymbol{\alpha}) = \int p(\boldsymbol{t} \mid \boldsymbol{\omega},\ \sigma^2)p(\boldsymbol{\omega} \mid \boldsymbol{\alpha})\mathrm{d}\omega$$

$$= (2\pi)^{-\frac{N}{2}} \mid \sigma^2\boldsymbol{I}+\boldsymbol{\Phi}(\boldsymbol{x})\boldsymbol{A}^{-1} \mid^{-\frac{1}{2}}\exp\left\{ -\frac{1}{2}\boldsymbol{t}^{\mathrm{T}}\left[\sigma^2\boldsymbol{I}+\boldsymbol{\Phi}(\boldsymbol{x})\boldsymbol{A}^{-1}\boldsymbol{\Phi}(\boldsymbol{x})^{\mathrm{T}} \right]^{-1}\boldsymbol{t} \right\}$$

$$\tag{3-44}$$

式中，$\boldsymbol{I}$ 为单位矩阵。

对式（3-44）中的 $\boldsymbol{\alpha}$ 和 σ^2 分别求偏导，可得对应 α_i^e 和 $(\sigma^2)^e$ 的更新表达式为

$$\begin{cases} \alpha_i^e = \dfrac{1 - \alpha_i \psi_{ii}}{\mu_i^2} \\ (\sigma^2)^e = \dfrac{\parallel t - \boldsymbol{\Phi}(\boldsymbol{x})\boldsymbol{\mu} \parallel^2}{N - \sum\limits_{i=0}^{N} (1 - \alpha_i \psi_{ii})} \end{cases} \qquad (3\text{-}45)$$

式中，α_i^e 和 $(\sigma^2)^e$ 为求解 α_{M} 和 σ_{M}^2 过程中，$\boldsymbol{\alpha}$ 和 σ^2 的更新结果；ψ_{ii} 为后验协方差矩阵 $\boldsymbol{\psi}$ 对角线上的元素。

2. 核函数的构造

与支持向量机类似，RVM 也是一种基于核函数的模式识别技术，因此 RVM 中的核函数构造方式与 v-SVR 算法中核函数的构造方式相同。

3. 自适应双层果蝇相关向量机

（1）自适应步长果蝇相关向量机　不同类型的核函数具有不同的性质，即使同一类型的核函数，选择不同的核参数也会影响核函数的性能。在以核函数为基础的模式识别技术中，核参数的选取直接影响模式识别的结果，其影响程度甚至超过对核函数的选择。为提高混合核函数下 RVM 的预测性能，排除人为因素的影响，提出自适应步长的果蝇优化算法（AFOA）对 RVM 的混合核参数 ω、σ 和 d 进行自动寻优，具体步骤如下：

步骤 1：参数初始化。确定自适应步长果蝇优化算法的种群规模 P_N、维数 D、最大迭代次数 M_N、训练误差的临界值 e，按式（3-46）和式（3-47）初始化果蝇个体及果蝇种群的位置。

$$\begin{cases} X_{1j}^1 = \psi_1 \\ Y_{1j}^1 = \psi_2 \end{cases} \qquad (3\text{-}46)$$

式中，X_{1j}^1、Y_{1j}^1 为第一个果蝇个体的初始坐标，$j = 1$，2，$\cdots$，D；ψ_1、ψ_2 为随机数，且 ψ_1、$\psi_2 \in [a,b]$，a 和 b 的取值根据搜索空间确定。

$$\begin{cases} X_{ij}^k = X_{1j}^k + \psi_{1i} \\ Y_{ij}^k = Y_{1j}^k + \psi_{2i} \end{cases} \qquad (3\text{-}47)$$

式中，X_{ij}^k、Y_{ij}^k 为第 k 次迭代下果蝇种群个体的初始位置；$i = 2$，3，$\cdots$，P_N；$j = 1$，2，$\cdots$，D；$k = 1$，2，3，$\cdots$，M_N；ψ_{1i}、ψ_{2i} 为随机数，且 ψ_{1i}、$\psi_{2i} \in [-1,1]$。

步骤 2：自适应步长嗅觉随机搜索。果蝇个体通过随机嗅觉搜索进行迭代进化，采用随机搜索方向及自适应步长策略，根据上一代的最佳味道浓度与当前迭代次数自动调整步长的大小：

$$\begin{cases} h_{ij}^{k} = \upsilon \left(S_{ijb}^{k-1} \right)^{-1} \exp\left[-\zeta \left(kM_{N}^{-1} \right)^{\eta} \right] + h_{\min} \\ X_{ij}^{k} = X_{ij}^{k-1} + (2\xi - 1)h_{ij}^{k} \\ Y_{ij}^{k} = Y_{ij}^{k-1} + (2\xi - 1)h_{ij}^{k} \end{cases} \tag{3-48}$$

式中，h_{ij}^{k}为第 k 次迭代的自适应步长；$k = 2$，…，M_{N}；η 为大于 1 的整数，$1 \leqslant \eta \leqslant 30$；$\zeta$ 为限制因子，$0 < \zeta < 1$；υ 为调节因子，$0 < \upsilon \leqslant 1$；S_{ijb}^{k-1} 为第 $k-1$ 代果蝇种群最优味道浓度的判断值；$h_{\min}$ 为迭代步长的下限；ξ 为 $[0, 1]$ 分布的随机数。

步骤 3：根据式（3-49）确定果蝇种群个体味道浓度的判定值：

$$S_{ij}^{k} = 1 \big/ \sqrt{\left(X_{ij}^{k} \right)^{2} + \left(Y_{ij}^{k} \right)^{2}} \tag{3-49}$$

步骤 4：根据味道浓度判定值的倒数 $1/S_{ij}^{k}$，通过 RVM 确定预测结果 $\{\hat{t}_{i1}^{k}, \hat{t}_{i2}^{k}, \cdots, \hat{t}_{ij}^{k}, \cdots, \hat{t}_{iN}^{k}\} \in R$。

步骤 5：以 RVM 输出结果的均方根误差来构造浓度判定函数，即目标函数，记录并保存最优个体的浓度：

$$S_{mi}^{k} = \sqrt{1 \big/ n \sum_{j=1}^{n} \left[\left(\hat{t}_{ij}^{k} - t_{ij} \right) \big/ t_{ij} \right]^{2}} \tag{3-50}$$

式中，S_{mi}^{k} 为第 k 次迭代的果蝇种群个体的味道浓度；$i = 1$，2，…，P_{N}。

$$B_{S}^{k} = \min\left(S_{m1}^{k}, S_{m2}^{k}, \cdots, S_{mi}^{k}, \cdots, S_{mP_{N}}^{k} \right) \tag{3-51}$$

式中，B_{S}^{k} 为第 k 次迭代下最优个体的味道浓度。

步骤 6：记录果蝇种群个体的最优味道浓度值及坐标值，此时果蝇种群利用视觉飞往该位置：

$$\begin{cases} S_{B}^{k} = B_{S}^{k} \\ X_{bestj}^{k} = X_{j1}^{k} \\ Y_{bestj}^{k} = Y_{j1}^{k} \end{cases} \tag{3-52}$$

步骤 7：返回步骤 2 进行迭代循环，并判断最优味道浓度是否好于前一次的最优味道浓度，并且当前的迭代次数小于最大迭代次数 M_{N} 或收敛到训练误差的临界值 e，若是，则停止迭代并输出。

（2）自适应双层果蝇相关向量机　自适应步长的果蝇优化算法（AFOA）中，自适应步长 h_{i} 的引入，既考虑了上一代果蝇种群最优味道浓度的判定值，又考虑了当前迭代次数。算法初期以较大的步长进行迭代，避免了种群个体过早陷入局部最优的现象，随着迭代次数的增加，h_{ij}^{k} 自适应的减小，加快了收敛速度。但在应用于 RVM 时，自适应步长 h_{ij}^{k} 中附加参数 η、ζ、υ 和 $h_{\min}$ 的选取缺乏经验公式及相应的依据，参数取值不当时，自适应步长果蝇相关向量机的训练误差将无法有效收敛。为解决上述问题，提出一种自适应双层果蝇改进算法对参数 η、ζ、υ 和 $h_{\min}$ 进行选取。具体步骤如下：

步骤 1：生成外层果蝇种群。种群规模为 P_{Ne}，维数为 D_e，最大迭代次数为 M_{Ne}，种群的初始位置为 X_{ij}^{e1} 和 Y_{ij}^{e1}（$i = 1，2，\cdots，P_{Ne}$；$j = 1，2，\cdots，D_e$），训练误差临界值为 e。外层果蝇种群移动方式如式（3-48）中参数设置为 $\eta = 1$、$\zeta = 0.2$、$\upsilon = 0.1$ 和 $h_{\min} = 0$。

步骤 2：生成内层果蝇种群，用于 RVM 模型相关参数优化。种群规模为 P_{NI}，维数为 D_I，最大迭代次数为 M_{NI}，种群的初始位置为 X_{ij}^{I1} 和 Y_{ij}^{I1}（$i = 1，2，\cdots，P_{NI}$；$j = 1，2，\cdots，D_I$）。

步骤 3：根据自适应步长果蝇相关向量机训练流程的步骤步骤 2~步骤 6，确定内层个体的最优味道浓度值 S_B^{Ik} 及与之对应坐标值 X_{bestj}^{Ik} 和 X_{bestj}^{Ik}（$k = 1, 2, \cdots, M_{NI}$）。

步骤 4：内层果蝇种群移动公式（3-48）中的附加参数 η、ζ、υ 和 $h_{\min}$ 由外层果蝇所决定，内层个体移动一次，果蝇种群更新一次。

步骤 5：若内层迭代次数达到 M_{NI}，则转至步骤 6，否则转至步骤 3。

步骤 6：在内层果蝇种群寻优下，RVM 结束训练，将内层果蝇个体的最优味道浓度值赋予对应的外层果蝇个体，作为该外层个体的最优味道浓度值，即 $S_B^{ek} = S_B^{Ik}$。

步骤 7：若外层迭代次数达到 M_{Ne} 或达到训练误差的临界值 e，则转至步骤 9，否则转至步骤 8。

步骤 8：外层果蝇种群更新一次，转至步骤 3。

步骤 9：外层果蝇种群寻优过程结束，得到附加参数 η、ζ、υ 和 $h_{\min}$ 的最优值。

3.4　载荷谱分析技术在耐久性试验中的应用

》1. 液压元件可靠性试验装备研制

围绕挖掘机用液压泵、多路换向阀、回转马达等液压元件，依据 GXB/WJ 0032—2015、GXB/WJ 0033—2015 和 GXB/WJ 0034—2015 液压元件试验室耐久性试验标准，进行液压元件耐久性试验台研究，开展液压泵超载试验、液压泵与多路换向阀的冲击试验、回转马达超载试验和冲击试验。

液压泵耐久性冲击试验台方案如下：将变频电动机、转矩转速仪、泵连接架与被试液压泵连接，变频电动机通过驱动被试液压泵输入能量，电动机采用速度闭环控制，实现液压泵的变速和正反转。泵连接架借助过渡连接盘、轴套和端盖与不同类型的液压泵安装。采用插装式比例压力阀、压力与温度传感器、流量计，对被试液压泵双路加载，并完成被试泵的加载，压力、温度及流量信号的采集。采用单油箱独立滤油温控循环系统，其由底盘、油箱、内啮合齿轮泵电动机组、两级过滤器、板式散热器及加热油箱组成。在泵吸油管路及油箱上设置有测温点，自动控制加热器和电磁水阀动作实现对试验系统油温的控制，保持试验油温的恒定。

为了有效提高试验效率和降低试验费用，提出了液压泵+多路换向阀联合耐久性试验方法。在液压泵耐久性试验原理的基础上，在液压泵出口接入多路换向阀，双联轴向柱塞泵中泵1与由行走、回转、动臂和斗杆等功能阀片组成的一组多路阀相连，泵2与由行走、备用、动臂、铲斗和斗杆等功能阀片组成的另一组多路阀相连。

两组多路换向阀的主安全阀按不同产品的要求调节至设定压力。在每联阀片的 A、B 口出口连接由电比例溢流阀、插装式比例压力阀、插装式方向阀构成的桥式加载回路，调节到要求的试验压力。由于挖掘机工作过程中，工作装置都将进行复合动作，因此两组多路换向阀的相应阀片根据不同工况要求进行组合。每组多路换向阀按复合动作要求，相应阀片按一定的频率进行换向。

回转马达耐久性试验原理如下：由电动机驱动液压泵为被试马达提供动力，换向阀控制马达旋转方向，被试马达安装在液压马达试验台架上。液压马达试验台架由两个马达支架、安装底板、加载盘安装支架和测速传感器等组成，试验时根据需要安装合适的加载盘，以提供惯性载荷。

将上述液压元件耐久性试验原理进行模块化设计，归纳为机械动力驱动模块、液压动力（站）模块、液压加载模块、旋转运动控制模块（液压马达试验台架）、电控模块、测控模块等功能模块。各试验模块的控制通过组合实现液压泵、多路换向阀、回转马达耐久性试验，其主要功能模块的组成与功能见表3-3。

表3-3 主要功能模块的组成与功能

名称	组成	功能
机械动力驱动模块	由变频驱动系统、电动机、转矩转速传感器、液压泵连接架、控制与测量系统等组成	为液压动力元件输入机械能量，采用速度闭环控制，实现液压泵正反转、恒速或变速驱动
液压动力模块	由供油系统和循环过滤温控系统组成。供油系统由低压补偿系统和控制系统构成；循环过滤温控系统由油箱、循环油泵电动机组、过滤器、冷却器及加热系统等构成	实现为被试元件提供洁净、恒温、不同压力和流量的液压油
液压加载模块	由泵控制阀组、阀控制阀组及控制与测量系统构成。泵控制阀组主要由齿轮流量计、插装单向阀组、高压比例加载阀组、压力卸荷单向阀组组成。阀控制阀组包括A/B加载测流阀组、先导阀组和控制与测量系统构成	可完成液压泵动态加载，具有对被试液压阀油口加载、控制阀芯移动与换向、参数测量等功能

（续）

名称	组成	功能
测控模块	采用高性能工业计算机、摄像设备、硬盘刻录机构成中央控制系统，可以实现数据处理分析、安全监视、各控制模块通信	进行试验过程控制和监控、数据处理与分析
电控模块	基于 PLC 与现场总线技术结合的技术，PLC 又配置以太网通信模块，实现液压动力单元整体接入工业以太网中，从而实现与其他试验模块一样接受测控系统的整体调度来完成各个试验项目的需求	将模块所有电动机组的控制进行集中管理；在动力柜上集成所有泵电动机组的起停按钮，能实现本地控制泵电动机组
旋转运动控制模块	液压系统由驱动控制阀组、加载控制阀组和控制与测量系统组成。回转马达试验工装增加了惯性加载盘安装支架	完成回转马达的性能和耐久性试验，并实现模拟载荷、惯性载荷和阻尼载荷的施加功能

2. 装载机动力换档变速器耐久性试验装备

按照《工程机械动力换档变速器可靠性台架试验方法》中规定的一般可靠性试验方法和耐久性试验方法，研制相应的液力机械传动部件可靠性试验装置，可以实现变矩器总成性能试验、变速器可靠性试验、换档性能试验（负载、位置）、空载反拖试验和传递效率试验等。

试验装备采用电回馈交流电动机加载，和其他测功机相比，电回馈加载特性好、节能效果明显、响应快，可以实现恒转矩（加载）/恒转速（倒拖）两种工作方式，方便适应不同测试需要。

（1）试验装备机械部件构成 以 5t 级装载机变速器试验用可靠性试验装置为例，交流变频电回馈加载系统由 200kW 电动机与 400kW 电动机组成，控制系统为 ABB 四象限电回馈系统。它可以实现变速器的可靠性程序谱加载试验。装载机液力传动变速器工况复杂多变，进行可靠性试验时需要加载动态载荷。采用交流电动机作为加载设备，研究其动态加载特性，利用其在额定转速以下可恒转矩加载，额定转速以上可恒功率加载的特性，达到对液力传动变速器可靠性进行试验的目的。可靠性试验装备台架部分如图 3-14 所示。

驱动电机能实现变频调速，达到 ±1r/min 的稳定速度控制精度，完全能够模拟现有 5t 级装载机用发动机的动力特性。加载电机能实现电回馈加载，既可以作为发电机加载，又可以作为电动机拖动。加载特性好：在额定转速以下可以保持恒转矩加载（5Hz 以上），在额定转速以上可以恒功率加载。响应快：特别适合如程序谱试验等加载试验。可靠性试验台的试验现场如图 3-15 所示。

（2）试验装备的电气控制网络 该可靠性试验装备的电气控制基本网络构

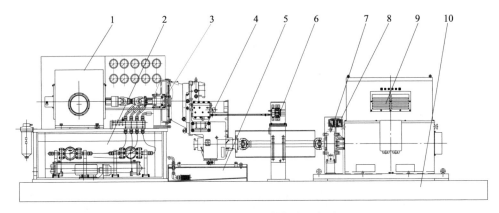

图 3-14　可靠性试验装备台架部分

1—驱动电机　2—油路冷却过滤系统　3—变矩器驱动装置　4—被试液力变速器　5—集油箱
6—换档控制装置　7—转矩转速传感器　8—制动器　9—加载电机　10—底座平台

图 3-15　可靠性试验台的试验现场

成：下位机系统采用西门子 300PLC 通过 PROFIBUS-DP 网络控制 ABB 变频器；
上位机系统采用 300PLC 的以太网接口与工控机硬件、VB6.0 软件共同组成；扭
矩仪等设备通过串行接口连接到上位控制系统。

可靠性试验装置的主要传感器有：

1）温度传感器：测量变矩器进口油温和变矩器出口油温。

2）流量计：测量变速泵流量。

3）压力传感器：测量变矩器进口油压、变矩器出口油压和主油路油压。

4）扭矩仪：测量驱动电机和加载电机的转矩和转速。

该可靠性试验装备的操作台放置在实验室的固定位置，分成前面板和柜体
两个部分。其中，前面板主要包括仪表显示区、操作按钮区、显示器和键盘鼠

标操作区四个部分；柜体前部是工控机、抽屉柜放置区，后部主要是温度、压力、流量、转矩、转速等显示仪表及工控机、PLC 等的布置和接线。通过该操作台相关按钮的操作，可以以手动或自动方式实现被试液力机械变速器的跑合试验、性能试验，以自动方式实现液力机械变速器的可靠性试验。操作台简洁大方、操作方便，布局如图 3-16 和图 3-17 所示。

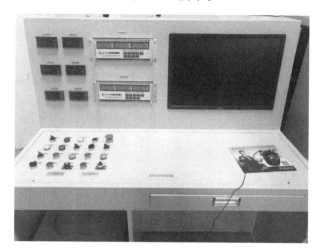

图 3-16　可靠性试验装置的操作台

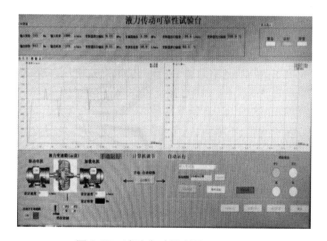

图 3-17　试验自动控制及显示界面

本章小结

本章从典型工况载荷谱测试分析技术、随机工况载荷谱统计分析技术、当量载荷谱预测技术以及载荷谱在耐久性试验中的应用等方面进行了工程机械载荷谱分析技术的论述。工程机械的载荷复杂多变，冲击剧烈，通过对载荷谱测试、分析以及应用的深入分析，可以为工程机械整机能效及关键零部件耐久性分析提供重要的数据基础。讨论了挖掘机液压系统、典型结构件、装载机传动系等关键部件载荷谱测试时的样本长度、作业对象、作业工况、测点选择和作业环境等问题，形成了针对工程机械典型作业工况的载荷谱集成测试方法和技术规范，确保载荷数据的典型性。对载荷信号常见的趋势项、噪声等干扰进行预处理方法研究，分析载荷信号的影响因素、提取载荷特征及差异性分析。同时，列举了液压元件可靠性试验装备和动力换挡变速器耐久性试验装备的研制过程，通过部件的可靠性台架试验可以对零部件产品的实际工况适应性进行验证，并提升产品的可靠性水平。

注：1. 项目名称：国家"十二五"科技支撑计划项目"工程机械节能减排共性技术研究"，编号：2015BAF07B01。

2. 验收单位：中国机械工业联合会。

3. 验收评价：2018 年 3 月 27 日，验收专家组认为，围绕挖掘机和装载机的节能技术和整机及关键零部件可靠性试验技术，开展载荷谱测试编谱、整机能效优化、载荷等效分析、疲劳寿命预测、整机能效及可靠性试验方法等方面的关键共性技术研究，研制了关键零部件的可靠性试验台架和疲劳试验装置，形成了面向工程机械节能和关键零部件及整机可靠性提升的测试和试验评价体系，完成了课题任务书规定的各项研究内容和考核指标，达到了预期目标。针对不同部件提出了载荷测试规范和方法；研究了能效匹配优化方法；提出了工程机械关键部件的可靠性试验加载谱，建设了可靠性试验装备和疲劳试验装备，制定了试验标准；建立了基于 $S\text{-}N$ 曲线的非线性累积损伤方法，提出了一种以计数循环为单位计算损伤的寿命评估方法；提出了基于典型工况载荷谱、动态模拟仿真和小样本试验的寿命预测方法；提出了整机能效试验方法；建立了典型工程机械失效与可靠性数据库，提出了基于多样本量可靠性试验的分析方法。上述方法和装备有效地支撑了课题的研究成果。专家组同意通过验收。

第 4 章

工程机械失效模式
分析技术

4.1 失效准则

工程机械失效的形式多种多样，总体分为 3S×2（Strength—静强度、疲劳强度，Stiffness—静态刚度、动态刚度，Stability—整体稳定性、局部单肢稳定性）、缺口效应和焊接效应的失效形式，各失效形式对应相应的失效准则。

4.1.1 强度失效准则

1. 静强度失效准则

（1）正应力 当计算截面危险点最大正应力 $\sigma(z)$ 大于许用应力时，可按式（4-1）验算：

$$\sigma(z) = \frac{N}{A} + \frac{M_x(z)}{\left(1 - \dfrac{N}{N_{Ex}}\right) W_x(z)} + \frac{M_y(z)}{\left(1 - \dfrac{N}{N_{Ey}}\right) W_y(z)} > [\sigma] \tag{4-1}$$

式中，N 为轴向力，具体的构造不同受力也略有不同；$M_x(z)$、$M_y(z)$ 为全部载荷对计算截面 z 产生的基本弯矩；N_{Ex}、N_{Ey} 为回转平面或变幅平面上的名义临界力；A 为在计算截面上伸缩臂的截面积；$W_x(z)$、$W_y(z)$ 为在计算截面上对 x 轴和 y 轴的抗弯曲截面系数；$[\sigma]$ 为材料的许用应力。

（2）切应力 当上下盖板上危险点的切应力 τ_y 大于许用切应力时，可按式（4-2）验算：

$$\tau_y = \frac{P_x}{2b\delta_0} + \frac{T_n}{2A_0\delta_0} > [\tau] \tag{4-2}$$

当腹板上危险点的切应力大于许用切应力时，可按式（4-3）验算：

$$\tau_f = \frac{P_y}{2h\delta} + \frac{T_n}{2A_0\delta} > [\tau] \tag{4-3}$$

式中，P_x 为臂架端部的水平力；P_y 为垂直于臂架的横向力；T_n 为臂架的扭矩；b、h 分别为上下盖板和腹板的宽度；δ_0、δ 分别为上下盖板和腹板的厚度；A_0 为上下盖板和腹板的板厚中线共同围成的闭合区域的面积，$A_0 = b_0 h_0$，b_0 为上下翼缘板中心线之间的距离，h_0 为左右腹板中心线之间的距离；$[\tau]$ 为许用切应力。

2. 疲劳强度失效准则

将上下盖板处焊缝作为疲劳强度的验算点，当疲劳验算点的最大应力 σ_{max} 大于疲劳许用应力时，可按式（4-4）验算：

$$\sigma_{max} > [\sigma_r] \tag{4-4}$$

式中，σ_{max} 为验算点的单项正应力或切应力；$[\sigma_r]$ 为疲劳许用应力。

4.1.2 刚度失效准则

1. 静态刚度失效准则

变幅平面内静态刚度失效准则可按式（4-5）进行验算：

$$f_y > [Y_L] \tag{4-5}$$

式中，f_y 为变幅平面内的静位移；$[Y_L]$ 为许用位移。

回转平面内静态刚度失效准则可按式（4-6）验算：

$$f_x > [X_L] \tag{4-6}$$

式中，f_x 为回转平面内的静位移；$[X_L]$ 为许用位移。

2. 动态刚度失效准则

当满载的物品处于最低悬吊位置时，在竖直方向上的自振频率小于许用动刚度时，可按式（4-7）验算：

$$f_x < [f_v] \tag{4-7}$$

式中，$[f_v]$ 为许用动刚度。

4.1.3 稳定性失效准则

整体稳定性失效准则可按式（4-8）进行验算：

$$\frac{N}{\varphi A} + \frac{M_x}{\left(1 - \dfrac{N}{N_{Ex}}\right) W_x} + \frac{M_y}{\left(1 - \dfrac{N}{N_{Ey}}\right) W_y} > [\sigma] \tag{4-8}$$

式中，φ 为稳定性系数。

局部稳定性失效准则可按式（4-9）进行验算：

$$\sqrt{\sigma_1^2 + \sigma_m^2 - \sigma_1\sigma_m + 3\tau^2} > [\sigma_{cr}] \tag{4-9}$$

式中，σ_1 为腹板受压位置处的弯曲压应力；σ_m 为腹板受压位置处的局部压应力；τ 为腹板受压处的切应力；$[\sigma_{cr}]$ 为局部稳定许用应力，$[\sigma_{cr}] = \dfrac{\sigma_{cr}}{n} = \dfrac{\sigma_s}{n}\left(1 - \dfrac{\sigma_s}{6.25\sigma_{i,cr}}\right)$，其中 σ_s 为钢材的屈服强度，$\sigma_{i,cr}$ 为腹板所能承受的各单项临界应力 σ_{1cr}、σ_{mcr}、$\sqrt{3}\tau_{cr}$，n 为安全系数。

4.1.4 焊接效应失效准则

1）对接正焊缝截面应力大于焊缝的拉或压许用应力时，可按式（4-10）验算：

$$\sigma = \frac{N}{l_f \delta} > [\sigma_h] \tag{4-10}$$

式中，N 为作用于连接件上的轴向力（拉或压）；l_f 为计算焊缝时取的长度值，采用引弧板时，焊缝的计算长度 l_f 就是焊缝的实际长度 b，而当没有采用引弧板时，l_f 就是在焊缝实际长度的基础上减去 10mm 焊缝的计算长度，此种情况的计算方法主要是为了考虑焊缝起止端未焊透的影响；δ 为连接件的较小厚度；$[\sigma_h]$ 为焊缝的拉或压许用应力。

2）对称构件角焊缝截面应力大于焊缝的剪切许用应力时，可按式（4-11）验算：

$$\tau_h = \frac{N}{0.7h_f \sum l_f} \geqslant [\tau_h] \tag{4-11}$$

式中，h_f 为角焊缝厚度，一般情况下取 $0.7h_f$ 为角焊缝的计算厚度，但是当采用自动焊或深熔焊时，角焊缝的计算厚度直接取为角焊缝实际厚度；$\sum l_f$ 为连接缝一侧方向上的焊缝计算长度之和；$[\tau_h]$ 为焊缝的剪切许用应力。

3）承受弯矩和剪切力共同作用的焊缝截面的正应力和切应力大于焊缝的拉、压和剪切许用应力时，分别可按式（4-12）、式（4-13）验算：

$$\sigma_h = \frac{M}{W_f} = \frac{6M}{l_f^2 h_f} > [\sigma_h] \tag{4-12}$$

$$\tau_h = \frac{FS_f}{I_f h_f} > [\tau_h] \tag{4-13}$$

式中，M、F 分别为焊缝在计算截面上受到的弯矩和剪切力；W_f 为焊缝在计算截面上对中性轴的抗弯截面系数；I_f 为焊缝在计算截面上相对于中性轴的惯性矩；S_f 为焊缝在计算截面的中性轴以上部分的静矩；l_f 为焊缝代入公式计算时的长度，通常将焊缝计算时的长度值取为焊接板的宽度值减去 10mm；h_f 为焊缝代入公式计算时的厚度，通常默认取为焊接板的厚度 δ。

当焊缝中切应力和正应力均较大处（如腹板与上下盖板的焊接处）的折算应力值大于焊缝的拉或压许用应力时，可按式（4-14）验算：

$$\sqrt{\sigma_h^2 + 2\tau_h^2} > [\sigma_h] \tag{4-14}$$

4）当承受弯矩和剪切力的角焊缝边缘的最大组合切应力大于拉、压和剪切许用应力时，可按式（4-15）验算：

$$\tau_h = \sqrt{\tau_F^2 + \tau_M^2} = \sqrt{\left(\frac{F}{A_f}\right)^2 + \left(\frac{M}{W_f}\right)^2} > [\tau_h] \tag{4-15}$$

式中，W_f 为焊缝在验算截面上对其中性轴的抗弯截面系数，$W_f = 2 \times \dfrac{0.7h_f l_f^2}{6}$；$A_f$ 为焊缝计算截面的面积，$A_f = 2 \times 0.7h_f l_f$。

5）支托焊缝连接的轴惯性矩法。支托与柱采用角焊缝（见图4-1），由剪切力 F 和扭矩 M 引起的焊缝切应力可按式（4-16）和式（4-17）计算：

$$\tau_F = \frac{F}{A'_f} \tag{4-16}$$

$$\tau_M = \frac{My}{I_f} \tag{4-17}$$

式中，A'_f 为竖直焊缝的计算截面积 $A'_f = 1.4h''_f l$；I_f 为焊缝组合截面惯性矩，$I_f = 2\left[\dfrac{0.7h''_f l^3}{12} + 0.7h''_f l\left(h_2 - \dfrac{l}{2}\right)^2\right] + 0.7h'_f b(h_1 - 0.35h'_f)^2$，其中：$h_2 = \dfrac{0.7h'_f b(l + \delta + 0.35h'_f) + 0.7h''_f l^2}{0.7h'_f b + 1.4h''_f l}$，$h_1 = l + \delta + 0.7h'_f - h_2$；$y$ 为焊缝计算截面中的计算点至形心轴 x 的距离。

当竖直方向上焊缝边缘的最大组合切应力大于许用切应力时，可按式（4-18）验算：

$$\sqrt{\tau_F^2 + \tau_M^2} > [\tau_h] \tag{4-18}$$

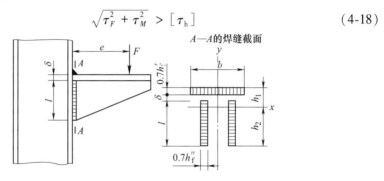

图 4-1　轴惯性矩法的验算模型

6）支托焊缝连接的极惯性矩法（见图4-2）。采用角焊缝连接的支托结构，用以承受偏心载荷。

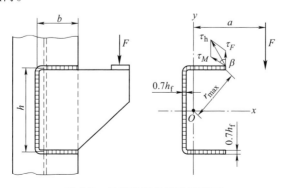

图 4-2　极惯性矩法的验算模型

剪切力 F 和扭矩 M 导致焊缝产生的切应力分别可按式（4-19）和式（4-20）计算：

$$\tau_F = \frac{F}{A_f} \tag{4-19}$$

$$\tau_M = \frac{Mr_i}{I_p} \tag{4-20}$$

式中，A_f 为焊缝总的计算截面积；r_i 为计算点至焊缝极点的距离（i 为点 1、2、3、…）；I_p 为焊缝的验算截面相对于极点的极惯性矩，$I_p = \int_A r^2 dA$，并且 $I_p = I_x + I_y$。

焊缝截面上的任意位置的组合切应力 $\tau_h = \sqrt{\tau_F^2 + \tau_M^2 + 2\tau_F\tau_M\cos\beta}$（$\beta$ 为 τ_F 与 τ_M 的夹角）大于许用切应力时，可按式（4-21）验算：

$$\tau_{hmax} > \left[\tau_h \right] \tag{4-21}$$

4.2 金属结构潜在失效模式预测模型

以工程机械中的流动式起重机为例，调研、收集流动式起重机金属结构有限失效模式历史信息，通过分类、归纳、分析，建立金属结构原始特征参数（机型、工作参数、作业速度和金属结构参数等）和典型使用工况（工作级别、载荷谱、伸缩液压缸工作方式、支腿使用情况和超载使用情况等）下的失效模式（失效类型、失效模式定性描述、失效区域定性描述、失效位置定量描述和失效原因追溯等）模糊数据库。流动式起重机金属结构风险评估框架如图 4-3 所示。通过机型匹配确定待评估起重机不同典型使用工况下的失效模式实例库，结合改进后的实例推理技术，进行基于典型使用工况的起重机金属

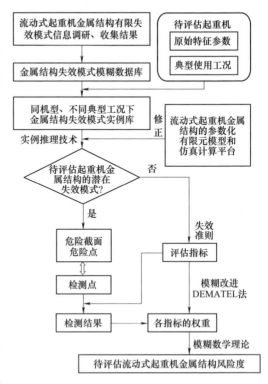

图 4-3 流动式起重机金属结构风险评估框架

结构潜在失效模式预测，判断是否存在与典型使用工况评价指标相对应的最佳相似实例或最佳相似实例集。若"是"，则进行信息重用，从而确定待评估起重机金属结构的潜在失效模式；若"否"，则通过专家知识对潜在失效模式进行预估，通过流动式起重机金属结构参数化有限元模型和仿真计算平台对潜在失效模式进行修正。流动式起重机金属结构潜在失效模式预测流程如图 4-4 所示。

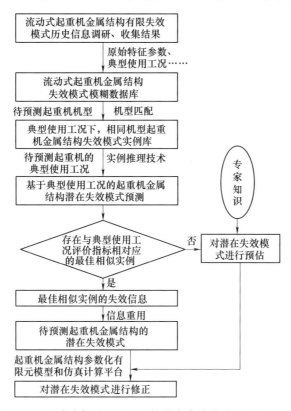

图 4-4　流动式起重机金属结构潜在失效模式预测流程图

4.2.1　金属结构失效模式模糊数据库

1. 失效模式模糊数据库建库原因

为确保流动式起重机金属结构系统的正常运行，提高其可靠性及安全性，对其进行高效快速失效分析，追溯失效原因，评估其可修复性，提出修复方案，延长其使用寿命是一项烦琐而重要的任务。流动式起重机金属结构失效模式分析中，失效模式信息的获取与处理相当复杂，涉及众多领域的理论与技术。工程实际中，通过建立流动式起重机失效模式模糊数据库，有效地使用这些历史的、静态的信息，将它们变成具有分析、预测功能的动态信息，形成专业、灵活、动态的数据系统，为在役流动式起重机金属结构风险评估、疲劳剩余寿命估算、可修复性评估与决策提供必备的科学依据。

实际检测工作中，流动式起重机金属结构的失效模式信息是通过观测和测试得到的。在这一过程中，由于检测标准、检测工具及检测人员的差异，将不可避免地出现许多不完整、不精确的数据。有的数据信息甚至无法通过检测工具获得，只能通过检测人员的观察、知识及经验进行预估，需采用模糊语言对其进行定性描述。如金属结构局部损伤（裂纹、局部屈曲、焊缝）程度"严重""一般""轻微"等，变幅液压缸支承耳板与金属结构筒体连接处出现焊缝撕裂的长度"大约为5mm"。因此，用于失效模式分析的数据往往带有模糊性。针对失效模式信息数据的模糊性特点以及数据信息使用过程中烦琐的反模糊化过程，建立了流动式起重机金属结构失效模式模糊数据库，使得数据在收集过程中，不仅包含精确的定量数据描述，还包含模糊的定性数据信息。

▶ 2. 建立失效模式模糊数据库

流动式起重机金属结构系统十分庞大，样本名目的编排、失效模式信息的收集和失效原因的追溯对数据库结构的设计造成极大的困难。为了便于流动式起重机金属结构的标识与分类，有效地建立失效模式模糊数据库，必须建立科学的、完整的结构编码系统，以保证结构编码的准确性、可靠性和规范性，有利于失效数据信息的添加、修改和删除等操作，保证信息数据流通顺畅，在后续的风险评估、疲劳剩余寿命估算、可修复性评估与决策中实现信息共享。

建立失效模式模糊数据库时，依据尽量精简、建库不宜过多的原则，从流动式起重机"下线→使用→定检→失效"的流程，建立失效模式模糊数据库，包括原始特征参数子数据库、典型使用工况子数据库和失效模式子数据库。各子数据库通过起重机机型标识和检测序号标识进行匹配，相同机型标识及相同检测序号标识的起重机原始特征参数、典型使用工况和失效模式组成一个工程实例。图4-5所示为流动式起重机失效模式模糊数据库的整体框架。

由图4-5可知，原始特征参数子数据库用于存放起重机金属结构3S×2计算、仿真、失效分析、风险评估、疲劳剩余寿命估算的初始参数，包括不同起重机机型的工作参数（最大额定起重量、基本臂最大起重力矩、基本臂最大起升高度、主臂最大起升高度、副臂最大起升高度）、作业速度（单绳最大速度、起重臂起幅/落幅时间、起重臂全伸/全缩时间、回转速度）、臂架系统结构参数（材料、臂架类型、臂节数、主臂截面形式和各臂节的结构尺寸参数）；典型使用工况子数据库用于存放起重机的正常/非正常作业信息，包括不同起重机机型、不同检测序号的金属结构工作级别（使用等级、应力状态级别）、典型载荷谱（起重量、臂架工作长度、工作幅度和工作循环次数）、伸缩液压缸的工作方式（各臂节液压缸的插销位置）、支腿工作情况及超载使用情况；失效模式子数据库用

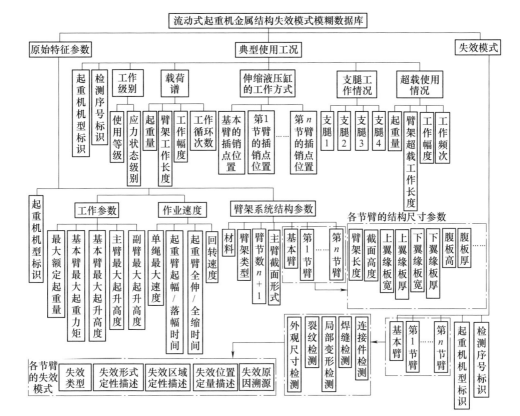

图 4-5　流动式起重机失效模式模糊数据库的整体框架

于存放起重机各臂节的检测结果及失效模式信息。

　　为实现流动式起重机金属结构失效模式历史信息的快速统计，以 Microsoft Access 2013 数据库为基础，利用 VC++提供的可视化设计工具编制可视化信息输入界面，实现失效模式历史信息的添加、修改、插入和删除等操作，如图 4-6 所示。

⟫ 4.2.2　金属结构潜在失效模式预测

　　不同型号的流动式起重机的金属结构具有不同的失效模式，即使同一类型的起重机，由于其工作环境的不确定性、使用工况的随机性等也会导致失效模式的差异性。因此，以失效模式模糊数据库为基础，建立同一机型、不同典型使用工况下起重机金属结构失效模式实例库。对于待评估的在役流动式起重机金属结构而言，通过收集典型使用工况，将其作为目标实例，运用改进后的实例推理技术，确定与典型使用工况各评价指标对应的目标实例与源实例（实例

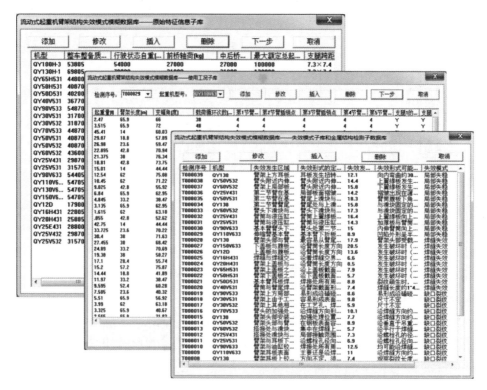

图 4-6　流动式起重机金属结构失效模式模糊数据库

库中存储的实例）之间的相似度。若典型使用工况的各评价指标均存在对应的
最佳相似实例，则组成最佳相似实例集，输出最佳相似实例集中各元素的失效
模式，并作为待评估流动式起重机金属结构的潜在失效模式；否则根据专家知
识对潜在失效模式进行预估。在此基础上，通过流动式起重机金属结构参数化
有限元模型和仿真计算平台，对潜在失效模式的结果进行修正，并将修正后的
结果作为新实例保存到实例库中，从而完善实例库。具体预测流程如图 4-7
所示。

》》1. 实例推理

实例推理（Case-Based Reasoning，CBR）起源于 1977 年 Schank 和 Abelson
所做的工作，是一种基于经验知识的人工智能推理技术，其核心思想是用过去
解决类似问题的知识与经验来解决当前问题。与传统的基于规则的推理（Rule-
Based Reasoning，RBR）和基于模型的推理（Model-Based Reasoning，MBR）相
比，CBR 以历史实例为基础，知识获取相对比较简单，尤其适用于空间模型或
数学模型难以建立的领域；CBR 从大量的实例库中检索相似实例，直接重用过
去求解的经验，推理速度快，求解效率高。随着新实例的加入，实例库不断丰

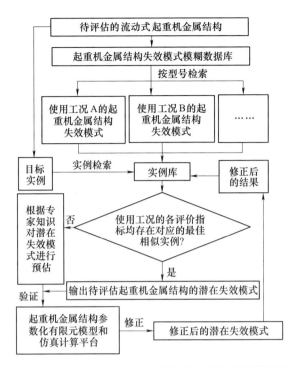

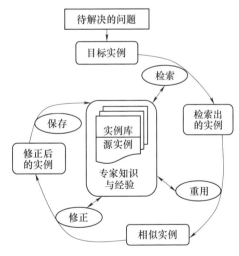

图4-7　在役流动式起重机金属结构失效模式预测流程

富，CBR 的学习能力逐渐加强，智能化水平不断提高。其工作原理如图4-8所示，具体步骤如下：

1）以实例库中已有的大量成熟实例为源实例，待解决的问题为目标实例，根据对问题的定性/定量描述提取实例特征，利用实例检索技术（如模板检索策略、归纳检索策略、最近相邻策略和知识引导策略等），从源实例库中提取与目标实例最为相似的实例。

2）将相似实例的信息重用到待解决问题上，若源实例与目标实例的相似度满足要求，则用源实例的解决

图 4-8　CBR 的工作原理

方案来解决当前问题；若相似度不满足要求，则根据专家知识与经验给出源实例的解决方案并进行修正。

3）将目标实例和与其对应的解决方案作为新的实例存储到实例库中，从而丰富了实例库。

▶ 2. 基于CBR的在役流动式起重机金属结构潜在失效模式预测

基于CBR的在役流动式起重机金属结构潜在失效模式预测过程主要包括实例库的构建、实例检索及修正。

（1）失效模式实例库的构建　实例库是实例检索的基础，其结构与内容直接影响实例检索的准确性与效率。因此，在CBR的工程实际应用中，构建合理的实例库尤为重要。就在役流动式起重机金属结构而言，其典型使用工况的不确定性与随机性导致失效模式的差异性。根据4.2节中介绍的流动式起重机工程机械金属结构失效模式模糊数据库，可确定同机型、不同典型使用工况下的流动式起重机金属结构的失效模式（包括对应的失效发生区域、失效发生的位置、失效形式的定性/定量描述、失效形式可能性溯源描述）。通过建立流动式起重机典型使用工况与其金属结构失效模式之间的对应关系，构建用于预测流动式起重机金属结构潜在失效模式的实例库，其整体框架如图4-9所示。

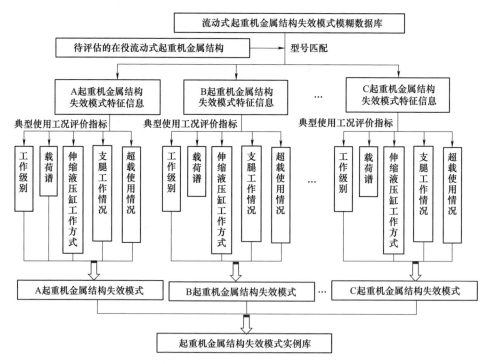

图4-9　流动式起重机金属结构失效模式实例库构建的整体框架

由图4-9可知，流动式起重机金属结构失效模式实例库由起重机典型使用工况和与之对应的金属结构失效模式组成。起重机典型使用工况的评判指标包括金属结构的工作级别、载荷谱、伸缩液压缸工作方式、支腿工作情况及超载使用情况。

1）金属结构的工作级别。金属结构的工作级别按"等寿命原则"划分，将金属结构在不同载荷/应力与不同作用次数/应力循环次数下具有相同寿命（即应力谱系数与总应力循环次数的乘积按近似相等——等寿命概念）划分为一组。根据金属结构的使用等级（共 11 级，见表 4-1）和应力状态级别（共 4 级，见表 4-2），将其工作级别划分为 8 个等级，即 $E_1 \sim E_8$（见表 4-3）。因此，金属结构工作级别可描述为 $w_l = \{E_i, B_j, S_k\}$，对应的量化方式为 $\{i, j, k\}$。其中，$i = 1, 2, \cdots, 8$；$j = 0, 1, 2, \cdots, 10$；$k = 1, 2, 3, 4$；B_j 及 S_k 为工作级别的影响因素。

表 4-1 金属结构的使用等级

使用等级	总应力循环次数 n_T	使用等级	总应力循环次数 n_T
B_0	$n_T \leq 1.6 \times 10^4$	B_6	$5.0 \times 10^5 < n_T \leq 1.0 \times 10^6$
B_1	$1.6 \times 10^4 < n_T \leq 3.2 \times 10^4$	B_7	$1.0 \times 10^6 < n_T \leq 2.0 \times 10^6$
B_2	$3.2 \times 10^4 < n_T \leq 6.3 \times 10^4$	B_8	$2.0 \times 10^6 < n_T \leq 4.0 \times 10^6$
B_3	$6.3 \times 10^4 < n_T \leq 1.25 \times 10^5$	B_9	$4.0 \times 10^6 < n_T \leq 8.0 \times 10^6$
B_4	$1.25 \times 10^5 < n_T \leq 2.5 \times 10^5$	B_{10}	$8.0 \times 10^6 < n_T$
B_5	$2.5 \times 10^5 < n_T \leq 5.0 \times 10^5$	—	—

表 4-2 金属结构的应力状态级别

应力状态级别	应力谱系数 K_s	应力状态级别	应力谱系数 K_s
S_1	$K_s \leq 0.125$	S_3	$0.25 < K_s \leq 0.5$
S_2	$0.125 < K_s \leq 0.25$	S_4	$0.5 < K_s \leq 1.0$

表 4-3 金属结构的工作级别

应力状态级别	使用等级										
	B_0	B_1	B_2	B_3	B_4	B_5	B_6	B_7	B_8	B_9	B_{10}
S_1	E_1	E_1	E_1	E_1	E_2	E_3	E_4	E_5	E_6	E_7	E_8
S_2	E_1	E_1	E_1	E_2	E_3	E_4	E_5	E_6	E_7	E_8	E_8
S_3	E_1	E_1	E_2	E_3	E_4	E_5	E_6	E_7	E_8	E_8	E_8
S_4	E_1	E_2	E_3	E_4	E_5	E_6	E_7	E_8	E_8	E_8	E_8

2）起重量、臂架工作长度、工作幅度及工作循环次数。确定失效起重机金属结构历史服役阶段中定检周期内（《起重机定期检验规则》规定流动式起重机的检测周期为 1 年）典型使用工况下的载荷谱（包括起重量 m_Q、臂架工作长度

第 4 章 工程机械失效模式分析技术

L、工作幅度 s 及工作循环次数 N），即

$$l_s = \{(m_{Q1}, L_1, s_1, N_1), (m_{Q2}, L_2, s_2, N_2), \cdots,$$
$$(m_{Qi}, L_i, s_i, N_i), \cdots, (m_{Qm}, L_m, s_m, N_m)\}$$

以汽车起重机为例，其载荷谱采集方式如图 4-10 所示。

图 4-10　汽车起重机载荷谱采集方式

其中，起重量 m_Q 通过载荷传感器进行测量，臂架工作长度 L 通过臂长测量装置（包括测长传感器——用于测量各臂节的伸长量；处理器——将测长传感器测得的各臂节伸长量及基本臂初始长度进行叠加，从而得到当前工作状态下臂架结构的工作长度）进行测量，由于工作幅度 $s = L\cos\alpha$，因此可通过臂架工作长度和变幅角 α 来测定工作幅度。变幅角度通过角度传感器测量得到，最终将采集到的结果通过显示器显示。

3）伸缩液压缸工作方式。根据臂架工作长度确定其伸缩液压缸的工作方式，即伸缩液压缸插销处于对应臂节的哪个插销点。以 QY110V633 汽车起重机为例，当其臂架工作长度 $L = 27\mathrm{m}$ 时，由表 4-4 可知，伸缩液压缸插销处于各臂节 {No.1，No.2，No.3，No.4，No.5，No.6} 上插销点的位置为 {②，②，②，①，①，①}。其中，臂节号为 No.1 时，插销点位置分布示意图如图 4-11 所示，其余臂节与其类似。以此为基础，伸缩液压缸工作方式可描述为 $c_w = \{l_{12}, l_{22}, l_{32}, l_{41}, l_{51}, l_{61}\}$，其中 l_{ij} 的下标 i 代表臂节号，j 代表插销点，对应的量化方式为 {2，2，2，1，1，1}。

表 4-4　伸缩液压缸插销孔的位置

臂节号	臂架工作长度 L/m													
	13.5	18	22.5	27	31.5	36	40.5	45	49.5	54	58.5	63	67.5	72
No. 1	①	①	①	②	②	②	②	③	③	③	③	③	③	④
No. 2	①	②	①	②	②	②	②	②	③	③	③	③	③	④
No. 3	①	①	②	②	②	②	②	②	③	③	③	③	③	④
No. 4	①	①	①	②	②	①	②	②	②	③	③	③	③	④
No. 5	①	①	①	①	①	②	①	②	②	②	②	②	③	④
No. 6	①	①	①	①	②	①	①	②	②	②	②	②	③	④

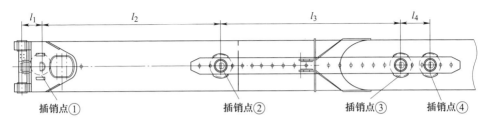

图 4-11　臂架 No. 1 上伸缩液压缸的插销点位置分布示意图

4）支腿工作情况。支腿伸出量的差异导致流动式起重机底盘处于倾斜状态。起重机倾斜起吊货物时，水平力的作用，会使货物的偏摆角增大，长期如此，有可能导致金属结构整体失稳甚至整机倾翻。支腿工作情况可描述为 $l_o = \{l_{\text{leg1}}, l_{\text{leg2}}, l_{\text{leg3}}, l_{\text{leg4}}\}$，其中 $l_{\text{leg}i}$ 为第 i 个支腿（$i = 1, 2, 3, 4$）的工作情况，支腿伸出量等级评语构成的评语集为 {很好，好，一般，差，很差}，对应的数值为 {1, 0.9, 0.8, 0.7, 0.6}。

5）超载使用情况。超载作业对流动式起重机金属结构的危害很大，轻则造成臂架局部失稳、上下翼缘板及腹板出现裂纹、脱焊，滑块与臂架母体连接处的螺栓断裂，重则造成整机倾覆的恶性事故。《起重机安全操作规程》明确规定禁止超载作业，但由于现场作业条件限制（如作业现场无匹配的大吨位起重机）、作业人员安全意识差等因素导致超载作业是不可避免的。因此，可通过起重量 m_{Q0}、臂架工作长度 L_0、工作幅度 s_0 及作业次数 N_0 对起重机超载使用情况进行描述，即

$$p_c = \{(m_{Q01}, L_{01}, s_{01}, N_{01}), (m_{Q02}, L_{02}, s_{02}, N_{02}), \cdots,$$
$$(m_{Q0j}, L_{0j}, s_{0j}, N_{0j}), \cdots, (m_{Q0n}, L_{0n}, s_{0n}, N_{0n})\}$$

基于上述分析，实例的评价指标集可描述为

$$I_d = \{I_{d1}, I_{d2}, I_{d3}, I_{d4}, I_{d5}\} = \{w_l, l_s, c_w, l_o, p_c\} \tag{4-22}$$

式中，I_d 为实例的评价指标集；I_{dk} 为使用工况中第 k 个评价指标（$k = 1$,

2，…，5），分别与 w_l、l_s、c_w、l_o 和 p_c 相对应。

（2）实例检索及修正 实例检索是 CBR 的重要环节，检索方法的优劣直接影响实例检索的效率与实例匹配的准确性。传统的实例检索方法有层次检索法、最近相邻检索法、模板检索法、知识引导法，以及由上述方法衍生出的改进最近相邻检索法等。这些方法存在的共性问题是检索时间会随着实例库的扩大而增长。为规避上述检索方法的不足，通过二次检索策略和欧式距离的改进，建立在役流动式起重机金属结构潜在失效模式预测过程中的实例检索优化方案，其具体流程如图 4-12 所示。

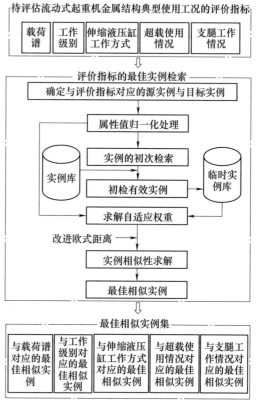

图 4-12　流动式起重机金属结构失效模式实例检索流程

实例检索步骤如下：

1）实例的初次检索。设实例库中源实例的个数为 n，源实例集可表示为

$$E = \{e_1, e_2, \cdots, e_i, \cdots, e_n\} \qquad (4\text{-}23)$$

式中，e_i 为第 i 个源实例（$i = 1, 2, \cdots, n$）。

每个源实例由五部分组成，包括源实例标号 case_i、使用工况的评价指标 I_{dk}（$k = 1, 2, \cdots, 5$）、评价指标所对应的属性名称 x_i、属性值 y_i 和属性权重 ω_i。因此，每个实例可表示为

$$e_{ki} = \{\text{case}_i, I_{dk}, (x_{ki1}, y_{ki1}, \omega_{ki1}), (x_{ki2}, y_{ki2}, \omega_{ki2}), \cdots,$$
$$(x_{kij}, y_{kij}, \omega_{kij}), \cdots, (x_{kim}, y_{kim}, \omega_{kim})\} \qquad (4\text{-}24)$$

目标实例可以表示为

$$T_k = \{\text{case}T, I_{dk}, (x_{kt1}, y_{kt1}, \omega_{kt1}), (x_{kt2}, y_{kt2}, \omega_{kt2}), \cdots,$$
$$(x_{ktj}, y_{ktj}, \omega_{ktj}), \cdots, (x_{ktm}, y_{ktm}, \omega_{ktm})\} \qquad (4\text{-}25)$$

式中，$\text{case}T$ 为目标实例标号；$j = 1, 2, \cdots, m$，其中 m 为对应评价指标 I_{dk} 的属性个数。

实际情况中，对流动式起重机金属结构典型使用工况统计时，由于统计时

间、人员的不确定性很难避免某个属性漏记的现象。若源实例或目标实例中属性 x_i 漏记时，在实例表示过程中，y_i 和 ω_i 的取值应为空。

为消除起重机金属结构典型使用工况评价指标中属性量纲的差异性，便于属性值的比较和后续实例相似度计算，需根据文献所提的归一化处理方法，对源实例和目标实例中的属性值进行归一化处理，处理后的结果为

$$\boldsymbol{y}_k^* = \begin{bmatrix} y_{k11}^* & y_{k12}^* & \cdots & y_{k1m}^* \\ y_{k21}^* & y_{k22}^* & \cdots & y_{k2m}^* \\ \vdots & \vdots & & \vdots \\ y_{kn1}^* & y_{kn2}^* & \cdots & y_{knm}^* \end{bmatrix} \tag{4-26}$$

$$\boldsymbol{y}_{kt}^* = \begin{bmatrix} y_{kt1}^* & y_{kt2}^* & \cdots & y_{ktm}^* \end{bmatrix} \tag{4-27}$$

实例库中源实例为 e_{ki} 时，确定其评价指标 I_{dk} 的关键属性，即权值最大的属性 x_{kij}，其归一化后的属性值为 y_{kij}^*，在目标实例中找到与 e_{ki} 中关键属性相对应属性 x_{ktj}，其归一化后的属性值为 y_{ktj}^*，该属性的取值范围为 $[\alpha, \beta]$。若满足式（4-28），则 e_{ki} 为有效实例。

$$\lambda_{kij} = \frac{|y_{kij}^* - y_{ktj}^*|}{\beta - \alpha} \leqslant \xi, \xi \in (0,1) \tag{4-28}$$

式中，ξ 为关键属性局部相似度阈值，由行业专家根据其知识与经验确定（设置为 0.5）。

实例库中的每个源实例均可按照源实例 e_{ki} 的判断方法，确定其是否为有效实例，将所有的有效实例汇集成临时实例库。有效实例的数目远远小于源实例的数目，从而提高了检索的效率。

2）实例的二次检索。当金属结构典型使用工况评价指标为 I_{dk} 时，设临时实例库中有效实例的个数为 q，有效实例集可表示为

$$V_k = \{ e_{k1}, e_{k2}, \cdots, e_{ki}, \cdots, e_{kq} \} \tag{4-29}$$

有效实例与目标实例相似度计算时，属性权重往往可通过层次分析法、专家打分法、德尔菲法等方法来确定。这些方法存在的共性问题是均需专家参与，受人为因素影响过大，且权重多为静态值。就流动式起重机金属结构失效模式实例库而言，属性在不同实例中的权重不一定相同，若有效实例或目标实例中属性信息丧失，即属性值为空时，非空属性值的权重应重新分布。因此，在求解实例相似度时，应根据有效实例与目标实例中属性值均不为空的相同属性来确定与之对应的自适应权重。

有效实例与目标实例中，设有效实例属性值均不为空的属性个数为 l（$l \leqslant m$），确定有效实例 e_{ki} 与目标实例 T_k 进行相似度计算过程中相同属性的权重。

根据式（4-30），确定有效实例与目标实例相同属性相似度的平均值为

$$\begin{cases} s_{k\_itj} = \left| y_{kij}^* - y_{ktj}^* \right| \\ \bar{s}_{k\_tj} = 1/q \sum_{i=1}^{q} s_{k\_itj} \end{cases} \tag{4-30}$$

式中，s_{k_itj} 为金属结构使用工况评价指标为 I_{dk} 时，第 i 个有效实例与目标实例关于属性 x_j 的局部相似度，其中 $j = 1, 2, \cdots, l$；$\bar{s}_{k\_tj}$ 为所有有效实例与目标实例关于属性 x_j 的局部相似度的平均值。

e_{ki} 和 T_k 在相同属性局部相似度上的标准差 σ_{kij} 为

$$\sigma_{kij} = \sqrt{1/q \sum_{i=1}^{q} \left(s_{k\_itj} - \bar{s}_{k\_tj} \right)} \tag{4-31}$$

式中，σ_{kij} 为用来衡量评价指标 I_{dk} 中各属性的重要程度，反映了每个有效实例在属性 x_j 上取值的差异性。σ_{kij} 越大，说明属性 x_j 在各个实例中的取值差异越大。该属性能明显区分各个实例，此时应赋予该属性较大的权重。

通过式（4-32）计算 e_{ki} 和 T_k 在相似度求解过程中与相同属性对应的权重 w_{kij} 为

$$w_{kij} = \sigma_{kij} / \sum_{j=1}^{l} \sigma_{kij} \tag{4-32}$$

式（4-32）求解过程中仅考虑 e_{ki} 和 T_k 中属性值均存在时的权重，属性值为空的属性未参与计算。对于缺失权重较大的属性值和缺失权重较小的属性值，检索得到的结果截然不同。为考虑属性值缺失对检索结果的影响，通过引入属性值缺失因子 η 来改进传统欧式距离计算方法。则改进后的欧式距离为

$$d_{e_{ki}T_k} = \eta \sqrt{\sum_{j=1}^{l} w_{kij} s_{k\_itj}} \tag{4-33}$$

式中，$\eta = \varpi_1 / (\varpi_1 + \varpi_2 + \varpi_3)$，其中 ϖ_1、ϖ_2、ϖ_3 的具体含义见表 4-5。

表 4-5 ϖ_1、ϖ_2 和 ϖ_3 的具体含义

符号	e_{ki}、T_k 均无属性值漏记	仅 e_{ki} 有属性值漏记	仅 T_k 有属性值漏记	e_{ki}、T_k 均有属性值漏记
ϖ_1	1	1	1	$1 - \sum_{j=1}^{p} w_{ij}$
ϖ_2	0	0	$\sum_{j=1}^{h} w_{ij}$	$\sum_{j=1}^{h} w_{ij}$
ϖ_3	0	$\sum_{j=1}^{p} w_{ij}$	0	$\sum_{j=1}^{p} w_{ij}$
η	1	$\dfrac{1}{1 + \sum_{j=1}^{p} w_{ij}}$	$\dfrac{1}{1 + \sum_{j=1}^{h} w_{ij}}$	$\dfrac{1 - \sum_{j=1}^{p} w_{ij}}{1 + \sum_{j=1}^{h} w_{ij}}$

注：p 为 e_{ki} 中漏记属性值的属性个数，h 为 T_k 中漏记属性值的属性个数。

e_{ki} 与 T_k 的相似度为

$$SI_{kit} = 1 - d_{e_{ki}T_k} \qquad (4-34)$$

起重机专家根据其自身的认识及经验设定相似度阈值 ST_k（设为 0.5）。评价指标为 I_{dk} 且当 $SI_{kit} \geqslant ST_k$ 时，认为此有效实例为目标实例的相似实例。若存在多个相似实例，则选取相似度最大的实例为最佳相似实例 e_{k_best}。

当各评价指标均存在最佳相似实例时，将典型使用工况评价指标集 I_d 中，与各元素对应的最佳相似实例取并集，组成最佳相似实例集 Best_$e = \{e_{1\_best},$ $e_{2\_best}, e_{3\_best}, e_{4\_best}, e_{5\_best}\}$。最佳相似实例集中，与各元素对应的失效模式为待评估流动式起重机金属结构的潜在失效模式。

若存在任意评价指标无最佳相似实例时，应根据专家知识对潜在失效模式进行预估。在此基础上，通过流动式起重机金属结构参数化有限元模型和仿真计算平台对潜在失效模式进行修正，将修正后的结果作为新实例保存到实例库中，从而完善实例库。

4.2.3 潜在失效模式预测结果修正

为描述相似实例与目标实例之间的差异性，需对相似实例的解决方案（即失效模式）进行修正。根据流动式起重机金属结构特点，分析其典型工况下的主要失效模式（疲劳断裂、局部屈曲/整体屈曲和焊缝失效等），归纳建立符合设计标准（《起重机设计规范》《起重机金属结构能力验证》）的金属结构的力学 3S×2、缺口效应、焊接效应等失效模式的评价准则。在此基础上，以 Microsoft. Net Framework 为平台，以 Visual Studio 2013 为开发工具，利用 C#语言对 ANSYS 参数化文件的封装及调用，开发不同使用工况下流动式起重机金属结构参数化有限元模型和仿真计算平台。通过输入待评估流动式起重机金属结构的原始特征参数、典型使用工况，量化其失效模式的评定方式，判断潜在失效模式的修正与否。具体流程如图 4-13 所示。

由图 4-13 可知，基于参数化有限元模型和仿真计算平台的潜在失效模式修正过程包括两部分：第一部分——利用流动式起重机金属结构参数化有限元模型和仿真计算平台，获取待评估起重机金属结构危险点处潜在失效模式的特征值，即通过输入待评估起重机金属结构的原始特征参数及典型使用工况并量化其失效模式（根据失效模式的定性描述，确定危险位置及危险点），结合失效模式评价准则，利用 C#、ANSYS 中的 APDL 编程语言，建立待评估起重机金属结构的粗糙模型（包含粗糙模型文件 . DB 和粗糙模型计算数据 . RST），构建金属结构裂纹子模型、局部焊缝子模型和局部稳定性子模型（与各子模型对应的子模型文件 . DB），并给出各子模型的切割边界（子模型切割边界 . NODE），读入粗糙模型数据计算结果并提取子模型分析边界，从而得到子模型数据边

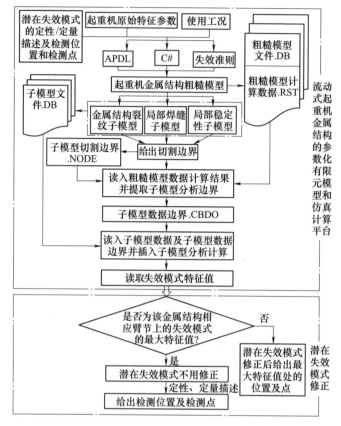

图 4-13　基于参数化有限元模型和仿真计算平台的潜在失效模式修正流程

界.CBDO,读入子模型数据及子模型数据边界并插入子模型进行分析计算,从计算结果中读取危险点处失效模式的特征值(应力);第二部分——潜在失效模式修正,即根据该金属结构各臂节上危险位置及危险点处的失效模式特征值,若危险位置及危险点处的特征值大于其所在臂节周围的特征值,则无须对危险位置及危险点进行修正,否则应将臂节上特征值最大的位置设置为该臂节的危险位置,并给出危险位置处的危险点。

本章小结

　　潜在失效模式预测是金属结构疲劳剩余寿命评估的前提条件。本章根据流动式起重机失效准则,以流动式起重机金属结构调研、收集流动式起重机金属结构有限失效模式历史信息为基础,搭建金属结构失效模式模糊数据库;通过机型匹配,构建与待评估起重机同型号、不同典型使用工况的金属结构失效模式实例库；提出基于实例推理的金属结构潜在失效模式预测模型；同时，利用流动式起重机金属结构参数化有限元模型和仿真计算平台修正潜在失效模式。

注：1. 项目名称："863"国家高新技术研究发展计划项目"工程机械共性部件再制造关键技术及示范"，编号：2013AA040203。
　　2. 验收单位：科技部高技术研究发展中心。
　　3. 验收评价：2016 年 5 月 8 日，验收专家组认为，项目提出了工程机械关键部件的潜在失效模式预测方法，建立了金属结构潜在失效模式预测模型，开发了相应数据库，实现了逆向失效模式影响因素的逆向追溯。完成了任务书规定的各项研究内容，达到了考核指标要求。文档资料齐全。专家组一致同意该课题通过技术验收。

第 5 章

——

工程机械疲劳寿命评估方法

5.1 疲劳裂纹扩展理论

断裂力学与传统强度理论不同之处在于：断裂力学认为金属结构的材料与结构在生产制造或焊接过程中是含有初始缺陷的。基于此假设，对起重机械产品在各种工况及作业环境下疲劳裂纹的扩展以及失稳规律进行研究，依据疲劳裂纹扩展尺寸以及疲劳裂纹扩展速率，对铸造起重机金属主梁结构进行疲劳剩余寿命评估。

▷▷ 5.1.1 结构裂纹

起重机械金属结构按照许用应力静强度设计，以往人们认为满足金属结构设计要求即可，但是现在发现即使满足了工作应力值 σ 小于金属材料的许用应力值 $[\sigma]$，金属结构也时常发生破坏。著名的破坏事件有：20 世纪 50 年代美国北极星导弹发动机壳体按照许用应力静强度设计满足强度要求，但是在发射过程中发动机壳体发生断裂导致发射失败；1965 年英国 John Thompson 公司设计制造的大型氨合成塔，由于制造安装过程中焊接接头处含有焊接裂纹，在制造完成后的水压试验时发生断裂。上述金属结构在满足静强度要求下发生的结构破坏，在工程结构上称为低应力断裂。裂纹的存在使得裂纹尖端附近在受力过程中产生裂纹尖端应力集中现象，使得金属结构裂纹在较低应力作用下发生疲劳裂纹断裂。

工程机械中三种常见的裂纹：中心裂纹、边缘裂纹和表面裂纹，如图 5-1 所示。其中，中心裂纹和边缘裂纹是穿透金属结构材料整个板厚的穿透裂纹，裂纹的尺寸可以用数学尺寸表示，中心裂纹的扩展方向平行于裂纹长度方向并沿着长度方向扩展，其长度用数学尺寸表达为 $2a$；边缘裂纹扩展裂纹长度可以看作是整个中心裂纹扩展裂纹长度的一半，故其裂纹扩展长度用数学尺寸表达为

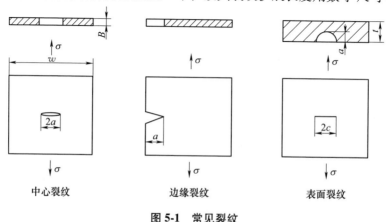

中心裂纹　　　　　　　　边缘裂纹　　　　　　　　表面裂纹

图 5-1　常见裂纹

a。表面裂纹扩展形状为半椭圆形状,一般出现在结构表面,并且不穿透结构件的厚度。表面裂纹尺寸可以用裂纹扩展长度和裂纹扩展深度两个参数表示,分别用数学符号 $2c$ 和 a 表示。

裂纹尖端在受到外载荷作用时会产生严重的应力集中,裂纹尖端应力集中的存在会削弱起重机械金属结构的强度,在受到裂纹尖端附近应力集中影响后金属结构的原有强度会逐渐削弱,即为剩余强度。随着裂纹的扩展,起重机械金属结构剩余强度逐渐削弱,图 5-2 所示为裂纹尺寸和剩余强度关系图。当剩余强度不足以承载当前载荷时,金属结构就会发生断裂破坏,否则只是造成裂纹的扩展,直至裂纹破坏。

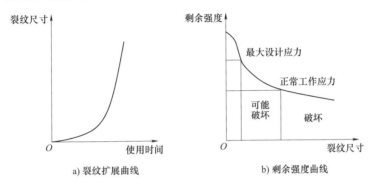

a) 裂纹扩展曲线   b) 剩余强度曲线

图 5-2　含裂纹结构的剩余强度

5.1.2　裂纹尖端附近的应力强度因子

根据金属结构中裂纹扩展受到载荷形式的不同,为了方便进行后续设计计算,断裂力学将作用于裂纹的载荷分为三种类型:Ⅰ型(张开型)对应的应力强度因子为 K_{I},Ⅱ型(滑开型)对应的应力强度因子为 K_{II},Ⅲ型(撕开型)对应的应力强度因子为 K_{III}。其中工程机械中应用最多的是Ⅰ型(张开型)。裂纹的三种受载形式如图 5-3 所示。

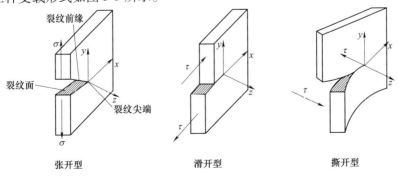

张开型　　　　　　　　　滑开型　　　　　　　　　撕开型

图 5-3　裂纹的三种受载形式

假设有一扩展裂纹长为 $2a$ 的裂纹位于无限大的平板上，如图 5-4 所示，受到两个方向的拉应力作用，则平面问题裂纹尖端的应力场和位移场，如图 5-5 所示，公式为

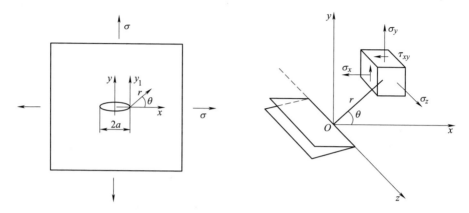

图 5-4 张开型裂纹平面问题   图 5-5 裂纹尖端附近的应力场和位移场

$$
\begin{cases}
\sigma_x = \dfrac{K_{\mathrm{I}}}{\sqrt{2\pi r}}\cos\dfrac{\theta}{2}\left(1 - \sin\dfrac{\theta}{2}\sin\dfrac{3\theta}{2}\right) \\[3mm]
\sigma_y = \dfrac{K_{\mathrm{I}}}{\sqrt{2\pi r}}\cos\dfrac{\theta}{2}\left(1 + \sin\dfrac{\theta}{2}\sin\dfrac{3\theta}{2}\right) \\[3mm]
\tau_{xy} = \dfrac{K_{\mathrm{I}}}{\sqrt{2\pi r}}\cos\dfrac{\theta}{2}\sin\dfrac{\theta}{2}\cos\dfrac{3\theta}{2} \\[3mm]
\tau_{xz} = \tau_{yz} = 0 \\[2mm]
\sigma_z = \nu(\sigma_x + \sigma_y) \quad \text{（平面应变）} \\[2mm]
\sigma_z = 0 \quad \text{（平面应力）}
\end{cases}
\tag{5-1}
$$

$$
\begin{cases}
u = \dfrac{2(1 + \nu)K_{\mathrm{I}}}{4E}\sqrt{\dfrac{r}{2\pi}}\left[(2k - 1)\cos\dfrac{\theta}{2} - \cos\dfrac{3\theta}{2}\right] \\[3mm]
v = \dfrac{2(1 + \nu)K_{\mathrm{I}}}{4E}\sqrt{\dfrac{r}{2\pi}}\left[(2k + 1)\sin\dfrac{\theta}{2} - \sin\dfrac{3\theta}{2}\right] \\[3mm]
\omega = 0 \quad \text{（平面应变）} \\[3mm]
\omega = -\displaystyle\int \dfrac{\nu}{E}(\sigma_x + \sigma_y)\,\mathrm{d}z \quad \text{（平面应力）}
\end{cases}
\tag{5-2}
$$

式中，r、θ 为极坐标；u、v、ω 为位移分量；σ_x、σ_y、σ_z、τ_{xy}、τ_{xz}、τ_{yz} 为应力分量；E 为弹性模量；K_{I} 为第一种裂纹类型应力强度因子；ν 为泊松比；k 为系

数，平面应变时，$k = 3 - 4\nu$，平面应力时，$k = \dfrac{3 - \nu}{1 + \nu}$。

$$K_{\mathrm{I}} = \sigma \sqrt{\pi a} \tag{5-3}$$

对于第一种裂纹类型（Ⅰ型），裂纹尖端应力场和位移场可以简化为

$$\sigma_{ij} = \frac{K_{\mathrm{I}}}{\sqrt{2\pi r}} f_{ij}(\theta) \tag{5-4}$$

$$u_i = K_{\mathrm{I}} \sqrt{\frac{r}{\pi}} g_i(\theta) \tag{5-5}$$

式中，σ_{ij} 为应力分量，i、j 取 1，2，3；u_i 为位移分量，i 取 1，2，3；$f_{ij}(\theta)$、$g_i(\theta)$ 为极坐标下关于 θ 的函数。

根据以上的分析，应力强度因子公式为

$$K_{\mathrm{I}} = Y\sigma \sqrt{\pi a} \tag{5-6}$$

式中，Y 为与裂纹大小、位置、形状及加载方式等有关的形状修正系数；对于表面裂纹，a 表示裂纹深度，对于穿透性裂纹，a 表示裂纹长度的一半；σ 为裂纹处无裂纹时的应力大小。

▷ 5.1.3 断裂准则

裂纹扩展与裂纹表面吸收能量之间的关系为

$$\begin{cases} \dfrac{\mathrm{d}(U - S)}{\mathrm{d}A} > 0 \, (\text{裂纹不稳定}) \\[2mm] \dfrac{\mathrm{d}(U - S)}{\mathrm{d}A} = 0 \, (\text{临界状态}) \\[2mm] \dfrac{\mathrm{d}(U - S)}{\mathrm{d}A} < 0 \, (\text{裂纹稳定}) \end{cases} \tag{5-7}$$

式中，$\mathrm{d}U/\mathrm{d}A$ 为应变能释放率；$\mathrm{d}S/\mathrm{d}A$ 为裂纹表面吸收的能量率。

在第一种裂纹类型中，用 G_{I} 表示应变能释放率 $\mathrm{d}U/\mathrm{d}A$，用 G_{Ic} 表示裂纹表面吸收的能量率 $\mathrm{d}S/\mathrm{d}A$，当裂纹吸收的能量与应变能释放量相等甚至于应变能释放量大于裂纹吸收的能量时，裂纹就处于临界扩展阶段。用式（5-8）表示为

$$G_{\mathrm{I}} = G_{\mathrm{Ic}} \tag{5-8}$$

对于脆性断裂材料而言，当无限大板受到拉伸作用时，应变能释放率和裂纹表面吸收的能量率的表达式分别为

$$G_{\mathrm{I}} = \frac{\mathrm{d}U}{\mathrm{d}A} = \frac{\sigma^2 \pi a}{E} \tag{5-9}$$

$$G_{\mathrm{Ic}} = \frac{\mathrm{d}S}{\mathrm{d}A} = 2\gamma \tag{5-10}$$

根据式（5-8）~式（5-10）以及临界条件可知，临界应力为

$$\sigma_{\mathrm{C}} = \sqrt{\frac{2E\gamma}{\pi a}} \tag{5-11}$$

根据式（5-3）和式（5-9）可知，应变能释放率 G_{I} 和应力强度因子 K_{I} 都与 $\sigma^2 a$ 有关，推导出两者之间的关系为

$$G_{\mathrm{I}} = \frac{K_{\mathrm{I}}^2}{E'} \tag{5-12}$$

式中，E' 为修正后材料的弹性模量，平面应力状态时，$E'=E$，平面应变状态时，$E'=\dfrac{E}{1-\nu^2}$，E 为修正前材料的弹性模量。

从式（5-3）和式（5-12）可以看出，应力强度因子 K_{I} 不仅能表达裂纹尖端附近的应力场强大小，而且能表示裂纹尖端裂纹扩展时的能量释放率。对于谈论线弹性断裂问题可作为参考。

根据脆性材料临界裂纹失稳条件 $G_{\mathrm{I}}=G_{\mathrm{IC}}$ 可以推导出应力强度因子所表达的裂纹尖端附近应力场强达到裂纹失稳的条件 $K_{\mathrm{I}}=K_{\mathrm{IC}}$，再根据式（5-12），故可得

$$G_{\mathrm{IC}} = \frac{K_{\mathrm{IC}}^2}{E'} \tag{5-13}$$

值得注意的是，裂纹扩展的应力强度因子 K_{I} 与断裂韧度 K_{IC} 是两个不同的参量。应力强度因子 K_{I} 表达的是载荷对裂纹尖端附近应力场强的参量，可根据线弹性理论计算所得；而断裂韧度 K_{IC} 是材料的固有值，一般不同材料有不同断裂韧度值，断裂韧度 K_{IC} 可根据实验测得。

根据临界裂纹失稳条件 $K_{\mathrm{I}}=K_{\mathrm{IC}}$ 以及式（5-6）可推导出临界应力和临界裂纹长度的公式为

$$\sigma_{\mathrm{C}} = \frac{K_{\mathrm{IC}}}{Y\sqrt{\pi a}} \tag{5-14}$$

$$a_{\mathrm{C}} = \frac{K_{\mathrm{IC}}^2}{\pi Y^2 \sigma^2} \tag{5-15}$$

5.1.4 裂纹扩展公式推导

对图 5-6 所示标准件（CCT 试样和 CT 试样）进行疲劳裂纹扩展试验，疲劳裂纹扩展试验是在恒幅载荷条件下进行的，根据试验结果模拟在不同应力幅下裂纹扩展尺寸 a 与疲劳循环次数 N 之间的曲线关系，如图 5-6 所示。

由式（5-6）给定的应力强度因子计算公式 $K_{\mathrm{I}} = Y\sigma\sqrt{\pi a}$ 可以看出，应力幅和裂纹扩展尺寸与应力强度因子成正比例关系。也可以通过应力强度因子幅值

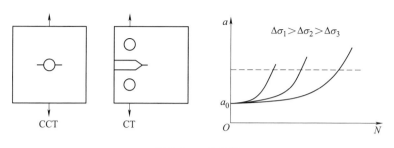

图 5-6   *a-N* 曲线

ΔK 来表达疲劳裂纹扩展速率 $\mathrm{d}a/\mathrm{d}N$，图 5-7 所示为两者之间的函数关系图。

从图 5-7 中可知，疲劳裂纹从萌生到破坏的过程如下：

第 Ⅰ 阶段：低速率裂纹扩展阶段。在此阶段内，裂纹扩展速率 $\mathrm{d}a/\mathrm{d}N$ 随着应力强度因子幅值 ΔK 的减小大幅度减小，并且当 $\Delta K \leqslant \Delta K_{\mathrm{th}}$ 时可认为疲劳裂纹扩展不发生。

第 Ⅱ 阶段：中速率裂纹扩展阶段。研究文献表明：该阶段内，函数关系式即为著名的 Paris 公式，在此阶段的 $\mathrm{d}a/\mathrm{d}N\text{-}\Delta K$ 曲线有良好的对数线性关系，即

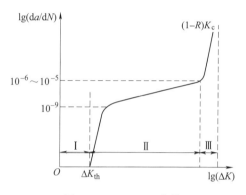

图 5-7 $\mathrm{d}a/\mathrm{d}N\text{-}\Delta K$ 曲线

$$\mathrm{d}a/\mathrm{d}N = C_{\mathrm{P}}(\Delta K)^{m} \tag{5-16}$$

式中，$\mathrm{d}a/\mathrm{d}N$ 为疲劳裂纹扩展速率；C_{P}、m 为材料疲劳裂纹扩展速率参数，可由材料疲劳裂纹扩展试验测得；ΔK 为应力强度因子幅值，公式为

$$\Delta K = K_{\max} - K_{\min} = Y\Delta\sigma\sqrt{\pi a} \tag{5-17}$$

式中，$\Delta\sigma$ 为应力幅值。

本章根据该阶段曲线拟合公式进行疲劳裂纹尺寸扩展预测，此阶段为疲劳裂纹扩展研究的重点内容，可以利用此阶段进行裂纹扩展寿命估算。

第 Ⅲ 阶段：高速率裂纹扩展阶段。在此阶段内，疲劳裂纹扩展速率增加极快，寿命则极短，可忽略不计。

5.2   参数确定

铸造起重机金属焊接结构在材料及结构生产制造过程中，焊接温度及其他外

界因素可能造成结构的应力集中和焊接缺陷等问题。这些问题都是铸造起重机设计计算时需要考虑的问题，甚至设计计算中关键参数的选取都是由此决定的。

5.2.1 初始裂纹尺寸 a_0 及临界裂纹尺寸 a_C

断裂力学假设结构件具有初始裂纹，因此可以忽略裂纹的萌生阶段，但是初始裂纹尺寸的大小没有标准的定值。因此，应用断裂力学对铸造起重机金属结构进行裂纹扩展寿命估算时，需要确定初始裂纹长度 a_0。根据现有无损裂纹检测技术，初始裂纹尺寸 a_0 可以认为在 $0.5\sim2\text{mm}$ 范围内，其值可取为 0.5mm。

铸造起重机金属结构受到外部变化载荷的影响，经过足够多的循环次数，裂纹逐渐扩展直至疲劳发生断裂。根据式（5-15）可知，临界裂纹尺寸 a_C 为

$$a_C = \frac{K_{IC}^2}{\pi Y^2 \sigma^2} \tag{5-18}$$

临界裂纹尺寸 a_C 是与材料有关的参量，铸造起重机金属结构在应力循环下裂纹临界扩展速率 $v_C = 2.54\times10^{-3}\text{mm/次}$，根据式（5-16）可以得到裂纹扩展速率 v_C 与断裂韧度 K_{IC} 之间的关系式为

$$v_C = C_P K_{IC}^m \tag{5-19}$$

把式（5-19）转化代入式（5-18）可得到临界裂纹失稳尺寸 a_C 与临界裂纹扩展速率 v_C 之间的关系式为

$$a_C = \frac{v_C^{2/m}}{\pi C_P^{2/m} Y^2 \sigma^2} \tag{5-20}$$

式中，a_C 为临界裂纹失稳尺寸（mm）；v_C 为临界裂纹扩展速率（mm/次）。

5.2.2 裂纹扩展门槛值 ΔK_{th} 与断裂韧度 K_{IC}

由图 5-7 可知，在裂纹扩展第 I 阶段，应力强度因子幅值存在某一个下限值，使得裂纹在外部变化载荷作用下不发生裂纹扩展，此值称为裂纹扩展门槛值。由于裂纹扩展门槛值 ΔK_{th} 容易受循环应力比 $R = \dfrac{K_{min}}{K_{max}}$ 的影响，因此科学研究试验是为了控制循环应力比 R 为定值，根据试验数据进行统计拟合来确定裂纹扩展门槛值 ΔK_{th} 的经验公式。

Barsom 根据试验数据给出的经验公式为

$$\Delta K_{th} = \begin{cases} 6.4(1-0.85R) & (R > 0.1) \\ 5.5 & (R \leqslant 0.1) \end{cases} \tag{5-21}$$

式中，R 为循环应力比，$R = \dfrac{K_{min}}{K_{max}}$。

也有一些学者提出裂纹扩展门槛值 ΔK_{th} 不是定值，而是随着工作环境和工作平均应力而变化的。因此，以 Mcevily 为代表的学者提出变化的裂纹扩展门槛值公式为

$$\Delta K_{th} = \left(\frac{1-R}{1+R}\right)^{\frac{1}{2}} \Delta K_0 \qquad (5\text{-}22)$$

式中，ΔK_0 为材料常数，与环境有关。

从式（5-17）中得出，应力强度因子幅值 ΔK 随着应力幅值 $\Delta\sigma$ 的增加不断增加，当应力幅值增大到一定值时，应力强度因子幅值刚越过应力强度因子门槛值（$\Delta K > \Delta K_{th}$），金属结构裂纹受到外部变化载荷作用开始扩展，直至达到某一值时，金属结构发生失效断裂，即为断裂韧度 K_{IC}（失效断裂：$K_{IC} > \Delta K$）。

材料的断裂韧度 K_{IC} 为试验值，按照国家标准 GB/T 4161—2007 规定，断裂韧度测定标准试样如图 5-8 所示。

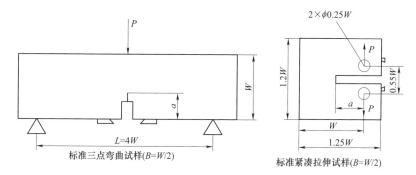

图 5-8　断裂韧度测定标准试样

标准三点弯曲试样应力强度因子为

$$K_I = \frac{3PL}{2BW^2}\sqrt{\pi a}\left[1.090 - 1.735\left(\frac{a}{W}\right) + 8.20\left(\frac{a}{W}\right)^2 - 14.18\left(\frac{a}{W}\right)^3 + 14.57\left(\frac{a}{W}\right)^4\right]$$

$$(5\text{-}23)$$

标准紧凑拉伸试样应力强度因子为

$$K_I = \frac{P\sqrt{a}}{BW}\left[29.6 - 185.5\left(\frac{a}{W}\right) + 655.7\left(\frac{a}{W}\right)^2 - 1017.0\left(\frac{a}{W}\right)^3 + 638.9\left(\frac{a}{W}\right)^4\right]$$

$$(5\text{-}24)$$

5.2.3　材料参数 C_P、m 及几何修正系数 Y

材料疲劳裂纹扩展速率参数 C_P、m 是通过疲劳断裂试验测得的，但是材料参数 C_P、m 与材料温度、环境温度、裂纹类型和结构形状等影响因素有关。本章应用的铸造起重机焊接箱形梁结构使用的材料为 Q355 钢。按照国家疲劳断裂试验标

准，通过标准三点弯曲试样（SEB）试验测定 Q355 钢裂纹扩展特性参数。Q355 钢具有较好的刚度和强度以及低温条件下良好的力学性能、塑性和焊接性能，因此得到广泛的工程应用。材料疲劳裂纹扩展速率参数为 $C_\mathrm{P} = 1.06 \times 10^{-13}$，$m = 4.66$。

在金属结构疲劳裂纹扩展分析过程中，裂纹的形状对于裂纹扩展分析计算有影响。对于中心裂纹而言，其对裂纹扩展分析的影响系数为

$$Y = \sqrt{\sec\left(\frac{\pi a}{2W}\right)} \tag{5-25}$$

式中，a 为裂纹长度的一半（mm）；W 为裂纹板的宽度（mm）。

在实际工程中，铸造起重机箱形主梁面上的裂纹扩展主要是从表面裂纹开始的，然后逐步扩展为穿透裂纹，最后直至箱形主梁失效断裂。对于表面裂纹而言，其对裂纹扩展分析的影响系数为

$$Y = \frac{\sqrt{\left[\sin^2\theta + \left(\frac{a}{c}\right)^2\cos^2\theta\right]}}{E(k)}M_\mathrm{f} \tag{5-26}$$

式中，c 为半椭圆裂纹长度的一半（mm）；θ 为夹角（°）；$E(k)$ 为第二类完整椭圆积分；M_f 为影响系数，与板宽厚有关。

$$M_\mathrm{f} = M_1 + M_2\left(\frac{a}{t}\right)^2 + M_3\left(\frac{a}{t}\right)^4 g f_\mathrm{w} \tag{5-27}$$

$$\begin{cases} M_1 = 1.13 - 0.09a/c \\ M_2 = -0.54 + 0.89/(0.2 + a/c) \\ M_3 = 0.5 - 1/(0.6 + a/c) + 14(1 - a/c)^{24} \\ g = 1 + [0.1 + 0.35(a/t)^2](1 - \sin\theta)^2 \\ f_\mathrm{w} = \sec(\pi c/2W\sqrt{a/t})^{0.5} \end{cases} \tag{5-28}$$

式中，t 为板厚（mm）；f_w 为穿透裂纹的应力强度因子形状系数。

裂纹几何修正系数 Y 与裂纹所处位置、裂纹形状、裂纹板的大小及应力状态等外部因素有关。铸造起重机焊接箱形梁结构受力情况复杂，对于几何修正系数 Y 没有标准的定值，根据前人总结及以往经验得出裂纹几何修正系数 Y 的经验值。对于无限宽板而言，中心裂纹的裂纹几何修正系数 Y 取值为1，单边裂纹的裂纹几何修正系数 Y 取值为1.12。

5.3 基于断裂力学疲劳寿命预测数学模型

5.3.1 裂纹扩展寿命估算

在等幅应力作用下，对于疲劳裂纹扩展寿命分析的疲劳裂纹扩展公式可以

通过对式（5-16）的积分得到：

$$N_{\mathrm{C}} = \begin{cases} \dfrac{1}{C_{\mathrm{P}}(Y\sigma\sqrt{\pi})^m(0.5m-1)}\left(\dfrac{1}{a_0^{0.5m-1}} - \dfrac{1}{a_{\mathrm{C}}^{0.5m-1}}\right) & (m \neq 2) \\[4mm] \dfrac{1}{C_{\mathrm{P}}(Y\sigma\sqrt{\pi})^m}\ln\left(\dfrac{a_{\mathrm{C}}}{a_0}\right) & (m = 2) \end{cases} \tag{5-29}$$

式中，a_0 为初始裂纹尺寸（mm）；a_{C} 为临界裂纹尺寸（mm）；Y 为几何修正系数；C_{P}、m 为材料参数，由试验测得；N_{C} 为裂纹扩展循环寿命（次）。

根据铸造起重机每年工作循环量 n_{y} 以及铸造起重机金属结构发生疲劳断裂时裂纹扩展循环次数 N_{C}，计算得出铸造起重机裂纹扩展年限 N_{y}：

$$N_{\mathrm{y}} = \begin{cases} \dfrac{1}{n_{\mathrm{y}}}\dfrac{1}{C_{\mathrm{P}}(Y\sigma\sqrt{\pi})^m(0.5m-1)}\left(\dfrac{1}{a_0^{0.5m-1}} - \dfrac{1}{a_{\mathrm{C}}^{0.5m-1}}\right) & (m \neq 2) \\[4mm] \dfrac{1}{n_{\mathrm{y}}}\dfrac{1}{C_{\mathrm{P}}(Y\sigma\sqrt{\pi})^m}\ln\left(\dfrac{a_{\mathrm{C}}}{a_0}\right) & (m = 2) \end{cases} \tag{5-30}$$

式中，n_{y} 为铸造起重机每年工作循环量（次）；N_{y} 为铸造起重机裂纹扩展年限（年）。

当 $m \neq 2$ 时，由式（5-30）可得铸造起重机疲劳剩余寿命 N_i 与疲劳裂纹扩展尺寸 a_i 之间的关系：

$$a_i = \left[\left(\dfrac{1}{a_0}\right)^{0.5m-1} - N_i(0.5m-1)n_{\mathrm{y}}C_{\mathrm{P}}(Y\sigma\sqrt{\pi})^m\right]^{\frac{2}{2-m}} \tag{5-31}$$

式中，a_i 为疲劳裂纹扩展尺寸（mm），$a_0 \leqslant a_i \leqslant a_{\mathrm{C}}$；$N_i$ 为当裂纹扩展尺寸为 a_i 时铸造起重机的使用寿命 N_i（年）。

▶ 5.3.2　均方根等效应力法

等效应力法主要应用于典型载荷谱段，如重复的载荷段、简单的载荷段等。铸造起重机起升载荷仅包括两种，即起吊满包和起吊空包。铸造起重机可应用等效应力法将铸造起重机工作变幅载荷谱转化成理论计算所需的恒幅载荷谱，转化公式为

$$\overline{\sigma} = \left(\dfrac{\sum \sigma_i^{\alpha} n_i}{\sum n_i}\right)^{1/\alpha} \tag{5-32}$$

式中，$\overline{\sigma}$ 为等效应力（MPa）；σ_i 为各级应力幅（MPa），通常为 8 级；n_i 为各级应力幅对应的循环次数（次）；α 为损伤等效参数，当 $\alpha=2$ 时，即为均方根模型。

根据应力变程经过等效应力式（5-32）处理，得到相应的等效应力见表 5-1。

表 5-1　各个危险截面的等效应力

危险位置	跨中	腹板门处	上盖板孔处	1/8 跨度
等效应力/MPa	92.52	76.00	86.43	77.16

5.4 疲劳寿命预测

根据裂纹扩展公式（5-30）及各个危险截面的均方根等效应力，对铸造起重机主梁结构进行各个危险截面的疲劳寿命预测，见表 5-2。

表 5-2　各个危险截面的疲劳寿命预测

危险位置	跨中	腹板门处	上盖板孔处	1/8 跨度
疲劳寿命/年	37.37	93.46	51.34	87.10
裂纹扩展尺寸/mm	124.4	174.9	209.5	270.8

根据表 5-2 所列的各个危险截面的疲劳寿命和疲劳裂纹扩展尺寸，确定跨中为最危险截面，其疲劳寿命最小并且疲劳裂纹扩展尺寸最短。跨中疲劳寿命和裂纹扩展尺寸分别预测为：37.37 年和 124.4mm。

铸造起重机焊接箱形主梁结构的疲劳寿命随着裂纹扩展尺寸的增长而减小。以跨中最危险截面为例，表 5-3 所列为跨中危险截面疲劳寿命与裂纹扩展尺寸之间的对应数值关系（从初始裂纹尺寸 a_0 扩展到临界裂纹尺寸 a_c）。

表 5-3　跨中危险截面疲劳寿命与裂纹扩展尺寸之间的对应数值关系

裂纹扩展尺寸/mm	疲劳寿命/年	裂纹扩展尺寸/mm	疲劳寿命/年	裂纹扩展尺寸/mm	疲劳寿命/年
0.5	0	5.0	35.64	50.0	37.31
0.6	8.05	6.0	36.02	60.0	37.32
0.7	13.49	7.0	36.28	70.0	37.34
0.8	17.38	8.0	36.46	80.0	37.34
0.9	20.28	9.0	36.59	90.0	37.35
1.0	22.52	10.0	36.70	100.0	37.36
2.0	31.48	20.0	37.12	110.0	37.36
3.0	33.94	30.0	37.23	120.0	37.36
4.0	35.04	40.0	37.28	124.4	37.37

用 MATLAB 画图描述铸造起重机金属结构跨中危险截面疲劳寿命与裂纹扩展尺寸之间的曲线关系，如图 5-9 所示。

从图 5-9 中可以看出，当铸造起重机焊接箱形主梁结构裂纹扩展到 40mm

时，裂纹扩展速率急速增长，同时使用寿命也极短。从铸造起重机使用安全方面考虑，当铸造起重机焊接箱形主梁结构裂纹扩展到40mm左右时，该铸造起重机应慎重使用，并应该进入维修或者报废处理。

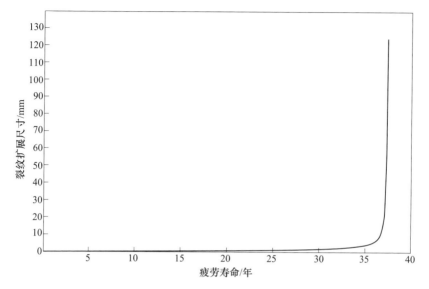

图 5-9　跨中危险截面疲劳寿命与裂纹扩展尺寸之间的曲线关系

5.5　基于名义应力法的疲劳分析

根据循环作用应力大小，疲劳可以分为应力疲劳与应变疲劳。当金属结构的最大循环应力 σ_{max} 小于屈服应力 σ_s 时，金属结构发生疲劳破坏事故为应力疲劳。在进行应力疲劳分析时，由于循环应力较小，故金属结构的循环寿命较长，一般为 10^6 次左右，所以也称为高周疲劳。

为了评估铸造起重机焊接箱形主梁结构的疲劳剩余寿命，就需要建立应力与寿命循环次数之间的关系式，即构件 S-N 曲线。一般构件的 S-N 曲线是根据材料的 S-N 曲线修订得到的，材料的 S-N 曲线是结构进行疲劳剩余寿命评估的基础，其是在对称循环应力作用下对标准材料进行试验，根据试验数据进行拟合而得到的。通过修正材料的 S-N 曲线，考虑材料缺口、应力集中、结构形状以及循环应力比等的影响，得到构件的 S-N 曲线，其更加贴近实际的应力与循环寿命之间的关系。关于材料的 S-N 曲线和构件的 S-N 曲线，国内外学者都做了大量的研究，取得了很多的试验数据及怎样获取构件的 S-N 曲线的方法，包括对材料的 S-N 试验和修改。

大量的疲劳研究学者和科学工作者已经对金属结构疲劳寿命评估做了大量

的试验和研究，并取得了很多研究成果，包括对金属结构材料的 *S-N* 曲线的拟合及根据材料的 *S-N* 曲线修改出符合金属结构构件的 *S-N* 曲线，从而进一步找出更符合实际工程的疲劳寿命评估计算方法。本章主要应用前人的试验成果获取与材料有关的参数，根据相关参数再考虑疲劳缺口系数、应力幅值、应力均值、构件形状、循环应力比及材料的疲劳强度和极限强度等材料特性，以及应力状态等因素的影响，进行构件的 *S-N* 曲线拟合并结合修正的 Miner 理论进行铸造起重机焊接箱形主梁的疲劳剩余寿命评估。然后应用有限元分析软件 Msc. Fatigue 中应力疲劳分析模块进行应力疲劳寿命预测，把理论计算结果与有限元分析结果进行比对，相互印证结果的正确性。

5.6 应力疲劳分析理论

　　金属结构的应力疲劳分析可以认为构件最初不含有缺陷，金属结构的疲劳破坏分三个阶段：裂纹萌生阶段、裂纹稳定扩展阶段和破坏失稳阶段。金属结构的应力疲劳分析不同于金属结构的疲劳裂纹扩展断裂，应力疲劳分析考虑的是裂纹从萌生到断裂破坏的整个过程，可以称之为金属结构的全生命周期。

　　疲劳裂纹破坏是金属材料晶格在受到外载荷作用下，当受到循环应力不超过材料承受的屈服极限时，材料晶格发生成核继而滑移、错乱最终发生断裂。金属结构受力发生疲劳破坏是一个复杂过程，总体而言，裂纹破坏发展过程可分为四个阶段：

▶ 1. 裂纹成核

　　名义应力法认为材料最初是无裂纹、无缺陷的，当受到循环应力作用达到一定的循环次数时，且循环应力不超过材料的屈服极限 S_s，由于材料组织性能不均匀性会发生滑移，经过反复应力作用，材料组织内晶格之间发生相互挤压，最终形成裂纹的核。

▶ 2. 微观裂纹扩展

　　材料组织发生成核后会继而发展成微裂纹，微裂纹是沿着滑移面扩展的，此裂纹扩展方向与主应力轴成 45°。微裂纹扩展阶段裂纹主要是在金属结构表面，裂纹尺寸只有十几微米，但有很多微裂纹，如图 5-10 所示的 Ⅰ 阶段。

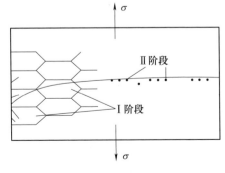

▶ 3. 宏观裂纹扩展

　　微观裂纹之后为宏观裂纹，其沿着

图 5-10　疲劳破坏过程

与拉应力垂直的方向扩展，此时以单一裂纹为主，如图 5-10 所示的 II 阶段。宏观裂纹扩展阶段裂纹长度为 $0.10\text{mm} < a < a_C$。

▶ 4. 疲劳断裂

当宏观裂纹尺寸扩展到临界裂纹尺寸 a_C 后，就会发生疲劳破坏。

金属结构疲劳破坏裂纹扩展模型，可分为两阶段模型、三阶段模型及多阶段模型，如图 5-11 所示。

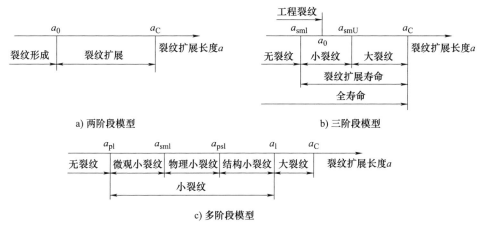

a) 两阶段模型　　　　　　b) 三阶段模型

c) 多阶段模型

图 5-11 疲劳裂纹寿命模型

▶ 5.6.1 名义应力法的假设和分析过程

名义应力法的假设：对于同一材料制成的金属结构，不论金属结构的外部形状如何，只要在受到相同的应力以及缺口系数相同的情况下，金属结构疲劳寿命相同，如图 5-12 所示。

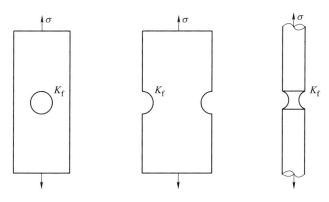

图 5-12 名义应力法的假设

应用名义应力法对铸造起重机焊接箱形主梁进行应力疲劳寿命分析，有两种方法：第一种是将铸造起重机焊接箱形主梁的名义应力结合相应的金属结构的 $S\text{-}N$ 曲线直接估算铸造起重机焊接箱形主梁的疲劳寿命；第二种是根据铸造起重机金属结构材料的 $S\text{-}N$ 曲线修正构件的 $S\text{-}N$ 曲线，依据金属结构的疲劳缺口系数、疲劳分散系数、循环应力比、载荷加载方式以及尺寸效应等因素的影响进行修正。名义应力法疲劳寿命分析流程如图 5-13 所示。

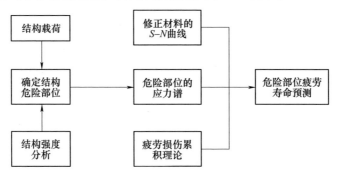

图 5-13　名义应力法疲劳寿命分析流程

5.6.2　名义应力法 $S\text{-}N$ 曲线

1. 应力循环基本量

疲劳定义：在足够多的循环扰动应力作用下，某点或某些点形成局部、永久的裂纹或发生断裂的过程称为疲劳。疲劳是在扰动应力作用下发生的，图 5-14 所示为应力谱，应力谱即应力随时间变化的图或表。

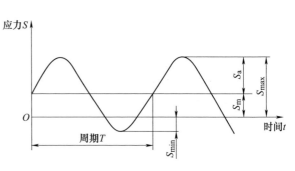

图 5-14　恒幅循环应力

应力疲劳分析中应用应力循环基本量及它们之间的关系：

应力变程 ΔS 为

$$\Delta S = S_{\max} - S_{\min} \tag{5-33}$$

应力幅 S_a 为

$$S_a = (S_{\max} - S_{\min})/2 = \Delta S/2 \tag{5-34}$$

平均应力 S_m 为

$$S_m = (S_{\max} + S_{\min})/2 \tag{5-35}$$

循环应力比 R 为

$$R = S_{min}/S_{max} \tag{5-36}$$

式中，S_{min} 为最小应力；S_{max} 为最大应力。

其中，循环应力比 R 表征了应力循环的不同特性。循环应力特性见表 5-4，循环应力状态如图 5-15 所示。

表 5-4　循环应力特性

循环应力比 R	特征	应力状态
1	$S_{min} = S_{max} = S_m$，$S_a = 0$	静应力
−1	$S_{max} = -S_{min} = S_a$，$S_m = 0$	对称循环应力
0	$S_m = S_a = S_{max}/2$，$S_{min} = 0$	脉动循环拉应力
∞	$S_m = -S_a = S_{min}/2$，$S_{max} = 0$	脉动循环压应力
其他	—	随机应力

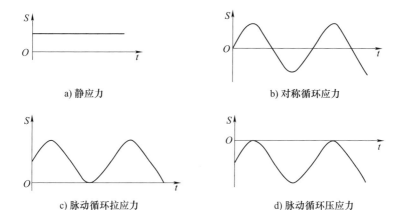

a) 静应力　　　　　　　　b) 对称循环应力

c) 脉动循环拉应力　　　　d) 脉动循环压应力

图 5-15　循环应力状态

▷▷ 2. 材料基本 S-N 曲线的估计

通过材料疲劳性能试验来测材料的基本 S-N 曲线，一般采用尺寸为 3~10mm 的标准试件。试验条件：在给定的循环应力比 R 下，一组 7~10 件的标准试件，限定每个试件在不同的应力幅 S_a 条件下进行疲劳试验，从开始直至疲劳断裂记录相应的

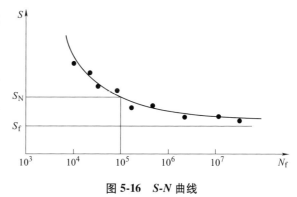

图 5-16　S-N 曲线

循环寿命 N，根据试验数据描点拟合即可得到材料的 S-N 曲线，如图 5-16 所示。

由图 5-16 可以看出，在给定循环应力比 R 的条件下，当应力幅 S_a 小于某一应力幅值 S 时，疲劳寿命循环次数 N 会趋于无限大，疲劳试验试件不发生疲劳断裂。在循环应力比 R=-1 的试验条件下，疲劳寿命趋于无限大（一般试验时钢材：10^7 次；焊接件：2×10^6 次；有色金属：10^8 次，即认为疲劳寿命趋于无限大）时应力 S 的极限值即为疲劳极限 S_f。

由于试验需要大量的人力物力，不仅成本较高而且试验不易进行，因此在缺乏试验数据的条件下，可以对材料的基本 S-N 曲线进行近似估计。

图 5-17 所示为旋转弯曲疲劳极限与材料极限强度的关系。

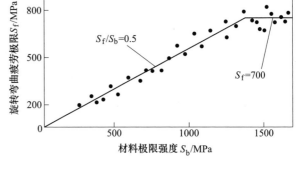

图 5-17 旋转弯曲疲劳极限与材料极限强度的关系

当循环应力比 R=-1 时，对疲劳极限 S_f 的估算：

旋转弯曲疲劳试验：

$$S_{f(bending)} = \begin{cases} 0.5S_b & (S_b < 1400\text{MPa}) \\ 700\text{MPa} & (S_b > 1400\text{MPa}) \end{cases} \tag{5-37}$$

对不同的材料进行疲劳旋转弯曲试验，对疲劳极限 S_f 的估算：

$$S_{f(bending)} = (0.3 \sim 0.6)S_b \tag{5-38}$$

轴向拉压疲劳试验：

$$S_{f(tension)} = 0.7S_{f(bending)} = 0.35S_b \tag{5-39}$$

对不同的材料进行疲劳轴向拉压试验，对疲劳极限 S_f 的估算：

$$S_{f(tension)} = (0.3 \sim 0.45)S_b \tag{5-40}$$

对称扭转疲劳试验：

$$S_{f(torsion)} = 0.577S_{f(bending)} = 0.29S_b \tag{5-41}$$

对不同的材料进行疲劳对称扭转试验，对疲劳极限 S_f 的估算：

$$S_{f(torsion)} = (0.25 \sim 0.3)S_b \tag{5-42}$$

当材料为高强度脆性材料时，极限强度 S_b 为材料的抗拉强度；当材料为韧性材料时，极限强度 S_b 为材料的屈服强度。

当无法获取材料疲劳试验数据时，可以根据已知材料的疲劳极限 S_f 和极限强度 S_b 进行材料的 S-N 曲线的保守估算。

材料双对数线性 S-N 曲线的幂函数表达式为

$$S^n N = C \qquad (5\text{-}43)$$

根据式（5-43）可知，当循环寿命 $N=1$ 时，循环寿命为 1 的应力 S_1 的值就为极限强度 S_b，即在极限强度 S_b 载荷作用下，试验件在单循环作用下失效。材料的 S-N 曲线是描述材料在多次循环寿命的关系式，对于循环寿命 $N<10^3$ 不给予考虑，可以认为对寿命无影响。当循环寿命 $N=10^3$ 时，对应的名义应力的公式为

$$S_{10^3} = 0.9 S_b \qquad (5\text{-}44)$$

对于金属材料而言，疲劳极限 S_f 所对应的无限循环寿命 N 可以认为为 10^7 次，因为其值为估计值，应该考虑到误差等因素的影响，对于疲劳极限 S_f 做出偏保守的估算，其对应的循环寿命 $N=10^6$ 次，得

$$S_{10^6} = S_f - k S_b \qquad (5\text{-}45)$$

式中，k 为不同载荷形式对应的系数。弯曲时，$k=0.5$；拉压时，$k=0.35$；扭转时，$k=0.29$。

把式（5-44）和式（5-45）代入到式（5-43）后，整理可得

$$\begin{cases} C = (0.9 S_b)^n \times 10^3 \\ C = (k S_b)^n \times 10^6 \end{cases} \qquad (5\text{-}46)$$

对式（5-46）两边同时取对数，则可以估算出材料常数 n、C 为

$$\begin{cases} n = 3/\lg(0.9/k) \\ C = (0.9 S_b)^n \times 10^6 \end{cases} \qquad (5\text{-}47)$$

以上估算出来的材料 S-N 曲线，仅限于循环寿命 $10^3<N<10^6$ 范围内，进行计算的循环寿命不宜超出这一范围。

5.6.3 影响因素

材料的 S-N 曲线是由标准光滑试件通过疲劳试验拟合得到的，实际工程中构件的尺寸、几何形状以及表面状况都与标准光滑试件存在差异。如果把材料的 S-N 曲线直接应用于构件的疲劳寿命计算，结果将产生较大的差异，因此在进行构件的疲劳寿命计算时应考虑几何形状、应力集中以及表面状况等因素的影响。其影响因素见表 5-5。

表 5-5 名义应力法疲劳寿命影响因素

工作条件	构件几何形状、表面状态	材料本质
载荷类型	缺口效应	化学成分
应力状态	尺寸效应	金相组织
循环应力比	表面状态	纤维方向
加载频率	残余应力	内部缺陷

在静应力计算中应力集中系数的影响因素很小，但是在疲劳破坏过程中缺口试件的疲劳强度与无缺口试件之间有很大差别，试验表明缺口可削弱构件的抗疲劳性能，从而影响构件的循环疲劳寿命，在疲劳设计计算时应给予关注。描述构件应力集中系数的参数：理论应力集中系数 K_t 和有效应力集中系数 K_f。

式（5-48）为理论应力集中系数 K_t 的表达式，其为缺口造成的局部应力集中系数。

$$K_t = \frac{S_{max}}{S_n} \tag{5-48}$$

式中，S_{max} 为局部最大应力或者峰值应力 S_{peak}，可通过弹性力学求得；S_n 为净截面名义应力。

一般情况下，理论应力集中系数 K_t 可以根据构件结构形状和构件受到的载荷类型查表确定。理论应力集中系数与材料无关，而与构件的形状和载荷类型等影响因素有关。如图 5-18 所示的几何形状的理论应力集中系数，图中 $K_t = 1 + 2a/b$，a、b 分别为椭圆孔的长轴和短轴。

$$\begin{cases} K_t = \dfrac{S_{max}}{S_n} \\ S_n = \dfrac{W}{W-D}S \end{cases} \tag{5-49}$$

式中，W、S、D 分别为板宽、均匀拉应力、孔的直径。

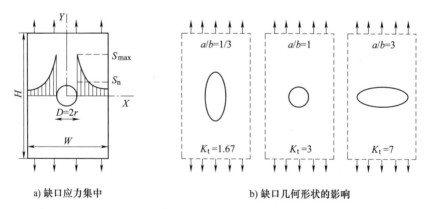

a) 缺口应力集中　　　　b) 缺口几何形状的影响

图 5-18　理论应力集中系数

由于构件受集中应力作用使构件局部进入塑性状态，而理论应力集中系数 K_t 是根据线弹性理论计算所得，这样就与构件实际情况不同，再应用理论应力集中系数就会引起较大误差，故工程上用有效应力集中系数 K_f（疲劳缺口系数）来表示应力集中对疲劳强度的影响。

$$K_f = S_f / S_f' \tag{5-50}$$

式中，S_f' 为缺口试样疲劳极限。

有效应力集中系数 K_f 一般是由疲劳试验测得，但是对于不同的材料试验得出的有效应力集中系数 K_f 不同，因此学者们通过大量的试验得到估算有效应力集中系数的方法和经验公式。可以通过查图表法、影响系数法、敏感系数法和其他方法来计算有效应力集中系数。

（1）查图表法 通过疲劳试验得到材料的一些相关曲线，但是这些曲线只适用于特定的材料和构件形状。

（2）影响系数法 考虑构件的材料、几何形状等因素的影响权重，并给出相应的权重系数 ζ_1、ζ_2、ζ_3、ζ_4、ζ_5，根据权重系数计算有效应力集中系数 K_f。

$$K_f = \zeta_1 \zeta_2 \zeta_3 \zeta_4 \zeta_5 \tag{5-51}$$

（3）敏感系数法 敏感系数法是根据理论应力集中系数 K_t 和疲劳缺口敏感系数 q 的通用来计算有效应力集中系数的方法。

$$K_f = 1 + q(K_t - 1) \tag{5-52}$$

式中，q 为疲劳缺口敏感系数，与材料的极限强度 S_b 和缺口半径 r 有关，可通过图 5-19 查得，也可以通过公式计算得到。

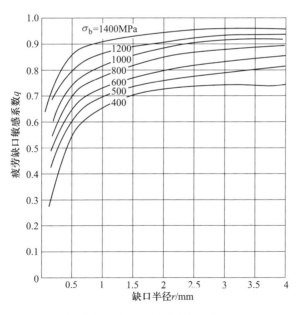

图 5-19　疲劳缺口敏感系数曲线

Peterson 公式为

$$q = \frac{1}{1 + \alpha/r} \qquad (5\text{-}53)$$

式中，α 为待定参数，可查图 5-20 获得。

其中，q 值是在 $0 \sim 1$ 之间的不定值，当疲劳缺口敏感系数 q 为 0 时，有效应力集中系数 K_f 等于 1，说明应力集中对构件没有影响；当疲劳缺口敏感系数 q 为 1 时，有效应力集中系数 K_f 等于理论应力集中系数 K_t，说明应力集中对构件有很大影响。

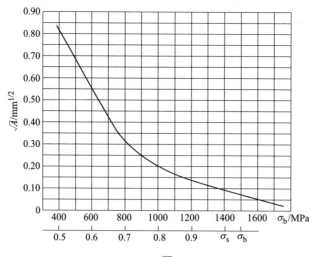

图 5-20　α 值曲线

Neuber 公式为

$$q = \frac{1}{1 + \sqrt{A/r}} \qquad (5\text{-}54)$$

式中，A 为参数，可根据图 5-21 查找。

图 5-21　$\sqrt{A}$ 值曲线

（4）其他方法　应力梯度法、断裂力学法及 $L/\overline{G}$ 法等方法，但是这些方法的缺点是还没有广泛应用，有待于进一步研究。

5.7 结构件的 *S-N* 曲线

5.7.1 几种常用的 *S-N* 曲线

下面介绍几种在实际工程中常用的 *S-N* 曲线。

1. 幂函数公式

材料的 *S-N* 曲线一般根据幂函数公式拟合，公式为

$$\begin{cases} S^n N = C & (N < N_0) \\ S = S_\infty & (N > N_0) \end{cases} \tag{5-55}$$

式中，C、n 为由试验确定的与材料、加载方式等有关的材料常数；N_0 为疲劳极限对应的循环次数；S_∞ 为材料的疲劳极限。

对式（5-55）两边取对数可得

$$\lg S = \frac{\lg C}{n} - \frac{\lg N}{n} \tag{5-56}$$

式中，$\dfrac{\lg C}{n}$、$-\dfrac{1}{n}$ 为材料常数。

由式（5-56）可以看出，在应力 S 取对数与循环寿命次数 N 取对数时，两者之间成线性关系，为双对数线性关系。试验得到的 S、N 数据可以通过是否有线性关系大致确定试验的可靠性。

2. 指数函数式

指数形式的 *S-N* 曲线的表达式为

$$e^{nS} N = C \tag{5-57}$$

对式（5-57）两边取对数可得

$$S = \frac{\lg C}{n \lg e} - \frac{\lg N}{n \lg e} \tag{5-58}$$

式中，$\dfrac{\lg C}{n \lg e}$、$\dfrac{1}{n \lg e}$ 为材料常数。

由式（5-58）可以看出，在应力 S 不取对数而循环寿命次数 N 取对数时，两者之间成线性关系，为半对数线性关系。

3. 三参数函数式

在考虑疲劳极限 S_f 时，*S-N* 曲线表达为三参数形式，公式为

$$(S - S_f)^n N = C \tag{5-59}$$

式中，S_f 为材料的疲劳极限。

与式（5-57）和式（5-58）相比较，式（5-59）考虑到了疲劳极限 S_f 对循环寿命次数 N 的影响，当应力 S 接近于疲劳极限 S_f 时，循环寿命次数 N 趋于无限大，即无限寿命。这里疲劳极限 S_f 为试验值，不易获取。

5.7.2　等寿命曲线

材料的 S-N 曲线都是在对称循环应力（即循环应力比 $R = -1$）条件下，通过试验得到的。在给定疲劳循环寿命 N 下，可得到等寿命线，等寿命线反映的是应力循环幅值 S_a 与应力均值 S_m 之间的关系，即 S_a-S_m 如图 5-22 所示。但是在实际工程中，金属结构实际受到的应力多是随机的，所以循环应力比 R 是随机变化的，此时在对应用试验测得的材料 S-N 曲线进行寿命评估时，结果显然与实际情况存在较大差异。故在进行金属结构疲劳寿命评估时，应该考虑循环应力比 R 对寿命的影响，在疲劳极限图的表达上考虑不同的循环应力比 R 为变量，在相同疲劳循环寿命 N 下画出 S_a-S_m 关系图，如图 5-22 所示。图 5-23 所示为疲劳循环寿命 $N = 10^7$ 时的极限应力线图，当应力均值 $S_m = 0$ 时，应力循环幅值 S_a 就是循环应力比 $R = -1$ 条件下的疲劳强度 S_{-1}，即 $S_a = S_{-1}$；当应力循环幅值 $S_a = 0$ 时，为静载情况且应力均值 S_m 为极限强度 S_b，即 $S_m = S_b$。

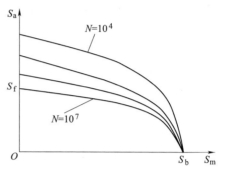

图 5-22　S_a-S_m 关系

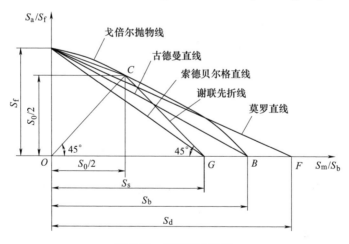

图 5-23　极限应力线图

等寿命条件下 S_a-S_m 关系可用以下方程表达。

古德曼（Goodman）直线方程：

$$S_a = S_f(1 - S_m/S_b) \tag{5-60}$$

戈倍尔（Gerber）抛物线方程：

$$S_a = S_f[1 - (S_m - S_b)^2] \tag{5-61}$$

索德贝尔格（Soderberg）直线方程：

$$S_a = S_f(1 - S_m/S_s) \tag{5-62}$$

谢联先折线方程：

当$-1 < R < 0$时

$$S_a = S_f - \varphi_s S_m \tag{5-63}$$

当$R > 0$时

$$S_a = (S_0/2)(1 + \varphi_s') - \varphi_s' S_m \tag{5-64}$$

莫罗（Morrow）直线方程：

$$S_a = S_f(1 - S_m/S_d) \tag{5-65}$$

式中，S_a为应力循环幅值；S_m为应力均值；S_f为疲劳强度，与材料有关；S_b为极限强度，与材料有关；S_s为屈服强度，与材料有关；S_0为脉动循环下的材料疲劳强度；φ_s为平均应力折算系数；φ_s'为当循环应力比小于0时的平均应力折算系数；S_d为真断裂强度，表达式为

$$S_d = S_b + 350\text{MPa} \tag{5-66}$$

平均应力折算系数的计算公式为

$$\begin{cases} \varphi_s = \dfrac{2S_f - S_0}{S_0} \\[2mm] \varphi_s' = \dfrac{S_0}{2S_b - S_0} \end{cases} \tag{5-67}$$

上述5种S_m与S_a关系式的分析如下：

1）索德贝尔格直线是偏于保守的，主要应用于有微动磨损接头的评估。

2）戈倍尔抛物线适用于塑性材料，对于非线性的材料一般不给予使用。

3）古德曼直线较为符合缺口试件且结果与试验数据较为吻合，工程中对于含有缺口结构应用较广。

4）谢联先折线在光滑试件试验中与试验数据较为吻合，但是使用时需要用到脉动循环下的疲劳极限S_0值。

5）莫罗直线方程考虑了真断裂强度的影响，同时需考虑平均应力折算系数的影响。

实际工程应用中，古德曼直线方程与谢联先折线方程应用较为广泛。

5.8 名义应力法疲劳寿命预测

5.8.1 建立双参数 *S-N* 曲面

应用雨流计数法计算统计出的应力谱为双参数二维应力谱，以往使用的单参数 *S-N* 曲线忽略了雨流计数法的双参数二维应力谱的优势，基于此，本节使用双参数 *S-N* 曲面进行疲劳寿命评估如图 5-24 所示。前人总结的经验及试验数据表明，对于相同的构件在循环应力比 *R* 不同时，构件所对应的 *S-N* 曲线也不同。在给定铸造起重机焊接箱形主梁结构的循环应力比 *R*（非对称循环）时，主梁结构最大循环应力 σ_{max}、平均应力 σ_m 和应力幅值 σ_a 三者之间的关系为

$$\sigma_{max} = \frac{2\sigma_a}{1-R} \tag{5-68}$$

$$\sigma_m = \frac{1+R}{1-R}\sigma_a \tag{5-69}$$

将式（5-68）代入到式（5-55）中，得

$$\sigma_a = \frac{1-R}{2}\left(\frac{C}{N}\right)^{1/n} \tag{5-70}$$

将式（5-70）代入到式（5-69）中，得

$$\sigma_m = \frac{1+R}{2}\left(\frac{C}{N}\right)^{1/n} \tag{5-71}$$

因为铸造起重机焊接箱形主梁结构受力为非对称循环应力，铸造起重机焊接箱形主梁结构含有缺口，所以应用古德曼直线方程作为等寿命曲线进行修正。

将式（5-70）和式（5-71）代入到式（5-61）中，得

$$N = \frac{C}{\left[\dfrac{2\sigma_a\sigma_b}{(1+R)\sigma_a + (1-R)(\sigma_b - \sigma_m)}\right]^n} \tag{5-72}$$

对式（5-72）两边取对数可得

$$\lg N = C - n\lg\left[\frac{2\sigma_a\sigma_b}{(1+R)\sigma_a + (1-R)(\sigma_b - \sigma_m)}\right] \tag{5-73}$$

式中，*C* 为常数，取代了 $\lg C$ 的值；*n* 为材料常数。

$$C = 6.301 + n\lg\frac{\sigma_f}{\left(1 + \dfrac{1+R\sigma_f}{1-R\sigma_d}\right)K_f} \tag{5-74}$$

$$n = \cfrac{1}{-b + 0.2776 \lg K_{\mathrm{f}} + 0.2776 \lg \left[\cfrac{1 + \cfrac{1 + R}{1 - R}(4 \times 10^6)^b}{1 + \cfrac{1 + R}{1 - R}(1000)^b} \right]} \qquad (5\text{-}75)$$

式中，b 为材料的疲劳强度指数；K_{f} 为非对称循环焊接结构有效应力集中系数，$K_{\mathrm{f}} = 2.02$；σ_{d} 为材料的真断裂强度。

$$b = -\frac{1}{6} \lg \left[2 \times \left(1 + \frac{344}{\sigma_{\mathrm{b}}} \right) \right] \qquad (5\text{-}76)$$

$$\sigma_{\mathrm{d}} = 350 + \sigma_{\mathrm{b}} \qquad (5\text{-}77)$$

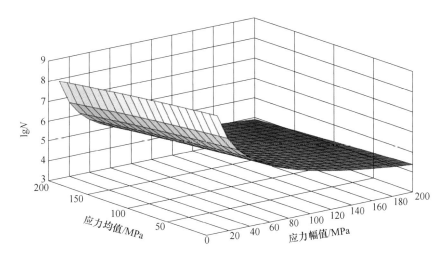

图 5-24　双参数 *S-N* 曲面

▷ 5.8.2　疲劳寿命评估

材料常数 C、n 受材料、结构几何形状、应力集中以及载荷形式等因素影响，根据影响因素确定影响因子并把相应数值代入到式（5-74）和式（5-75）中，可得 $C = 15.4604$，$n = 4.3893$。

把材料常数 C、n 以及相关参数代入到式（5-73）可得双参数 *S-N* 曲面，公式为

$$\lg N = 15.4604 - 4.3893 \times \lg \left[\frac{940 \sigma_{\mathrm{a}}}{(1 + R)\sigma_{\mathrm{a}} + (1 - R)(470 - \sigma_{\mathrm{m}})} \right] \qquad (5\text{-}78)$$

将得到的各个危险截面的应力谱，应用于式（5-78）中，得到各个危险截面各级应力对应的损伤，见表 5-6。

表 5-6　各个危险截面各级应力对应的损伤

	级别	1	2	3	4	5	6	7	8
跨中	幅值谱/MPa	2.493	7.446	12.4	17.35	22.31	27.26	32.21	37.17
	均值谱/MPa	76.3	83.76	91.22	98.67	106.1	113.6	121	128.5
	n_i/次	65700	21900	21900	0	0	0	0	21900
	N_i/10^6 次	128890	1106.7	123.38	29.525	10.236	4.434	2.226	1.239
	损伤度/10^{-6}	0.5	19.8	177.5	0	0	0	0	17675.5
腹板门处	幅值谱/MPa	5.613	8.737	11.86	14.99	18.11	21.24	24.36	27.48
	均值谱/MPa	54.4	59.72	65.04	70.36	75.68	81	86.32	91.64
	n_i/次	32850	32850	32850	0	0	0	0	32850
	N_i/10^6 次	4984.2	729.37	194.61	71.04	31.61	16.02	8.952	5.380
	损伤度/10^{-6}	6.6	45.1	168.8	0	0	0	0	6105.9
上盖板孔处	幅值谱/MPa	12.11	13.53	14.94	16.35	17.76	19.17	20.58	22
	均值谱/MPa	73.24	74.65	76.06	77.47	78.89	80.30	81.71	83.12
	n_i/次	65700	0	0	0	0	0	0	65700
	N_i/10^6 次	164.27	102.98	67.95	46.63	33.06	24.10	17.99	13.68
	损伤度/10^{-6}	400.0	0	0	0	0	0	0	4802.6
1/8 跨度	幅值谱/MPa	12.75	14.25	15.75	17.25	18.75	20.25	21.75	23.25
	均值谱/MPa	60.52	62.02	63.52	65.02	66.52	68.02	69.52	71.02
	n_i/次	65700	0	0	0	0	0	0	65700
	N_i/10^6 次	151.39	94.80	62.33	42.65	30.17	21.95	16.36	12.45
	损伤度/10^{-6}	434.0	0	0	0	0	0	0	5277.1

根据疲劳损伤累积理论，疲劳损伤是一个疲劳累积的过程，设铸造起重机一整年期间的工作应力循环寿命为 n_y，则一年内应力谱中某一级别的应力循环次数可表示为

$$n_i = p_i n_y \tag{5-79}$$

式中，p_i 为第 i 级应力对应的占比，可由应力谱查得。

根据疲劳损伤累积理论，修正 Miner 理论认为：临界损伤度之和为一个常数 D，与 Miner 理论不同，修正 Miner 理论临界损伤度之和 D 不等于 1。则

$$D = T \sum_{i=1}^{k} \frac{n_i}{N_i} \tag{5-80}$$

式中，D 为临界损伤度之和；T 为累积损伤使用寿命；k 为应力谱中应力级数；N_i 为第 i 级应力对应的应力循环次数。

修正 Miner 累积损伤公式不考虑载荷对铸造起重机焊接主梁结构作用的先后顺序，只计不同级数应力造成累积循环和，因此对于临界损伤度之和 D 进行修正，根据参考文献以及经验一般取临界损伤度之和 $D = 0.7$。

根据修正 Miner 理论式（5-80）可得，累积使用寿命为

$$T = \frac{D}{\sum\limits_{i=1}^{k} \dfrac{n_i}{N_i}} \tag{5-81}$$

根据表 5-6 中各个危险截面的损伤度，利用累积使用寿命公式进行铸造起重机焊接箱形主梁结构的寿命评估，结果见表 5-7。

表 5-7　各个危险截面疲劳寿命评估

危险位置	跨中	腹板门处	上盖板孔处	1/8 跨度
累积损伤度/10^{-6}	17873.3	6326.4	5202.6	5711.1
寿命评估 T/年	39.16	110.65	134.55	122.56

本章小结

本章分别以断裂力学和名义应力法为基础，研究起重机金属结构疲劳裂纹扩展分析的方法和步骤，推导出无裂纹情况下铸造起重机金属结构全生命分析方法和步骤。应用断裂力学重点研究铸造起重机金属结构含有裂纹的情况下疲劳裂纹扩展寿命评估方法，建立含有裂纹时铸造起重机金属结构疲劳寿命预算的数学模型及关键参数数值的选取；应用名义应力法结合平均应力修正推导出包含应力均值和应力幅值的两参数铸造起重机金属结构全生命计算公式，并综合考虑材料、结构几何形状及应力集中等因素进行修正 S-N 曲线，经过累积损伤进行统计最终得到危险截面的全生命。

注：1. 项目名称："863" 国家高新技术研究发展计划项目 "工程机械共性部件再制造关键技术及示范"，编号：2013AA040203。

　　2. 验收单位：科技部高技术研究发展中心。

　　3. 验收评价：2016 年 5 月 8 日，验收专家组认为，项目提出了工程机械关键部件的剩余寿命预测方法，建立了再制造毛坯评估准则，开发了相应支持系统。完成了任务书规定的各项研究内容，达到了考核指标要求。文档资料齐全，专家组一致同意该课题通过技术验收。

　　4. 项目名称："十三五" 国家重点研发计划项目 "机电类特种设备风险防控与治理关键技术研究及装备研制"（2017YFC0805700）之 "港口等领域典型起重机械设计制造与服役过程风险防控关键技术" 课题，编号：2017YFC0805703。

　　5. 评价单位：中国特种设备检测研究院。

　　6. 绩效评价：2021 年 9 月 16 日，评价专家组认为，课题提出了铸造起重机报废评价方法，实现了典型领域起重机械风险防控与治理。完成了任务书规定的研究内容和考核指标，达到了预期目标，专家组一致同意通过课题绩效评价。

第 6 章
——

工程机械大型结构件智能焊接制造技术

6.1 国内外焊接技术现状分析

6.1.1 国外技术现状

1. 国外工程机械大型结构件自动化焊接发展现状

目前，美国、德国、日本等主要工程机械制造商的焊接自动化程度均已超过了80%，其中主要以机器人焊接为主，特别是在关键核心部件的焊接中，主体焊缝均采用自动化焊接实现。但受工件结构及尺寸的影响，部分焊缝也采用半自动焊条电弧焊接。采用的焊接方法主要以单丝 MAG、双丝 MAG 为主，焊接电源均为数字化电源。

国外工程机械自动化焊接生产线的设备集成水平普遍较高，焊接自动化设备具有较高的智能化和柔性化，焊接系统配备了强大的焊接专家数据库，可实现对复杂焊接工艺的协调控制，焊接过程有自动识别跟踪功能，焊接柔性程度较高。对于部分复杂工件，为了提高焊接效率、降低焊接变形，采用多台机器人协调焊接。国外最先进的自动化焊接生产线大多均带有机器人离线编程、在线辅助检测、焊接过程质量跟踪、系统故障诊断等功能，部分生产线带有信息管理平台，可对焊接过程进行实时跟踪，但智能化水平高低不一。

2. 国外焊接自动化及智能化的发展现状

美国、日本等传统制造业强国的焊接自动化程度已经相当高。据统计2012年主要制造业强国的焊接自动化程度均超过了80%，其中，美国83%、日本80%、韩国86%。焊接自动化的推广最早源于汽车制造，并迅速在电子、工程机械、造船和轨道交通等行业普及。当前，国外在重、大、厚、长焊接结构制造中也已经广泛采用了自动化焊接技术与成套装备。

近年来，随着计算机虚拟制造、计算机网络、信息化、数字化及智能化技术的飞速发展以及其在工业领域的推广应用，当前世界焊接技术已经开始由自动化时代迈向智能化时代，出现了焊接机群的群控群测技术、数字化及智能化焊接控制器、智能视觉传感及特征信号提取技术、数字焊接自动化组态结构和质量控制技术等，并逐渐形成了智能化成套焊接系统及数字化、智能化焊接车间。

在焊接机群的群控群测方面，芬兰 KEMPPI 公司推出的 Arc System 通过无线网络收集分析相关焊接数据，可以对焊接生产中的材料损耗、生产效率等进行分析评估，进而调节焊接参数。松下公司展出的 500KY1 型数字晶闸管 CO_2/MAG 焊机、350/500FR1 数字逆变 CO_2/MAG 焊机、350/500GM3 全数字 CO_2/MAG 焊机和 400GE2 全数字 CO_2/MAG 焊机等均配置了联网扩展端口，将全数字焊机通过计算机联网，并采用焊接数据管理系统建立软件监控体系，实现焊接参数的可视化和可量化管理，并用以太网和无线网连接方式形成网络，同时监控的焊机数量高达 100 台，实现生产管理、焊接数据管理、品质管理、设备维护管理和成本管理等。

在数字化及智能化焊接控制方面，随着工业控制计算机可靠性的提高和软件技术的不断完善，工业控制机在自动化焊接系统中已从辅助的过程监测角色转换为核心控制单元，极大地发挥了编程简便、控制灵活的优势。JET-LINE9900 焊接控制器（见图 6-1）将最新的计算机技术引入焊接产业。工业控制计算机配置 15 寸触摸式液晶显示器，运行直观化的自动焊接软件，可闭环控制 15 个以上参数，所有系统参数和变量都可编程并实时监控，保证焊接

图 6-1 JETLINE9900 焊接控制器

全过程的精确性。控制器采用局域有线网和基于 IE802.11b 标准的无线局域网或互联网，可遥控监视或管理焊接系统。JETLINE9900 焊接控制器对抑制高频干扰、逆变电源杂波和其他环境因素有完善的解决措施，除了使用钢制机箱阻挡电磁辐射的侵入，每个模块的输入输出都具备电隔离机制，所有传输都使用双向光纤。因此，即使在长距离数据传输和控制时，其也能安全运行。

激光视觉技术在焊接机器人的应用中发挥着重要作用。激光视觉传感技术的发展不仅能够有效提高工业机器人生产的编程速度和精度，而且使工业机器人获得"注入了数字化的焊接经验和知识"并通过焊接工艺数据库的支持，为焊接机器人实现智能化焊接提供了支持。近来加拿大 Servo-Robot 公司开发出了移动式便携焊接机器人（见图 6-2）。Servo-Robot 移动式便携焊接机器人基于"视觉应该成为智能自动化机器的内在或固有的组成部分"这种概念而专门研制，视觉处理与机器人控制已集成为一体。由于采用最新的计算机技术和图像处理技术，同一个数字激光视觉传感器既可定义为焊缝跟踪功能，也可定义为

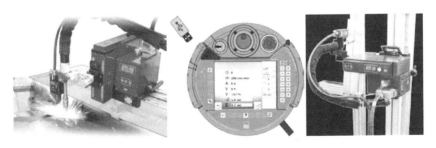

图 6-2 Servo-Robot 移动式便携焊接机器人

焊缝成形质量检测功能。在对产品质量要求很高的应用场合，只需要用一套激光视觉传感系统即可实现焊缝跟踪和质量检测双重任务。即以焊接速度前进实现对焊缝坡口的检测和焊缝跟踪；焊接结束后则快速回退，检测焊缝成形的几何特征和探测可能存在的表面缺陷，如焊缝宽度、余高、错边、过度熔敷、咬边和气孔等。

光、电、热、力等特征信号的提取与控制技术也得到了迅速发展（见图 6-3），为焊接过程的在线监测、检测及控制提供了技术支撑。

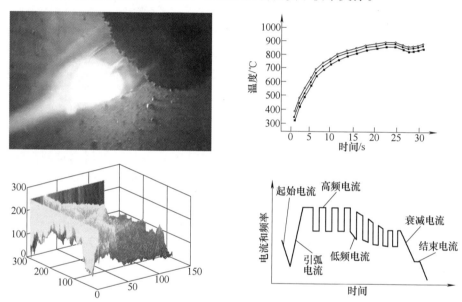

图 6-3　焊接过程的光、电、热、力等特征信号的传感、分析、提取、控制

除采用激光视觉进行焊接自动化操作外，更多传感器仿真焊工的视觉、听觉和触觉等以评判焊接工艺，将现实中优秀焊工的各种能力运用到自动化焊接系统中，如焊炬相对焊缝的位置和移动角度的自动反馈、机器人位置的自动反馈（这对便携式机器人尤其重要）、熔池和工件温度的实时检测以及通过 TCP/IP 网络实现实时的焊接工艺通信（见图 6-4）等。

此外，机器人的离线编程更多地使用激光视觉系统分析程序，再自动校正焊枪位置和方向的误差。通过预设公差阈值，限定最大允许的变化量，所测误差自动上载并进行校正。

随着科技的发展和人们对焊接质量控制的理解，焊接过程的监视和闭环控制能力已经成为评价自动化焊接系统的完整性和先进性的基本标准。具有 20 多年焊接自动化控制和工艺研究历史的美国艾美特公司，在变极性等离子纵环组合焊接、CNC 热丝 TIG 深孔堆焊、激光跟踪多丝深坡口埋弧焊等方面积累了丰

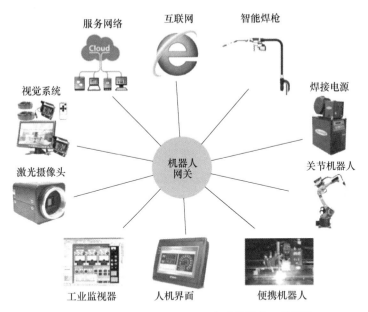

服务网络　互联网　智能焊枪

视觉系统　焊接电源

激光摄像头　机器人网关　关节机器人

工业监视器　人机界面　便携机器人

图 6-4　通过 TCP/IP 网络实现实时的焊接工艺通信

富的知识和经验。该公司制造的数字焊接自动化组态结构和质量控制方法，有效提高了焊接自动化系统的控制能力。其特点包括：采用数字信号处理（Digital Signal Processing，DSP）技术，抗干扰能力强；配合 MCU 并行控制技术和 CAN-BUS 网络通信技术，组建分布式多处理协调控制系统。

　　经过多年研究，艾美特设计并实践了多处理器分布式协调控制结构（见图 6-5）。即在系统控制器与外设之间，建立数字化的多处理器同步通信和控制平台。因为 DSP 处理器的优异性价比，艾美特目前的分布式控制系统均以 DSP 处理器配合不同的网络技术构成。每个 DSP 处理器用于一对一控制和监视每个外设和传感器。在焊接过程中，DSP 处理器通过网络针对某一特定外设进行通信和控制。由于所有的 DSP 内部时钟同步，对外设的控制和监视也同步。即系统控制器通过所有 DSP 处理器同时控制和监视所有外设。

　　一套数字化分布式控制的典型系统结构模型如图 6-6 所示，以满足现代化生产管理的数字化焊接生产线、焊接过程和设备状态信息多部门共享。建立在工业 Ethernet 网络上的焊接车间数字化管理和控制系统（见图 6-7），实现在网焊接系统的状态信息管理。在智能化焊接生产线的基础上甚至出现了信息化、智能化工厂（见图 6-8）。

　　综上所述，国外主要工业发达国家很重视焊接技术的发展，它们用先进的焊接技术、自动化控制和传感技术来提高产品的生产质量、效率，降低产品成本，以此来与劳力成本相对低廉的国家进行市场竞争，形成一种战略手段。

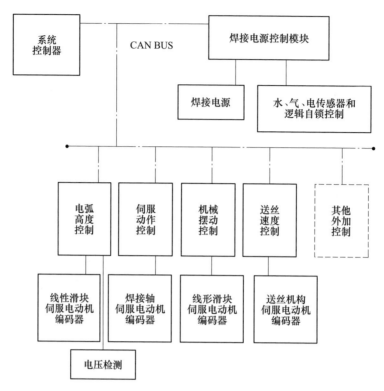

图 6-5　基于 DSP、MCU 和 CANBUS 网络通信技术的多处理器分布式协调控制结构

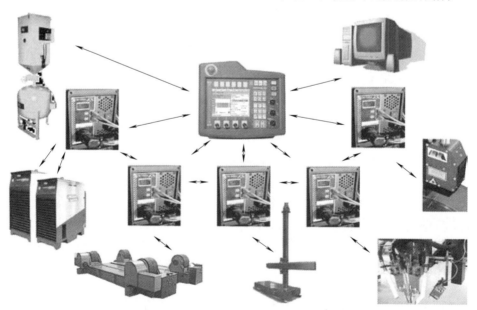

图 6-6　数字化分布式控制的双丝窄间隙埋弧智能焊接系统结构模型

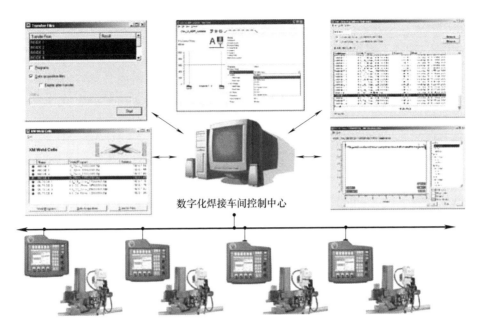

图 6-7 焊接车间数字化管理和控制系统

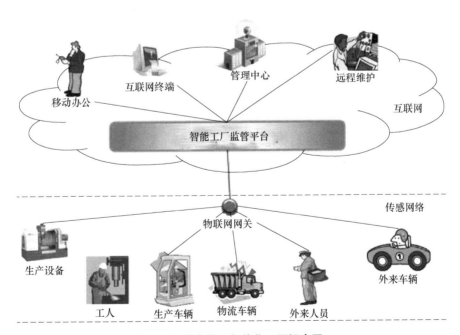

图 6-8 信息化、智能化工厂概念图

▶ 6.1.2 国内技术现状

▶ 1. 国内工程机械结构件自动化焊接发展现状

目前，国内工程机械生产厂家主要有徐州工程机械集团有限公司、三一重工股份有限公司（简称三一重工）、长沙中联重工科技发展股份有限公司、广西柳工机械股份有限公司、山东临工工程机械有限公司、山河智能装备股份有限公司和厦门厦工机械股份有限公司等。

工程机械正朝着智能化、模块化的方向发展，客户对其质量的要求也越来越高。要想成为行业的领跑者，能够在激烈的竞争中抢夺更大的市场份额，卓越的产品综合性能是企业的核心竞争力，而制造环节中的焊接技术在很大程度上决定着履带起重机的安全性、可靠性，焊接是最为核心的制造工艺技术。然而大部分的工程机械（如履带起重机、汽车起重机和装载机等）关键结构件结构复杂，焊接质量要求高，焊接工作量大，传统的焊条电弧焊接已经无法满足日益激烈的市场竞争，引进自动化、智能化焊接技术已经迫在眉睫。

从行业现状来看，工程机械结构件自动化焊接程度普遍较低。以履带起重机为例，尽管机器人焊接已经在焊接生产中应用，如三一重工引进昆山华恒转台焊接机器人、车架焊接机器人各一台及履带梁焊接机器人两台，徐工集团徐州建机工程机械有限公司引进唐山开元履带梁焊接机器人两台和北京 IGM 大件焊接机器人一台，但当前履带起重机三大部件的焊接仍然以半自动手工气体保护焊为主。此外，在国内履带起重机行业焊接机器人的应用仍停留在初级阶段，只是通过焊缝跟踪、电弧传感、专家数据库等功能保证焊缝成形，没有与在线焊接监控系统集成，无法对整个焊接过程进行实时有效的监控，无法记录实际焊接过程的参数变化，产品焊接质量的可追溯性难以实现，人为因素对焊接质量的影响较大，焊接生产管理难度大，焊接质量的可靠性和稳定性差。三大结构件关键焊缝的质量只能靠事后被动的无损检测来评价，由于焊接过程采用半自动焊条电弧焊，人为干预因素大，且又缺乏有效的在线质量控制及管理，焊缝出现夹渣、裂纹、未熔合等缺陷的概率大，受工件结构及尺寸的限制，一旦出现缺陷，缺陷的修复难度大。此外，由于焊接缺陷的种类和位置复杂多样，单一的检测方法通常存在其局限性，缺陷检出率也不能保证100%，漏检的焊接缺陷给焊接结构件的服役安全带来较大的隐患。

本研究旨在通过引进与研制国产焊接机器人等自动化设备及先进焊接技术，建立智能化的焊接监控系统，基于各种网络平台将实际焊接过程中的参数变化实时传递给监控系统，实现焊接信息共享，同时，可对有问题的焊接进行及时的报警，通过系统的在线分析，对焊缝位置进行准确标定，以便于对焊接缺陷进行及时处理，获得最优的综合效益。智能化的焊接监控系统确立，使工程机械结构件的焊接质量由事后的质量检验转变为实时质量监测及跟踪，实现真正意义上的由质量控制到质量管理模式的转变，提高了核心制造工艺的竞争力。

▶▶ 2. 国内焊接自动化及智能化的发展现状

在焊接设备方面，近30年来国内外电焊机技术水平随着电力、电子元器件和计算机技术的发展迅速提高，从原来的旋转式直流焊机发展到二极管整流焊机、晶闸管（可控硅）整流焊机、晶体管整流焊机和逆变式焊机，一直到现在的全数字化逆变式焊机。我国电焊机行业在计划经济时期主要是上海电焊机厂、天津电焊机厂和成都电焊机厂等国有大企业占主导，但现在这些国有大企业均已退出了历史舞台，全国电焊机行业形成了近千家小型企业的局面。当前引领我国电焊机产业的是两家合资企业，产品主要是国外母公司的品牌，它们占有我国电焊机市场的近半壁江山。具有我国自主知识产权的电焊机主要是晶闸管整流焊机和简单功能的逆变焊机。目前，我国骨干装备制造企业使用的高档焊机，如 STT 焊机、CMT 全数字化逆变式焊机、双丝脉冲气体保护焊机等基本上依靠进口。这些先进的焊机附加值极高，一台全数字化逆变焊机价格高达（12~15）万元，而一般同等功率的普通硅整流焊机价格仅为（2~4）万元。我国每年进口焊接电源和设备的费用约占全国市场的20%，而国内生产的焊接电源产值中有近一半是合资企业。

国内在汽车、铁路车辆、管道制造等行业的焊接自动化发展相对较快。哈尔滨焊接研究所、成都焊研科技有限责任公司近年来就先后为多家汽车生产厂、家电生产企业研制了几十台/套自动化焊接专机或生产线。其中，为三菱帕杰罗越野车设计制造的后桥焊接生产线，整个生产过程由 PLC 可编程控制器作为中心控制环节，大量采用非接触传感器件和光电编码控制环节。该生产线通过焊接工位机械手实现了自动化操控，运行稳定可靠，在保证产品质量的基础上，极大地提高了生产效率，减少生产人员达80%。该生产线被日本专家评价为亚洲后桥生产领域自动化程度较高的生产线之一。

在焊接智能化和新型焊接技术方面，随着我国焊接自动化率的提高，应用面不断扩大，焊接变位机的用量不断增加，但焊接智能化控制技术及焊接专家系统的应用很少。我国在激光焊接与切割加工技术及装备、焊接机器人工作站、数字化焊接技术与装备、新型摩擦焊接技术装备的开发与制造等领域还没有规模化的产业化基地，产品主要依靠进口。

我国焊接产业正在逐步走向"高效、自动化、智能化"。目前，我国的焊接机械化与自动化率达50%，同发达工业国家的80%差距较大。在国家重大工程中的重、大、厚、长焊接结构中采用了不少自动化焊接技术，但许多焊接设备，特别是成套焊接设备仍然依靠进口。近年来，随着汽车制造工业的快速发展，汽车及零部件制造对焊接自动化程度要求日新月异，促进了先进焊接技术特别是焊接自动化技术的发展与进步。20世纪后期国家在各个行业广泛推广自动焊的基础焊接方式为气体保护焊，以取代传统的手工电弧焊，现已取得显著成效。可以预计，在未来的 10 年，国内自动化焊接技术将以前所未有的速度发展。

随着计算机模拟技术的快速发展，为了降低重、大、厚、长焊接结构制造中的失误与风险，焊接制造的计算机模拟与仿真迅速发展，国外在汽车焊接生产线、机器人焊接工作站（线）都实现了计算机模拟与仿真。国内哈尔滨工业大学、哈尔滨焊接研究所、清华大学、上海交通大学、北京 625 所和大连交通大学等单位分别在大型军工部件、三峡水轮机转轮、大型压力容器、大型航天部件、铁路车辆的焊接工艺、焊接应力与变形进行了计算机模拟与仿真，但总体处于起步阶段。

进入 21 世纪，我国高度重视对先进焊接技术的研发，如搅拌摩擦焊、激光-电弧复合焊等先进焊接技术。激光-电弧复合热源焊接工艺两种技术优势互补，达到 1+1>2 的效果，电弧过程稳定，焊缝成形美观，熔深大，焊接速度快；对接头间隙不敏感，可以通过焊丝改善焊缝的性能，焊缝和热影响区的组织比电弧焊更细、热影响区更窄、应力与应变更小，可整体提高焊接接头的综合力学性能。以 1700MPa 超高强钢激光-MAG 电弧复合焊接为例，该钢种属于 Cr-Ni-Mo 系中碳低合金超高强钢，根据美国金属学会（ASME）评定焊接性碳当量计算方法，其碳当量 CE＝0.61%，冷裂倾向大。MAG 焊试验结果表明，靠近熔合线部位的粗晶区宽度较大，且组织粗大，造成粗晶区脆化严重，热影响区-40℃半试样冲击吸收功 7~10J，仅为母材的 50%~70%。焊接热影响区的不完全相变区出现严重的软化现象，最低硬度值仅为母材的 62%，接头拉伸断裂位置在焊接热影响区，拉伸强度为母材的 60% 左右，说明焊接热影响区是超高强钢焊接接头最为薄弱的部位。与 MAG 焊相比，激光-电弧复合焊易于实现单面焊双面成形，且焊接效率可提高 4~10 倍。焊接热输入减小了一半以上，其接头的热影响区宽度仅为 MAG 焊的 30% 左右，粗晶区宽度则仅为 MAG 焊的 10% 左右。焊后复合焊接头的最高抗拉强度可以达到 1603MPa，约为超高强钢母材抗拉强度的 93%，比 MAG 焊接头的抗拉强度提高了 23%。着色探伤表明焊缝表面无裂纹，X 射线探伤显示复合焊缝质量均达到 GB/T 3323.1—2019 国家标准。

综上所述，尽管在过去十年间我国的焊接自动化程度已经有了很大的提高，但是与国外制造业发达国家相比还有很大的差距，特别是在核心焊接装备制造（工业机器人、数字化焊机、焊接自动化辅助装备等）、先进焊接技术、智能焊接系统、智能化管理系统等方面差距较大。当前，国外已经开始由焊接自动化时代迈入了焊接智能化时代，并且在某些高端装备制造领域已经初具规模，但我国的焊接智能化仅处于萌芽状态。

6.2 柔性自动化焊接系统

柔性自动化焊接系统依托高架式焊接机器人自动化装备，采用先进的、高效优质的双丝 MAG 焊及高能束复合焊接系统，并配置柔性化焊接变位机，分别实现大吨位履带起重机转台、车架、履带梁三大关键结构件主体焊缝的柔性自动化焊接，降低人为操作因素对主体焊缝质量的影响，减少工人的劳动强度，提高关键部件的制造质量。

柔性自动化焊接系统由焊接机器人系统、激光-双丝 MAG 焊接系统（包括激光焊接系统、焊接电源、送丝系统和水冷焊枪）、激光跟踪系统、感应加热系统、三维龙门架、焊接变位机和在线监视系统组成，方案示意图如图 6-9 所示。

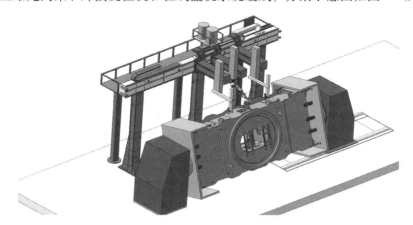

图 6-9　柔性自动化焊接系统方案示意图

机器人倒挂在一套由悬臂和立柱组成的 C 型架上，立柱可以沿悬臂做升降运动，机器人悬臂可以沿长轨道运行。机器人的纵向运动沿长轨道运行，布置方式采用天轨进行铺设。机器人控制柜及与之相配套的焊接电源、冷却水箱、焊丝桶等均安放在行走滑台或地面上，保护气与机器人一起移动。整个工作站的焊丝采用桶装焊丝（能适用盘装焊丝），可以节省换焊丝的时间及降低难度。

机器人上装有激光-双丝 MAG 复合焊枪，该焊枪既可以用于激光-MAG 复合焊，也可以用于双丝 MAG 焊。其中，采用先进的激光-MAG 复合焊接技术进行工件的打底焊（安装有激光-MAG 复合焊枪），以实现根部焊缝熔透的可靠性；采用双丝 MAG 焊进行打底焊后的高效填充，以提高机器人的工作效率。机器人配有激光跟踪系统，主要用于单层单道焊缝的跟踪及坡口检测。

在机器人的两侧，安装可以进行焊前预热和焊后后热保温的专用设备，采用感应加热对工件进行预热及焊缝的后热保温，并安装有红外温度传感器，可以随时检测工件的预热温度。预热专机具有多自由度设计，可以自由调节位置以保证和焊枪运动方向一致。

自动化焊接系统可实现 300~4000t 系列履带起重机车架、转台、履带梁三大结构件外观主焊缝的自动化焊接，由于工件的类型比较多、焊缝位置变化很大、自身的重量大，某些焊缝位置焊枪可达性受限。对于焊接位置不好或者受到夹具等限制的焊缝，仍需要采用焊条电弧焊来完成，可用该焊接工作站焊接的三大部件焊缝如图 6-10~图 6-12 所示。

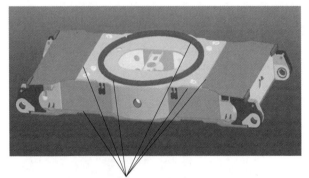

关键主体焊缝(侧面对称位置)

图 6-10　车架主焊缝

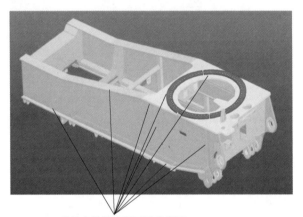

关键主体焊缝(侧面对称位置)

图 6-11　转台主焊缝

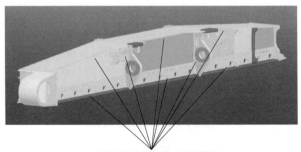

关键主体焊缝(侧面对称位置)

图 6-12　履带梁主焊缝

6.2.1 焊接机器人系统

1. 焊接机器人

该机器人焊接系统选用德国 KUKA 公司的 KR60 型机器人系统，它由机器人本体、控制系统和控制编程器组成。

KR60 机器人本体具有以下优点：

1）合理的机械结构和紧凑化设计。

2）6 个自由度 AC 伺服电动机。

3）绝对位置编码器。

4）所有轴都带有抱闸。

5）特定的负载和运动惯量的设计，使得速度和运动特性达到最优化。

6）臂部的附加负载对额定负载没有运动限制。

7）本体和控制器之间长电缆，并可根据需要进行扩展。

KR60 机器人本体如图 6-13 所示。

图 6-13　KR60 机器人本体

KR60 机器人详细技术参数见表 6-1。

焊接机器人控制系统具有以下几方面的功能：

1）再引弧功能。再引弧功能是指当工件表面或焊丝尖端有污物而造成引弧失败时，可以自动再次引燃电弧。

2）再起动功能。用于焊接中途断弧后的再次起动。

3）摆焊功能。

4）焊缝始端寻位功能。

5）电弧焊缝跟踪功能。

表 6-1　KR60 机器人详细技术参数

额定负载	60kg
附加负载	35kg
结构形式	串联
轴数	6
工作半径	2033mm
重复精度	<±0.15mm

191

（续）

	第一轴	±185°
	第二轴	+35°~135°
最大工作范围	第三轴	+120°~158°
	第四轴	±350°
	第五轴	±119°
	第六轴	±350°
	第一轴	128°/s
	第二轴	102°/s
最大速度	第三轴	128°/s
	第四轴	260°/s
	第五轴	245°/s
	第六轴	322°/s
本体重量		665kg
安装方式		地面/天花板

▶▶ 2. 三维龙门架系统

三维龙门架采用高架天轨式龙门架，主要由固定立柱、横梁、悬臂及升降立柱等组成。机器人安装在三维龙门架上，其纵向移动机构采用天轨的方式，滑轨安装在侧面的立柱上，滑轨上安装有高精密的直线导轨，以保证机器人在纵向运动时的精度。悬臂安装在滑轨上，在悬臂的侧面也安装直线导轨，并装有升降立柱，立柱上装有高精密的导轨，用于机器人的上、下移动，机器人倒装在升降立柱上，通过三维的滑动机构，将机器人送到工作区间的任何合适位置。同时，这些外部轴可以与机器人进行协调运动，共同完成复杂焊缝的焊接。

为使机器人的运动范围加大，以及提高机器人的可达性和保持舒适的焊接姿态，机器人采用倒装方式。为此增设机器人本体扩展机构（三维龙门架），即机器人倒挂在三维龙门架的悬臂梁上，机器人的底座轴线通过工件的中心线。焊接时悬臂、升降臂及机器人可在天滑轨上纵向移动，机器人还可在悬臂上横向移动，使机器人达到最佳的焊接姿态。

三维龙门架及滑轨具有足够的强度、刚度和抗冲击性能，采用模块化设计，能够适应不同产品焊接的需要。

纵向、横向和升降滑轨均采用直线导轨，配备有交流伺服电动机，减速机采用大减速比、高精度的 RV 减速机。三维龙门架纵向、横向、升降和机器人移动，由机器人本体扩展控制机构统一协调控制。位置的记忆与固定通过绝对编码器实现，以保证运行平稳。机器人进线托链设在天滑轨侧面。

三维龙门架技术参数见表6-2。

表6-2 三维龙门架技术参数

序号	名称及型号	特征	描述
1	纵向滑轨	悬臂移动范围	20m
		最大行走速度	8m/min
		定位精度	±0.2mm
2	横向滑轨	悬臂梁长度	3m
		移动范围	1.5m
		定位精度	±0.2mm
3	升降滑轨	升降臂长度	2m
		移动范围	1.5m
		定位精度	±0.2mm

6.2.2 激光-双丝 MAG 复合焊接系统

1. 激光发生器

1）品牌：IPG。

2）型号：YLS-8000。

3）生产国：德国或美国。

4）主要技术参数描述：激光器最大额定输出功率为8000W，激光输出模式为连续（CW）输出模式，随机偏振，也可以变脉冲输出模式，脉冲频率最高可达5kHz。激光器配备 LaserNet 控制软件，可自行控制激光器各种动作，并可对输出激光进行波形控制（如脉冲调制、方型光波、正弦波形和能量的缓升缓降等波形）；LaserNet 软件最多可以存储50组激光程序，若与机械手或机床集成，则可由外部设备存储更多激光程序；激光器配备以太网接口、Device Net 或 PROFIBUS 接口，可实现激光器的远程控制及与3台以上外部设备通信和联动功能，以实现系统的集成控制。

主要技术指标如下：

①功率切换时间<100μs。

②光波长为（1075±5）nm。

③功率可调范围为10%~105%。

④输出功率稳定，功率波动范围为±2%。

⑤激光器输入的电功率与激光器输出的激光功率之比≥24%。

⑥重量700kg。

⑦电源380V±10%，50Hz±2%，三相交流，最大额定功率40kW。

⑧工作环境温度：10~40℃；工作环境湿度：<95%。

2. 激光器水冷机

1）品牌：Riedel。

2）型号：PC250.01-NZ-DIS。

3）生产国：德国。

主要技术指标如下：

①适合激光器类型：IPG YLR-8000/IPG YLR-10000。

②制冷量：38kW，可适用于室外安装。

③配备两路水循环（自来水和去离子水）。

④工作环境温度：0~40℃。

⑤最大功率消耗：27kW。

⑥最大起动电流：93A。

⑦供电电源：380V±10%（三相）。

⑧重量约500kg。

⑨尺寸 $W×D×H$：1440mm×895mm×1697mm。

3. 激光焊接头

1）品牌：HIGHYAG。

2）型号：BIMO。

3）生产国：德国。

主要技术指标如下：

①接口：QBH。

②准直透镜：200mm。

③聚焦透镜：300mm 或 460mm。

④温度范围：5~55℃。

⑤湿度范围：30%~95%。

⑥功率要求：适合 8kW 的 IPG 激光器。

4. 操作光纤

1）品牌：IPG。

2）生产国：德国或美国。

主要技术指标如下：

①接口类型：QBH。

②长度：40m。

5. 双丝 MAG 焊接系统

双丝 MAG 焊接电源选用奥地利 FRONIUS 公司的型号为 TimeTwin Digital

5000 的双丝 MAG 焊接系统，系统主要由两台 TPS5000 焊接电源、两台送丝系统、双丝焊协调控制单元、双丝焊枪、冷却水水路和线缆构成。

该焊接系统采用独立控制的两台电源进行同步控制，两电极相互绝缘，每个电弧的焊接及脉冲参数均可独立调节，但又使用一个喷嘴，并在同一焊接熔池内工作。双丝焊系统配备双电源主从耦合控制，实现熔滴交替过渡。

该双丝焊接电源有以下技术特点：

①全数字化脉冲、逆变弧焊电源。

②特有 4 步操作。

③预通保护气体。

④后通保护气体。

⑤过压与欠压指示。

⑥弧长修正。

⑦熔滴分离修正钮。

⑧可编程回烧脉冲（焊丝端部无结球）。

1）焊接电源。TPS5000 焊接电源技术参数见表 6-3。

2）送丝系统。VR7000 送丝系统技术参数见表 6-4。

表 6-3　TPS5000 焊接电源（单台电源）技术参数

输入电压		3×400V
输入功率（100% d. c.）		12.7kW
功率因数		0.99
效率		89%
焊接电流范围		3~500A
不同暂载率下的电流	10min/40℃ 50%	500A
	10min/40℃ 60%	450A
	10min/40℃ 100%	360A
安全等级		IP23
尺寸（长×宽×高）		625mm×290mm×475mm
重量		35.6kg

表 6-4　VR7000 送丝系统技术参数

特　性	描　述
型号	VR7000
电源电压	DC 55V
电动机电流	4A

（续）

特　性	描　述
焊丝直径	1.2mm
送丝速度	0.5~22m/min
安全等级	IP23
尺寸（长×宽×高）	640mm×260mm×430mm
重量	18kg

3）双丝焊枪。选用与VR7000送丝机配套的双丝焊枪体，该焊枪为一体式水冷焊枪，水冷直至喷嘴，带有快速接头。主要技术指标如下：

①水冷至喷嘴内部。

②焊枪防碰撞传感器。

③100%暂载率最大焊接电流：2×450A。

④相互独立的"+"极连接。

⑤更有效的导电嘴清理。

⑥采用聚四氟乙烯材料的绝缘套。

⑦独立的高压吹气管路。

⑧适用焊丝：φ1.2mm。

6.2.3　重载焊接变位机

变位机采用头尾架翻转变位机，变位机的头尾架实现同步驱动，变位机具有升降功能，且尾架可沿地面导轨进行移动，满足300~800t系列履带起重机三大结构件（工件最重32.5t）的装夹翻转要求，同时配备升降小车（负载300kg），以方便操作工编程及观察焊接过程。

该焊接变位机采用双立柱升降式结构，主要由左右机架、滑座、翻转传动系、升降驱动系统、翻转工作盘、尾架移动机构、胎架、工装夹具、安全系统、导电机构、润滑装置和控制系统等组成。

变位机的控制系统可以与工作站的主控制系统通信，可以实现工件的±180°翻转，以尽可能确保待焊接焊缝保持在船形和水平角缝的位置进行焊接，从而保证焊接质量。

变位机方案如图6-14~图6-16所示。

变位机详细技术参数见表6-5。

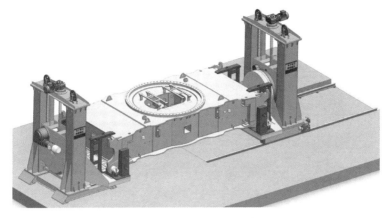

图 **6-14** 变位机方案图（车架）

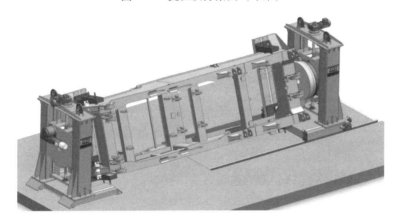

图 **6-15** 变位机方案图（转台）

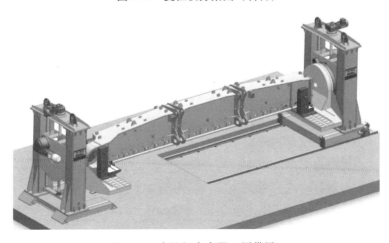

图 **6-16** 变位机方案图（履带梁）

表 6-5 变位机详细技术参数

型 号	HBS-500
最大负载	50t（含工件、胎架及夹具重量）
最大升降高度	2900mm
升降速度	70~700mm/min（变频可调）
翻转中心高度	2900mm
翻转中心升降速度	70~700mm/min（变频可调）
翻转角度	±180°
翻转速度	0.05~0.5r/min（变频可调）
翻转额定输出扭矩	100kN·m
尾架移动距离	8000mm
尾架移动速度	250~2500mm/min（变频可调）

6.3 智能焊接工艺

基于激光焊缝跟踪系统及焊接工艺评定试验，开发厚板高强钢智能焊接工艺，解决打底焊缝的可靠性熔透及多层多道焊缝的自适应智能焊接。智能焊接工艺研究包括两个部分：智能焊缝识别与焊道规划系统、焊接工艺及专家数据库。

6.3.1 智能焊缝识别与焊道规划系统

在加拿大 Servo Robot 公司的型号为 RoboTrac-Digi-I/P-EXT 的激光跟踪系统基础上进行二次技术开发，在大量工艺试验的基础上，通过数值模拟建立多层多道焊的焊缝识别与自适应调节数学模型，并建立焊缝自适应调节工艺数据库，开发出多层多道焊的智能焊缝识别系统，主要包括多层多道焊接轨迹的自动修正和焊接参数的自适应调节。

多层多道焊接轨迹的自动修正是利用焊前焊道规划、标准工艺数据库制订，通过焊缝跟踪视觉传感系统对坡口特征进行提取及特征信息处理，处理后的轨迹信息通过机器人执行机构进行多层多道焊接轨迹自动修正；焊接参数的自适应调节，是建立了焊接坡口结构参数与激光功率、焊接电流、电弧电压的实时对应关系，焊接过程中根据检测的坡口特征，通过 PLC 控制系统处理，将坡口变化信息转变为焊接电流、电弧电压、激光功率的自动修正，进而实现焊接过程中焊接参数的实时闭环智能化控制。

1. 自适应控制策略

自适应填充控制是根据截面尺寸的不断变化而实时调节焊接参数，以满足坡口不断变化对金属填充数量的要求，属于闭环控制系统。国内外大多采用试验模型法和自适应表格法，两种方法各有优缺点。

试验模型法是以大量的焊接工艺实验数据为基础，通过曲线拟合来推导出函数方程，建立焊接参数与焊缝的几何面积之间的函数模型，实际焊接过程中，根据系统检测到的坡口实际面积相应地得出合理的焊接参数。试验模型法工艺参数调节比较准确，但事前需要大量的焊接试验，焊接参数之间相互影响较难建立数学模型，且受曲线拟合算法精度的影响。试验模型法受焊接材料、方法的影响较大，拟合的函数方程适用性比较低。

自适应表格法是事前存储典型坡口类型，不同的焊缝几何面积对应不同的焊接参数，实际焊接过程中，根据系统检测到的坡口实际面积，从自适应表格中查找类似的焊接参数。该方法调节简单实用，焊前仅需焊接试验并建立相应的工艺参数表，但该方法只是范围内近似调节，工艺参数调节准确度不高。

焊接是一个存在时滞、非线性时变和强干扰的复杂过程，其影响因素具有不确定性、非线性的特点，因此很难建立精确的数学模型来描述它。即使是能够建立近似的数学模型，但由于模型本身的不变性，使得被控行为仅在一定的条件范围内有效，超越条件或者受到较大的干扰，控制就很难保持稳定，而查询自适应表格的方法又过于简单且精度不高。

因此，本焊接参数自适应调节系统采用以上两种方法相结合的方式，首先采用不同的焊接参数进行大量焊接试验，完善焊接参数表；其次采用激光视觉传感器测量焊缝截面积，并拟合出焊接参数与焊缝截面积之间的函数关系。

》 2. 打底焊自适应工艺流程及实施方案

1）打底焊工艺流程。

①完成焊缝跟踪系统的轨迹示教。

②给保护气、侧吹气，同时激光器开启至待机状态，并确认防飞溅挡板的气缸处于近行程位置（挡板打开）。

③4s后机器人、预热专机起动，至起弧点位置起弧。

④起弧顺序。先开启激光，延迟1s后开启电弧（打底焊时只开启行进方向双丝焊的第一根丝的电弧）。

⑤焊缝跟踪传感头检测到定位焊点，以模拟量信号传给控制系统，控制系统增加激光功率（激光功率由 A 增加至 B），通过定位焊点后，焊缝跟踪传感头给出模拟量信号，控制系统降低激光功率（激光功率由 B 降至 A）。

⑥加热系统1的预热焊枪接近焊缝尾端时，加热焊枪1快速提升至安全位置，加热系统1仍继续与机器人同步前进；机器人焊接至焊缝尾端时，停止激光输出并关闭"激光待机"。

2）打底焊自适应工艺方案。依据试验开发出标准坡口条件下的打底焊工艺参数（此时的激光功率大小为 A），在标准打底焊参数下，通过增大激光功率（功率增大至 B）实现不同定位焊点位置的焊缝根部全熔透。焊接过程中依靠焊缝跟踪传感器实现对定位焊点位置的检测，并以模拟量信号的形式给控制系统，实现参数的自适应。

3. 填充和盖面焊自适应工艺流程及实施方案

1）填充和盖面焊工艺流程。

①给保护气、侧吹气。

②4s 后机器人、预热专机起动，至起弧点位置起弧（采用双丝焊，即两个电弧均开启），从盖面焊工艺数据中调用焊接程序（工艺数据库用"板厚+焊缝"形式的方法分类，如 20mm 板厚对接焊缝、20mm 板厚角接焊缝等）。

③激光焊缝跟踪传感器可实时检测坡口面积，将实时检测到的面积以模拟量信号的形式给控制系统，控制系统通过数据分析，调用对应的焊接参数，实现工艺的自适应。

④加热系统 1 的预热焊枪接近焊缝尾端时，加热焊枪 1 快速提升至安全位置，加热系统 1 仍继续与机器人同步前进；机器人焊接至焊缝尾端时，电弧开始收弧（电流延迟一定时间后熄弧，具体工艺由试验确定），熄弧后机器人快速提枪至安全位置，加热系统 1、机器人仍继续与加热系统 2 同步前进，直至加热系统 2 上面的后热焊枪至焊缝尾端时，加热系统 2 快速提枪至安全位置，整个系统运动停止。

⑤快速空程返回至焊接起始位置，调用下一个道焊缝的 JOB，焊枪在上一道焊缝轨迹的基础上自动偏移（或者偏移+提升）一定距离后开始第二道填充焊缝的焊接，焊接过程中送丝速度同样采用上述自适应方式。

⑥上述循环交替，直至焊缝生长至普通双丝焊枪喷嘴可用。

⑦焊接变位机变换姿态至下工件一个坡口的焊接位置，按照上述流程进行"打底焊"和"盖面焊"的焊接，直至工件上所有接头均焊接完一遍为止。

2）填充和盖面焊自适应工艺方案。

①在不同板厚、不同接头形式下，利用标准坡口的试板进行焊接试验，建立标准试样的多层多道焊模型及基础焊接工艺数据库。

②利用数学模型通过改变钝边、坡口角度、接头间隙等工况条件获得不同的焊接坡口，并在标准焊接参数的基础上，制订不同接头、不同板厚、不同坡口面积的焊接工艺数据库。

③焊接前的激光跟踪示教过程中，激光跟踪传感器会检测到坡口的实际面积，系统软件会将实际检测到的坡口与标准坡口对比，从工艺数据库中调用相应的焊接参数，实现对焊接工艺的自适应。

通过智能焊缝识别与焊道规划系统开发及应用，实现厚板多层多道焊缝的自动识别与跟踪、焊接工艺的自适应调节，解决厚板多层多道焊缝的可靠性熔透及跟踪技术难题。各实现过程如图 6-17~图 6-19 所示。

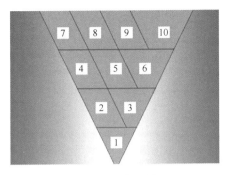

图 6-17　焊道规划图

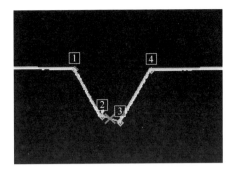

图 6-18　多层多道焊缝位置提取

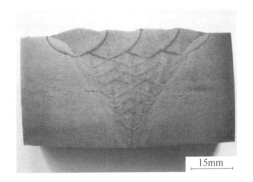

图 6-19　焊接试样剖面

6.3.2　焊接工艺及专家数据库

针对三大结构件的焊接特点，开展激光-熔化极电弧复合焊及双丝 MAG 焊的焊接工艺评定及在线检测系统的可靠性工艺研究，建立三大典型部件的焊接专家数据库，下文介绍具体研究内容。

1. 激光-熔化极电弧复合焊及双丝 MAG 焊的焊接工艺评定

评定内容包括焊接材料的匹配、焊接坡口设计、不同接头形式的焊缝成形、实际工况（间隙、错边等）对焊缝成形的影响、焊接接头的冷裂纹敏感性分析、接头的综合力学性能评定及接头微观组织分析，通过系统的工艺评定提出最佳焊接工艺窗口。

（1）打底焊熔透性试验

1）不同离焦量下焊缝熔透情况分析。表 6-6 为不同离焦量下的焊接参数及焊缝熔透情况，光纤芯径为 0.6mm，图 6-20 所示为表 6-6 参数下的焊缝断面形貌。

表 6-6   不同离焦量下的焊接参数及焊缝熔透情况

编号	激光功率/W	离焦量/mm	坡口结构	熔透情况
3	6000	+20	60-4	部分熔透
1	5500	+20	60-4	部分熔透
2	5000	+20	60-4	未熔透
6	6000	+10	60-4	完全熔透
5	5500	+10	60-4	完全熔透
4	5000	+10	60-4	完全熔透
14	6000	+5	60-4	完全熔透
13	5500	+5	60-4	完全熔透
12	5000	+5	60-4	完全熔透
25	4000	+5	60-4	完全熔透
26	3000	+5	60-4	未熔透
24	2000	+5	60-4	未熔透

2# 5000W 未熔透

1# 5500W 部分熔透

3# 6000W 部分熔透

4# 5000W 完全熔透

5# 5500W 完全熔透

6# 6000W 完全熔透

12# 5000W 完全熔透

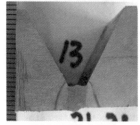
13# 5500W 完全熔透

14# 6000W 完全熔透

图 6-20   不同离焦量下的焊缝断面形貌

24# 2000W 未熔透　　　　　25# 4000W 完全熔透　　　　　26# 3000W 未熔透

图 6-20　不同离焦量下的焊缝断面形貌（续）

　　试验结果表明：当采用+20mm 和+10mm 离焦量时，为了达到焊缝熔透的焊接效果，需要激光提供更大的能量输出，且在实际生产中坡口钝边的波动幅度较大，容易产生未焊透现象，而当离焦量为+5mm、激光功率为4000W 时，焊缝已经能完全熔透，因此综合考虑最终确定激光离焦量应选用+5mm；另外，激光器的最大功率为8000W，试验中采用的最大功率为6000W，剩余的激光功率为以后生产中定位焊焊缝高度及生产中坡口钝边波动预留。

　　2）不同钝边变化下焊缝熔透情况分析。本试验的目的是通过不同钝边的变化，判断出激光能量的合理范围，表 6-7 ~ 表 6-9 所列分别为 4mm 钝边、2mm 钝边和 1mm 钝边条件下的焊接参数及焊缝熔透情况，图 6-21 ~ 图 6-23 所示分别对应三种钝边的焊缝断面形貌。

表 6-7　4mm 钝边下的焊接参数及焊缝熔透情况

编号	激光功率/W	离焦量/mm	坡口结构	熔透情况
14	6000	+5	60-4	完全熔透
13	5500	+5	60-4	完全熔透
12	5000	+5	60-4	完全熔透
25	4000	+5	60-4	完全熔透
26	3000	+5	60-4	未熔透
24	2000	+5	60-4	未熔透

表 6-8　2mm 钝边下的焊接参数及焊缝熔透情况

编号	激光功率/W	离焦量/mm	坡口结构	熔透情况
A10	3500	+5	60-2	完全熔透
A11	4000	+5	60-2	完全熔透
A12	4500	+5	60-2	完全熔透
A7	5000	+5	60-2	完全熔透
A8	5500	+5	60-2	完全熔透
A9	6000	+5	60-2	完全熔透

第 6 章　工程机械大型结构件智能焊接制造技术

表 6-9　1mm 钝边下的焊接参数及焊缝熔透情况

编号	激光功率/W	离焦量/mm	坡口结构	熔透情况
19	2000	+5	60-1	完全熔透
20	2500	+5	60-1	完全熔透
21	3000	+5	60-1	完全熔透
22	4000	+5	60-1	焊漏
23	5000	+5	60-1	焊漏

12# 5000W完全熔透　　　13# 5500W完全熔透　　　14# 6000W完全熔透

24# 2000W未熔透　　　25# 4000W完全熔透　　　26# 3000W未熔透

图 6-21　4mm 钝边焊缝断面形貌

A10# 3500W完全熔透　　　A11# 4000W完全熔透　　　A12# 4500W完全熔透

A7# 5000W完全熔透　　　A8# 5500W完全熔透　　　A9# 6000W完全熔透

图 6-22　2mm 钝边焊缝断面形貌

19# 2000W完全熔透　　　　20# 2500W完全熔透　　　　21# 3000W完全熔透

22# 4000W、23# 5000焊漏

图 6-23　1mm 钝边焊缝断面形貌

试验结果表明：对于 4mm 钝边，激光功率的可用范围为 4000～6000W；对于 2mm 钝边，激光功率的可用范围为 3500～6000W；对于 1mm 钝边，激光功率的可用范围为 2000～3000W，而激光功率继续加大，焊缝有焊漏现象发生。从上面试验数据可见，1mm 钝边和 4mm 钝边由于两种坡口的钝边尺寸相差悬殊，激光功率无法实现完全覆盖；而在现场实际考察及交流中得知，大部分焊缝采取背面封底的焊接工艺，因此为了满足生产熔透的焊接要求（钝边波动），激光功率应采用上限进行焊接（5000～6000W），从而保证焊接接头的熔透效果；另外通过上面试验结果可知，坡口钝边的加工尺寸范围在 2～4mm 时更为适合。

（2）焊接裂纹敏感性试验　大型结构件使用钢板的强度级别较高，从而增加了这种钢的焊接冷裂倾向性。为了评定高强钢接头的冷裂倾向大小，制订合理的预热工艺，本试验在考察冷裂纹敏感性方面，采用直 Y 形坡口拘束裂纹试验，来评定这五种材料的焊接冷裂纹倾向。

试验利用优化后的焊接参数进行，具体试验焊接参数见表 6-10，试验所用焊丝、预热温度及焊接参数见表 6-11、表 6-12，20mm 和 40mm 板材直 Y 形坡口裂纹断面如图 6-24、图 6-25 所示。

表 6-10　试验焊接参数

激光功率 /W	送丝速度 /(m/min)	焊接电流 /A	焊接电压/V	焊接速度 /(m/min)	离焦量/mm	光纤直径 /mm	光丝间距 /mm
5000	5.0	195	19	0.6	+5	0.3	1~1.5

表 6-11　20mm 板材直 Y 形坡口裂纹敏感性试验工艺参数及结果

编号	牌号	焊丝	预热温度/℃	裂纹率（%）
T1	Q550D	SLD-70	28（室温）	0
T2	WELDOX700E	ESAB OK69	28（室温）	0
T12（重复T2）			28（室温）	0
T9	WELDOX960E	T Union GM 120	28（室温）	100
T4			60	10
T19			100	0

对于 20mm 板厚的 Q550D、WELDOX700E 和 WELDOX960E 三种材料，分别选用 SLD-70、ESAB OK69 和 T Union GM 120 焊丝进行直 Y 形坡口裂纹敏感性试验。结果表明：Q550D-SLD-70 和 WELDOX700E-ESAB OK69 在室温（28℃）下焊接无裂纹产生，而 WELDOX960E-T Union GM 120 需要预热100℃，另外，由于夏天环境温度高，冬天时焊接应合理选择预热温度。

表 6-12　40mm 板材直 Y 形坡口裂纹敏感性试验工艺参数及结果

编号	牌号	焊丝	预热温度/℃	裂纹率（%）
T5	Q550D	SLD-70	28（室温）	100
T11			50	0
T6	Q690E	ESAB OK69	28（室温）	100
T7			50	5
T13			75	8
T20			100	0
T10	BWELDY960	T Union GM 120	50	50
T8			75	20
T15			90	5
T18			120	0

对于 40mm 板厚的 Q550D、Q690E 和 BWELDY960 三种材料，分别选用 SLD-70、ESAB OK69 和 T Union GM 120 焊丝进行直 Y 形坡口裂纹敏感性试验。结果表明：Q550D-SLD-70 需要预热50℃、Q690E-ESAB OK69 需要预热75~100℃、而 BWELDY960-T Union GM 120 需要预热100~120℃，另外，由于夏天

环境温度高，冬天时焊接应合理提高预热温度。

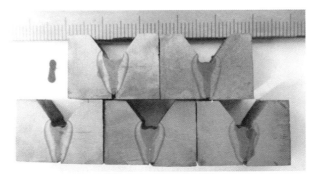

T1试样(Q550D-SLD-70，28℃)

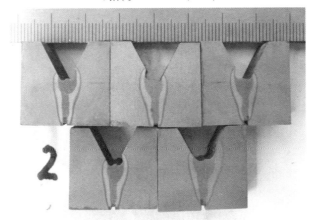

T2试样(WELDOX700E-ESAB OK69，28℃)

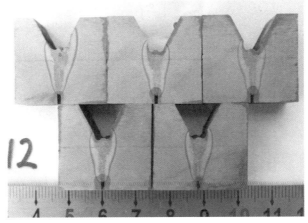

T12试样(WELDOX700E-ESAB OK69，28℃)

图6-24 20mm板材直Y形坡口裂纹断面

T9试样(WELDOX960E-T Union GM 120，28℃)

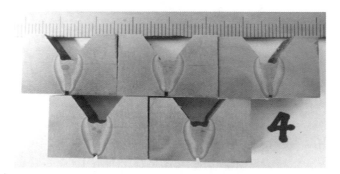

T4试样(WELDOX960E-T Union GM 120，60℃)

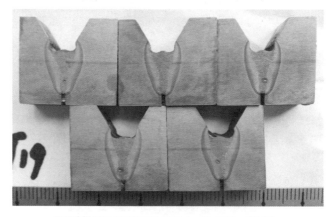

T19试样(WELDOX960E-T Union GM 120，100℃)

图 6-24　20mm 板材直 Y 形坡口裂纹断面（续）

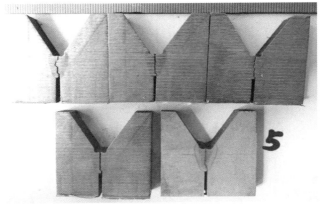

T5试样(Q550D-SLD-70，28℃)

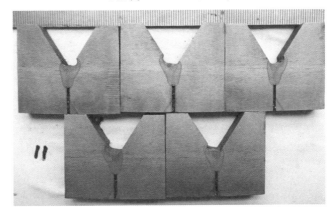

T11试样(Q550D-SLD-70，50℃)

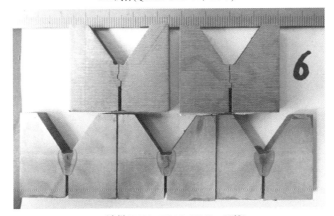

T6试样(Q690E-ESAB OK69，28℃)

图 6-25　40mm 板材直 Y 形坡口裂纹断面

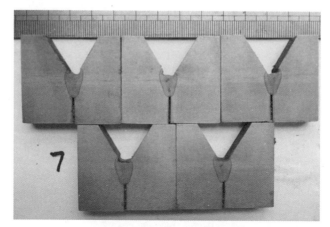

T7试样(Q690E-ESAB OK69，50℃)

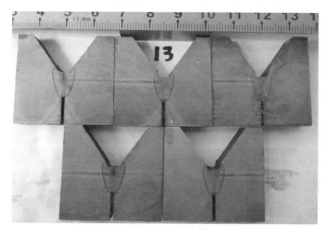

T13试样(Q690E-ESAB OK69，75℃)

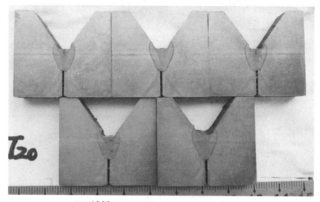

T20试样(Q690E-ESAB OK69，100℃)

图 6-25　40mm 板材直 Y 形坡口裂纹断面（续）

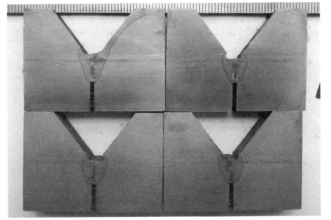

T10试样(BWELDY960-T Union GM 120，50℃)

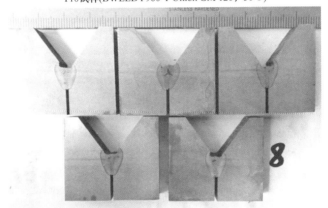

T8试样(BWELDY960-T Union GM 120，75℃)

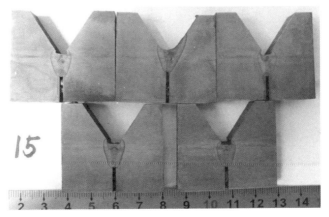

T15试样(BWELDY960-T Union GM 120，90℃)

图 6-25　40mm 板材直 Y 形坡口裂纹断面（续）

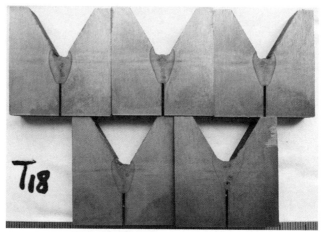

T18试样(BWELDY960-T Union GM 120，120℃)

图 6-25　40mm 板材直 Y 形坡口裂纹断面（续）

▶ 2. 焊接工艺规程数据库

针对不同吨位的履带起重机及不同部件，建立完整的激光-熔化极电弧复合焊及双丝 MAG 焊的焊接工艺规程数据库。

（1）对接焊缝　分别对 60°坡口和 45°坡口进行填充、盖面焊工艺，其中 60°坡口焊接参数为三种类型，45°坡口焊接参数为一种类型，见表 6-13、表 6-14，对接焊缝断面形貌及焊接道数如图 6-26、图 6-27 所示。

表 6-13　对接打底、填充及盖面焊的焊接参数（$t=20$mm）

编号	焊接道数层数	激光功率/W	送丝速度/(m/min)		电流/A	电压/V	焊接速度/(m/min)	摆动
	打底：1层1道	5000	单丝	5	195	19.2	0.6	无
	填充：2层2道	5000	前丝	11	270	25.7		无
			后丝	10	258	25.3		
第一种60-2	填充：3层3道	5000	前丝	11	300	28.1		无
			后丝	10	273	27	0.65	
	填充：4层4、5道	5000	前丝	11	300	28.1		无
			后丝	10	273	27		
	盖面：5层6、7、8道	5000	前丝	11	300	28.1		无
			后丝	10	273	27		

编号	焊接道数层数	激光功率/W	送丝速度/(m/min)		电流/A	电压/V	焊接速度/(m/min)	摆动
第二种 60-2	打底：1层1道	5500	单丝	5	195	19.2	0.6	无
	填充： 2层2道	5500	前丝	11	270	25.7	0.65	无
			后丝	10	258	25.3		
	填充： 3层3道	5500	前丝	11	300	28.1		摆动 1.5mm
			后丝	10	273	27		
	填充： 4层4道	5500	前丝	11	300	28.1		摆动 1.5mm
			后丝	10	273	27		
	填充： 5层5、6道	5500	前丝	11	300	28.1		无
			后丝	10	273	27		
	盖面： 6层7、8道	5500	前丝	11	300	28.1		无
			后丝	10	273	27		
第三种 60-2	打底：1层1道	5500	单丝	5	195	19.2	0.6	无
	填充： 2层2道	5500	前丝	11	270	25.7		无
			后丝	10	258	25.3		
	填充： 3层3道	5500	前丝	11	300	28.1		无
			后丝	10	273	27		
	填充： 4层4道	5500	前丝	11	300	28.1		摆动 2.0mm
			后丝	10	273	27		
	盖面： 5层5、6道	5500	前丝	11	300	28.1		无
			后丝	10	273	27		
第四种 45-2	打底：1层1道	5500	单丝	5	195	19.2	0.6	无
	填充： 2层2道	5500	前丝	11	270	25.7	0.65	无
			后丝	10	258	25.3		
	填充： 3层3道	5500	前丝	11	300	28.1		无
			后丝	10	273	27		
	填充： 4层4道	5500	前丝	11	300	28.1		无
			后丝	10	273	27		
	盖面： 5层5、6道	5500	前丝	11	300	28.1		无
			后丝	10	273	27		

表 6-14　对接打底、填充及盖面焊的焊接参数 （$t=40\text{mm}$）

编号	焊接道数层数	激光功率/W	送丝速度	/(m/min)	电流/A	电压/V	焊接速度/(m/min)	摆动
60-2	打底：1层1道	5500	单丝	5	195	19.2	0.6	无
	填充：2层2道	—	前丝	11	280	27	0.6	无
			后丝	10	273	27		
	填充：3层3道	—	前丝	11	300	28.1	0.6	无
			后丝	10	265	26.2		
	填充：4层4道	—	前丝	11	300	28.1	0.6	摆动 2.0mm
			后丝	10	265	26.2		
	填充：5层5、6道	—	前丝	11	300	28.1	0.6	无
			后丝	10	265	26.2		
	填充：6层7、8道	—	前丝	11	300	28.1	0.6	无
			后丝	10	265	26.2		
	填充：7层9、10道	—	前丝	11	280	27	0.6	摆动 2.0mm
			后丝	10	273	27		
	填充：8层11~13道	—	前丝	11	300	28.1	0.6	无
			后丝	10	265	26.2		
	填充：9层14~16道	—	前丝	11	300	28.1	0.6	摆动 1.0mm
			后丝	10	265	26.2		
	填充：10层17~19道	—	前丝	11	300	28.1	0.6	摆动 2.0mm
			后丝	10	265	26.2		
	填充：11层20~23道	—	前丝	11	280	27	0.65	无
			后丝	10	273	27		

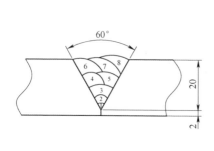

a) 第一种焊接类型

图 6-26　20mm 对接焊缝断面形貌及焊接道数示意图

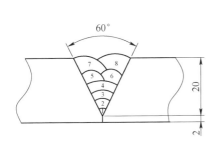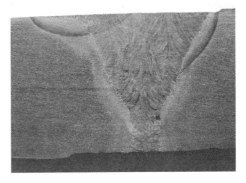

b) 第二种焊接类型

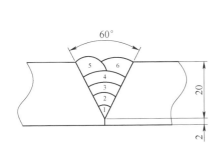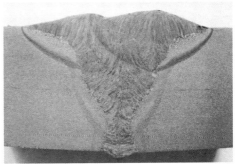

c) 第三种焊接类型

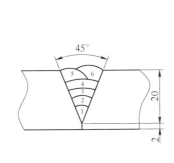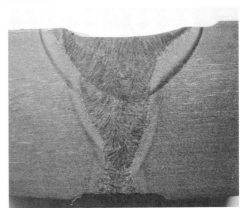

d) 第四种焊接类型

图 6-26　20mm 对接焊缝断面形貌及焊接道数示意图（续）

对于 20mm 对接材料，从表 6-13 及图 6-26 中可知，当焊接速度为 0.65m/min 时，焊接道数为 8 道，焊接层数分为 5 层和 6 层两种（第一种焊接类型和第二种焊接类型）；当焊接速度为 0.6m/min 时，焊接道数为 5 层 6 道（第三种焊接类

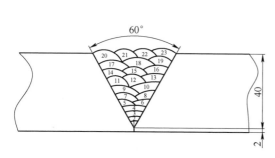

图 6-27　40mm 对接焊缝断面形貌及焊接道数示意图

型)。因此，为了减少焊接道数、提高效率，坡口结构为 60-2 时，建议采用第三种焊接类型，其焊接速度为 0.6m/min，前丝和后丝的送丝速度分别为 11m/min 和 10m/min，第四层需要摆动以增加焊缝宽度，保证和母材良好熔合。对于 45-2 坡口结构（第四种焊接类型），焊接道数为 5 层 6 道，焊接过程中均无摆动（第二种和第四种宏观金相照片，由于超声探伤需要，将焊缝余高去除）。对于 40mm 对接材料，总计焊接道数为 11 层 23 道，具体每道试验参数见表 6-14。实际生产中存在组装精度、焊接变形等问题，因此焊接道数会有一定的差异。

　　（2）角接焊缝　依据对接焊缝已有结论，对角接焊缝填充、盖面焊的焊接参数进行重复验证，表 6-15、表 6-16 所列为焊接参数，图 6-28 所示为角接焊缝断面形貌及焊接道数示意图。从试验结果可见：20mm 角接焊缝需要 5 层 6 道，

表 6-15　角接打底、填充及盖面焊的焊接参数（$t = 20$mm）

编号	焊接道数层数	激光功率/W	送丝速度 /(m/min)		电流/A	电压/V	焊接速度 /(m/min)	摆动
45-2	打底：1 层 1 道	6000	单丝	5	195	19.2	0.4	无
	填充： 2 层 2 道	—	前丝	11	280	27	0.6	无
			后丝	10	273	27		
	填充： 3 层 3 道	—	前丝	11	300	28.1	0.6	无
			后丝	10	265	26.2		
	填充： 4 层 4 道	—	前丝	11	300	28.1	0.6	无
			后丝	10	265	26.2		
	填充： 5 层 5、6 道	—	前丝	11	300	28.1	0.6	无
			后丝	10	265	26.2		

表 6-16　角接打底、填充及盖面焊的焊接参数 （$t=40$mm）

编号	焊接道数层数	激光功率/W	送丝速度/(m/min)		电流/A	电压/V	焊接速度/(m/min)	摆动
45-2	打底：1层1道	6000	单丝	5	195	19.2	0.4	无
	填充：2层2道	—	前丝	11	280	27	0.6	无
			后丝	10	273	27		
	填充：3层3道	—	前丝	11	300	28.1	0.6	无
			后丝	10	265	26.2		
	填充：4层4道	—	前丝	11	300	28.1	0.6	无
			后丝	10	265	26.2		
	填充：5层5道	—	前丝	11	300	28.1	0.6	摆动 0.5mm
			后丝	10	265	26.2		
	填充：6层6道	—	前丝	11	300	28.1	0.6	摆动 2.0mm
			后丝	10	265	26.2		
	填充：7层7、8道	—	前丝	11	280	27	0.6	无
			后丝	10	273	27		
	填充：8层9、10道	—	前丝	11	300	28.1	0.6	无
			后丝	10	265	26.2		
	填充：9层11、12道	—	前丝	11	300	28.1	0.6	无
			后丝	10	265	26.2		
	填充：10层13~15道	—	前丝	11	300	28.1	0.6	无
			后丝	10	265	26.2		
	填充：11层16~18道	—	前丝	11	280	27	0.65	无
			后丝	10	273	27		
	填充：12层19~21道	—	前丝	11	280	27	0.65	无
			后丝	10	273	27		
	填充：13层22~24道	—	前丝	11	280	27	0.65	摆动 2.0mm
			后丝	10	273	27		
	填充：14层25~28道	—	前丝	11	280	27	0.65	无
			后丝	10	273	27		

而 40mm 角接焊缝需要 14 层 28 道，焊接速度为 0.6m/min。从断面形貌可见，为了保证底层焊道的熔合，建议将 4 层前的焊接速度减小为 0.5m/min，另外焊接过程中要特别注意焊缝边缘的熔合，试验中由于采用的双丝焊枪为标准焊枪结构，坡口小，很难保证干伸长达到规定要求。

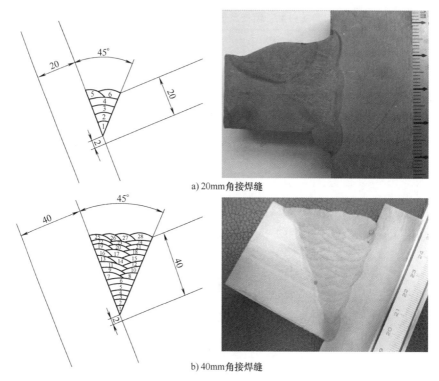

a) 20mm角接焊缝

b) 40mm角接焊缝

图 6-28　角接焊缝断面形貌及焊接道数示意图

6.4　在线监测及质量辅助控制系统

　　焊接过程的在线检测、监测及质量辅助控制系统包括温度测量系统、焊接参数（焊接速度、焊接电流、电弧电压）监测系统及图像监测记录系统，通过对焊接过程的温度、变形、电参数、光信号及影像的在线监测与检测，以实现对焊接生产过程的在线质量控制。

▷ 6.4.1　温度测量系统

　　开发适合于焊接过程在线监测的红外测温系统，并开发相应的测温软件模块，实现对焊前工件的预热温度及焊缝层间温度的在线测量。焊接测温装置与机器人焊接控制系统实现通信，可自动实现数据的存储，并能以数字量信号的形式输出到焊接控制系统，如果实际测量温度不在设定的温度范围内，系统将出现报警。

　　基于红外测温传感器，通过测温系统及测温软件模块，实现对焊前工件的预热温度及焊缝层间温度的在线测量及监控。

　　工作站带有两套感应加热系统，分别用于焊接过程的焊前预热和焊后热保温，每一套感应加热系统由加热枪和加热专机构成。每一台加热专机上安装有红外温度传感器，监控工件的预热及层间温度，当检测到的温度过低时，系统将报警并自动停机，并由加热源进行补温处理。系统可以实时记录温度变化情况，并能够将数据上传到管理程序中。加热专机如图6-29所示。

图 6-29　加热专机

红外温度传感器选用基恩士公司型号为 FT-H50C 的红外温度传感器，主要技术参数如下：

1）测量温度范围：0～1000℃。

2）典型测量斑点大小：$f = 500$mm 时，光斑直径为 18mm；$f = 1000$mm 时，光斑直径为 25mm。

6.4.2　焊接参数监测系统

焊接参数监测系统对焊接过程的焊接速度、焊接电流、电弧电压等主要参数进行在线监测，以确保焊接过程的参数稳定性及参数可追溯性。

焊接速度监测通过直接读取伺服电动机的速度实现。事前对伺服电动机的输出速度进行基准校正，监测到的焊接速度将以数字量的形式记录、存储、传输，通过软件控制，监测到的焊接速度超出实际焊接速度的最大允许波动范围时，系统将自动报警，焊接速度测量精度≤5%。

基于电弧分析仪开发焊接过程的电流、电压监测系统。该系统可以实时监测、记录、存储和输出焊接电流、电压等信号。信号经过计算机处理，就可得到电弧电压值及波形图、焊接电流值及波形图、燃弧时间、加权燃弧时间和过渡周期等参数信息（见图6-30），并可以分析焊接过程的电流及电压的概率分布。信号采集采用 0～10V 模拟量形式。采集后的信号经过计算还原成实际数据后，显示、存储、记录在控制系统中，并可以通过数据库文件形式输出，此数据文件可以用 Microsoft Office Excel 打开。

焊接过程采集到的焊接电流、电压波形可以以工件的实际焊接位置为坐标轴进行实时记录，并且通过控制软件预先设定电流及电压的允许波动范围。如果焊接过程中采集到某一时刻的实际电流、电压超出允许范围（见图6-30），系统将自动报警，并显示报警区域在焊缝（工件）的具体位置，操作工人可根据报警信息对焊接过程输出参数进行确认，必要时可对焊接参数进行补偿修正。焊后探伤检验时，对存在焊接报警区域的焊缝进行重点检测。

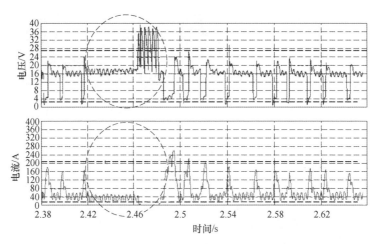

图 6-30　电流、电压波形图

6.4.3　坡口尺寸检测及自适应控制系统

采用加拿大 Servo Robot 公司型号为 RoboTrac-Digi-I/P-EXT 的焊缝跟踪系统，主要由激光传感器、控制单元和软件模块构成，除具有基本的焊缝跟踪功能外，还具有坡口尺寸检测功能。焊缝跟踪功能可以应用于弧焊中的大多数接头（如对接、搭接和角接）坡口的跟踪。

1. 激光传感器

激光传感器的主要技术指标见表 6-17。

表 6-17　激光传感器的主要技术指标

特性		描述
型号		DIGI-I/P-EXT
激光等级		Ⅲb
A：最小离开距离		5.6mm
B：视场深度		280mm
视场宽度	C：近平面	37mm
	D：远平面	175mm
平均深度分辨率		0.28mm
平均横向分辨率		0.11mm
尺寸		34mm×58mm×173mm
重量		500g
其他		轻合金整体加工外壳，外壳有冷却通道；燕尾槽机械安装方式，便于精确定位；高质量电气连接头（军用类型）；可更换前保护镜片；提供高柔性机器人用电缆；激光传感器本身带有 2m 的电缆

2. 控制单元

控制单元是跟踪系统的核心，它既是视觉控制单元，也是过程控制单元，通过与 PLC 或机器人通信来执行跟踪任务，其主要技术指标见表 6-18。

表 6-18　控制单元的主要技术指标

特性	描述
AC 输入	85~264V，3A，50~60Hz
输入保险类型	4A 开关断路器
HMI 端口	以太网 10/100Mbits
机器人端口	以太网 10/100Mbits 或串口
数字输入（选项）	8 或 16 路隔离的数字输入（9~30VCC）
数字输出（选项）	8 或 16 路隔离的数字输出（最大 40V/300A）
模拟输出（选项）	2 或 4 路模拟输出（0~10V）
E-STOP 急停输入	用于激光安全的外部报警输入
E-STOP 急停输出	外部报警干触点输出
LASER ON 输出	LASER ON 干触点输出
激光传感器冷却控制输出	用于 SRI 的传感器空气冷却系统
激光使能钥匙开关	用于激光安全的钥匙开关
尺寸	380mm×600mm×350mm
重量	25.8kg
工作温度	5~40℃

3. 软件模块

1）VS-1/IT 接头图像处理软件模块。功能描述如下：

①光学激光传感器自动控制。

②图像信息处理。

③该软件模块用于搭接接头、对接接头、外角接头、内角接头、焊缝接头类型的识别。

④机器人接口。通过 RS232/422 或以太网与机器人控制柜连接，进行视觉信息通信。

2）WeldCom（人机交互界面）软件模块。WeldCom 软件包含于控制单元。此图形用户界面可在任何安装 Windows 操作系统的 PC 上运行（PC 不包含在此项内），操作员可利用该软件调整系统所有的参数。主要体现以下功能：

①传感器设置调整。

②视觉算法选择。

③实时工件轮廓图像显示。

④跟踪选项调整。

⑤事件日志。

⑥实时过程监控。

3）VS-2/IT 高级接头图像处理软件模块。该接头图像处理软件模块包含了标准 VS-1/IT 中所未涵盖的各种接头形式，可以应用于弧焊中的大多数接头坡口的焊缝跟踪。

4）TRAC-3D 轨迹计算软件模块。该软件模块可计算在 X、Y 和 Z 方向焊缝跟踪所需要的机器人轨迹。

6.4.4 焊接电弧及熔池监控系统

电弧监视系统选用加拿大 XIRIS 公司的 MAG 电弧监视系统，如图 6-31 所示，它由相机探头和用来显示焊接图像的工业控制台组成。相机探头包括冷却装置和除尘装置，它可在控制台显示器上看见明弧、熔池边沿及焊丝。电弧监视系统的规格参数见表 6-19。

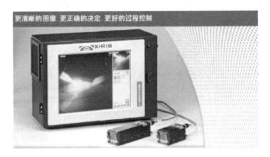

图 6-31　MAG 电弧监视系统

电弧监视系统具备以下优势：

1）减少安装时间：更清晰的图像可以减少安装焊接工具和材料的时间。

2）增加操作生产效率：允许操作人员在焊接过程中做出正确的焊接调整，减少废料和返工，减少因焊接失败导致的利润损失。

3）故障排除：验证焊接过程是否正常，并识别任何潜在的问题。

4）提升工作环境：焊接图像监测器可以从直接的焊接区域转移焊接工人，进而给焊接工人提供一个安静、干净、更健康、更安全的工作环境。

5）视频录制：XVC-O 可以录制、储存，以及回放重要的焊接过程，有助于质检和焊接核实。

通过电弧监视系统可从操作台上的显示器看到 MAG 焊接电弧及熔池位置，通过高清摄像系统可对焊缝成形情况进行在线监视，便于操作工人对焊接过程稳定性及焊缝成形实时监控。视频资料可以进行存储和数据上传。

表 6-19　电弧监视系统规格参数

概述

工作环境温度	+10～+45℃
存储环境温度	-20～+60℃

工业控制台

尺寸	484mm×212mm×340mm
质量	16kg
输入电源	AC100～240V，50～60Hz
显示器大小和类型	15寸触摸液晶显示器
控制台操作系统	镶嵌式 Windows 操作系统
控制台环境评估	IP54/NEMA13
硬盘容量	持续录制45h视频
冷却	2个风扇
其他接口	USB、Ethernet、VGA
支持探头数量	2个

系统选项

探头除尘装置	探头和控制台安装支架选项
探头气体冷却装置	探头和控制台自动冷却装置
数字输入/输出	大容量视频硬盘

相机探头

尺寸	50mm×51mm×118mm（标准）
	50mm×51mm×205mm（加长）
质量	0.5kg（标准）/0.65kg（加长）
工作环境评估	IP54/NEMA13
传感器	极宽动态范围：1400dB+
分辨率	1280×1024
远程探头控制	电动调焦，对比度和亮度调节
辅助照明	3个高亮度LED，手动或自动控制
电缆长度	10mm/20mm/30mm/40m
探头装置安装	T形槽，可与M5螺丝兼容

软件功能

十字准线和目标网格	对比亮度调节
自动/手动照明控制	图像锐化
视频录制、回放	100倍的数字图像缩放
图像旋转	图像镜像

6.5　智能焊接技术应用效果

6.5.1　质量提升

1）通过先进的激光-MAG复合焊接应用，实现打底焊缝的单面焊双面成形，焊缝根部一次熔透可靠性100%，打底焊成形效果如图6-32所示。

图 6-32　打底焊成形效果

2）通过多层多道焊自适应工艺开发及应用，实现大坡口焊缝的智能化填充焊接，代替传统的机器人示教编程，大幅缩短了编程辅助时间，解决了厚板焊缝的精确跟踪及填充难题，多层多道焊自适应过程及效果如图6-33所示。

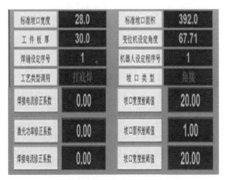

a）焊接参数设置及显示系统

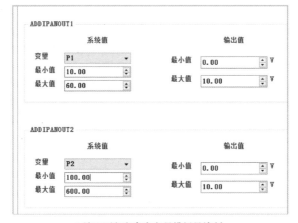

b）焊接过程中变量实时监测

c）坡口面积和宽度变量模拟量控制

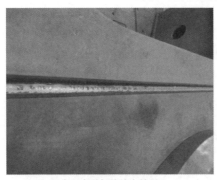

d）多层多道焊缝填充效果

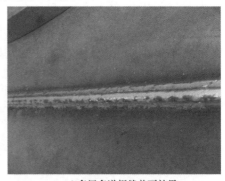

e）多层多道焊缝盖面效果

图6-33 多层多道焊自适应过程及效果

3）通过在线监测系统，对坡口工况、预热及层间温度、焊接参数、焊缝熔池及焊缝成形等质量控制要素进行在线监控，实现焊接质量的辅助控制。各要素在线监测情况如图 6-34 所示。

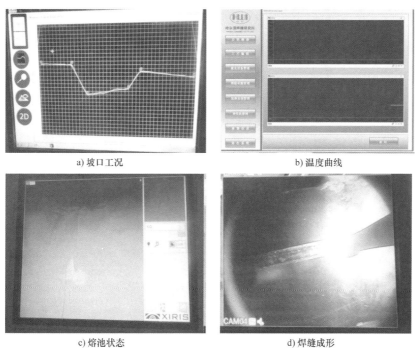

a) 坡口工况　　　　　　　　　　　　　b) 温度曲线

c) 熔池状态　　　　　　　　　　　　　d) 焊缝成形

图 6-34　各要素在线监测情况

6.5.2　效率提升

通过龙门架、机械手及焊接变位机等自动化焊接装备，实现三大结构件关键主体焊缝的柔性自动化焊接，焊接生产效率提高 50% 以上。各部件柔性自动化焊接及焊缝成形效果如图 6-35 所示。

a) 转台焊接　　　　　　　　　　　　　b) 车架焊接

图 6-35　各部件柔性自动化焊接及焊缝成形效果

c）履带梁焊接

d）对接焊缝

e）角接焊缝

f）环焊缝

图 6-35　各部件柔性自动化焊接及焊缝成形效果（续）

6.5.3　焊接过程管理

　　本项目颠覆了传统焊接工艺事后质量把关的模式，建立了集光、电、影像等特征信号的焊接过程在线监测及柔性智能化焊接系统，具有全过程质量监控、质量追溯、故障报警及诊断等功能，降低了劳动强度、安全风险，提高了焊接质量和效率，为工程机械制造领域首创。焊接管理平台如图 6-36 所示，各控制单元信息管理如图 6-37 所示。

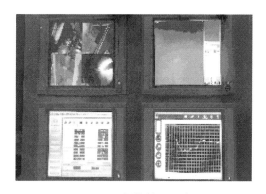

图 6-36 焊接管理平台

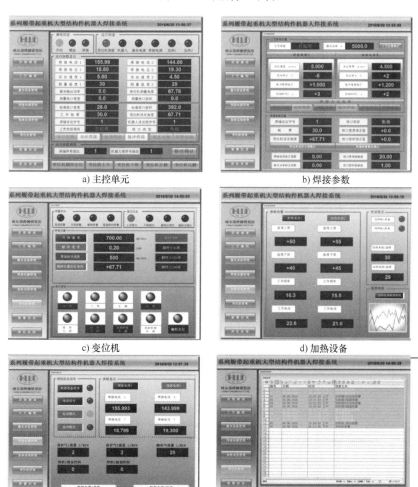

a) 主控单元	b) 焊接参数
c) 变位机	d) 加热设备
e) 焊接电源	f) 报警信息

图 6-37 各控制单元信息管理

本章小结

本章深入研究柔性自动化焊接装备技术、厚板智能焊接工艺及焊接过程在线监测技术，实现工程机械关键部件主体焊缝的自动化焊接、焊接质量的在线监测及管理、焊接过程故障诊断，提高工程机械关键核心部件的焊接质量和安全可靠性。

开发集成焊接机器人、加热专机、变位机等自动化装备，实现转台、车架及履带梁三大结构件柔性自动化焊接；采用激光-MAG 复合焊技术，实现打底焊道的单面焊双面成形，解决打底焊缝难以熔透的问题，消除未焊透缺陷对结构件服役安全性的影响；采用双丝 MAG 焊技术进行填充盖面焊接，提高了焊接生产效率。开发智能焊缝识别与焊道规划系统，解决多层多道焊的焊道自动规划、焊缝的均匀化生长及自适应调节问题，实现厚板机器人焊接工艺的智能化。研制开发在线监测、检测系统，通过对坡口工况、加热温度、焊接参数、熔池状态等焊接关键质量要素的实时监控和记录，实现对焊接质量的在线辅助控制。

注：1. 项目名称：国家"十二五科技支撑计划"项目"工程机械大型关键结构件智能焊接生产线"，编号：2015BAF01B03。
2. 验收单位：中国机械工业联合会。
3. 验收评价：2018 年 3 月 30 日，验收专家组认为，项目围绕工程机械大型结构件智能焊接，开展厚板弧焊国产机器人研制、大型结构件机器人柔性化自动焊接装备、焊接过程的在线检测、监测及质量辅助控制技术、厚板激光-电弧复合打底焊接技术及智能焊接工艺、焊接全过程信息化管理及生产线集成示范应用等关键技术研究，开发出大型结构件机器人柔性化自动焊接装备、焊接过程在线检测系统、多层多道焊缝智能焊接工艺、中厚板激光-MAG 复合热源打底智能焊接技术、厚板高功率激光-MAG 复合焊枪等，完成了课题任务书规定的各项研究内容和考核指标，达到了预期目标。专家组同意该课题通过验收。

第 7 章

——

工程机械共性部件
再制造技术

工程机械共性部件再制造是指将使用过一段时间后产生结构性能损伤但没报废的工程机械共性部件（如起重机臂架、液压缸等）回收，通过一系列的损伤检测和再制造技术流程后重新将机械设备投入到工程施工作业中。工程机械共性部件再制造作为绿色制造的重要组成，是解决我国目前面临的资源、能源短缺和环境污染问题的有效技术途径之一，已得到国家、制造业和广大民众的广泛认同。因此，研发高效绿色的工程机械共性部件再制造技术并制定统一的再制造技术规范和标准，对我国发展循环经济具有重要意义。工程机械共性部件再制造技术主要包含3个方面：绿色高效清洗、高效无损检测、共性部件再制造成形。本章将就上述3个再制造技术环节展开具体的阐述。

7.1 绿色高效清洗

经逆向物流回收的废旧工程机械，表面存在油污、油漆和锈蚀等附着物，影响零部件缺陷检测，再制造时首先需进行表面清洗，其中应用最广泛的清洗方法是喷砂喷丸清洗。喷砂喷丸除锈由颗粒喷射冲蚀作用达到表面除锈的目的，设备包括敞开式喷砂喷丸机、密闭式喷砂喷丸机、真空喷砂喷丸机。敞开式喷砂喷丸机应用较为广泛，能较彻底地清除金属表面所有的杂质，如氧化皮、锈蚀和废漆层，除锈效率为 $4\sim5m^2/h$，除锈质量好，但磨料不能回收，清理现场麻烦，所以环境污染较重，逐渐被限制使用。因此，如何实现废旧工程机械绿色高效清洗成为工程机械再制造前处理面临的技术挑战。区别于传统的喷砂喷丸方法，本节将介绍工程机械相关绿色高效清洗技术和方法。

7.1.1 清洗机理

1. 表面污染物附着特性分析

工程机械如汽车、起重机等长期在露天环境下工作，起重机臂架在雨水、阳光暴晒等环境作用下，表面的防锈漆层脱落，产生锈蚀并且有油液等凝固体。锈层的清除最为困难，因此对表面的锈层和废漆层进行清洗，首先需要分析表面污染物附着特性。残余涂层附着在臂架上，在残余涂层上伴有表面氧化物锈蚀，分内、外2层，其腐蚀的效应不同。如果对臂架进行二次加工，就要对表面进行重新预处理，即在保留臂架钢质材料表面的一定附着粗糙度前提下，去除残余涂层、锈层和表面层（内、外效应），从而为再次加工做准备。

通常情况下，汽车起重机臂架表面漆层的附着力为600N。基体表面需要清洗掉的污染物称为附着层。从化学理论来看，附着层分为无机物附着层和有机物附着层2种。常见的无机物附着层主要有锈层、碳层等。它们一般比较坚硬，不溶于水，并且质地比较脆，容易产生裂纹。有机物附着层可分为自然附着和人工附着的有机物附着层两种。自然附着的有机物附着层大部分是含有无机成分的生物体，如质地较软的苔藓等，其本身含水量的不同也决定了其性质的不同。汽车起重机臂架的污染物主要为锈层、油层及其他混合物固体颗粒，其附着层应该为无机物附着层与有机物附着层的结合体。

▶ 2. 超高压水射流清洗机理分析

超高压水射流清洗技术是指利用高压泵组将清洗介质水加压到几百甚至几千个大气压下，通过喷嘴、清洗盘等具有微小孔径的高压水发生装置喷射出来。这种水射流的速度一般在声速以上，因此属于超声速射流，具有巨大能量，可以产生强大的冲击力，从而进行清洗作业，完成不同种类的任务。将这种强大的能量利用在清洗作业上的技术就被称为超高压水射流清洗技术。超高压水射流是利用高压水具有的冲击力将基体表面的污染物冲击下来，并且不损伤基体表面。与传统的人工、化学清洗相比，超高压水射流清洗具有很强的适应性，并且能够清除传统清洗很难清除的水锈、油污、涂层以及微生物污泥等，并且效率高、自动化程度高。与传统清洗工艺相比，超高压水射流清洗技术能够更好地适应环境变化，能够在空间狭窄、环境恶劣的位置进行清洗作业，并且可以很好地适应表面或者结构复杂的位置。因此，在清洗行业，各个国家都比较倾向于使用超高压水射流进行清洗。

随着超高压水射流技术的不断发展，超高压水射流清洗也得到了各个国家的重视，并且应用也日趋广泛。在容器、管道内壁、带钢除鳞、铸件去毛刺等工艺的清洗中已经开始应用超高压水射流技术。超高压水射流技术现已广泛地应用于交通、机械、市政、化工、建筑等领域。就清洗行业而言，超高压水射流技术已经在北美、欧洲的发达国家中占据了80%以上的清洗份额，并且还在不断增长中。

与传统的清洗技术相比，超高压水射流清洗技术具有以下优势：

1）不污染环境。超高压水射流清洗技术的清洗介质是我们生活用的自来水，这样清洗介质就保证了清洁性，不会对环境产生不良影响，并且在清洗中由于冲击作用会使高压水雾化，可以降低在施工现场的粉尘浓度，进而杜绝粉尘污染，清洗后不需要进行后处理，是一种环保型清洗技术。

2）不腐蚀金属。在超高压水射流技术中使用的是高压水的冲击力，不需要向介质中添加任何酸碱清洗剂，因此在清洗过程中不会由于化学反应而对清洗基体产生破坏，能够保证清洗基体的完整性。

3）应用范围广。由于高压水是从微小孔隙或者缝隙中喷射出来的，因此其清洗结构很小，不需要很大的清洗空间，并且射流打击为一个微小圆面，能够适应更为复杂的表面和特殊结构。超高压水射流清洗的设备要求简单，并且对清洗对象的大小、材质、形状及污染物种类均无特殊要求，因此应用极其广泛。

4）清洗效率高，成本低。不管何种结垢物或堵塞物，只要水射流参数，即压力、流量，以及喷枪、清洗盘、喷嘴选择合适，就能快速、有效地清洗干净。用自来水作为介质，成本低，同时选用高强度、高耐磨性喷嘴、喷头作为喷射工具，水对喷嘴、喷头的磨损程度较小，综合成本只有传统方法的 30%左右，可达到成本低、效率高的双重效果。

射流是一种孔口或狭缝处湍流流动现象。工程所用水射流绝大多数是湍流流动，其实际结构和运动机理极其复杂，在流体力学理论分析上，其流动的基本图形是边界层流动。1974 年，日本学者 Yanaida 和 Ohashi 首先用几何图形描述了水射流的特征图，后来经众多学者的试验与丰富，该特征图成为如图 7-1 所示的国际上水射流学术界公认的射流结构图。

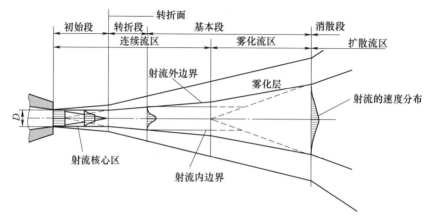

图 7-1　射流结构图

在喷嘴出口处，射流的速度是均匀的，而射流一离开喷嘴就卷吸周围的介质，其与环境介质形成的边界层存在着极大的速度差，由此而产生一个垂直于射流轴心方向的力，该力与速度差成正比关系。在这些力及射流内部湍流波动的作用下，其与环境介质发生的质量与动量交换，使射流表面出现波状分离。其构成及波长依赖于射流排出工况。射流流体与环境介质的质量及动量交换过程也是射流的传播与扩散过程。射流的扩散首先开始于射流表面并逐渐向轴心发展。因而，在与喷嘴一定距离内就形成一锥形等速的射流核心区。射流核心区内射流轴向动压力、流速基本保持不变。射流的边界变宽、速度降低，从而使速度保持初始速度不变的区域也不断减少。速度等于 0 的边界称为射流外边界，射流速度保持初始速度的边界称为射流内边界，内、外边界之间的区域为边界层。

显然，边界层的宽度随着离开出口的靶距而不断扩张，导致射流中保持初始速度不变的区域不断减少，使更多的水卷入射流流动。当内边界线与射流轴线相交时，即射流截面上只有轴线上的速度为初始速度时，称这个射流界面为转折面，在转折面之前，射流轴线上的速度始终保持初始速度不变；在转折面之后，射流轴线上的速度开始逐渐衰减。

在射流的外边界上，射流与周围介质相互作用将产生极不稳定的漩涡，这些大大小小的漩涡运动和分布都是杂乱无章的、随机的，在边界层内由于漩涡的运动使流体质点之间产生交换，交换的结果是在射流边界层内产生沿射流横向和轴向的时均速度变化。将射流分为初始段、中间段和消散段。

1）射流初始段。由喷嘴出口至转折面区域为射流初始段。射流一离开喷嘴就与环境介质发生剧烈的动量交换和紊动扩散，但仍有一部分处于中心线附近的射流介质保持喷嘴出口初始速度，这部分介质组成了等速核心，是射流的精华。在等速核心的内部不存在横向部分或纵向的速度梯度，各点的速度大小、方向均相同，因此它属于一种有势流动（无旋运动），等速核心也称势流核（Potential Core）。射流内、外边界之间的区域是由射流介质与环境介质相掺混而形成的稳流混合区，在该区内存在速度梯度，因而产生雷诺应力，随着靶距的增加核心区逐渐减少。

2）射流中间段。转折面以后消散段前的区域为射流中间段，其包含前部较短的转折段和后部较长的基本段。该段内射流轴向流速及动压力逐渐减小，其变化呈双曲线关系。而在垂直于轴心的截面上，轴向动压力与流速自最大值迅速减至边界上的最小值，其变化呈高斯曲线关系。同时，该段内射流仍保持完整，并且有紧密的内部结构。在该段中射流的紊动特性充分地表现出来，该区域也是由射流介质与环境介质互相掺混而形成的紊流混合区，与射流初始段混合区没有本质的区别，只是在射流基本段内被卷吸的环境介质增多，混合区的平均速度逐渐地减小，对于高速射流而言，这两个混合区的雷诺数都在紊流区内，因此两个混合区的速度分布规律应是相似的。

3）射流消散段。射流基本段以外的区域为射流消散段。此时射流与环境介质已完全混合，射流轴向速度与动压力相对较低。如在大气中，则已变成水滴与空气的混合物或雾化。显然在射流消散段，射流介质卷吸环境介质的能力基本殆尽，雾化流区的作用基本模糊了边界层，由边界向轴心连线表明该点所在轴心面是雾化流区的开始。射流在该区域已没有什么凝聚力了，这就是靶距的概念。

这一应用经验应看作是靶距概念的延伸。由丁射流基本段与消散段间的划分较为模糊，两段间无明显的特征变化界面，因而许多学者只把射流分成初始段和基本段两段加以讨论。射流各段在工程应用中具有不同的功能。初始段用于材料切割最为有效，而基本段对清洗、除锈、修整加工、表面抛光及去毛刺等作业更为有利。消散段则主要应用于射流降尘、除尘等工艺中。

超高压水射流技术与传统技术存在很大的差异，尤其是在除锈及切割方面。当高压泵的输出压力超过 50MPa 时，从细小孔隙中喷射出的高压水射流的流速将超过 340m/s，达到超声速状态。如此高速的射流作用于材料上，这个过程就完成一次冲击，因为冲击的特点就是高速流体作用于材料表面，使材料表面变形。必须强调的是，高速的突然冲击会导致水射流速度突变，导致水射流内压力急剧增加，使液体对材料的作用力增大。

7.1.2　整体清洗系统设计

以汽车起重机臂架清洗系统为例进行介绍。

1. 清洗系统设计

超高压水射流汽车起重机臂架清洗系统根据不同的作用，共分为六个子系统，包括超高压泵站系统、泵前水处理系统、路面行走机构、真空抽吸系统、电控系统和气动系统等。超高压水射流汽车起重机臂架清洗系统原理如图 7-2 所示。自来水经泵前水处理系统进入超高压泵站进行加压，通过高压管进入臂架清洗执行机构清洗盘喷出，冲击在臂架表面漆层和锈层上，使表面的漆层和锈层与基体分离。冲击下来的废漆和废水等，经过真空抽吸系统的作用得到回收。气动系统主要提供压力为 1MPa 的高压气体，控制气动马达旋转，以及气控卸荷阀的开启。

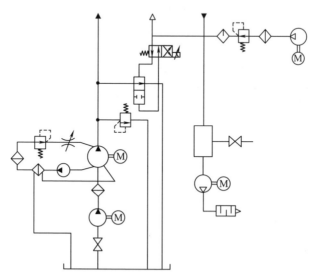

图 7-2　超高压水射流汽车起重机臂架清洗系统原理图

超高压泵站系统是整套清洗系统的核心，由其产生的超高压水，通过清洗盘作用于汽车起重机臂架表面，达到汽车起重机臂架清洗的目的。超高压泵组

的核心是三柱塞往复泵站，其主要的优点是运行平稳、压力稳定。其压力可达
250MPa，流量为27L∕min。超高压泵组的构成如图7-3所示。

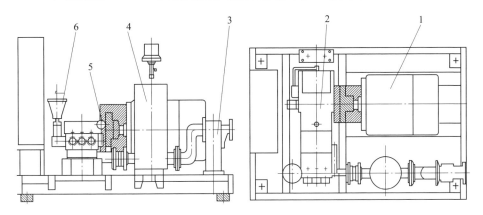

图7-3　超高压泵组的构成

1—电动机　2—超高压往复三柱塞泵　3—过滤器　4—抽吸稳流器　5—压力表　6—气控卸荷阀

超高压泵站系统主要由泵前水处理系统（依次是离心泵、过滤器、稳流
器）、电动机、超高压往复三柱塞泵、气控卸荷阀等组成。超高压泵在运行的过
程中，润滑油在高压泵动力端起润滑作用。若润滑油温度过高会使其黏度过低，
严重影响润滑效果，因此超高压泵站需要配有润滑油冷却系统。通过油泵将润
滑油抽出，与高压水形成对流，从而降低润滑油温度，冷却过的润滑油再次进
入润滑部位。

为了保证超高压泵正常、安全运行，在超高压泵上安装有两个压力传感器和一
个温度传感器，对高压泵组进行实时监测，分别是入水压力监测、出水压力监测和
润滑油温度监测3部分。当传感器采集到的数据超出或低于预设范围时，系统将发出
报警信号，高压泵停止工作，这样就保证了超高压泵的可靠、安全运行。

▶ **2. 清洗试验**

根据设计难点以及要求，对臂架的表面形貌进行分析，整个臂架以小曲率
大表面为主，所以可以首先对整体结构进行清洗研究，得到如图7-4所示的臂架
清洗系统结构设计。该设计能够在满足清洗要求的前提下完成臂架表面大部分
的清洗工作。

在设计中，主要考虑臂架的一个整体清洗过程，所以先对大曲率表面及凸
台等结构进行清洗作业。整个系统的清洗过程：①控制液压升降平台，将清洗
盘提升到待清洗平面，保证气缸伸出时能够使清洗盘相对臂架的位置；②控制
气缸伸出，使清洗盘以一个恒定的压力贴合在臂架表面，保证整体贴合度，达
到真空回收标准；③运行执行机构，往复一次，清洗臂架表面；④待臂架固定

图 7-4 臂架清洗系统结构设计

位置清洗完毕后，关闭高压水及旋转喷头，将气缸缩回；⑤将臂架旋转一定角度，重新调整清洗盘位置，继续下一阶段的清洗，直到整个臂架的大部分表面都已经清洗干净。

在整个清洗过程中，需要严格控制清洗执行器的进给速度及找准清洗位置，并且经过实际测量，臂架除了在特殊位置存在大曲率表面之外，其他位置的最大半径为根据臂架的表面曲率不大于 $3m^{-1}$，所以在清洗盘选择时，确定其直径为 100mm，并且带有真空回收孔，以利于控制清洗距离以及满足对小曲率表面的适应性。为了达到最佳的清洗效果，清洗盘所装载的喷嘴个数要尽可能多一些，根据参数，最终选择直径为 100mm 的清洗盘，一次性可以搭载 8 个喷嘴，保证一次清洗中可以增加更多的清洗时长。并且在清洗中需要保证清洗的有效性，所以需要严格控制进给速度及清洗盘的旋转速度，根据理论分析，在进给速度为 10mm/s、气动马达输入压力为 0.7MPa 时，清洗效果最佳。

7.2 高效无损检测

回收的废旧工程机械经绿色清洗等表面清洁工作后，需要对结构进行结构性能检测，以评估结构使用过程中累积的结构损伤。传统的检测方法无法对工程机械臂架表层隐性疲劳裂纹进行快速、精确、无损检测。近年来，工程机械研究人员通过运用特征参量分析、小波分析和波形频谱分析等方法提取故障源特征信号，开展了大量损伤特征信号的提取、识别及分析工作，并运用到有关结构件的损伤检测中。本节将重点介绍基于声发射的快速无损检测技术。

7.2.1 结构件常见焊接缺陷受载过程中的声发射特性分析技术

1. 典型焊接缺陷源的声发射信号获取试验

通过带焊接裂纹、夹渣及气孔缺陷的钢焊接试件的三点弯曲试验模拟实际构件的受载破坏过程，采用声发射传感器拾取典型缺陷的特征信号；对相关缺陷位置进行定位分析，并获取结构件中塑性变形声发射信号的基础样本数据。

（1）焊接裂纹、夹渣、气孔等焊接缺陷试件的制备　采用标准焊接工艺，通过人为操作在试件内部预置焊接缺陷，并通过 X 射线来对焊接试件缺陷形式及尺寸进行检测，试件采用等离子切割技术加工完成，其试件结构为长方体形状。对于试验加载及传感器布置方案，采用两个传感器对试验过程进行监测，其传感器布置如图 7-5 所示。

图 7-5　传感器布置示意图

（2）焊接缺陷源的声发射定位分析

1）Q345 钢焊接预置裂纹试件。试件加载各阶段的焊接裂纹照片如图 7-6所示。

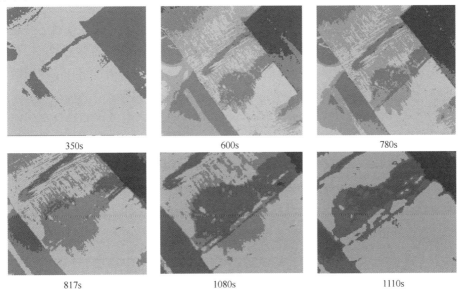

350s　　　600s　　　780s

817s　　　1080s　　　1110s

图 7-6　试件加载各阶段的焊接裂纹照片

在传感器 S_1 和 S_2 线性定位坐标轴上，焊接裂纹试件加载过程中的声发射定位事件统计数据见表 7-1。

表 7-1　焊接裂纹试件加载过程中的声发射定位事件统计数据

序号	主要定位区域	定位事件数/个
第一次加载及卸载	25～35mm	1
第二次加载及卸载	25～35mm	4
第三次加载及卸载	35～40mm	2
第四次加载过程	25～36mm	54

由表 7-1 可知，焊接裂纹试件在加载过程中的主要定位区域为 25～36mm，且定位事件主要发生在第四次加载过程中。根据测试结果，仔细分析第四次加载过程，可将其分为 4 个阶段：①加载力小于或等于前面阶段（510～560s）；②屈服前阶段（560～680s）；③屈服阶段（680～820s）；④屈服后强化直至裂纹断裂（820～1050s）。而第四次加载过程中的 125 个定位事件，有 62% 出现在屈服后强化直至裂纹断裂阶段。屈服后强化直至裂纹断裂阶段是裂纹萌生、扩展直至宏观断裂集中出现的时间阶段，由此可知，采用声发射信号可对材料的焊接裂纹破坏过程实现准确的定位。通过分析发现：在前三次加载过程中，载荷较小，声发射现象不活跃，传感器所拾取的撞击数少，定位事件也较少；在第四次加载过程中，随着载荷逐渐增大，声发射现象逐渐明显、活跃，数量增多，撞击数迅速上升，定位事件数也随之增加。在第四次加载过程中，绝大部分定位事件的坐标落在了裂纹缺陷的位置包络区域 25～35mm 内，结合前面塑性变形过程声发射特征分析及裂纹的变化情况可知，其包括塑性变形、裂纹的萌生和扩展所产生的定位事件。仔细观察定位事件的参数值发现，其幅值大都较大，超过 60dB，能量也相对较大，位置集中在中间预制裂纹处，为裂纹所引起的定位事件（传感器 S_1 和 S_2 的间距为 60mm，定位事件的最大偏差为 5mm，小于传感器间距的 10%）。

2）WELDOX960 钢焊接气孔缺陷试件。焊接气孔缺陷试件加载过程中的声发射定位事件统计数据见表 7-2。

表 7-2　焊接气孔缺陷试件加载过程中的声发射定位事件统计数据

试件代号	加载阶段	主要定位区域	定位事件数/个	备注
W-G-5	全过程	20～32mm	1296	10～50mm 定位事件 1530 个
W-G-5	最后一次加载过程中（1120s 之后）	15～25mm	1293	10～50mm 定位事件 1522 个

前三次加载阶段试件仅发生弹性变形，定位事件相对很少，最后一次加载过程（1120s 之后）试件经历从塑性变形到气孔缺陷断裂过程，可发现其定位事

件主要集中在 15~25mm 范围（开裂位置在 20mm 附近），且主要发生的时间为 1185~1350s 阶段，这不仅与试件发生断裂的区域位置基本保持一致，而且与试件发生断裂的时间一致。由此可知，采用声发射信号能够对材料的气孔缺陷断裂区域位置实现初步的定位。

3）WELDOX960 钢焊接夹渣缺陷试件。焊接夹渣缺陷试件加载过程中的声发射定位事件统计数据见表 7-3。

表 7-3　焊接夹渣缺陷试件加载过程中的声发射定位事件统计数据

试件代号	加载阶段	主要定位区域	定位事件数/个	备注
W960-4-2	全过程	25~35mm	111	10~50mm 定位事件 201 个
W960-4-2	最后一次加载过程中（1100s 之后）	25~35mm	108	10~50mm 定位事件 195 个

前三次加载阶段试件仅发生弹性变形，定位事件相对很少，最后一次加载过程（大约 1100s 之后）试件经历从塑性变形到轻微夹渣缺陷断裂过程，可发现其定位事件主要集中在 25~35mm 范围（开裂位置在 28mm 附近），且主要发生的时间为 1400~1700s 阶段，这不仅与试件发生断裂的区域位置基本保持一致，而且与试件发生断裂的时间一致。由此可知，采用声发射信号能够对材料的轻微夹渣缺陷断裂区域位置实现初步的定位。

综上所述，声发射技术能够实现对各种焊接缺陷源动态破坏过程的准确定位，对小金属试件定位误差在 10% 以内，大型结构件由于其结构复杂性且存在波形衰减、散射等影响，可能定位误差会有所变化。

▶▶ 2. 焊接缺陷源的声发射信号特征参数分析

载荷-时间曲线如图 7-7 所示，按照时间顺序对材料加载及破坏过程进行划

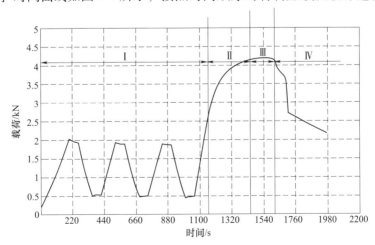

图 7-7　载荷-时间曲线

分，可以将其分为 4 个不同阶段。

预加载阶段主要产生应力集中及局部的弹塑性变形，从第Ⅱ阶段出现焊接裂纹的萌生及扩展过程，因此主要对Ⅱ~Ⅳ 3 个阶段进行分析。图 7-8 和图 7-9 所示为各频谱特征参量值随时间的经历图。

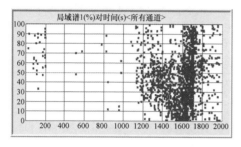 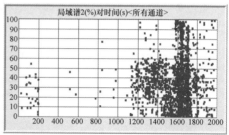

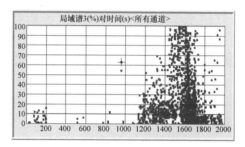

图 7-8　局部谱能量百分比随时间的经历图

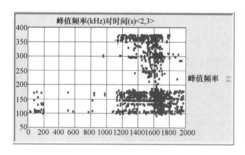 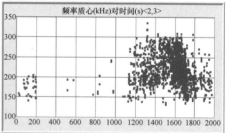

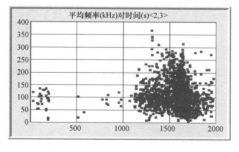

图 7-9　各频域指标随时间的经历图

夹渣缺陷处的塑性变形阶段及微裂纹萌生扩展阶段（阶段Ⅱ：1100～1400s）：在加载曲线中载荷和变形量不成正比。由于试件在加载过程中是逐层进入屈服变形阶段的，因此不会出现拉伸试验中明显的屈服变形过程。在此阶段初期，位错运动是主要声发射源，但由于夹渣缺陷的存在增大了试件材质的不均匀性，从而会增加塑性变形过程中单个位错运动所释放的能量值，增大了声发射信号的强度值。因此，此阶段声发射信号数量多，且幅值、能量值等特征指标相对于焊接完好试件较大。

在此加载阶段的后期，在应力集中部位会出现微裂纹的萌生及扩展过程。由于夹渣缺陷的存在，使围绕夹渣颗粒的周围焊接材料未能实现良好的熔合，加载过程中在该位置容易出现脱粘。因此微裂纹产生及扩展过程包括：微观脆性结构的断裂及微小夹杂物的脱粘。由于产生相关缺陷的结构非常脆，因此微裂纹的产生及扩展过程非常迅速，释放产生的信号能量值较大。在此阶段，由于材料承载能力没有大的变化，弯曲过程主要以塑性变形为主，所以在加载曲线中很难观察到微裂纹的产生及扩展过程。而一旦出现微观裂纹萌生及扩展阶段时，信号的多个特征参量（幅值、能量值及平均频率值）会出现显著的增大。

裂纹的稳态扩展阶段（阶段Ⅲ：1400～1560s）：裂纹的稳态扩展是由于随微观裂纹数量的增多，相互位置逐渐靠近，随载荷的增加很多裂纹会产生聚合，形成大的宏观裂纹。开始时信号值较弱，然后逐渐增加，当到达稳态扩展前信号幅值达到最大。稳态裂纹扩展过程中大量微观裂纹的断裂是主要声发射源，且累积能量值的大小与微观裂纹的总面积成正比。

裂纹的非稳态扩展阶段及试件快速断裂阶段（阶段Ⅳ：1560s～最后，试件出现明显的宏观断裂裂纹）：宏观裂纹稳态扩展阶段后期，超过了材料的承载极限，会沿试件的整个横断面突然脆性断裂，在加载曲线中会出现载荷值的瞬态回落。释放信号的能量值与区域大小及材料材质有关。区域越小，材料越脆，则释放的单位信号能量值越高，一般夹渣试件发生脆断的可能性稍大。

不同缺陷源的频域特征指标分布范围统计见表7-4。焊接裂纹萌生及扩展过程产生的是具有较大高频分量的扩展波分量，而背景噪声信号和零件塑性变形产生的是频率相对较低的弯曲波分量。这两种波的频谱特征指标有明显的区分。因此，可以采用频谱特征指标对焊接裂纹缺陷进行识别。这里应注意快速断裂过程的声发射信号，其时域信号有非常明显的特征。虽然其频谱指标与裂纹稳态扩展有较大的相似性，但其时域指标会出现突然增加，因此可首先通过时域指标对其进行特征提取。

表 7-4 不同缺陷源的频域特征指标分布范围统计

声发射源	局域谱 1(100~200kHz) （%）	局域谱 3(270~400kHz) （%）	质心频率/kHz	平均频率/kHz	峰值频率/kHz
橡胶塑性变形及破坏	70~100	0~3	130~145	25~70	97~130
塑性变形	25~70	20~40	140~210	20~120	90~180
裂纹稳态扩展	0~50	60~100	190~290	100~280	96~178，228~375
裂纹非稳态扩展	0~50	60~100	140~280	14~230	90~185，280~375
裂纹断裂阶段	5~93	0~48	140~240	88~182	92~180，290~312

分析该信号特征发现，其信号幅值大于 75dB，甚至满幅值（100dB）；能量值大于几十甚至超过 100W；RMS 电压值达到 0.01V，甚至超过 0.1V。因此，以 RMS≥0.01V、能量值大于 100W 作为滤波条件对其采集信号进行滤波分析，所得信号位置与裂纹断裂时刻 1705s 完全对应。因此，可以通过信号幅值、能量值及 RMS 电压值等对裂纹快速扩展过程进行信号筛选。快速断裂过程的声发射信号本质上由多个典型的裂纹开裂声发射信号组成。由于在宏观裂纹开裂的瞬间，实际发生的裂纹断裂非常多，虽然采集设备的采样频率已经比较高，但是仍然很难将这些几乎同时产生的断裂释放的应变能区分开，所以形成了这种几乎满幅的能量极大的信号。

▶▶ 3. 不同缺陷试件破坏过程的声发射信号对比分析

不同焊接缺陷试件的加载过程特征参量分布图如图 7-10 所示，其中气孔试件的声发射信号集中出现在塑性变形的初期，然后逐渐减少，在加载过程后期会发现个别高能量值、高振铃计数的撞击信号。试件的加载破坏过程与气孔的尺寸、形状及分布状态等许多因素有关，当气孔尺寸较大、内部形状尖锐、集中分布在个别区域时，试件加载过程会集中在该区域破坏，出现明显的宏观裂纹，如气孔尺寸小、边缘圆滑；分布区域较广时，试件加载过程外表面不会出现宏观断裂，而标准试件加载过程的声发射事件在整个加载区间分布较均匀（因为试件弯曲变形中发生塑性变形的区域为从试件外表面逐渐扩展到试件的中性层，是一个不断产生、不断变化的过程）。焊接夹渣试件在加载后期出现裂纹扩展及脆性断裂，在断裂前、后产生大量声发射信号，信号幅值、能量值等特征参量值均较高。

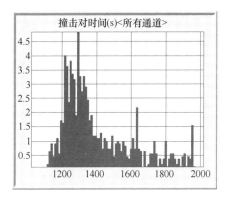
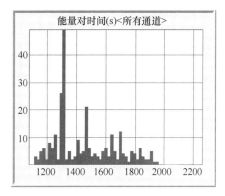

a) 气孔试件(未宏观开裂)

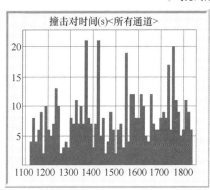
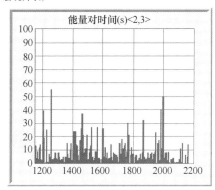

b) 焊接完好试件

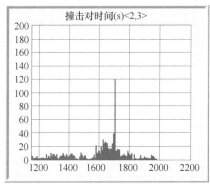
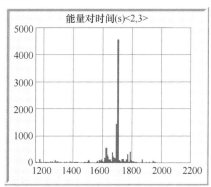

c) 夹渣试件(产生宏观裂纹)

图 7-10　不同焊接缺陷试件的加载过程特征参量分布图

7.2.2　小波分析在焊接裂纹源模式识别中的应用

1. 小波分析

声发射信号是由频谱丰富的多组波组成的，大量的实践表明声发射信号不同波段的能量值在一定程度上反映了声发射源的特征，不同声发射源信号的特征可以通过频谱分布信息表现出来。但是对信号进行频谱分析是建立在一个隐含的前提条件之上，即被分析的信号是周期的平稳信号。而声发射信号是一种频率和统计特征均随时间变化的非平稳随机信号，频谱分析无法对某个时段的声发射信号特征进行分析，因此频谱分析对声发射信号特征的提取受到诸多的限制。利用小波变换把声发射信号分解到不同的频率范围，就可以在不同的频带上分析声发射信号中的不同频率成分的特征。

图 7-11 所示为利用声发射技术监测 WELDOX960 钢受载弯曲变形，采集到的典型声发射源信号时域及频谱波形。从频谱图上分析可知，信号的频谱在 100~400kHz 范围内比较丰富，且能观察到区别。但要分析其中的主要频谱分布范围只能进行大致的估计。根据以往的研究经验，采用 db3 小波函数对采集到的多个（60 组）声发射信号分别进行 5 个尺度的小波分解，经小波变换，钢铁受载荷弯曲塑性变形声发射信号被分解成 6 个频段，见表 7-5。

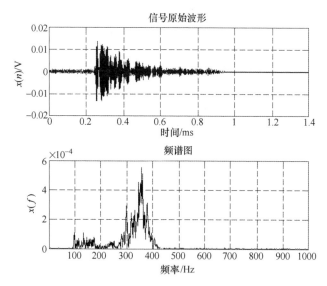

图 7-11　信号波形图

表 7-5　不同缺陷类型的各级小波级数能量百分比分布　　　　　　　（%）

小波级数		1	2	3	4	5	6
频率范围/kHz		0~46.875	46.875~93.75	93.75~187.5	187.5~375	375~750	750~1500
缺陷形式	塑性变形	2.04~4.09	10.17~26.57	38.2~45.36	21.74~31.89	6.24~12.13	1.78~2.85
	裂纹萌生	0.33~1.33	1.97~5.04	4.65~14.3	30.5~52.91	29.45~44.43	5.7~9.05
	快速扩展	2.7~6.18	10.34~18.88	26.87~44.75	21.14~27.52	6.98~16.7	1.64~16.16
	断铅	2.32~4.03	17.25~30.77	37.21~47.81	17.27~24.81	5.14~9.91	1.11~1.87

由表 7-5 可知，塑性变形信号经过小波分解后第 2、3、4 级的信号所携带的能量占总能量的 80% 以上，是信号的主能量频带，即第 2、3、4 级的分解信号含有钢铁受载荷弯曲塑性变形声发射检测信号绝大部分信息。因此，第 2、3、4 级的分解信号可用于分析塑性变形的特征。当塑性变形进行到一定程度时，材料的内部会产生裂纹，而裂纹产生的程度可以根据变形的程度进行推断。裂纹萌生信号的第 4 级和第 5 级为主要能量频带，其所占能量比值在整个频率能量值的 60% 以上，与塑性变形有明显的区别（能量频率范围主要分布在第 2、3、4 级）。裂纹快速扩展的小波分析结果与塑性变形过程信号有较强的相似性，因此很难用小波分析结果将两者严格区分开来，应当考虑用小波包分析技术对其频谱进行进一步细分，以提取分析结果。

▶ 2. 小波包分析

与小波分析相比，小波包分析可对信号进行更细的分解，采用 db8 小波包分析，对信号进行 5 层分解，声发射信号被等分成 32 个频段。以塑性变形和快速扩展为例，由于主要频段在 375kHz 以下，因此这里只对前 9 段进行分析，见表 7-6。

表 7-6　5 层 db8 小波包分解前 9 个频段的能量比值　　　　　　（%）

频段/kHz		$0\sim$ 46.875	$46.875\sim$ 93.75	$93.75\sim$ 140.625	$140.625\sim$ 187.5	$187.5\sim$ 234.375	$234.375\sim$ 281.25	$281.25\sim$ 328.125	$328.125\sim$ 375	$375\sim$ 421.875
塑性变形	主要范围	$0.28\sim$ 0.51	$5.59\sim$ 10.21	$22.44\sim$ 27.01	$18.61\sim$ 24.06	$4.51\sim$ 6.69	$6.11\sim$ 9.69	$9.9\sim$ 12.4	$5.64\sim$ 8.89	$0.15\sim$ 0.29
	平均值	0.41	7.55	24.24	22.10	5.44	8.13	11.14	7.25	0.21
快速扩展	主要范围	$0.30\sim$ 2.77	$4.79\sim$ 10.38	$12.78\sim$ 21.31	$11.34\sim$ 25.00	$2.98\sim$ 4.77	$3.53\sim$ 7.64	$8.45\sim$ 11.96	$4.78\sim$ 7.65	$0.2\sim$ 2
	平均值	1.34	7.29	16.40	19.33	4.84	5.48	9.64	6.22	0.87

塑性变形的主要频率分布在第 3、4 层，占总体的 50%，尤其是 93.75~140.625kHz 一段更为集中，平均达到了 24.24%。裂纹快速扩展的信号频率分布相对分散，也主要集中在第 3、4 层，但相对而言在频段 140.625~187.5kHz 范围内的能量比例值最大，达到 19.33%。根据频率分布情况，可将小波分析不能区分的塑性变形和快速扩展信号区分出来。

7.3　共性部件再制造成形

经过表面清洗及损伤检测后的回收部件，需通过相关再制造工艺提升结构的使用性能，如焊缝应力状态、结构强度、疲劳使用寿命等。工程机械相关共性部件存在表面缺陷及几何突变，会引起应力集中，同时超高强钢薄壁结构受热易变形，针对上述技术难题，需开发新的再制造成形工艺，稳定有效地提升结构的使用性能，并延长部件的使用寿命。本节将结合起重机臂架及大型液压缸的再制造成形来介绍最新再制造成形技术的研发和应用。

7.3.1 高能束熔敷再制造成形工艺

1. 超高强钢力学性能试验

试验材料为预先经过晶粒细化处理的 WELDOX960 超高强钢，其化学成分和常温力学性能分别见表 7-7 和表 7-8。

表 7-7 WELDOX960 超高强钢的化学成分

元素	C	Si	Mn	S	P	Cr
标准值（%）	0.17	0.22	1.2	0.004	0.005	0.45
元素	Mo	Cu	Ti	Ni	B	CE*
标准值（%）	0.50	—	—	1.0	0.002	0.56~0.64

注：$CE^* = C + \dfrac{Mn}{6} + \dfrac{Cu+Ni}{15} + \dfrac{Cr+Mo+V}{5}$。

表 7-8 WELDOX960 超高强钢的常温力学性能

母材	屈服强度 R_{eL}/MPa	抗拉强度 R_m/MPa	断后伸长率 A（%）	KV/J			RT/180 $R=3t$
				0℃	−20℃	−40℃	
WELDOX960	960	980~1150	12	35	30	27	完好

注：表中数据为板厚 $t=8mm$ 时所测。

试验是在 Gleeble1500 热模拟试验机（见图 7-12）上对试样进行热压缩而进行。在热模拟压缩试验过程中，通过热模拟试验机自动控制系统在预设的温度和变形速率下进行恒温、恒应变速率的压缩试验。热模拟试验升温速率为 2℃/s。压缩前样品两端填充石墨润滑剂，以减小摩擦和避免不均匀变形。变形过程中采用应变传感器（横向延伸计）测定压缩过程中的试样直径变化，利用热模拟试验机的

图 7-12 Gleeble1500 热模拟试验机

硬件分析功能直接获得真应力与应变曲线。参照材料特性需要的参数，变形温度为 20~950℃，应变速率为 0.01~1s^{-1}，塑性应变量为 20%。热变形后迅速水

冷，以保留热变形组织。

试验后对数据进行整理，获得应变-应力曲线。图 7-13 所示为材料在各应变速率下，不同的温度对材料变形抗力及屈服强度的影响。从图 7-13 中可以得知，在各应变速率下，随着变形温度的提高，材料的变形抗力降低。在较低温度（200～500℃）时，随着温度的升高，变形抗力降低不明显，在较高温度（650～950℃）时，材料在不同应变速率下的变形抗力均明显减小，如在 0.1s⁻¹的应变速率下，在 800℃时材料的屈服强度只有 278MPa 左右。

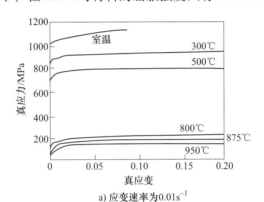

a) 应变速率为0.01s⁻¹

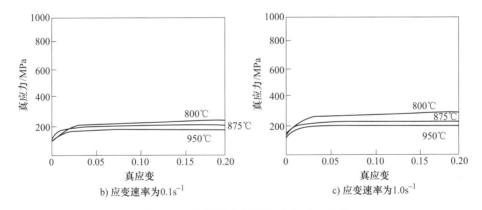

b) 应变速率为0.1s⁻¹   c) 应变速率为1.0s⁻¹

图 7-13   不同温度条件下的应力-应变曲线

⯈ 2. 熔敷材料设计

通过在钢材表面涂覆一定量的粉料后再进行熔敷，改变熔敷表层金属化学成分组成，进而在其表面形成新的组织，使其组织表现为压应力，从而改善焊缝表面应力状态，提高焊接接头的疲劳性能。

（1）活化剂的选择   为了实现等离子熔敷的熔池最宽，使表面改性区域最大，即要求其熔池宽深比最大，选择不同的活化剂进行对比试验。将活化剂粉体均匀涂覆于试验钢板表面，然后在设定好的等离子熔敷工艺参数下进行等离子熔敷，制备样品然后在体式显微镜下观察焊缝宏观形貌（见图 7-14）。

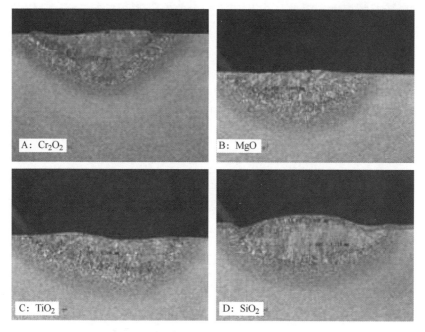

图 7-14　不同活化剂等离子熔敷宏观形貌

由图 7-14 中可以观察到，使用 TiO_2 作为活化剂，熔池宽深比最大，能实现最终粉体在金属表面形成最大铺面。所以，选择 TiO_2 作为活化剂。

（2）涂覆粉体的选择　在钢材表面涂覆粉体后开展等离子熔敷试验，改变钢材表面性能。通过 C 与 TiO_2 的不同配比来实现等离子熔敷熔池组织变化，使等离子熔敷后的表面产生残余压应力，以此方法提升原焊缝焊趾部位的疲劳性能。根据 C 与 TiO_2 的不同成分配比进行等离子熔敷试验，得到如图 7-15 所示的不同配比等离子熔敷熔池微观组织金相。

由图 7-15 可知，随着粉体中碳含量的增加，等离子熔敷熔池微观组织也会发生变化，当粉体中 $TiO_2 : C = 1 : 0$ 时，等离子熔敷熔池组织为针状铁素体（AF），其组织硬度为 297.5HV；当粉体中 $TiO_2 : C = 1 : 1$ 时，等离子熔敷熔池组织为针状铁素体和少量贝氏体，其组织硬度为 371.0HV；当粉体中 $TiO_2 : C = 1 : 3$ 时，等离子熔敷熔池组织为马氏体和少量贝氏体，其组织硬度为 504.0HV；当粉体中 $TiO_2 : C = 1 : 4$ 时，等离子熔敷熔池组织为隐针马氏体和少量沿晶界析出的渗碳体，其组织硬度为 606.2HV。随着熔池组织中马氏体含量的增加，熔池组织显微硬度也逐渐增加，当碳含量增至过共析范围时，由于渗碳体沿晶界析出，其显微硬度急剧增加。由图 7-16 可知，随着涂覆层碳含量的增加，等离子熔敷后表面涂覆层与母材硬度差异越来越大，使表面脆性加大。

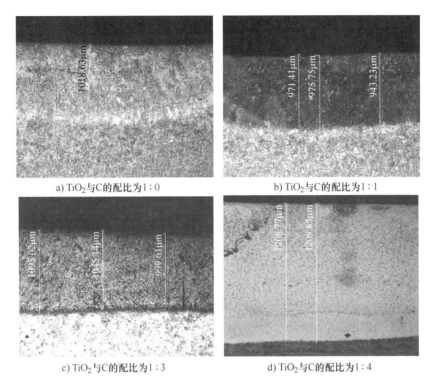

a) TiO₂与C的配比为1:0   b) TiO₂与C的配比为1:1

c) TiO₂与C的配比为1:3   d) TiO₂与C的配比为1:4

图 7-15　不同配比等离子熔敷熔池微观组织金相

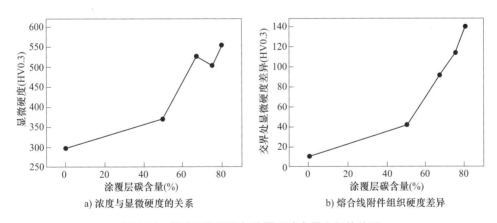

a) 浓度与显微硬度的关系　　b) 熔合线附件组织硬度差异

图 7-16　熔池显微硬度与涂覆层碳含量之间的关系

（3）熔敷残余应力测试　对不同比例配比的熔敷试样进行小孔测残余应力试验。由表7-9可知，采用涂覆熔敷材料的等离子熔敷工艺能使 HG785 钢材表面残余应力由拉应力变为压应力，而且随着涂覆粉体中碳含量的增加，其表面残余压应力增大，但是当碳含量达到一定值时，残余压应力变化不大。分析原因是涂覆层中碳的加入，造成熔池区由表层向内层存在碳的浓度梯度变化，又由于碳含量的增加使熔池区冷却连续冷却组织转变图整体向右移动，且马氏体转变温度 M_s 向下移，根据温度分布及连续冷却组织转变图特征，可知熔池区相变发生是由内向外扩展的。内层先达到 M_s，形成马氏体组织体积膨胀且组织刚化，由于表层冷却稍慢，形成马氏体组织膨胀受到内层已经马氏体转变的组织刚性阻挡从而形成压应力。

表 7-9　等离子熔敷残余应力测试数据　　　（单位：MPa）

说明	0°	45°	90°	平行焊缝方向	垂直焊缝方向	备注
母材	−29	88	81	−98.5	−14.43	压应力
未熔敷	−154	−216	−97	249.79	293.12	拉应力
等离子熔敷	−1	6	40	−57.6	−26.60	压应力
	64	52	60	−135.63	−132.59	压应力
	154	118	107	−300.13	−264.41	压应力
	95	107	169	−313.64	−257.39	压应力

▶ 3. 臂架高能束自动化再制造系统的构建

设备采用龙门式结构，行走机构在纵向轨道上前后行走，横移机构在龙门横梁上左右移动，提升机构在横移机构上上下升降，机头在提升机构上摆动及转动，所有动作可任意组合，使熔敷再制造过程中达到最佳位置。机头可完成两组工件的工作，大大提高了工作效率。对于大工件，采用单枪对单个工件进行工作。其具有结构紧凑、刚性好、动作平稳、安全可靠、可采用有线遥控，操作灵活，定位方便可靠，适用范围广等特点。等离子熔敷系统主要部件如图 7-17 所示。

a) 等离子电源　　　　b) 等离子熔敷枪　　　　c) 送丝机

图 7-17　等离子熔敷系统主要部件

d) 程序控制器   e) 控制机构

图 7-17 等离子熔敷系统主要部件（续）

高能束熔敷再制造系统（见图 7-18）的主要技术参数如下：

1）电流调节范围：0.5～150A。

2）暂载率：100A 时为 100%，150A 时为 50%。

3）引导弧输出范围：2～15A。

4）气体流量范围：等离子气体 0.25～1.5L/min，保护气体 2.5～15L/min。

5）最大有效熔敷长度：16000mm。

6）龙门有效通过宽度：≥2250mm。

7）熔敷枪升降行程：≥600mm。

8）熔敷枪横移行程：±600mm。

9）速度调节范围：0～3000mm/min，无级变速。

10）熔敷枪角度调节：≥45°。

11）轨道直线度：≤1mm。

图 7-18 高能束熔敷再制造系统

4. 超高强高能束熔敷工艺试验

采用尺寸为 500mm×400mm×6mm、材料为 HG785 的高强钢为研究对象，焊缝坡口为 45°，采用常规气保焊进行打底焊和盖面焊，其打底焊和盖面焊的工艺参数见表 7-10。

表 7-10 常规气保焊工艺参数

焊道	打底焊	盖面焊
保护气体	80%Ar+20%CO_2	80%Ar+20%CO_2
保护气体流量	13～15L/min	15～18L/min

（续）

焊道	打底焊	盖面焊
焊丝	HS70	HS70
焊丝直径	$\phi 1.2mm$	$\phi 1.2mm$
焊接电流	130~150A	260~280A
焊接电压	18~20V	27~29V
焊接速度	300~400mm/min	400~500mm/min

待焊接试件冷却后，在焊缝表面的焊趾处进行等离子熔敷试验，其操作步骤如下：

1）将电极安装在焊枪预定的位置，并将焊枪连接至电源控制器。

2）检查等离子电源、等离子焊枪、冷却液供给、气体供给等系统各部分是否连接到位，是否有异常等。

3）将工件固定在适当位置，调节焊枪与工件的相对位置，调节焊枪角度及行走方向等。

4）系统接入电源，可连接三相380V电源。

5）打开电源按钮，检查系统状态和故障指示灯。

6）打开等离子气和保护气供给控制阀，调节等离子气流量和保护气流量至预定值。

7）调节引导弧电流。

8）打开引导弧（若冷却液、气体等不到位，也就是气体指示灯和冷却液指示灯等异常，无法打开引导弧）。若引导弧未开，则无法启动熔敷电弧。

9）设置等离子熔敷电流、电压、速度等工艺参数。

10）启动熔敷的等离子主弧按钮，等离子熔敷开始工作，直至关闭工作按钮，等离子熔敷结束，关闭引导弧。

11）试验结束后，在离开试验场地之前，必须关闭初级短路器和气体供给控制阀，打扫卫生并将系统各部件摆放整齐。

等离子熔敷的工艺参数见表7-11。

表7-11 等离子熔敷的工艺参数

项　　目	工艺参数
钨极内缩距离	0~3mm
焊枪中心与焊趾距离	-0.5~1.5mm
焊枪高度	2~5mm
焊枪倾角	70°~90°

项 目	工艺参数
等离子气	99.999%Ar
等离子气流量	0.5~1.5L/min
保护气体	99.99%Ar
保护气体流量	5~15L/min
熔敷材料	有或无
熔敷电流	60~140A
熔敷电压	22~30V
熔敷速度	50~200mm/min

等离子熔敷焊枪与工件的位置如图 7-19 所示。

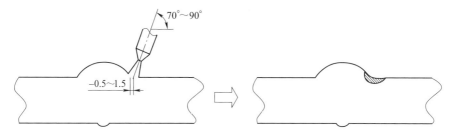

图 7-19   等离子熔敷焊枪与工件的位置

▶▶ 5. 样件性能分析试验

（1）金相试验   待平板接头的等离子熔敷试样冷却后，观察表面成形情况，并将试样进行线切割，观察试样的横截面成形情况，其正面成形及横截面成形情况如图 7-20 所示。

a) 正面

b) 横截面

图 7-20   等离子熔敷的成形

由图 7-20 可知，焊接接头在等离子熔敷实施后，焊缝与母材过渡（原焊趾处）已非常平缓、光滑，等离子熔敷的最大熔敷深度达 2mm，这有利于降低高强钢接头的应力集中，有利于提升构件的疲劳性能。

（2）残余应力试验　试验采用盲孔法来测量不同处理工艺试样的残余应力，分析各试样焊趾或原焊趾位置的残余应力大小，通过金相试验分析试样的显微组织和显微硬度，验证有无添加合金粉末的等离子熔敷对焊趾残余应力的影响，分析影响机理。将尺寸为 500mm×400mm×7mm 的平板划分为 4 个相同宽度的对接接头试样，并开展等离子熔敷试验（等离子熔敷的工艺参数相同），这些试样分别为未熔敷的焊接试样、无粉末的等离子熔敷试样、添加 0.5mm 厚度粉末的等离子熔敷试样及添加 1mm 厚度粉末的等离子熔敷试样，测量位置在等离子熔敷中心或焊缝焊趾处，每种试验测量两处。

残余应力数据对比如图 7-21 所示。由图 7-21 可知，通过添加合金粉末熔敷后，原焊趾部位的横向残余拉应力和纵向残余拉应力均已大幅下降，并且出现较大的压应力（最大压应力达 -478.2MPa），说明添加合金粉末熔敷可以大幅降低残余拉应力并引入了压应力；而未添加粉末熔敷的残余应力依然保持较高的残余拉应力。常规气保焊之后，焊缝的焊趾部位出现几何突变造成应力集中，且常存在一些夹渣、咬边、微裂纹等缺陷，加剧了缺口效应。此外，焊缝金属冷却时在较高温度就发生相变，随后进一步冷却收缩时受到约束而产生残余拉应力。这些因素将使焊接结构件的疲劳强度降低、疲劳寿命缩短。焊接接头通过无粉末的等离子熔敷后，虽然改善了焊趾的几何形状，降低了焊接接头的应力集中，然而等离子熔敷后焊趾被重新熔化，冷却收缩后与焊缝类似，在熔敷中心会产生新的残余拉应力。

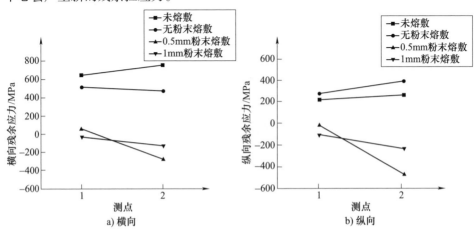

图 7-21　残余应力数据对比

采用配比合金粉末的熔敷材料时，在等离子弧的加热下，熔敷材料与基体完全熔化并合成一个液态熔池，改变了原焊趾部位的化学成分，形成了低温度相变点的熔敷金属，该金属冷却至室温才发生马氏体相变，并在焊趾附近体积膨胀，但受周围冷金属的约束，因此在原焊趾附近产生了残余压应力。应力集中的下降和压应力的产生均可改善焊接接头的疲劳性能。

（3）高频疲劳试验　等离子熔敷疲劳试验是以尺寸为 500mm×400mm×7mm 的高强钢焊接件为研究对象，焊接时采用陶瓷衬垫强制背面成形，两层两道常规气保焊对接；在背面根部焊趾处进行等离子熔敷试验；按照通用方法加工疲劳试件，试样加工尺寸和照片如图 7-22 所示，试验在 QBG-400 型高频疲劳试验机上进行，如图 7-23 所示。试验机最大平均试验力为 ±400kN，静态负荷示值精度≤0.5%，动态负载波动度为 ±3%，载荷类型为拉伸载荷，应力比 $R = 0.1$。

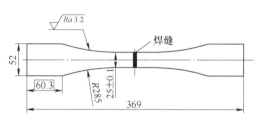

图 7-22　臂架用钢焊接接头疲劳试样加工尺寸和照片

根据等离子熔敷试样的疲劳试验结果绘制如图 7-24 所示的应力-循环对比。

由此可得出以下结论：

1）在 420MPa 应力水平下，等离子熔敷的平均疲劳寿命为 $196.8×10^3$ 次，未熔敷的平均疲劳寿命为 $71.5×10^3$ 次，等离子熔敷比未熔敷的提高 175.2%。

2）在 340MPa 应力水平下，等离子熔敷的平均疲劳寿命为 $360.4×10^3$ 次，未熔敷的平均疲劳寿命为 $163.2×10^3$ 次，等离子熔敷比未熔敷的提高 120.8%。

3）等离子熔敷的疲劳极限约为 260MPa，未熔敷的疲劳极限约为 160MPa，等离子熔敷比未熔敷的提高 62.5%。

图 7-23　高频疲劳试验

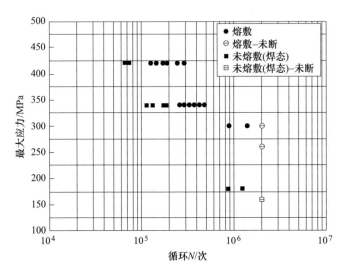

图 7-24　熔敷与未熔敷的应力-循环对比

▶▶ **6. 臂架等离子熔敷试验**

　　采用二手 110t 的臂架作为试验对象（见图 7-25），首先用打磨机将待熔敷位置的 20mm 范围内打磨干净，以去除油漆、铁锈等杂质。根据平板等离子熔敷的试验结果，臂架焊缝的等离子熔敷采用的主要工艺参数：等离子电流为90A，熔敷速度为 100mm/min。试验过程中，等离子电弧非常稳定，没有飞溅。臂架焊缝经等离子熔敷后（见图 7-26），焊缝咬边等缺陷基本得到修复，焊缝与母材过渡圆滑、平缓，其外观成形与平板等离子熔敷一致，达到预期效果。

图 7-25　臂架等离子熔敷试验

a) 熔敷前　　　　　　　　　　　b) 熔敷后

图 7-26　臂架焊缝的等离子熔敷前后外观

7.3.2　碳纤维增强强化再制造工艺

为研究碳纤维对钢结构的增强效果，开展基础单元试验，分别进行试样级与试件级基础单元试验，优化工艺方案，并结合数值模拟技术对增强机理进行分析。

1. 碳纤维增强基础单元试样级试验

（1）碳纤维增强缺口钢板拉伸试验　碳纤维增强强化工艺可对含缺陷的钢板进行加固修复，为研究碳纤维加固修复构件的极限承载能力，设计如图 7-27所示的基础型拉伸试验方案——采用碳纤维加固两侧含半圆缺口的钢板试样。试验比较了碳纤维层数、碳纤维类型与胶粘剂类型对试验结果的影响。

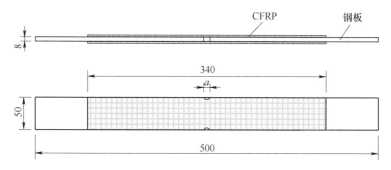

图 7-27　碳纤维增强缺口钢板拉伸试样示意图

1）碳纤维层数对拉伸结果的影响。在相同的试验条件下，比较单层与双层碳纤维布加固缺口钢板的极限拉伸载荷。图 7-28 所示为单层与双层碳纤维布加固缺口钢板的拉伸试验前后对比，单层碳纤维布加固钢板构件的破坏特征表现为钢板在缺口处发生断裂，中间位置碳纤维被拉断，端部胶层未发生剥离；双层碳纤维布加固钢板构件的破坏特征表现为钢板也在缺口处发生断裂，但碳纤维未发生拉断，而在碳纤维端部发生层间剥离。不同碳纤维层数试件的极限载荷值见表7-12。

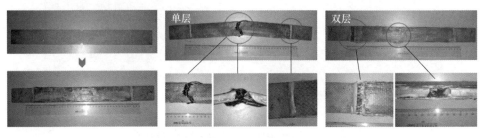

图 7-28　单层与双层碳纤维布加固缺口钢板的拉伸试验前后对比

表 7-12　不同碳纤维层数试件的极限载荷值

试样类型	载荷值/kN
未加固	381.12
单层碳纤维布	407.94
两层碳纤维布	430.61

结论：由表7-12可知，单层修复缺口钢板的极限载荷提高约7.04%，双层修复缺口钢板的极限载荷能提高约13%，双层比单层有更好的修复效果。

2）碳纤维布类型对拉伸结果的影响。在相同的试验条件下，分别采用碳纤维预浸料布、单向布进行钢板加固，图7-29所示为碳纤维单向布与预浸料布加固钢板拉伸试验前后对比。预浸料布加固构件发生断裂的位置为碳纤维端部的钢板，钢板缺口位置未发生断裂，预浸料复合构件的载荷位移大大提高，明显提高了构件的抗变形能力。碳纤维布类型加固钢板的极限载荷值见表7-13。

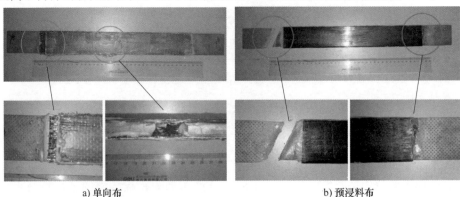

a) 单向布　　　　　　　　　　　b) 预浸料布

图 7-29　碳纤维单向布与预浸料布加固钢板拉伸试验前后对比

表 7-13　碳纤维布类型加固钢板的极限载荷值

试样类型	载荷值/kN
未加固	381. 12
碳纤维单向布	430. 61
碳纤维预浸料布	427. 18

结论：由表 7-13 可知，预浸料布加固构件发生断裂的位置为碳纤维端部的钢板，钢板缺口位置未发生断裂，经过预浸料布加固后的钢板，对缺口起到较好的保护作用。

3）胶粘剂类型对拉伸强度的影响。在相同的试验条件下，分别采用 Sika 330 胶粘剂、Araldite 2015 胶粘剂进行加固试验，得到拉伸破坏后的试样如图 7-30 所示。Sika 330 胶粘剂由于具有较好的浸润性，其加固的构件断裂在碳纤维端部的钢板，钢板缺口位置未发生断裂。胶粘剂类型加固钢板的极限载荷值见表 7-14。

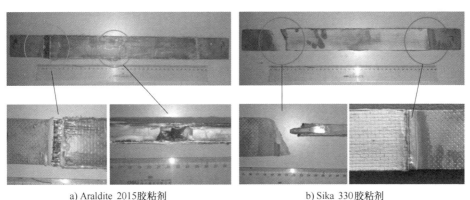

a) Araldite 2015胶粘剂　　　　　　　　b) Sika 330胶粘剂

图 7-30　**Araldite 2015 胶粘剂与 Sika 330 胶粘剂加固钢板拉伸试验前后对比**

表 7-14　胶粘剂类型加固钢板的极限载荷值

试样类型	载荷值/kN
未加固	381. 12
Araldite 2015	430. 61
Sika 330	429. 95

结论：由表 7-14 可知，Sika 330 胶粘剂加固构件发生断裂的位置为碳纤维端部的钢板，钢板缺口位置未发生断裂，能更好地保护钢板缺口位置，Sika 330 胶粘剂由于具有更好的浸润性，相比于 Araldite 2015 胶粘剂有更好的加固效果。

（2）碳纤维增强缺口钢板拉伸疲劳试验　工程机械在使用过程中承受频繁的

交变载荷作用，较容易出现疲劳开裂失效，为研究碳纤维增强强化工艺对含缺陷钢板的疲劳寿命的影响，设计了如图 7-31 所示的试验方案。钢板中间预制裂纹，碳纤维增强修复含预裂纹钢板，试验比较了不同碳纤维层数（见表 7-15）、碳纤维布类型、胶粘剂类型、表面处理工艺、测试应力水平对疲劳寿命的影响。

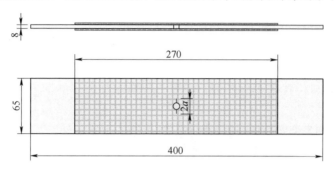

图 7-31　碳纤维增强缺口钢板疲劳试验示意图

1）碳纤维层数对疲劳寿命的影响。试验结果见表 7-15。

表 7-15　不同碳纤维层数加固试样的疲劳试验结果

碳纤维层数	表面处理工艺	胶粘剂	试验条件/MPa	疲劳寿命/10^3 次
无	无	无	230	95.4
一层	喷砂	Araldite 2015	230	149.8
两层	喷砂	Araldite 2015	230	184.9
三层	喷砂	Araldite 2015	230	200.9

结论：由表 7-15 可知，碳纤维层数越多，疲劳寿命越长，加固效果越明显，一层、两层、三层的疲劳寿命分别增强 57%、93.8%、110.6%。但随层数的增加，每增加一层碳纤维布，增强效果分别提高 57%、23.4%、8.6%，增强幅度逐渐减小。从经济性和实用性角度综合考虑，在 230MPa 应力水平下，两层具有最佳的效益。

2）表面处理工艺对疲劳寿命的影响。试验结果见表 7-16。

表 7-16　不同表面处理类型钢板的疲劳试验结果

表面处理工艺	碳纤维层数	胶粘剂	碳纤维布类型	试验条件/MPa	疲劳寿命/10^3 次
无	无	无	无	230	95.4
打磨	两层	Araldite 2015	碳纤维布	230	173.8
喷砂	两层	Araldite 2015	碳纤维布	230	184.9

结论：由表 7-16 可知，经过喷砂处理的钢板能够提高表面质量，进而提高

其黏结强度，其疲劳寿命结果为 184.9×10^3 次，增强 93.8%，打磨处理的钢板试样疲劳寿命为 173.8×10^3 次，增强 82.2%，喷砂处理的结果高于打磨处理的结果。

3）胶粘剂类型对疲劳寿命的影响。试验结果见表 7-17。

表 7-17 不同胶粘剂类型的疲劳试验结果

胶粘剂	碳纤维层数	表面处理工艺	碳纤维布类型	试验条件/MPa	疲劳寿命/10^3 次
无	无	无	无	230	95.4
Araldite 2015	两层	喷砂	碳纤维布	230	184.9
Sika 330	两层	喷砂	碳纤维布	230	263.2

结论：由表 7-17 可知，Araldite 2015 与 Sika 330 加固钢板的疲劳寿命分别增加了 93.8% 和 175.9%。可见，Sika 330 比 Araldite 2015 表现出更好的疲劳寿命结果。

4）碳纤维布类型对疲劳寿命的影响。试验结果见表 7-18。

表 7-18 不同碳纤维布类型的疲劳试验结果

碳纤维布类型	胶粘剂	碳纤维层数	表面处理工艺	试验条件/MPa	疲劳寿命/10^3 次
无	无	无	无	230	95.4
碳纤维布	Sika 330	两层	喷砂	230	263.2
预浸料布	Sika 330	两层	喷砂	230	231.1

结论：由表 7-18 可知，碳纤维单向布与预浸料单向布的疲劳寿命结果分别提高 175.9% 与 142.2%，碳纤维单向布表现出更好的疲劳寿命结果。

5）测试应力水平对疲劳寿命的影响。试验结果见表 7-19。

表 7-19 不同测试应力水平下的疲劳试验结果

试验条件/MPa	碳纤维布类型	胶粘剂	碳纤维层数	表面处理工艺	疲劳寿命/10^3 次
230	无	无	无	无	95.4
230	碳纤维布	Araldite 2015	两层	喷砂	184.9
350	无	无	无	无	34.2
350	碳纤维布	Araldite 2015	两层	喷砂	60.9

结论：由表 7-19 可知，测试应力水平越高，未加固试样与碳纤维加固试样的疲劳寿命越低。在两个应力测试水平下，碳纤维均表现出增强效果，分别增加 93.8% 与 78.1%。

▶▶ **2. 碳纤维增强基础单元试件级试验**

在钢板类基础试样单元的基础上，针对臂架类大型结构件，开展缩尺臂架模型的试件级增强模拟试验，进行箱形梁的裂纹修复试验。采取两类箱形梁的对比试验，一类为完整箱形梁，通过碳纤维加固，比较其与未加固箱形梁的疲劳寿命；另一类为含预制缺陷的箱形梁，通过加固，比较碳纤维加固修复效果。图 7-32 所示为箱形梁的预制裂纹，梁腹板裂纹尖端距下盖板表面长度为 6mm，下盖板裂纹尖端距翼缘长度为 7mm。图 7-33 为碳纤维修复示意图。

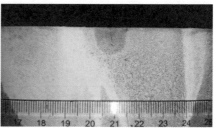

图 7-32　箱形梁的预制裂纹

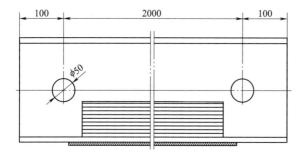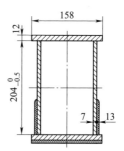

图 7-33　碳纤维修复示意图

（1）疲劳加载　在 INSTRON 电液伺服疲劳试验机上进行疲劳加载测试，如图 7-34 所示。

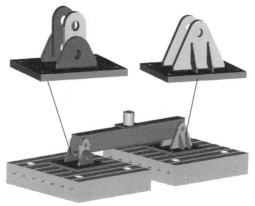

图 7-34　疲劳试验台架及约束工装

采用最大载荷和最小载荷为固定值的等幅正弦波形加载，应力比 $R = 0.1$，试验加载工况见表 7-20。

表 7-20　试验加载工况

序号	试样编号	加载方式	加载说明
1	原始梁	等幅正弦波形加载	$R = 0.1$，$P_{max} = 500kN$，$P_{min} = 50kN$
2	裂纹梁		$R = 0.1$，$P_{max} = 375kN$，$P_{min} = 37.5kN$

根据剩余疲劳寿命估算公式得

$$N_n = \frac{2}{(m-2)C\alpha^m \pi^{\frac{m}{2}} \overline{\sigma}^m} \left[\left(\frac{1}{a_0}\right)^{\frac{m-2}{2}} - \left(\frac{1}{a_n}\right)^{\frac{m-2}{2}} \right] \tag{7-1}$$

式中，α 为与材料、裂纹类型等有关的系数；C、m 为结构参数；a_0 为初始裂纹深度；a_n 为断裂时的裂纹深度。

经计算得到裂纹梁剩余疲劳寿命为 $N_n = 31341$ 次。而经过碳纤维增强加固后，裂纹梁疲劳寿命的试验结果为 56624 次，疲劳寿命增加约 80.7%。

（2）有限元仿真　CFRP 粘贴钢属于多种材料的组合体，胶粘层破坏包括胶粘层的内聚破坏和胶粘层与被粘构件界面间的界面破坏。假定胶粘层与被粘构件的界面良好，胶粘层破坏只发生在胶粘层内部的内聚破坏，根据内聚力模型理论建立 CFRP 粘贴钢梁的有限元模型。如图 7-35 所示，CFRP 采用四节点减缩积分四边形壳单元（S4R）模拟，胶粘层采用八节点黏结单元（COH3D8）模拟，钢梁采用四节点减缩积分四边形壳单元（S4R）模拟。

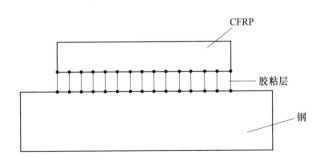

图 7-35　CFRP 粘贴钢梁的有限元模型

碳纤维增强箱形梁仿真 Mises 应力分布如 7-36 所示，其中下盖板 CFRP 应力中间最大，两边最小，与下盖板钢材应力分布趋势相同。钢板应力通过胶粘层传递剪应力至 CFRP，CFRP 承担钢板的部分正应力，最大应力约 400MPa，从而降低钢板及缺陷处的应力水平，提高构件的疲劳寿命。

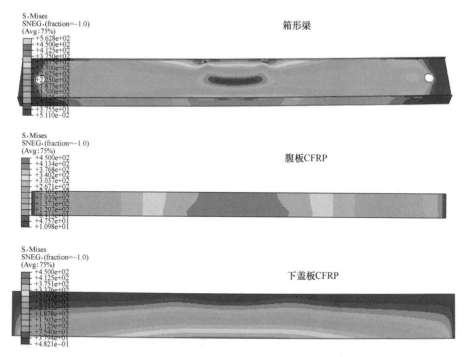

图 7-36　碳纤维增强箱形梁仿真 Mises 应力分布

3. 碳纤维增强臂架工艺与装备

（1）碳纤维增强臂架有限元仿真分析　末节臂在整个臂架系统中具有最薄的钢板设计，轻量化要求最高，在实际的使用过程中比较容易发生变形失效，对其进行碳纤维增强，具有较高的实际应用价值，故选取臂架的末节臂作为研究对象。臂架上盖板上表面在吊载过程中承受吊载的主要拉应力，采用碳纤维增强该区域能改善臂架的受力状态，提高臂架抗变形能力。关于碳纤维增强长度、厚度的臂架计算仿真方案，见表 7-21。

表 7-21　碳纤维增强臂架计算方案

增强位置	上盖板上表面		
	长度/m	厚度/mm	宽度/mm
1#	3	2	200
2#	5	2	200
3#	7	2	200
4#	5	1	200
5#	5	3	200
6#	5	4	200

选取臂架伸缩方式为全伸，吊载弯矩较大的典型工况作为研究重点，典型工况参数见表7-22。

表 7-22　碳纤维强化臂架计算吊载工况

项目	臂长/m	幅度/m	仰角/(°)	载荷/t	伸缩方式
参数	57.5	20	69.65	9.4	臂架全伸

对末节臂在上述计算工况与计算方案进行仿真分析，计算模型采用对称结构，四边形网格单元，固定臂尾与滑块位置，计算挠度值为单节臂的变形值，碳纤维增强后臂架伸缩位置、应力分布及变形挠度如图7-37所示。

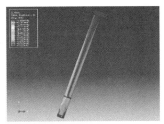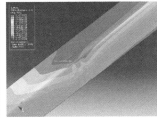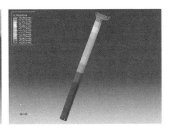

图 7-37　臂架伸缩位置、应力分布及变形挠度

由表7-23可知，增加增强长度对于应力与吊载变形挠度的影响不明显，从经济性角度考虑，故选定增强长度为5m。

表 7-23　碳纤维增强长度对计算结果的影响

碳纤维增强长度	未增强	3m	5m	7m
上盖板最大应力/MPa	160.3	152.5	152.5	152.4
吊载变形挠度/mm	87.0	85.66	84.78	84.31

从计算结果（见表7-24）可以看出，碳纤维增强厚度增加，最大应力与变形挠度均有所改善，当碳纤维增强厚度为4mm、长度为5m时，臂架最大应力下降9%，变形挠度减少4.8%，故选定碳纤维增强厚度为4mm。

表 7-24　碳纤维增强厚度对计算结果的影响

碳纤维增强厚度	1mm	2mm	3mm	4mm
上盖板最大应力/MPa	156.3	152.5	149.0	145.8
吊载变形挠度/mm	85.85	84.78	83.77	82.82

（2）碳纤维增强臂架工艺路线　真空辅助树脂扩散成型（VARIM）技术的基本原理是在真空负压条件下，利用树脂的流动和渗透实现对密闭腔体内的纤维织物增强材料的浸渍，然后固化成型。图7-38为真空辅助树脂扩散成型技术增强臂架工艺示意图。该工艺简便，适用性较强，可实现对臂架类大型、异型

结构增强，图 7-39 为针对该工艺应用与臂架增强的工艺流程图。

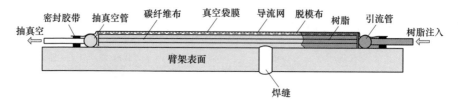

图 7-38　真空辅助树脂扩散成型技术增强臂架工艺示意图

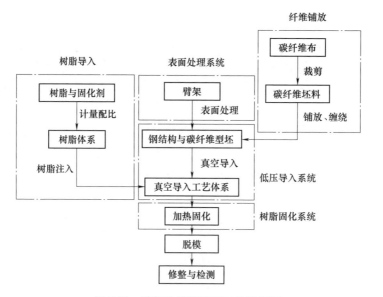

图 7-39　碳纤维增强臂架工艺流程图

（3）碳纤维增强臂架工艺装备　碳纤维增强臂架真空辅助树脂扩散成型技术装备主要包括真空导入设备、柔性加热设备及相关原辅材料。图 7-40、图 7-41、图 7-42 所示分别为应用于该工艺的真空导入设备、柔性加热设备、真空导入用辅助材料。

图 7-40　真空导入设备

图 7-41　柔性加热设备

真空导入设备的抽气速率为27.7L/s，真空度≤100Pa，真空罐体积为280L，树脂收集罐体积为10L×2，真空压力能实现手动与自动控制。能满足对树脂传递模塑技术对碳纤维增强臂架要求。柔性加热设备尺寸为1.5m×3.5m，最高温度为200℃，控温精度为±2℃。该设备能满足对碳纤维增强臂架进行热固化要求，达到项目任务书规定的热固化控温精度为±5℃，最高温度为180℃的

图7-42 真空导入用辅助材料

技术指标。真空导入用辅助材料包含真空袋膜、导流网、透气毡、脱模布、密封胶带、真空管、引流管和3M胶等，可满足树脂传递模塑成型的工艺要求。

（4）碳纤维增强臂架工艺试验 选取110t起重机臂架末节臂1根，该臂总长11.3m，重约1.3t。基于上文有限元仿真结果与真空辅助树脂扩散成型技术工艺流程，先后对臂架进行去油污、去油漆、丙酮清洗等表面处理，采用T700碳纤维单向布与Sika环氧树脂进行纤维增强铺贴，并采用真空导入设备进行抽真空，排出纤维中多余的空气与树脂，采用柔性加热设备对碳纤维进行加热固化，其工艺过程如图7-43所示。碳纤维增强臂架样件实物如图7-44所示。

图7-43 碳纤维增强臂架纤维铺贴
与热固化工艺过程

图7-44 碳纤维增强臂架样件实物

7.3.3 大型液压缸缸筒内壁电刷镀再制造工艺

（1）纳米合金复合电刷镀镀液制备 纳米复合电刷镀层作为一种金属基复合材料，其增强相的选择既应遵循复合材料增强相选择原则，同时也应满足电刷镀技术的工艺特点。由于n-Al_2O_3结构稳定，成本低，结合Ni-Co合金电刷镀液的特点，本试验选定n-Al_2O_3作为增强相。n-Al_2O_3颗粒的主要规格参数见表7-25。

表 7-25　n-Al₂O₃ 颗粒的主要规格参数

项目	纳米颗粒	粒径/nm	比表面积/(m^2/g)	纯度	表观密度/(g/cm^3)
参数	n-Al₂O₃	50	≤10	≥99%	1.6

镀层显微硬度随着镀液中纳米颗粒加入量的增多而增大，但当纳米颗粒加入量增大到 15g/L 时，镀层硬度已达 935HV；当纳米颗粒加入量增加到 20g/L 时，n-Al₂O₃/Ni-Co 纳米复合镀层的硬度为最大，达到 960HV，相对于 Ni-Co 合金镀层的硬度（710HV）提高了约 35.2%。当镀液中纳米颗粒的含量增大到 25g/L 时，镀层的硬度为 886HV，相对于纳米颗粒的含量为 20g/L 时，硬度有所降低。

（2）结合强度　随着压力的增强，镀层在环形磨具的阻挡下，开始阶段未剥离，当力增大到 15.1658kN 时，曲线出现一个拐点，可以认为此力是 Cr 镀层最大抗剪切力。当力增大到 18.5448kN 时，力-位移曲线出现拐点，镀层开始剥离，此时是 n-Al₂O₃/Ni-Co 镀层最大抗剪切强度，其值大于硬铬镀层的最大抗剪切力。因此，与电镀硬铬相比，纳米合金复合电刷镀镀层具有更好的结合强度

（3）耐磨性　采用 CETR 摩擦磨损试验机对比研究了 3 种镀层分别在干摩擦、油润滑和含磨粒油润滑条件下的耐磨性。测试条件：对偶件为 Si₃N₄，时间为 20min。干摩擦载荷为 10N，油润滑和含磨粒油润滑载荷为 50N，46#抗磨液压油，80~100 目石英砂，浓度为 1g/L。图 7-45 所示为 3 种镀层分别在油润滑条件下的耐磨性。从图中可以看出，纳米合金复合电刷镀镀层在 3 种磨损环境中，均具有最小的磨痕宽度，这说明纳米合金复合电刷镀镀层具有更好的耐磨性。这是因为纳米颗粒能够细化合金镀层组织，提高镀层硬度，从而提高镀层抵抗外力侵袭的能力和耐摩擦磨损能力。

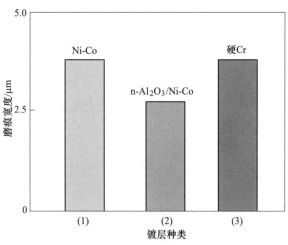

图 7-45　3 种镀层分别在油润滑条件下的耐磨性

(4) 耐蚀性 将制备镀层封装后在 5wt.%NaCl 中保持室温（25℃）浸泡
7d，每天取出后处理表面腐蚀物。每天取出测量其重量并计算 7d 镀层损失的总
重量，结果如图 7-46 所示。由图 7-46 可知，Ni-Co 合金和 n-Al_2O_3/Ni-Co 合金纳
米复合镀层的腐蚀曲线相似，随着浸泡时间的延长，两种镀层腐蚀失重都不断
增加，纳米复合镀层的失重略小，而硬铬镀层的腐蚀在 96h 以前，镀层的失重
比较平稳，当大于 96h 后，镀层的腐蚀失重明显加快，计算 168h 总的腐蚀失重，
电刷镀 Ni-Co 合金镀层 7d 腐蚀损失的总重量为 10.5mg/cm^2，低于电镀硬铬镀层
7d 腐蚀损失的总重量 14.3mg/cm^2，降低了约 26.6%。电刷镀 n-Al_2O_3/Ni-Co 合
金镀层 7d 腐蚀损失的总重量为 8.7mg/cm^2，其低于 Ni-Co 合金镀层的腐蚀损失，
降低了约 17.1%，相对于硬铬镀层降低了约 43.7%。分析 NaCl 中性溶液中的腐
蚀机理，由于溶液中存在腐蚀过程中穿透能力强的 Cl^-，对镀层有阳极溶解作
用，使钝化变为活化，破坏镀层表面的钝化膜，使其参与阳极溶解过程，形成
腐蚀点。硬铬电镀层的内应力大，易形成裂纹，Cl^- 通过裂纹腐蚀到基体和镀层
界面，易造成镀层脱落，特别是 96h 后，硬铬镀层的镀层脱落显现比较明显，
而相对于硬铬电镀层，刷镀层的结合力较高，镀层致密，整个浸泡过程中，镀
层无脱落显现。因此，在 NaCl 溶液中 Ni-Co 合金和 n-Al_2O_3/Ni-Co 纳米复合镀层
的耐蚀性好于硬铬镀层。

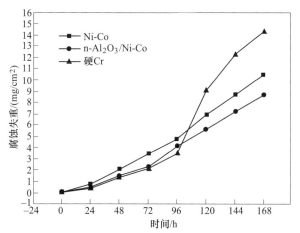

图 7-46　3 种不同镀层在 5%NaCl 中的腐蚀失重

本章小结

工程机械共性部件的再制造技术能够显著降低对环境的不良影响，促进资
源节约型、环境友好型社会的建设，降低企业使用成本。再制造工艺宜通过绿

色高效清洗、高效无损检测和共性部件再制造成形 3 个环节展开。

第一，绿色高效清洗是再制造技术的前提。超高压水射流清洗技术通过几百个大气压以上的压力，将清洁介质水以超声速喷出，在基体表面不损伤的条件下利用强大的冲击力，高效清除汽车起重机臂架的表面锈蚀、废漆及油污等污染物，清洗所产生的废液同步经过真空抽吸系统进行回收，实现废旧工程机械的绿色高效清洗。

第二，高效无损检测是再制造技术的基础和保障。声发射快速无损检测技术能够在一定误差范围内在工程机械结构加载过程中实现各种焊接缺陷源的准确定位，对焊接缺陷状态进行早期检测与诊断。

第三，再制造成形工艺是再制造技术的关键。等离子熔敷再制造成形工艺通过熔化粉体和丝材，对起重机臂架焊缝缺陷进行修复，修复区域具有良好的力学性能和成形外观。碳纤维增强强化再制造工艺使用碳纤维预浸料布对臂架表面缺陷区域进行包裹加固，能够显著提高修复区域的极限载荷和疲劳性能。纳米合金复合电刷镀再制造工艺使用 $n-Al_2O_3/Ni-Co$ 纳米复合镀层修复大型液压缸缸筒内壁，提供了更好的结合强度、耐磨性和耐蚀性。

工程机械共性部件的再制造技术是我国先进制造技术的重要组成部分和发展方向。经过几十年的发展，我国自主技术已有长足的进步，但在再制造的设计、系统规划、成形加工、标准体系等领域仍存在大量技术难题，需广大科研人员在现有基础和成果上深入研究和开拓创新，从而进一步构建和完善绿色制造体系，助力我国工程机械绿色低碳发展。

注：1. 项目名称："863"国家高新技术研究发展计划项目"工程机械共性部件再制造关键技术及示范"，编号：2013AA040203。

2. 验收单位：科技部高技术研究发展中心。

3. 验收评价：2016 年 5 月 8 日，验收专家组认为，项目研究了工程机械再制造部件超高压水射流自动化清洗技术，开发了变曲率表面高效清洗工艺参数优化匹配和旋转清洗盘柔性悬浮式附壁技术。研究了基于磁记忆、超声、油液检测方法的裂纹、锈蚀、表面损伤等复合缺陷的无损检测技术，实现了工程机械典型零部件无损检测、精准定位及量化评价。开发了高能束熔敷、超声冲击、碳纤维增强、纳米复合电刷镀及热喷涂等再制造成形关键技术，实现了再制造成形过程的精确控形与控性。建立了再制造毛坯评估准则，开发了相应支持系统，实现了逆向物流网点布局优化和生命周期信息的追溯。完成了任务书规定的各项研究内容，达到了考核指标要求，专家组一致同意该课题通过技术验收。

第 8 章

———

金属结构风险评估技术

8.1 基于改进 DEMATEL 法的金属结构风险评估模型

以流动式起重机金属结构潜在失效模式预测结果为基础,确定与失效模式相对应的失效准则,得到各级评价指标,采用决策试验与实验室评估(Decision Making Trial and Evaluation Laboratory, DEMATEL)法计算各级评价指标权重,结合模糊数学理论对各级指标进行评估,得到各级指标的综合评价矩阵,通过矩阵拆分运算得到金属结构综合评价矩阵,继而以量化的方式得到流动式起重机金属结构的风险度,具体流程如图 8-1 所示。

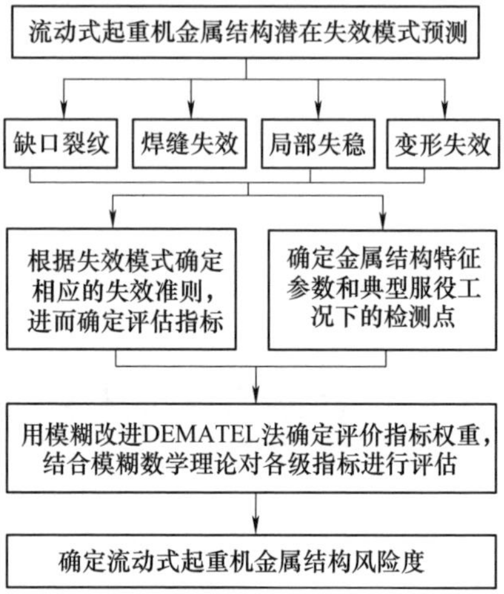

图 8-1 流动式起重机金属结构
风险评估模型

8.1.1 建立评价因素集

以《起重机设计规范》《起重机金属结构承载能力验证》《起重机械安全规程》等相关标准为依据,根据流动式起重机混合式(实腹式与格构式相组合)金属结构特点,结合流动式起重机金属结构潜在失效模式预测方法,建立流动式起重机金属结构风险评价指标。以流动式起重机中的 QY130 汽车起重机为例,建立其金属结构风险评价指标,如图 8-2 所示。将金属结构风险评价指标分为 4 级,一级指标 $U = \{A, B, C\}$;二级指标 $A = \{A_1, A_2, \cdots, A_i\}$、$B = \{R_{j+1}, R_{j+2}, \cdots, R_m\}$ 和 $C = \{R_{m+1}, R_{m+2}, \cdots, R_n\}$;主臂的三级指标 $A_1 = \{R_1, R_2, R_3\}$、$A_i = \{R_{j-2}, R_{j-1}, R_j\}$ 和主臂的四级指标或副臂及鹅头架的三级指标 $R_p = \{T_{p1}, T_{p2}, \cdots, T_{pk}, \cdots, T_{p9}\}$($p = 1, 2, \cdots, j, j + 1, \cdots, m, m + 1, \cdots, n; k = 1, 2, \cdots, 9$),其中各臂节上的各检测点(即危险点)均从外观尺寸(高 T_1、宽 T_2、厚 T_3)、缺口裂纹 T_4、变形(垂直度 T_5、翘曲度 T_6、局部弯曲度 T_7)、应力 T_8、焊缝 T_9 共 5 个方面进行评估,各部分均按自下而上原则进行建立。

8.1.2 检测点模糊评价等级

根据各指标对流动式起重机金属结构的影响,通过量化的方式将结构风险等级分为 5 级,即故障(F)、较高(Y)、高(L)、一般(Z)、低(C)。

流动式起重机金属结构中各臂节结构尺寸各异,导致需将各检测点的评价指标转化为统一的无纲量指标,对于外观尺寸检测为采用测量结果(激光测距

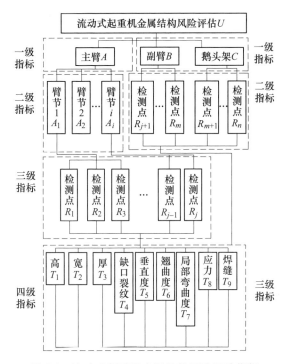

图 8-2　流动式起重机金属结构风险评价指标

仪）与标准尺寸的误差 δ 表征；缺口裂纹检测为采用磁粉探伤、声发射或磁记忆快速检测技术得到的裂纹长度 a 表征；变形检测为应从翼缘板、腹板的弯曲度 Z_c、垂直度 Z_v 和局部翘曲度 Z_b（通过水平仪、经纬仪等测得）出发，以测量值与许用值（许用弯曲度 $[Z_c]$、许用垂直度 $[Z_v]$、许用局部翘曲度 $[Z_b]$）的比值表征；应力检测为通过极限应力 $\lim\sigma$ 与测得最大应力 σ_{max} 的比值表征；焊缝检测为用许用应力 $[\sigma_h]$ 与焊缝周围测得最大应力 σ_{hmax} 的比值表征。具体模糊评价量化等级见表 8-1。

表 8-1　金属结构风险模糊评价量化等级

评价指标		评价等级				
		故障（F） $\geqslant 90$ 分	较高（Y） $90\sim70$ 分	高（L） $70\sim50$ 分	一般（Z） $50\sim30$ 分	低（C） $\leqslant30$
外观尺寸检测	1. 高 δ_h/mm	$\geqslant0.25$	$0.20\sim0.25$	$0.15\sim0.20$	$010\sim0.15$	$\leqslant0.1$
	2. 宽 δ_w/mm					
	3. 厚 δ_t/mm	$\geqslant0.20$	$0.16\sim0.20$	$0.12\sim0.16$	$0.08\sim0.12$	$\leqslant0.08$
4. 缺口裂纹检测 a/mm		$\geqslant4$	$3\sim4$	$2\sim3$	$1\sim2$	$\leqslant1$

（续）

评价指标		评价等级				
		故障（F） ≥90分	较高（Y） 90~70分	高（L） 70~50分	一般（Z） 50~30分	低（C） ≤30
变形 检测	5. 垂直度 $Z_v/[Z_v]$	≥1.0	0.8~0.1	0.6~0.8	0.4~0.6	≤0.4
	6. 弯曲度 $Z_c/[Z_c]$					
	7. 局部翘曲度 $Z_b/[Z_b]$	≥1.0	0.70~0.10	0.50~0.70	0.3~0.5	≤0.3
8. 应力检测 $\lim\sigma/\sigma_{max}$		≥0.9	0.80~0.90	0.70~0.80	0.6~0.7	≤0.6
9. 焊缝检测 $[\sigma_h]/\sigma_{hmax}$		≥0.8	0.75~0.80	0.60~0.75	0.55~0.6	≤0.55

8.1.3 检测点模糊评价矩阵

考虑到现场检测信号漂移、数据失真等问题，以多人检测数据为依据，建立各检测点的模糊评价矩阵为

$$G_p = \begin{pmatrix} a_{p11} & a_{p12} & a_{p13} & a_{p14} & a_{p15} \\ a_{p21} & a_{p22} & a_{p23} & a_{p24} & a_{p25} \\ \vdots & \vdots & \vdots & \vdots & \vdots \\ a_{p91} & a_{p92} & a_{p93} & a_{p94} & a_{p95} \end{pmatrix} \tag{8-1}$$

式中，a_{pkq} 为检测点 p 时，测得指标 k 属于等级 q 的人数与总人数的比值。其中 $p = 1, 2, \cdots, j, j+1, \cdots, m, m+1, \cdots, n$；$k = 1, 2, \cdots, 9$；$q = 1(F)$，$2(Y)$，$3(L)$，$4(Z)$，$5(C)$。

8.1.4 基于改进 DEMATEL 法的检测点评价指标权重

DEMATEL 法是由 GABUS 等提出的一种运用图论与矩阵工具进行要素分析的方法，通过分析系统中各要素之间的逻辑关系与直接影响关系，计算出每个评价指标对其他评价指标的影响程度以及被影响程度，从而得到每个评价指标的中心度与原因度，进而对评价指标之间关系做出判断。考虑到金属结构失效模式模糊数据库的有限性、专家的不确定性及经验与知识的模糊性，运用模糊数学理论对 DEMATEL 法改进，确定流动式起重机金属结构风险评价指标的权重。具体计算过程如下：

1）金属结构风险评估中检测点的评价指标集为 $R_p = \{T_{p1}, T_{p2}, \cdots, T_{p9}\}$（$p = 1, 2, \cdots, j, j+1, \cdots, m, m+1, \cdots, n$）。

2）评估专家以流动式起重机失效情况统计结果作为理论依据，结合自身知识与经验，用影响"极高、高、一般、低"模糊语义变量和对应的三角模糊数（见表 8-2）来表示评价指标之间的相互影响程度，其中，三角模糊数可表示

为 $m_{pj'k} = \{n_{pj'k}^{L},\ n_{pj'k}^{M},\ n_{pj'k}^{H}\}\ (j'、k = 1,\ 2,\ \cdots,\ 9)$，隶属函数为

$$m_{pj'k}(x) = \begin{cases} 0 & \\ \dfrac{x - n_{pj'k}^{L}}{n_{pj'k}^{M} - n_{pj'k}^{L}} & (n_{pj'k}^{L} < x < n_{pj'k}^{M}) \\ \dfrac{n_{pj'k}^{H} - x}{n_{pj'k}^{H} - n_{pj'k}^{M}} & (n_{pj'k}^{M} < x < n_{pj'k}^{H}) \\ 0 & \end{cases} \qquad (8\text{-}2)$$

表8-2 模糊语义变量和对应的模糊数

模糊语义变量	符号	模糊数
极高	JG	(0.9, 1.0, 1.0)
高	G	(0.5, 0.7, 0.9)
一般	YB	(0.1, 0.3, 0.5)
低	D	(0.0, 0.0, 0.1)

继而建立各检测点评价指标的直接影响模糊关系矩阵为

$$\boldsymbol{M}_p = \begin{bmatrix} m_{p11} & m_{p12} & \cdots & m_{p19} \\ \vdots & \vdots & & \vdots \\ m_{pj'1} & m_{pj'2} & \cdots & m_{pj'9} \\ \vdots & \vdots & & \vdots \\ m_{p91} & m_{p92} & \cdots & m_{p99} \end{bmatrix} = \begin{bmatrix} (n_{p11}^{L}, n_{p11}^{M}, n_{p11}^{H}) & (n_{p12}^{L}, n_{p12}^{M}, n_{p12}^{H}) & \cdots & (n_{p13}^{L}, n_{p13}^{M}, n_{p13}^{H}) \\ \vdots & \vdots & & \vdots \\ (n_{pj'1}^{L}, n_{pj'1}^{M}, n_{pj'1}^{H}) & (n_{pj'2}^{L}, n_{pj'2}^{M}, n_{pj'2}^{H}) & \cdots & (n_{pj'n}^{L}, n_{pj'n}^{M}, n_{pj'n}^{H}) \\ \vdots & \vdots & & \vdots \\ (n_{p91}^{L}, n_{p91}^{M}, n_{p91}^{H}) & (n_{p92}^{L}, n_{p92}^{M}, n_{p92}^{H}) & \cdots & (n_{p99}^{L}, n_{p99}^{M}, n_{p99}^{H}) \end{bmatrix}$$

$$(8\text{-}3)$$

式中，$\boldsymbol{M}_p$ 为检测点 R_p 的直接影响模糊关系矩阵；$m_{pj'k}$ 为检测点 R_p 的评价指标 $T_{j'}$ 对 T_k 的影响关系。

3）对式（8-3）进行正规化处理，从而得到相对直接影响模糊关系矩阵为

$$\boldsymbol{Q}_p = (q_{pj'k}^{L},\ q_{pj'k}^{M},\ q_{pj'k}^{H})_{9\times 9} = \frac{m_{pj'k}}{\max\limits_{j'=1}^{9} \sum\limits_{k=1}^{9} m_{pj'k}} = \left(\frac{n_{pj'k}^{L}}{\max\limits_{j'=1}^{9} \sum\limits_{k=1}^{9} n_{pj'k}^{L}},\ \frac{n_{pj'k}^{M}}{\max\limits_{j'=1}^{9} \sum\limits_{k=1}^{9} n_{pj'k}^{M}},\ \frac{n_{pj'k}^{H}}{\max\limits_{j'=1}^{9} \sum\limits_{k=1}^{9} n_{pj'k}^{H}} \right)$$

$$(8\text{-}4)$$

式中，$\boldsymbol{Q}_p$ 为检测点 R_p 的相对直接影响模糊关系矩阵。

4）根据矩阵拆分法将式（8-4）拆分为 3 个子矩阵，分别为 $\boldsymbol{Q}_p^{L} = (q_{pj'k}^{L})_{9\times 9}$，$\boldsymbol{Q}_p^{M} = (q_{pj'k}^{M})_{9\times 9}$，$\boldsymbol{Q}_p^{H} = (q_{pj'k}^{H})_{9\times 9}$，分别按式（8-5）确定与其对应的综合影响矩阵 $\boldsymbol{F}_p^{L}$、$\boldsymbol{F}_p^{M}$、$\boldsymbol{F}_p^{H}$。

$$\boldsymbol{F}_{p\ n\to\infty}^{s} = \boldsymbol{Q}_p^{s} + (\boldsymbol{Q}^{s})^{2} + \cdots + (\boldsymbol{Q}^{s})^{n} = \boldsymbol{Q}_p^{s}(\boldsymbol{I} - \boldsymbol{Q}_p^{s})^{-1} = \boldsymbol{F}_p(f_p^{s})_{9\times 9} \qquad (s = \text{L, M, H})$$

$$(8\text{-}5)$$

检测点的综合影响矩阵为

$$\boldsymbol{F}_p = \boldsymbol{F}_p^{\mathrm{L}} + \boldsymbol{F}_p^{\mathrm{M}} + \boldsymbol{F}_p^{\mathrm{H}} = (f_{pj'k}^{\mathrm{L}},\ f_{pj'k}^{\mathrm{M}},\ f_{pj'k}^{\mathrm{H}})_{9\times9} \tag{8-6}$$

式中，$f_{pj'k}$ 为检测点 R_p 的评价指标 T_j，对 T_k 的综合影响程度，即直接影响和间接影响的程度，若 $f_{pj'k} > 0$，表示有影响。

5）定义检测点 R_p 评价指标的影响度矩阵和被影响度矩阵，从而确定检测点评价指标的中心度与原因度。

评价指标的影响度矩阵为

$$\boldsymbol{F}_{\mathrm{YX}p} = (F_{\mathrm{YX}p}(1),\ F_{\mathrm{YX}p}(2),\ \cdots,\ F_{\mathrm{YX}p}(9))^{\mathrm{T}} \tag{8-7}$$

$$\boldsymbol{F}_{\mathrm{YX}p}(j') = \Big(\sum_{k=1}^{9} f_{pj'k}^{\mathrm{L}},\ \sum_{k=1}^{9} f_{pj'k}^{\mathrm{M}},\ \sum_{k=1}^{9} f_{pj'k}^{\mathrm{H}} \Big) \tag{8-8}$$

式中，$\boldsymbol{F}_{\mathrm{YX}p}$ 为检测点 R_p 评价指标的影响度矩阵；$F_{\mathrm{YX}p}(j')$ 为第 j' 个评价指标对所有指标的综合影响度之和。

评价指标的被影响度矩阵为

$$\boldsymbol{F}_{\mathrm{BYX}p} = (F_{\mathrm{BYX}p}(1),\ F_{\mathrm{BYX}p}(2),\ \cdots,\ F_{\mathrm{BYX}p}(9))^{\mathrm{T}} \tag{8-9}$$

$$\boldsymbol{F}_{\mathrm{BYX}p}(k) = \Big(\sum_{j'=1}^{9} f_{pj'k}^{\mathrm{L}},\ \sum_{j'=1}^{9} f_{pj'k}^{\mathrm{M}},\ \sum_{j'=1}^{9} f_{pj'k}^{\mathrm{H}} \Big) \tag{8-10}$$

式中，$\boldsymbol{F}_{\mathrm{BYX}p}$ 为检测点 R_p 评价指标的被影响度矩阵；$F_{\mathrm{BYX}p}(k)$ 为第 k 个评价指标受到所有指标的综合影响度之和。

因此，检测点 R_p 的评价指标 j' 的中心度 $Z_{pj'}$ 和原因度 $Y_{pj'}$ 分别为

$$\boldsymbol{Z}_{pj'} = \boldsymbol{F}_{\mathrm{YX}p}(j') - \boldsymbol{F}_{\mathrm{BYX}p}(j') \tag{8-11}$$

$$\boldsymbol{Y}_{pj'} = \boldsymbol{F}_{\mathrm{YX}p}(j') + \boldsymbol{F}_{\mathrm{BYX}p}(j') \tag{8-12}$$

中心度 $Z_{pj'}$ 越大，表明指标 j' 与其余指标的关联性越大。若 $Y_{pj'}>0$，则表示指标 j' 对其余指标的影响较大，为原因指标；否则为结果指标，表明 j' 受到其余指标的影响较大。

6）确定检测点 R_p 的评价指标权重矩阵为

$$\boldsymbol{W}_p = (w_{p1},\ w_{p2},\ \cdots,\ w_{p9}) \tag{8-13}$$

$$w_{pj'} = (w_{pj'}^{\mathrm{L}},\ w_{pj'}^{\mathrm{M}},\ w_{pj'}^{\mathrm{H}}) = \frac{Z_{pj'}^{s}\big(1 - Y_{pj'}^{s}/\sum\limits_{j'=1}^{9} Y_{pj'}^{s}\big)}{\sum\limits_{j'=1}^{9} Z_{pj'}^{s}\big(1 - Y_{pj'}^{s}/\sum\limits_{j'=1}^{9} Y_{pj'}^{s}\big)} \quad (s = \mathrm{L},\ \mathrm{M},\ \mathrm{H}) \tag{8-14}$$

8.1.5 检测点综合评价矩阵

通过矩阵拆分法将权重矩阵分为 $\boldsymbol{W}_p^{\mathrm{L}} = (w_{pj'}^{\mathrm{L}})_{1\times9}$，$\boldsymbol{W}_p^{\mathrm{M}} = (w_{pj'}^{\mathrm{M}})_{1\times9}$ 和 $\boldsymbol{W}_p^{\mathrm{H}} = (w_{pj'}^{\mathrm{H}})_{1\times9}$ 三个子矩阵，分别按式（8-15）求出与之对应的综合评价矩阵 $\hat{\boldsymbol{R}}_p^{\mathrm{L}}$、$\hat{\boldsymbol{R}}_p^{\mathrm{M}}$ 和 $\hat{\boldsymbol{R}}_p^{\mathrm{H}}$。

$$\hat{\boldsymbol{R}}_p^{s} = \boldsymbol{W}_p^{s}\boldsymbol{G}_p = (r_{pj'}^{s})_{1\times5} \quad (s = \mathrm{L},\ \mathrm{M},\ \mathrm{H}) \tag{8-15}$$

从而可得到检测点 R_p 的综合评价矩阵，并对其进行归一化处理得

$$\tilde{\boldsymbol{R}}_p = \tilde{\boldsymbol{R}}_p^{\mathrm{L}} + \tilde{\boldsymbol{R}}_p^{\mathrm{M}} + \tilde{\boldsymbol{R}}_p^{\mathrm{H}} \tag{8-16}$$

式中，$\tilde{\boldsymbol{R}}_p^s = \left(r_{pj}^s / \sum\limits_{j=1}^{9} r_{pj}^s \right)_{1 \times 5}$。

8.1.6 金属结构综合评价矩阵

主臂部分二级指标的综合评价矩阵可按式（8-17）或式（8-18）进行计算：

$$\boldsymbol{A}_1 = (W_{1,3,1},\ W_{1,3,2},\ W_{1,3,3})_{1 \times 3} (\tilde{\boldsymbol{R}}_1,\ \tilde{\boldsymbol{R}}_2,\ \tilde{\boldsymbol{R}}_3)_{3 \times 5}^{\mathrm{T}} \tag{8-17}$$

$$\boldsymbol{A}_i = (W_{i,3,1},\ W_{i,3,2},\ W_{i,3,3})_{1 \times 3} (\tilde{\boldsymbol{R}}_{2i},\ \tilde{\boldsymbol{R}}_{2i+1},\ \tilde{\boldsymbol{R}}_{2i+2})_{3 \times 5}^{\mathrm{T}} \quad (i = 1,\ 2,\ \cdots,\ 6) \tag{8-18}$$

式中，$W_{1,3,1}$ 为主臂三级指标中检测点 R_1 在臂节 No.1 中的权重系数，下标"1，3，1"分别表示臂节 No.1、3 级指标和检测点 R_1，其余符号（含义、计算方法）与其类似。

一级指标的综合评价矩阵按式（8-19）~式（8-21）计算：

$$\boldsymbol{A} = (W_{2,1},\ W_{2,2},\ \cdots,\ W_{2,6})_{1 \times 6} (A_1,\ A_2,\ \cdots,\ A_6)_{6 \times 5}^{\mathrm{T}} \tag{8-19}$$

式中，$W_{2,i}$ 为二级指标中臂节 No.i 在主臂中的权重系数，其中，$i = 1,\ 2,\ \cdots,\ 6$。

$$\boldsymbol{B} = (W_{2,j+1},\ W_{2,j+2},\ \cdots,\ W_{2,m})_{1 \times (m-j)} (\tilde{\boldsymbol{R}}_{j+1},\ \tilde{\boldsymbol{R}}_{j+2},\ \cdots,\ \tilde{\boldsymbol{R}}_m)_{(m-j) \times 5}^{\mathrm{T}} \tag{8-20}$$

式中，$W_{2,p}$ 为二级指标中检测点 R_p 在副臂中的权重系数，其中，$p = j+1,\ j+2,\ \cdots,\ m$。

$$\boldsymbol{C} = (W_{2,m+1},\ W_{2,m+2},\ \cdots,\ W_{2,n})_{1 \times (n-m)} (\tilde{\boldsymbol{R}}_{m+1},\ \tilde{\boldsymbol{R}}_{m+2},\ \cdots,\ \tilde{\boldsymbol{R}}_n)_{(n-m) \times 5}^{\mathrm{T}} \tag{8-21}$$

式中，$W_{2,p}$ 为二级指标中检测点 R_p 在鹅头架中的权重系数，其中，$p = m+1,\ m+2,\ \cdots,\ n$。

金属结构综合评价矩阵按式（8-22）计算：

$$\boldsymbol{U} = (W_{1,1},\ W_{1,2},\ W_{1,3})_{1 \times 3} (\boldsymbol{A},\ \boldsymbol{B},\ \boldsymbol{C})_{3 \times 5}^{\mathrm{T}} = (u_1,\ u_2,\ u_3,\ u_4,\ u_5) \tag{8-22}$$

式中，$W_{1,i'}$ 为一级指标的权重系数，其中，$i' = 1,\ 2,\ 3$。

8.1.7 金属结构风险度

根据参数等级法对评价结果进行清晰化处理，得到金属结构的风险度为

$$\boldsymbol{P} = (u_1,\ u_2,\ u_3,\ u_4,\ u_5)(100,\ 80,\ 60,\ 40,\ 20)^{\mathrm{T}} \tag{8-23}$$

式中，$\boldsymbol{P}$ 为金属结构的风险度。

8.2 工程实例

8.2.1 流动式起重机原始特征参数及典型使用工况

以某厂的在役汽车起重机臂架结构为例，其型号为 QY130，材料为 GH960，质量参数：整车整备质量为 54705kg，行驶状态自重 54900kg，前桥轴荷 19900kg，中后桥轴荷 35000kg；工作参数：最大额定起重量 130000kg，支腿跨距（纵向×横向）7.67m×7.3m（全伸），基本臂（即臂节 No.1）最大起重力矩 4586.4kN·m，基本臂的最大起升高度 13.5m，最长主臂最大起重力矩 1882kN·m，主臂最大起升高度 58.5m，副臂最大起升高度 77m/（85m）；作业速度：主起升中单绳最大速度 110m/min，副起升中单绳最大速度 70m/min，起重臂起/落幅时间≥70s，起重臂全伸/全缩时间≥550s，回转速度≤1.5s；行驶参数：最高行驶速度 72km/h，最大爬坡度 40%，最小转弯半径 11.5m，最小离地间隙 280mm；整机尺寸：外形尺寸（长×宽×高）14.69m×3.0m×3.9m，主臂长 12.8~57.5m，主臂仰角-1.5°~82°，副臂长 11m、18.6m，加长臂+副臂 26.6m，副臂安装角 0°、30°；主臂各臂节的结构尺寸参数见表 8-3，其截面形式如图 8-3 所示。根据上述理论及方法预测该在役起重机臂架结构潜在失效模式，并对其进行风险评估。

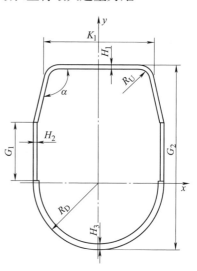

图 8-3 主臂的各臂节截面示意图

表 8-3 在役 QY130 起重机臂架结构尺寸参数

主臂 i	ll_i/mm	G_{2i}/mm	H_{3i}/mm	R_{Di}/mm	G_{1i}/mm	α_i/(°)	K_{1i}/mm	H_{1i}/mm	R_{Ui}/mm
臂节 No.1	13003	1139	7	464	240	100	775	7	106
臂节 No.2	12713	1067	9	438	233	100	734.5	7	106
臂节 No.3	12538	995	8	412	221	100	694.5	6	110
臂节 No.4	12418	925	7	387	209	100	656	5	113
臂节 No.5	12320	856	6	362	202	100	679	5	113
臂节 No.6	12837	788	5	338	184	100	582	5	113

注：ll_i 为主臂中第 i 节臂的长度，其中 $i=1, 2, \cdots, 6$。

收集该在役汽车起重机臂架结构服役过程中定检周期内的典型使用工况，

其评价指标包括工作级别 w_1、载荷谱 l_s、伸缩液压缸的工作方式 c_w、支腿使用情况 l_o 及超载使用情况 p_c，具体情况见表 8-4。

表 8-4　在役 QY130 汽车起重机臂架结构典型使用工况

工况	l_s				c_w					l_o			
	m_Q/t	L/m	S/m	$N/$次	l_{1i}	l_{2i}	l_{3i}	l_{4i}	l_{5i}	l_{leg1}	l_{leg2}	l_{leg3}	l_{leg4}
1	1	57.2	48	151	3	3	3	3	2	1	1	1	1
2	1.5	52.4	26	92	3	3	3	2	2	1	0.9	0.9	1
3	2.7	65.9	56	54	4	4	4	4	4	1	1	1	1
4	3.5	65.9	50	102	4	4	4	4	4	0.9	1	1	0.9
5	4.2	62	28	131	3	3	3	3	3	1	1	1	1
6	5.8	65.9	36	133	4	4	4	4	4	0.8	0.8	1	1
7	7.9	23.6	18	110	2	2	1	1	1	1	1	1	1
8	*	*	*	*	3	3	3	2	2	0.9	0.9	0.9	0.9
9	12.6	33.2	26	82	2	2	2	2	1	0.9	0.9	0.8	0.8
10	15.2	18.8	14	75	1	2	1	1	1	1	1	1	1
11	16	57.2	14	31	3	3	3	3	2	1	1	1	1
12	18	28.4	16	43	2	2	2	1	1	0.9	0.9	0.9	0.9
13	20.4	38	20	96	2	2	2	2	2	1	1	1	1
14	26.2	33.2	11	65	2	2	2	2	1	0.9	0.9	0.9	0.9
15	28.9	38	14	44	2	2	2	2	2	0.8	0.8	1	1
16	32	38	12	63	2	2	2	2	2	0.9	0.9	0.8	0.8
17	35.5	23.6	8	52	2	2	1	1	1	1	0.9	0.9	1
18	45	14	10	43	1	1	1	1	1	0.9	0.9	0.8	0.8
19	0.9	42.8	26	158	3	2	2	2	2	1	1	1	1
20	1.7	62	28	65	3	3	3	3	3	1	1	1	1
21	3.3	65.9	30	143	4	4	4	4	4	1	1	1	1
22	5.1	33.2	26	102	2	2	2	2	1	0.8	0.8	0.9	0.9
23	7.2	65.9	30	93	4	4	4	4	4	0.9	0.9	0.8	0.8
24	9.5	42.8	24	87	3	2	2	2	2	1	0.9	0.9	1
25	11	62	20	75	3	3	3	3	3	1	1	1	1
26	13.2	62	16	64	3	3	3	3	3	1	1	1	1
27	15.8	14	10	66	1	1	1	1	1	1	1	1	1
28	19.8	42.8	12	43	3	2	2	2	2	1	0.9	0.9	1
29	22.5	38	9	65	2	2	2	2	2	1	0.8	0.8	1

（续）

工况	l_s				c_w					l_o			
	m_Q/t	L/m	S/m	N/次	l_{1i}	l_{2i}	l_{3i}	l_{4i}	l_{5i}	l_{leg1}	l_{leg2}	l_{leg3}	l_{leg4}
30	24.1	42.8	14	73	3	2	2	2	2	1	1	1	1
31	28.4	23.6	12	44	2	2	1	1	1	1	1	1	1
32	30.6	18.8	10	51	1	2	1	1	1	0.8	0.8	1	1
33	47.8	14	7	32	1	1	1	1	1	0.9	0.9	0.8	0.8

工况	p_c				w_1		
	m_Q/t	L/m	S/m	N/次	E_5	B_5	S_3
1	21.3	42.8	18	1			
2	19	57.2	11	2		—	
3	9.7	65.9	28	1			
4	43	23.6	12	1			

注：m_Q 为起重量，单位为 t；L 为臂架工作长度，单位为 m；S 为臂架的工作幅度，$S=L\cos\alpha$，单位为 m；α 为变幅角，单位为（°）。

▶▶ 8.2.2　流动式起重机臂架结构潜在失效模式实例库

根据待评估起重机机型 QY130，与失效模式模糊数据库中的起重机机型进行匹配，得到相同机型的起重机臂架结构检测序号分别为 T00008、T000015、T000028、T000034 和 T000039。在典型使用工况子数据库中输入上述检测序号及机型 QY130，确定与检测序号对应的起重机臂架结构典型使用工况，在失效模式子数据库中，通过检测序号匹配，确定与之对应的起重机臂架结构失效模式。将各检测序号下，与之对应的起重机臂架结构典型使用工况和失效模式列为一组，从而得到 QY130 汽车起重机臂架结构潜在失效模式预测实例库，具体的过程如图 8-4 所示。

根据典型使用工况评价指标，包括臂架结构的工作级别 w_1、载荷谱 l_s、伸缩液压缸的工作方式 c_w、支腿使用情况 l_o 及超载使用情况

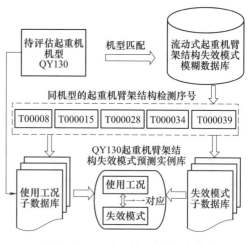

图 8-4　QY130 起重机臂架结构潜在失效模式预测实例库

p_c，以实例库中起重机典型使用工况中的评价指标为源实例，以待评估起重机臂

架结构典型使用工况中的对应评价指标为目标实例，则各评价指标的源实例和目标实例可表示为式（8-24）~式（8-28）。

工作级别的源实例和目标实例可表示为

$$
\begin{cases}
e_{11} = \{\text{case}_1,\ L_{d1},\ (E,\ 5,\ 0.5512),\ (B,\ 5,\ 0.2805),\ (S,\ 3,\ 0.1683)\} \\
e_{12} = \{\text{case}_2,\ I_{d1},\ (E,\ 5,\ 0.5410),\ (B,\ 4,\ 0.2295),\ (S,\ 4,\ 0.2295)\} \\
e_{13} = \{\text{case}_3,\ I_{d1},\ (E,\ 4,\ 0.4575),\ (B,\ 4,\ 0.3122),\ (S,\ 3,\ 0.2303)\} \\
e_{14} = \{\text{case}_4,\ I_{d1},\ (E,\ 6,\ 0.6470),\ (B,\ 6,\ 0.2118),\ (S,\ 4,\ 0.1412)\} \\
e_{15} = \{\text{case}_5,\ I_{d1},\ (E,\ 5,\ 0.5512),\ (B,\ 5,\ 0.2805),\ (S,\ 3,\ 0.1683)\} \\
T_1 = \{\text{case}_T,\ iI_{d1},\ (E,\ 5,\ 0.5512),\ (B,\ 5,\ 0.2805),\ (S,\ 3,\ 0.1683)\}
\end{cases}
$$

$$(8\text{-}24)$$

载荷谱的源实例和目标实例可表示为

$$
\begin{cases}
\begin{aligned}
e_{21} =\ & \{\text{case}_1,\ I_{d2},\ [(m_{Q1},\ L_1,\ S_1,\ N_1),\ (2.5,\ 57.2,\ 48,\ 132,\ ),\ 0.1824], \\
& [(m_{Q2},\ L_2,\ S_2,\ N_2),\ (2.7,\ 52.4,\ 26,\ 101),\ 0.2227],\ \cdots, \\
& [(M_{Q33},\ L_{33},\ S_{33},\ N_{33}),\ (55,\ 14,\ 7,\ 29),\ 0.1113]\} \\
e_{22} =\ & \{\text{case}_2,\ I_{d2},\ [(m_{Q1},\ L_1,\ S_1,\ N_1),\ (0.6,\ 57.2,\ 48,\ 157),\ 0.0310], \\
& [(m_{Q2},\ L_2,\ S_2,\ N_2),\ (1.8,\ 52.4,\ 26,\ 98),\ 0.1226],\ \cdots, \\
& [(m_{Q33},\ L_{33},\ S_{33},\ N_{33}),\ (22.8,\ 14,\ 7,\ 34),\ 0.2348]\} \\
e_{23} =\ & \{\text{case}_3,\ I_{d2},\ [(m_{Q1},\ L_1,\ S_1,\ N_1),\ (2.9,\ 57.2,\ 48,\ 161),\ 0.0753], \\
& [(m_{Q2},\ L_2,\ S_2,\ N_2),\ (8.4,\ 52.4,\ 26,\ 88),\ 0.0739],\ \cdots, \\
& [(M_{Q33},\ L_{33},\ S_{33},\ N_{33}),\ (3.5,\ 14,\ 7,\ 37),\ 0.0439]\} \\
e_{24} =\ & \{\text{case}_4,\ I_{d2},\ [(m_{Q1},\ L_1,\ S_1,\ N_1),\ (1.1,\ 57.2,\ 48,\ 142),\ 0.0522], \\
& [(m_{Q2},\ L_2,\ S_2,\ N_2)(3.2,\ 52.4,\ 26,\ 84),\ 0.2263],\ \cdots, \\
& [(m_{Q33},\ L_{33},\ S_{33},\ N_{33}),\ (22.1,\ 14,\ 7,\ 41),\ 0.1264]\} \\
e_{25} =\ & \{\text{case}_5,\ I_{d2},\ [(m_{Q1},\ L_1,\ S_1,\ N_1),\ (0.8,\ 57.2,\ 48,\ 151),\ 0.1904], \\
& [(m_{Q2},\ L_2,\ S_2,\ N_2),\ (1.8,\ 52.4,\ 26,\ 91),\ 0.1578],\ \cdots, \\
& [(m_{Q33},\ L_{33},\ S_{33},\ N_{33}),\ (46.8,\ 14,\ 7,\ 33),\ 0.1213]\} \\
T_2 =\ & \{\text{case}_T,\ I_{d2},\ [(m_{Q1},\ L_1,\ S_1,\ N_1),\ (1.0,\ 57.2,\ 48,\ 151),\ 0.1697], \\
& [(M_{Q2},\ L_2,\ S_2,\ N_2)(1.5,\ 52.4,\ 26,\ 92),\ 0.1238],\ \cdots, \\
& [(m_{Q33},\ L_{33},\ S_{33},\ N_{33}),\ (47.8,\ 14,\ 7.32),\ 0.1652]\}
\end{aligned}
\end{cases}
$$

$$(8\text{-}25)$$

根据载荷谱中不同的臂架工作长度，确定与臂架工作长度对应的伸缩液压缸工作方式及支腿的使用情况。

伸缩液压缸工作方式的源实例和目标实例可表示为

$$
\begin{cases}
e_{31} = \{ \text{case}_1, I_{d3}, [(l_{1\_14}, l_{1\_23}, l_{1\_34}, l_{1\_43}, l_{1\_52}), (4, 3, 4, 3, 2), 0.0411], \\
\qquad [(l_{2\_14}, l_{2\_23}, l_{2\_23}, l_{2\_42}, l_{2\_52}), (4, 3, 3, 2, 2)0.0777], \cdots, \\
\qquad [(l_{33\_12}, l_{33\_21}, l_{33\_31}, l_{33\_41}, l_{33\_52}), (2, 1, 1, 1, 2), 0.0792]\} \\[4pt]
e_{32} = \{ \text{case}_2, I_{d3}, [(l_{1\_13}, l_{1\_23}, l_{1\_34}, l_{1\_44}, l_{1\_52}), (3, 3, 4, 4, 2), 0.0546], \\
\qquad [(l_{2\_13}, l_{2\_24}, l_{2\_33}, l_{2\_43}, l_{2\_52}), (3, 4, 3, 3, 2), 0.0074], \cdots, \\
\qquad [(l_{33\_11}, l_{33\_23}, l_{33\_31}, l_{33\_41}, l_{33\_51}), (1, 3, 1, 1, 1), 0.1111]\} \\[4pt]
e_{33} = \{ \text{case}_3, I_{d3}, [(l_{1\_14}, l_{1\_23}, l_{1\_34}, l_{1\_43}, l_{1\_52}), (4, 3, 4, 3, 2), 0.0369], \\
\qquad [(l_{2\_14}, l_{2\_23}, l_{2\_33}, l_{2\_42}, l_{2\_52})(4, 3, 3, 2, 2), 0.0424], \cdots, \\
\qquad [(l_{33\_14}, l_{33\_21}, l_{33\_31}, l_{33\_42}, l_{33\_51}), (4, 1, 1, 2, 1), 0.0905]\} \\[4pt]
e_{34} = \{ \text{case}_4, I_{d3}, [(l_{1\_12}, l_{1\_24}, l_{1\_33}, l_{1\_43}, l_{1\_52})(3, 4, 3, 3, 2), 0.0845], \\
\qquad [(l_{2\_13}, l_{2\_23}, l_{2\_34}, l_{2\_32}, l_{2\_52})(3, 3, 4, 3, 2), 0.0719], \cdots, \\
\qquad [(l_{33\_11}, l_{33\_22}, l_{33\_31}, l_{33\_42}, l_{33\_51}), (1, 2, 1, 2, 1), 0.1907]\} \\[4pt]
e_{35} = \{ \text{case}_5, I_{d3}, [(l_{1\_13}, l_{1\_23}, l_{1\_33}, l_{1\_43}, l_{1\_52})(3, 3, 3, 3, 2), 0.1082], \\
\qquad [(l_{2\_13}, l_{2\_23}, l_{2\_34}, l_{2\_42}, l_{2\_52})(3, 3, 4, 2, 2), 0, 1359], \cdots, \\
\qquad [(l_{33\_11}, l_{33\_21}, l_{33\_32}, l_{33\_41}, l_{33\_51}), (1, 1, 2, 1, 1), 0.1632]\} \\[4pt]
T_3 = \{ \text{case}_T, I_{d3}, [(l_{1\_13}, l_{1\_23}, l_{1\_33}, l_{1\_43}, l_{1\_52}), (3, 3, 3, 3, 2), 0.1781], \\
\qquad [(l_{2\_13}, l_{2\_23}, l_{2\_33}, l_{2\_42}, l_{2\_52}), (3, 3, 3, 2, 2), 0.1598], \cdots, \\
\qquad [(l_{33\_11}, l_{33\_21}, l_{33\_31}, l_{33\_41}, l_{33\_51}), (1, 1, 1, 1, 1), 0.1544]\}
\end{cases}
\tag{8-26}
$$

支腿使用情况的源实例和目标实例可表示为

$$e_{41} = \{\text{case}_1,\ I_{d4},\ [(l_{1\_\text{leg1}},\ l_{1\_\text{leg2}},\ l_{1\_\text{leg3}},\ l_{1\_\text{leg4}}),\ (1,\ 1,\ 0.8,\ 0.8),\ 0.1717],$$

$$[(l_{2\_\text{leg1}},\ l_{2\_\text{leg2}},\ l_{2\_\text{leg3}},\ l_{2\_\text{leg4}}),\ (0.9,\ 0.8,\ 0.8,\ 0.9),\ 0.1799],\cdots,$$

$$[(l_{33\_\text{leg1}},\ l_{33\_\text{leg2}},\ l_{33\_\text{leg3}},\ l_{33\_\text{leg4}}),\ (0.6,\ 0.6,\ 0.8,\ 0.8),\ 0.1241]\}$$

$$e_{42} = \{\text{case}_2,\ I_{d4},\ [(l_{1\_\text{leg1}},\ l_{1\_\text{leg2}},\ l_{1\_\text{leg3}},\ l_{1\_\text{leg4}}),\ (1,\ 1,\ 1,\ 1),\ 0.1606],$$

$$[(l_{2\_\text{leg1}},\ l_{2\_\text{leg2}},\ l_{2\_\text{leg3}},\ l_{2\_\text{leg4}}),\ (0.8,\ 0.8,\ 0.8,\ 0.8),\ 0.0533],\cdots,$$

$$[(l_{33\_\text{leg1}},\ l_{33\_\text{leg2}},\ l_{33\_\text{leg3}},\ l_{33\_\text{leg4}}),\ (1,\ 1,\ 1,\ 1),\ 0.2147]\}$$

$$e_{43} = \{\text{case}_3,\ I_{d4},\ [(l_{1\_\text{leg1}},\ l_{1\_\text{leg2}},\ l_{1\_\text{leg3}},\ l_{1\_\text{leg4}}),\ (0.7,\ 0.7,\ 0.8,\ 0.8),\ 0.1973],$$

$$[(l_{2\_\text{leg1}},\ l_{2\_\text{leg2}},\ l_{2\_\text{leg3}},\ l_{2\_\text{leg4}}),\ (0.9,\ 0.8,\ 0.8,\ 0.9),\ 0.0795],\cdots,$$

$$[(l_{33\_\text{leg1}},\ l_{33\_\text{leg2}},\ l_{33\_\text{leg3}},\ l_{33\_\text{leg4}}),\ (1,\ 1,\ 1,\ 1),\ 0.1679]\}$$

$$e_{44} = \{\text{case}_4,\ I_{d4},\ [(l_{1\_\text{leg1}},\ l_{1\_\text{leg2}},\ l_{1\_\text{leg3}},\ l_{1\_\text{leg4}}),\ (0.8,\ 1,\ 1,\ 0.8),\ 0.1427],$$

$$[(l_{2\_\text{leg1}},\ l_{2\_\text{leg2}},\ l_{2\_\text{leg3}},\ l_{2\_\text{leg4}}),\ (0.7,\ 0.7,\ 0.7,\ 0.7),\ 0.0424],\cdots,$$

$$[(l_{33\_\text{leg1}},\ l_{33\_\text{leg2}},\ l_{33\_\text{leg3}},\ l_{33\_\text{leg4}}),\ (1,\ 1,\ 1,\ 1),\ 0.1822]\}$$

$$e_{45} = \{\text{case}_5,\ I_{d4},\ [(l_{1\_\text{leg1}},\ l_{1\_\text{leg2}},\ l_{1\_\text{leg3}},\ l_{1\_\text{leg4}}),\ (1,\ 0.8,\ 0.8,\ 1),\ 0.1246],$$

$$[(l_{2\_\text{leg1}},\ l_{2\_\text{leg2}},\ l_{2\_\text{leg3}},\ l_{2\_\text{leg4}}),\ (1,\ 0.9,\ 0.9,\ 1),\ 0.2022],\cdots,$$

$$[(l_{33\_\text{leg1}},\ l_{33\_\text{leg2}},\ l_{33\_\text{leg3}},\ l_{33\_\text{leg4}}),\ (0.8,\ 0.8,\ 0.8,\ 0.8),\ 0.0289]\}$$

$$T_4 = \{\text{case}_T,\ I_{d4},\ [(l_{1\_\text{leg1}},\ l_{1\_\text{leg2}},\ l_{1\_\text{leg3}},\ l_{1\_\text{leg4}}),\ (1,\ 1,\ 1,\ 1),\ 0.1563],$$

$$[(l_{2\_\text{leg1}},\ l_{2\_\text{leg2}},\ l_{2\_\text{leg3}},\ l_{2\_\text{leg4}}),\ (1,\ 0.9,\ 0.9,\ 1),\ 0.1358],\cdots,$$

$$[(l_{33\_\text{leg1}},\ l_{33\_\text{leg2}},\ l_{33\_\text{leg3}},\ l_{33\_\text{leg4}}),\ (0.9,\ 0.9,\ 0.8,\ 0.8),\ 0.1456]\}$$

$$(8\text{-}27)$$

超载使用情况的源实例和目标实例可表示为

$$
\left\{
\begin{aligned}
e_{51} &= \{\text{case}_1,\ I_{d5},\ [(m_{Q01},\ L_1,\ S_1,\ N_1),\ (*,\ *,\ *,\ *),\ 0.3730], \\
&\qquad [(m_{Q02},\ L_2,\ S_2,\ N_2),\ (20.3,\ 57.2,\ 11,\ 2),\ 0.2237], \\
&\qquad [(m_{Q03},\ L_3,\ S_3,\ N_3),\ (9.5,\ 65.9,\ 28,\ 1),\ 0.1788], \\
&\qquad [(m_{Q04},\ L_4,\ S_4,\ N_4),\ (41,\ 23.6,\ 12,\ 2),\ 0.2246]\} \\
e_{52} &= \{\text{case}_2,\ I_{d5},\ [(m_{Q01},\ L_1,\ S_1,\ N_1),\ (21.9,\ 42.8,\ 18,\ 1),\ 0.4260], \\
&\qquad [(m_{Q02},\ L_2,\ S_2,\ N_2),\ (*,\ *,\ *,\ *),\ 0.0100], \\
&\qquad [(m_{Q03},\ L_3,\ S_3,\ N_3),\ (10.1,\ 65.9,\ 28,\ 1),\ 0.4789], \\
&\qquad [(m_{Q04},\ L_4,\ S_4,\ N_4),\ (*,\ *,\ *,\ *),\ 0.0852]\} \\
e_{53} &= \{\text{case}_3,\ I_{d5},\ [(m_{Q01},\ L_1,\ S_1,\ N_1),\ (23.2,\ 42.8,\ 18,\ 1),\ 0.2709], \\
&\qquad [(m_{Q02},\ L_2,\ S_2,\ N_2),\ (10,\ 65.9,\ 28,\ 1),\ 0.1454], \\
&\qquad [(m_{Q03},\ L_3,\ S_3,\ N_3),\ (*,\ *,\ *,\ *),\ 0.2090], \\
&\qquad [(m_{Q04},\ L_4,\ S_4,\ N_4),\ (41.8,\ 23.6,\ 12,\ 1),\ 0.3747]\} \\
e_{54} &= \{\text{case}_4,\ I_{d5},\ [(m_{Q01},\ L_1,\ S_1,\ N_1),\ (*,\ *,\ *,\ *),\ 0.2015], \\
&\qquad [(m_{Q02},\ L_2,\ S_2,\ N_2),\ (*,\ *,\ *,\ *),\ 0.3312], \\
&\qquad [(m_{Q03},\ L_3,\ S_3,\ N_3),\ (9.9,\ 65.9,\ 28,\ 2),\ 0.2355], \\
&\qquad [(m_{Q04},\ L_4,\ S_4,\ N_4),\ (45,\ 23.6,\ 12,\ 1),\ 0.2318]\} \\
e_{55} &= \{\text{case}_5,\ I_{d5},\ [(m_{Q01},\ L_1,\ S_1,\ N_1),\ (23,\ 42.8,\ 18,\ 1),\ 0.1570], \\
&\qquad [(m_{Q02},\ L_2,\ S_2,\ N_2),\ (10.2,\ 65.9,\ 28,\ 2),\ 0.4228], \\
&\qquad [(m_{Q03},\ L_3,\ S_3,\ N_3),\ (*,\ *,\ *,\ *),\ 0.2262], \\
&\qquad [(m_{Q04},\ L_4,\ S_4,\ N_4),\ (41,\ 23.6,\ 12,\ 2),\ 0.1940]\} \\
T_5 &= \{\text{case}_T,\ I_{d5},\ [(m_{Q01},\ L_1,\ S_1,\ N_1),\ (21.3,\ 42.8,\ 18,\ 1),\ 0.0351], \\
&\qquad [(m_{Q02},\ L_2,\ S_2,\ N_2),\ (19,\ 57.2,\ 11,\ 2),\ 0.2075], \\
&\qquad [(m_{Q03},\ L_3,\ S_3,\ N_3),\ (9.7,\ 65.9,\ 28,\ 1),\ 0.3955], \\
&\qquad [(m_{Q04},\ L_4,\ S_4,\ N_4),\ (43,\ 23.6,\ 12,\ 1),\ 0.3620]\}
\end{aligned}
\right.
\tag{8-28}
$$

以工作级别为例，对其源实例和目标实例的属性值进行归一化处理，并进行初步检索，从而得到工作级别的有效实例，以此为基础，分别计算各有效实例与目标实例共有属性相似对比时的权重，考虑属性缺失情况下，利用改进欧式距离确定各有效实例与目标实例的相似度，其具体计算过程如下：

1）由源实例和目标实例构成属性值矩阵的归一化处理结果为

$$
\boldsymbol{Q} = \begin{bmatrix} e_{11} \\ e_{12} \\ e_{13} \\ e_{14} \\ e_{15} \\ T_1 \end{bmatrix} = \begin{bmatrix} 5 & 5 & 3 \\ 5 & 4 & 4 \\ 4 & 4 & 3 \\ 6 & 6 & 4 \\ 5 & 5 & 3 \\ 5 & 5 & 3 \end{bmatrix} \rightarrow \boldsymbol{Y}^* = \begin{bmatrix} y_1^* \\ y_{1t}^* \end{bmatrix} = \begin{bmatrix} 0 & 0.0172 & -0.0499 \\ 0 & -0.0859 & 0.0966 \\ -0.0966 & 0.0859 & -0.0499 \\ 0.0996 & 0.1201 & 0.0996 \\ 0 & 0.0172 & -0.0499 \\ 0 & 0.0172 & -0.0499 \end{bmatrix}
$$

$$(8\text{-}29)$$

以式（8-29）为基础，根据对实例进行初步检索，得到工作级别的有效实例分别为 e_{11}、e_{12}、e_{13}、e_{14} 和 e_{15}。

2）计算各有效实例与目标实例之间的欧式距离及相似度，相关计算结果见表 8-5。

表 8-5 工作级别中有效实例与目标实例相似度计算的相关结果

有效实例	w_{11}	w_{12}	w_{13}	改进后的欧式距离	相似度
e_{11}				0	1
e_{12}				0.1196	0.8804
e_{13}	0.2313	0.2475	0.5212	0.0703	0.9297
e_{14}				0.1288	0.8712
e_{15}				0	1

由表 8-5 可知，与目标实例最相似的实例是 e_{11} 和 e_{15}。其余 4 个典型使用工况评价指标的相应实例检索及匹配过程与工作级别实例检索及匹配过程类似，相应的计算结果见表 8-6。

表 8-6 有效实例与目标实例相似度计算的相关结果

	有效实例	w_1	w_2	...	w_{33}	改进后的欧式距离	相似度
载荷谱	e_{21}	0.0602	0.0433	...	0.0481	0.3653	0.6347
	e_{23}			...		0.5826	0.4174
	e_{24}	0.0525	0.0881	...	0.0420	0.6258	0.3742
	e_{25}			...		0.2092	0.7908

（续）

	有效实例	w_1	w_2	…	w_{33}	改进后的欧式距离	相似度
伸缩液压缸的工作方式	e_{31}	0.0120	0.0147	…	0.0856	0.4147	0.5853
	e_{32}			…		0.3512	0.6488
	e_{34}			…		0.3629	0.6371
	e_{35}			…		0.2930	0.7070
	有效实例	w_1	w_2	…	w_{33}	改进后的欧式距离	相似度
支腿使用情况	e_{41}	0.0418	0.0262	…	0.0268	0.2843	0.7157
	e_{43}			…		0.2599	0.7401
	e_{44}			…		0.3297	0.6703
	e_{45}			…		0.2365	0.7635
	有效实例	w_1	w_2	w_3	w_4	改进后的欧式距离	相似度
超载使用情况	e_{51}	0	0.6004	0.2275	0.1721	0.2198	0.7802
	e_{52}	0.0057	0	0.9943	0	0.0085	0.9915
	e_{53}	0.0017	0.7759	0	0.2224	0.4697	0.5303
	e_{54}	0	0	0.5692	0.4308	0.4006	0.5994
	e_{55}	0.0017	0.7759	0	0.2224	0.5951	0.4049

由表 8-6 可知，就载荷谱而言，初步检索得到的有效实例为 e_{21}、e_{23}、e_{24} 和 e_{25}，各有效实例与目标实例的相似度分别为 0.6347、0.4174、0.3742 和 0.7908，由此可见，有效实例 e_{25} 与目标实例 T_2 的相似度最大，故 e_{25} 为 T_2 的最佳相似实例；对于伸缩液压缸的工作方式而言，初步检索得到的有效实例为 e_{31}、e_{32}、e_{34} 及 e_{35}，对应的相似度分别为 0.5853、0.6488、0.6371 及 0.7070，由此可见，有效实例 e_{35} 为目标实例 T_3 的最佳相似实例；对于支腿使用情况，初步检索得到的有效实例分别为 e_{41}、e_{43}、e_{44} 和 e_{45}，对应的相似度分别为 0.7157、0.7401、0.6703 及 0.7635，故目标实例 T_4 的最佳相似实例为 e_{45}；对于超载使用情况，初步检索得到的有效实例为 e_{51}、e_{52}、e_{53}、e_{54} 和 e_{55}，对应的相似度分别为 0.7802、0.9915、0.5303、0.5994 和 0.4049，故目标实例 T_5 的最佳相似实例为 e_{52}。

将典型使用工况评价指标集 I_d 中与各元素对应的最佳相似实例取并集，组成最佳相似实例集 Best_e = $\{e_{11}, e_{15}, e_{25}, e_{35}, e_{45}, e_{52}\}$，由此可见，检测序号为 T00008、T000015 和 T000039 的失效模式可作为待评估起重机臂架结构的潜在失效模式。

▶ 8.2.3 流动式起重机臂架结构潜在失效模式修正

以流动式起重机臂架结构参数化有限元模型和仿真计算平台为基础，通过输入 QY130 起重机原始特征参数、不同检测序号的典型使用工况（从失效模糊数据库中提取）及对应的潜在失效模式信息（来源于检测序号为 T00008、T000015 和 T000039 的流动式起重机臂架结构的失效模式信息，即信息重用），确定臂架结构中各节臂上特征值（即最大应力）出现的位置，图 8-5 仅给出不同典型使用工况下，考虑潜在失效模式信息的主臂各臂节上的特征值及其出现的位置。若出现位置与潜在失效模式信息中所描述的情况一致，则不需修正，否则用最大应力出现的位置代替潜在失效模式中的失效位置，进而得到主臂修正后的潜在失效模式，从而确定出各臂节上的检测位置及检测点（即危险位置和危险点）。副臂及鹅头架的修正过程与其类似，仅给出修正后的最终结果。待评估流动式起重机臂架结构中各臂节处检测位置、检测点的分布如图 8-6 所示，修正后的潜在失效模式预测结果见表 8-7。

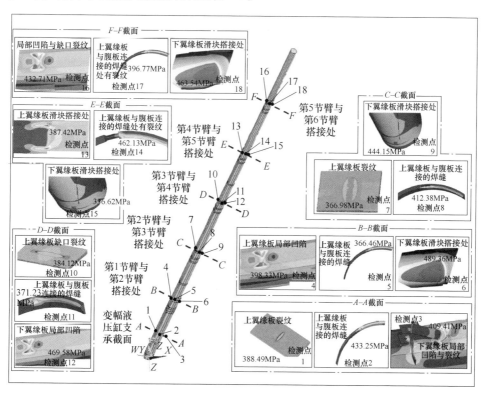

图 8-5 不同工况下各节臂上的最大应力（特征值）及其出现的位置

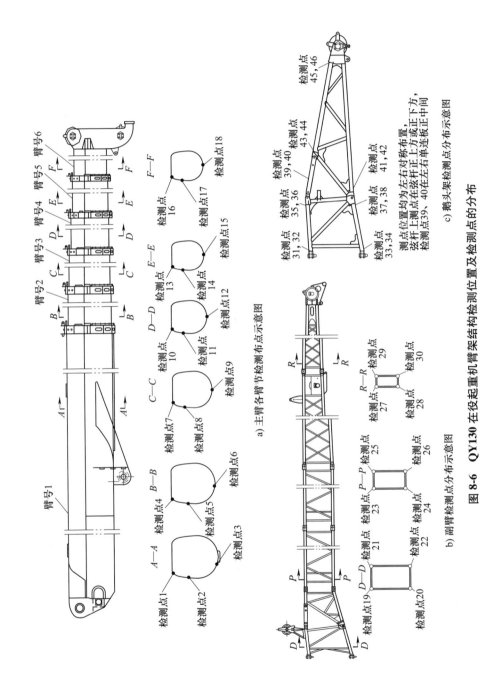

a) 主臂各臂节检测布点示意图

b) 副臂检测点分布示意图

c) 鹅头架检测点分布示意图

图 8-6 QY130 在役起重机臂架结构检测位置及检测点的分布

表 8-7 臂架结构修正后的潜在失效模式预测结果

臂架	检测点	工况			特征值	潜在失效模式	潜在失效位置/mm			
		m_Q/t	L/m	S/m			ll_i	sy_i	fb_i	xy_i
主臂臂节号	1									
		检测点 1	15.2	18.8	14	388.49	局部失稳	7600	389	*	*
		检测点 2	20.4	38	20	433.25	焊缝失效	7600	*	242	*
		检测点 3	28.9	38	14	409.41	局部失稳	7600	*	*	39
	2	检测点 4	3.5	65.9	50	398.33	局部失稳	360	368	*	*
		检测点 5	5.8	65.9	36	366.46	焊缝失效	360	*	235	*
		检测点 6	1.7	62	28	489.36	局部失稳	360	*	*	46
	3	检测点 7	18	28.4	16	444.15	缺口裂纹	250	347	*	*
		检测点 8	35.5	23.6	8	366.98	焊缝失效	250	*	223	*
		检测点 9	45	14	10	412.38	局部失稳	250	*	*	55
	4	检测点 10	32	38	12	384.12	缺口裂纹	210	329	*	*
		检测点 11	26.2	33.2	11	371.23	焊缝失效	210	*	211	*
		检测点 12	16	57.2	14	469.58	局部失稳	210	*	*	41
	5	检测点 13	1	57.2	48	387.42	局部失稳	210	311	*	*
		检测点 14	4.2	62	28	462.13	焊缝失效	210	*	204	*
		检测点 15	7.9	23.6	18	336.62	局部失稳	210	*	*	35
	6	检测点 16	2.7	65.9	56	423.71	局部失稳	210	293	*	*
		检测点 17	12.6	33.2	26	396.77	焊缝失效	210	*	186	*
		检测点 18	1.5	52.4	26	463.54	局部失稳	210	*	*	47
副臂		检测点 19	13.2	62	16	455.34		3625	640	*	640
		检测点 20	11	62	20	499.27		3625	640	*	640
		检测点 21	3.3	65.9	30	570.60		3625	640	*	640
		检测点 22	15.8	14	10	427.61		3625	640	*	640
		检测点 23	22.5	38	9	525.67		18600	585	*	585
		检测点 24	5.1	33.2	26	447.57	焊缝失效	18600	585	*	585
		检测点 25	7.2	65.9	30	506.07		18600	585	*	585
		检测点 26	19.8	42.8	12	487.44		18600	585	*	585
		检测点 27	0.9	42.8	26	437.22		29600	530	*	530
		检测点 28	24.1	42.8	14	550.58		29600	530	*	530
		检测点 29	9.5	42.8	24	465.43		29600	530	*	530
		检测点 30	1.7	62	28	537.18		29600	530	*	530
鹅头架		检测点 31	12.6	33.2	26	476.53		850	475	*	475

（续）

臂架	检测点	工况			特征值	潜在失效模式	潜在失效位置/mm			
		m_Q/t	L/m	S/m			ll_i	sy_i	fb_i	xy_i
鹅头架	检测点 32	28.4	23.6	12	401.89		850	475	*	475
	检测点 33	13.2	62	16	444.25		850	475	*	475
	检测点 34	11	62	20	603.62		850	475	*	475
	检测点 35	30.6	18.8	10	519.52		1840	420	*	420
	检测点 36	3.5	65.9	50	436.50		1840	420	*	420
	检测点 37	47.8	14	7	488.99		1840	420	*	420
	检测点 38	24.1	42.8	14	421.79	焊缝失效	1840	420	*	420
	检测点 39	20.4	38	20	432.06		2265	365	*	365
	检测点 40	15.8	14	10	489.68		2265	365	*	365
	检测点 41	4.2	62	28	455.80		3050	310	*	310
	检测点 42	9.5	42.8	24	465.81		3050	310	*	310
	检测点 43	5.5	65.9	36	359.92		3050	310	*	310
	检测点 44	35.5	23.6	8	428.60		3050	310	*	310
	检测点 45	26.2	33.2	11	406.40		5415	255	*	255
	检测点 46	16	57.2	14	558.97		5415	255	*	255

注：ll_i 为后一节臂架距前一节臂架头部的距离，单位为 mm；对于主臂而言 sy_i、xy_i 为上、下翼缘板检测点距截面中心线的距离，对于其他臂架而言，sy_i、xy_i 为左、右腹板与翼缘板焊缝连接处距截面中心线的距离，单位为 mm；fb_i 为检测点距腹板底部的距离，单位为 mm。

8.2.4 流动式起重机臂架结构风险评估

以上述 QY130 汽车起重机臂架结构潜在失效模式预测结果为基础，利用基于改进 DEMATEL 法的臂架结构风险评估方法，评估该臂架结构的风险性。根据臂架结构检测位置及检测点的分布（见图 8-6 和表 8-7），对现阶段各检测点进行检测，各检测点的模糊评价等级见表 8-8。

表 8-8 臂架结构各检测点的模糊评价等级

检测组别	检测点	外观尺寸检测/mm			缺口裂纹长度等级	变形检测			应力-强度等级	焊缝周围最大应力等级
		高-等级	宽-等级	厚-等级		垂直度等级	翘曲度等级	局部弯曲度等级		
第一组	检测点 1	1073-C	898-C	7-C	Z	C	C	C	Z	Z
	检测点 2	1073-C	898-C	8-C	Z	Z	C	C	Z	Z
	⋮	⋮	⋮	⋮	⋮	⋮	⋮	⋮	⋮	⋮
	检测点 46	340-C	328-C	6-C	C	C	L	C	C	C

检测组别	检测点	外观尺寸检测/mm			缺口裂纹长度等级	变形检测			应力-强度等级	焊缝周围最大应力等级
		高-等级	宽-等级	厚-等级		垂直度等级	翘曲度等级	局部弯曲度等级		
第二组	检测点 1	1075-C	896-Z	6-L	L	C	C	C	Z	C
	检测点 2	1075-C	896-C	8-C	Z	C	Z	C	L	Z
	⋮	⋮	⋮	⋮	⋮	⋮	⋮	⋮	⋮	⋮
	检测点 46	336-C	333-C	5-L	Z	Z	Z	C	C	C
⋮	⋮	⋮	⋮	⋮	⋮	⋮	⋮	⋮	⋮	⋮
第六组	检测点 1	1070-C	894-C	7-C	Z	C	C	C	Z	C
	检测点 2	1070-C	894-C	9-L	Z	C	L	C	L	C
	⋮	⋮	⋮	⋮	⋮	⋮	⋮	⋮	⋮	⋮
	检测点 46	340-C	328-C	7-Y	Z	C	C	L	C	C

以臂架结构各检测点的模糊评价等级（见表 8-8）为基础，利用检测点模糊评价等级理论，得到各检测点的模糊评判矩阵：

$$G_1 = \begin{pmatrix} 0 & 0 & 0.167 & 0.167 & 0.666 \\ 0 & 0.167 & 0.167 & 0.167 & 0.499 \\ 0 & 0.167 & 0.333 & 0.167 & 0.333 \\ 0.167 & 0.167 & 0.167 & 0.499 & 0 \\ 0 & 0 & 0.167 & 0.167 & 0.666 \\ 0 & 0 & 0.167 & 0.167 & 0.666 \\ 0 & 0.167 & 0.167 & 0 & 0.666 \\ 0 & 0.167 & 0.167 & 0.666 & 0 \\ 0 & 0.167 & 0.167 & 0.333 & 0.333 \end{pmatrix}$$

$$G_2 = \begin{pmatrix} 0 & 0 & 0 & 0.334 & 0.666 \\ 0 & 0 & 0.167 & 0.167 & 0.666 \\ 0 & 0.167 & 0.167 & 0.333 & 0.333 \\ 0 & 0.167 & 0.167 & 0.499 & 0.167 \\ 0 & 0.167 & 0.167 & 0.333 & 0.333 \\ 0 & 0 & 0.499 & 0.334 & 0.167 \\ 0 & 0.167 & 0.167 & 0 & 0.666 \\ 0 & 0.167 & 0.666 & 0.167 & 0 \\ 0 & 0 & 0.167 & 0.666 & 0.167 \end{pmatrix} \cdots$$

$$G_{46} = \begin{pmatrix} 0 & 0 & 0 & 0.334 & 0.666 \\ 0 & 0 & 0.167 & 0.167 & 0.334 \\ 0 & 0.167 & 0.333 & 0.167 & 0.333 \\ 0 & 0 & 0.334 & 0.499 & 0.167 \\ 0 & 0 & 0.167 & 0.167 & 0.666 \\ 0 & 0.0167 & 0.167 & 0.333 & 0.333 \\ 0 & 0.0167 & 0.167 & 0.167 & 0.333 \\ 0 & 0.0167 & 0.167 & 0.167 & 0.667 \\ 0 & 0 & 0.167 & 0.333 & 0.667 \end{pmatrix}$$

一个由 10 位起重机评估专家 $P_R = \{P_{R1}, P_{R2}, \cdots, P_{R10}\}$，根据流动式起重机臂架结构失效情况统计结果，结合自身知识与经验，对各级评价指标两两之间的直接关系进行评估，评估结果见表 8-9。考虑到个体主观因素的影响，按式（8-30）对指标关联性评估结果进行处理。

$$m_{pj'k} = \sum_{n=1}^{10} m_{pj'kn}^{s} / 10 \quad (s = L, M, H; p = 1, 2, \cdots, 46; j'、k = 1, 2, \cdots, 9)$$

$$(8\text{-}30)$$

表 8-9　臂架结构各检测点的评价指标关联性专家评估结果

P_R	检测点 1	S_1	S_2	$\cdots$	S_9	检测点 2	S_1	S_2	$\cdots$	S_9	$\cdots$	检测点 46	S_1	S_2	$\cdots$	S_9
	S_1	0	JG	$\cdots$	YB	S_1	0	D	$\cdots$	D	$\cdots$	S_1	0	D	$\cdots$	D
P_{R1}	S_2	JG	0	$\cdots$	YB	S_2	YB	0	$\cdots$	D		S_2	D	0	$\cdots$	D
	$\vdots$	$\vdots$	$\vdots$	$\vdots$	$\vdots$	$\vdots$	$\vdots$	$\vdots$	$\vdots$	$\vdots$		$\vdots$	$\vdots$	$\vdots$	$\vdots$	$\vdots$
	S_9	G	G	$\cdots$	0	S_9	G	G	$\cdots$	0	$\cdots$	S_9	G	G	$\cdots$	0
	S_1	0	G	$\cdots$	D	S_1	0	D	$\cdots$	YB		S_1	0	D	$\cdots$	D
P_{R2}	S_2	JG	0	$\cdots$	D	S_2	D	0	$\cdots$	YB		S_2	YB	0	$\cdots$	YB
	$\vdots$	$\vdots$	$\vdots$	$\vdots$	$\vdots$	$\vdots$	$\vdots$	$\vdots$	$\vdots$	$\vdots$		$\vdots$	$\vdots$	$\vdots$	$\vdots$	$\vdots$
	S_9	D	G	$\cdots$	0	S_9	G	G	$\cdots$	0		S_9	JG	G	$\cdots$	0
$\vdots$	$\vdots$	$\vdots$	$\vdots$	$\vdots$	$\vdots$	$\vdots$	$\vdots$	$\vdots$	$\vdots$	$\vdots$		$\vdots$	$\vdots$	$\vdots$	$\vdots$	$\vdots$
	S_1	0	G	$\cdots$	YB	S_1	0	D	$\cdots$	YB	$\cdots$	S_1	0	D	$\cdots$	G
P_{R10}	S_2	G	0	$\cdots$	D	S_2	YB	0	$\cdots$	YB		S_2	YB	0	$\cdots$	YB
	$\vdots$	$\vdots$	$\vdots$	$\vdots$	$\vdots$	$\vdots$	$\vdots$	$\vdots$	$\vdots$	$\vdots$		$\vdots$	$\vdots$	$\vdots$	$\vdots$	$\vdots$
	S_9	YB	D	$\cdots$	0	S_9	JG	G	$\cdots$	0	$\cdots$	S_9	JG	JG	$\cdots$	0

由表 8-2、表 8-9 和式（8-30）得到检测点评价指标间的直接影响模糊关系矩阵为

$$
\boldsymbol{M}_1 =
\begin{pmatrix}
(0.00,\ 0.00,\ 0.00) & (0.22,\ 0.33,\ 0.48) & (0.08,\ 0.25,\ 0.30) \\
(0.12,\ 0.20,\ 0.34) & (0.00,\ 0.00,\ 0.00) & (0.01,\ 0.03,\ 0.14) \\
(0.02,\ 0.06,\ 0.18) & (0.03,\ 0.09,\ 0.22) & (0.00,\ 0.00,\ 0.00) \\
(0.44,\ 0.57,\ 0.69) & (0.53,\ 0.67,\ 0.78) & (0.57,\ 0.71,\ 0.82) \\
(0.24,\ 0.39,\ 0.55) & (0.16,\ 0.32,\ 0.50) & (0.19,\ 0.33,\ 0.50) \\
(0.19,\ 0.33,\ 0.50) & (0.25,\ 0.43,\ 0.62) & (0.12,\ 0.12,\ 0.34) \\
(0.14,\ 0.26,\ 0.42) & (0.10,\ 0.22,\ 0.38) & (0.06,\ 0.18,\ 0.34) \\
(0.03,\ 0.09,\ 0.22) & (0.04,\ 0.12,\ 0.26) & (0.07,\ 0.13,\ 0.26) \\
(0.45,\ 0.60,\ 0.73) & (0.40,\ 0.54,\ 0.68) & (0.53,\ 0.68,\ 0.81) \\
(0.03,\ 0.09,\ 0.22) & (0.06,\ 0.10,\ 0.22) & (0.07,\ 0.13,\ 0.26) \\
(0.06,\ 0.10,\ 0.22) & (0.16,\ 0.23,\ 0.35) & (0.12,\ 0.20,\ 0.34) \\
(0.06,\ 0.10,\ 0.22) & (0.07,\ 0.13,\ 0.26) & (0.01,\ 0.03,\ 0.14) \\
(0.00,\ 0.00,\ 0.00) & (0.48,\ 0.60,\ 0.70) & (0.61,\ 0.74,\ 0.83) \\
(0.12,\ 0.20,\ 0.34) & (0.00,\ 0.00,\ 0.00) & (0.36,\ 0.50,\ 0.64) \\
(0.31,\ 0.43,\ 0.55) & (0.44,\ 0.57,\ 0.69) & (0.00,\ 0.00,\ 0.00) \\
(0.17,\ 0.35,\ 0.54) & (0.53,\ 0.67,\ 0.78) & (0.56,\ 0.67,\ 0.75) \\
(0.49,\ 0.64,\ 0.77) & (0.28,\ 0.43,\ 0.59) & (0.25,\ 0.43,\ 0.62) \\
(0.57,\ 0.70,\ 0.79) & (0.41,\ 0.57,\ 0.72) & (0.36,\ 0.51,\ 0.67) \\
(0.13,\ 0.23,\ 0.38) & (0.07,\ 0.13,\ 0.26) & (0.04,\ 0.12,\ 0.26) \\
(0.08,\ 0.16,\ 0.30) & (0.06,\ 0.10,\ 0.22) & (0.03,\ 0.09,\ 0.22) \\
(0.12,\ 0.20,\ 0.34) & (0.15,\ 0.20,\ 0.31) & (0.00,\ 0.06,\ 0.16) \\
(0.65,\ 0.77,\ 0.44) & (0.69,\ 0.80,\ 0.85) & (0.74,\ 0.87,\ 0.99) \\
(0.33,\ 0.50,\ 0.67) & (0.16,\ 0.23,\ 0.35) & (0.07,\ 0.13,\ 0.19) \\
(0.53,\ 0.67,\ 0.78) & (0.33,\ 0.49,\ 0.64) & (0.21,\ 0.39,\ 0.64) \\
(0.00,\ 0.00,\ 0.00) & (0.25,\ 0.42,\ 0.59) & (0.22,\ 0.42,\ 0.63) \\
(0.18,\ 0.3,\ 0.46) & (0.00,\ 0.00,\ 0.00) & (0.50,\ 0.67,\ 0.81) \\
(0.33,\ 0.51,\ 0.7) & (0.73,\ 0.93,\ 1.03) & (0.00,\ 0.00,\ 0.00)
\end{pmatrix}
$$

以此为基础，根据式（8-4）~式（8-14）进行计算，得到检测点 1 各评价指标的中心度、原因度及其权重，结果见表 8-10。

表 8-10　检测点 1 评价指标的中心度、原因度及其权重

评价指标		检测点 1		
		中心度 Z_{1j}	原因度 Y_{1j}	权重 W_i
外形尺寸	高	$(-0.3979, -0.3081, -0.3317)$	$(0.2293, 0.1377, 0.0723)$	$(0.0562, 0.0669, 0.0912)$
	宽	$(-0.4305, -0.3324, -0.3438)$	$(0.2039, 0.1324, 0.0794)$	$(0.0608, 0.0722, 0.0945)$
	厚	$(-0.4209, -0.3050, -0.0696)$	$(0.1795, 0.1014, 0.3146)$	$(0.0595, 0.0662, 0.0191)$
缺口裂纹		$(-1.1489, -0.6684, -0.4905)$	$(-0.3989, -0.1776, -0.0741)$	$(0.1624, 0.1451, 0.1348)$
垂直度		$(-0.7509, -0.4816, -0.4137)$	$(0.2149, 0.1060, 0.0517)$	$(0.1061, 0.1045, 0.1137)$
翘曲度		$(-0.9517, -0.6129, -0.4927)$	$(-0.0089, -0.0333, -0.0303)$	$(0.1345, 0.1330, 0.1354)$
局部弯曲度		$(-0.8966, -0.6050, -0.4853)$	$(-0.0220, -0.0300, -0.0381)$	$(0.1267, 0.1313, 0.1334)$
应力-强度		$(-1.0512, -0.6610, -0.5085)$	$(-0.1592, -0.1064, -0.0581)$	$(0.1486, 0.1435, 0.1398)$
焊缝周围最大应力		$(-1.0268, -0.6327, -0.5025)$	$(-0.2826, -0.1303, -0.0723)$	$(0.1451, 0.1373, 0.1381)$

由表 8-10 可知，检测点 1 的外形尺寸、垂直度的原因度均为大于 0，表明外形尺寸及垂直度对其余评价指标的影响较大，称为原因指标，其余评价指标为结果指标；检测点 1 的所有评价指标中，对于中心度而言，缺口裂纹中心度的绝对值最大为 $|Z_{14}| = (1.1489, 0.6684, 0.4905)$，表明缺口裂纹与其余评价指标的关联性最大，在评估体系中的作用最大；对于权重而言，缺口裂纹的权重最大，为 $W_{14} = (0.1624, 0.1451, 0.1348)$，这是由于缺口裂纹引起的疲劳破坏对臂架结构寿命的影响最大，因此应将该起重机臂架结构的缺口裂纹列为重点关注对象。

根据式（8-15）、式（8-16）确定检测点 1 的综合评价矩阵为

$$\hat{R}_1 = \hat{R}_1^L + \hat{R}_1^M + \hat{R}_1^H = W_{1j}^L G_1 + W_{1j}^M G_1 + W_{1j}^H G_1$$

$$= [(0.061, 0.072, 0.135)(0.149, 0.145, 0.140)(0.162, 0.145, 0.140)$$
$$(0.162, 0.145, 0.140)(0.149, 0.144, 0.138)]$$

对 $\hat{R}$ 进行归一化处理得

$$\boldsymbol{R}_1 = \left[\begin{array}{l} (0.088,\ 0.111,\ 0.210)(0.218,\ 0.223,\ 0.198)(0.238,\ 0.223,\ 0.198) \\ (0.238,\ 0.223,\ 0.198)(0.218,\ 0.220,\ 0.196) \end{array} \right]$$

其余检测点（2~46）、三级评价指标、二级评价指标间的直接影响模糊关系矩阵、各指标的中心度、原因度、权重的计算方法及过程与检测点 1 类似，限于篇幅原因，不再赘述。

在此基础上，根据式（8-17）~式（8-22）得到臂架结构综合评价矩阵为

$$\boldsymbol{U} = \left[\begin{array}{l} (0.052,\ 0.092,\ 0.099)(0.126,\ 0.145,\ 0.150)(0.208,\ 0.222,\ 0.228) \\ (0.319,\ 0.323,\ 0.335)(0.295,\ 0.218,\ 0.188) \end{array} \right]$$

按式（8-23）对臂架结构综合评价结果进行清晰化处理得到其风险度为

$$\boldsymbol{P} = (46.42,\ 51.40,\ 52.74)$$

由臂架结构清晰化结果及结构风险模糊评价等级表 8-1 可知，QY130 汽车起重机臂架结构的失效风险介于"高"与"低"之间，即存在"一般"风险。

8.2.5 流动式起重机臂架结构风险评估结果分析

为进一步验证基于潜在失效模式的臂架结构风险评估方法的科学性与有效性，以在役 QY130 汽车起重机臂架结构为研究对象，探讨工程机械领域常用的风险评估法，如基于层次分析的模糊综合评估法、基于贝叶斯网络的结构安全评估法、基于 BP 神经网络的结构安全评估法，与本章所述方法的异同。以上方法均采用相同的结构风险评价指标（见图 8-2）。

对于基于层次分析的模糊综合评估法而言，以图 8-2 和表 8-8 及表 8-9 为基础，根据 Saaty 提出的 1~9 尺度法（见表 8-11），对评价因素集的每层建立成对比较矩阵。对于检测点 1~46 而言，建立四级评价指标相对检测点 1~18 和三级评价矩阵相对检测点 14~46 的成对比较矩阵：

$$\boldsymbol{C}_1 = \begin{pmatrix} 1 & 1 & 1 & 1/5 & 1/3 & 1/3 & 1/7 & 1/5 & 1/5 \\ 1 & 1 & 1 & 1/5 & 1/3 & 1/3 & 1/7 & 1/5 & 1/5 \\ 1 & 1 & 1 & 1/5 & 1/3 & 1/3 & 1/7 & 1/5 & 1/5 \\ 5 & 5 & 5 & 1 & 4 & 4 & 1/3 & 1/3 & 1/3 \\ 3 & 3 & 3 & 1/4 & 1 & 1 & 1/7 & 1/4 & 1/4 \\ 3 & 3 & 3 & 1/4 & 1 & 1 & 1/7 & 1/4 & 1/4 \\ 7 & 7 & 7 & 3 & 7 & 7 & 1 & 3 & 3 \\ 5 & 5 & 5 & 3 & 4 & 4 & 1/3 & 1 & 1 \\ 5 & 5 & 5 & 3 & 4 & 4 & 1/3 & 1 & 1 \end{pmatrix}$$

$$C_2 = \begin{pmatrix} 1 & 1 & 1 & 1/5 & 1/3 & 1/3 & 1/5 & 1/4 & 1/7 \\ 1 & 1 & 1 & 1/5 & 1/3 & 1/3 & 1/5 & 1/4 & 1/7 \\ 1 & 1 & 1 & 1/5 & 1/3 & 1/3 & 1/5 & 1/4 & 1/7 \\ 5 & 5 & 5 & 1 & 4 & 4 & 2 & 3 & 1/3 \\ 3 & 3 & 3 & 1/4 & 1 & 1 & 1/3 & 1/4 & 1/7 \\ 3 & 3 & 3 & 1/4 & 1 & 1 & 1/3 & 1/4 & 1/7 \\ 5 & 5 & 5 & 1/2 & 3 & 3 & 1 & 2 & 1/4 \\ 4 & 4 & 4 & 1/3 & 4 & 4 & 1/2 & 1 & 1/4 \\ 7 & 7 & 7 & 3 & 7 & 7 & 4 & 4 & 1 \end{pmatrix} \cdots$$

$$C_{46} = \begin{pmatrix} 1 & 1 & 1 & 1/7 & 1/3 & 1/3 & 1/5 & 1/5 & 1/5 \\ 1 & 1 & 1 & 1/7 & 1/3 & 1/3 & 1/5 & 1/5 & 1/5 \\ 1 & 1 & 1 & 1/7 & 1/3 & 1/3 & 1/3 & 1/5 & 1/5 \\ 7 & 7 & 7 & 1 & 4 & 4 & 2 & 3 & 1/3 \\ 3 & 3 & 3 & 1/4 & 1 & 1 & 1/4 & 1/4 & 1/4 \\ 3 & 3 & 3 & 1/4 & 1 & 1 & 1/4 & 1/4 & 1/4 \\ 5 & 5 & 5 & 1/2 & 4 & 4 & 1 & 1 & 1 \\ 5 & 5 & 5 & 1/3 & 4 & 4 & 1 & 1 & 1 \\ 5 & 5 & 5 & 3 & 4 & 4 & 1 & 1 & 1 \end{pmatrix}$$

表 8-11　1~9 尺度法

尺度	定义	描述
1	同等重要	两个元素重要性相同
3	稍微重要	两者比较，前者比后者稍微重要
5	明显重要	两者比较，前者比后者明显重要
7	强烈重要	两者比较，前者比后者强烈重要
9	极端重要	两者比较，前者比后者极端重要
2, 4, 6, 8	上述标度中间状态	介于以上两两情况中间
倒数值	两个元素反过来比较	两者比较，后者比前者的状态

根据层次排序一致性检验法，确定各检测点评价指标的权重，结果见表 8-12。

表 8-12 各检测点评价指标的权重系数

测点权重	外观尺寸检测			缺口裂纹检测	变形检测			应力-强度	焊缝周围最大应力
	高	宽	厚		垂直度	翘曲度	局部弯曲度		
w_1	0.0052	0.0052	0.0052	0.1546	0.0208	0.0208	0.1779	0.0975	0.5128
w_2	0.0050	0.0050	0.0050	0.1661	0.0192	0.0192	0.0948	0.0659	0.6198
w_3	0.0089	0.0089	0.0050	0.1818	0.0168	0.0168	0.2372	0.2604	0.2604
⋮	⋮	⋮	⋮	⋮	⋮	⋮	⋮	⋮	⋮
w_{46}	0.0070	0.0070	0.0070	0.1592	0.0311	0.0311	0.2342	0.2012	0.3222

由各检测点模糊评价矩阵及评价指标的权重系数,得到各检测点的模糊综合评价矩阵为

$$\begin{cases} \tilde{\boldsymbol{R}}_1 = w_1 \circ \boldsymbol{G}_1 = (0.1546,\ 0.167,\ 0.167,\ 0.333,\ 0.333) \\ \tilde{\boldsymbol{R}}_2 = w_2 \circ \boldsymbol{G}_2 = (0,\ 0.1661,\ 0.1661,\ 0.1661,\ 0.1661) \\ \tilde{\boldsymbol{R}}_3 = w_3 \circ \boldsymbol{G}_3 = (0,\ 0.167,\ 0.2604,\ 0.2604,\ 0.2342) \\ \vdots \\ \tilde{\boldsymbol{R}}_{46} = w_{46} \circ \boldsymbol{G}_{46} = (0,\ 0.2342,\ 0.2342,\ 0.3222,\ 0.3222) \end{cases}$$

式中,"$\circ$"为模糊矩阵合成运算。

以此为基础,根据式(8-17)~式(8-22)(权重系数根据层次分析法确定,计算过程与各检测点评价指标权重计算过程类似)确定臂架结构的综合评价矩阵为

$$\boldsymbol{U} = (0.0732,\ 0.1054,\ 0.1238,\ 0.3942,\ 0.3034)$$

同时根据式(8-23)得到臂架结构的风险度为

$$\boldsymbol{P} = (0.0732,\ 0.1054,\ 0.1238,\ 0.3942,\ 0.3034)(100,\ 80,\ 60,\ 40,\ 20)^{\mathrm{T}}$$
$$= 40.061$$

由臂架结构风险模糊评价等级表 8-1 可知,QY130 汽车起重机臂架结构存在"一般"风险。

由表 8-12 可知,对于检测点 1 而言,焊缝周围最大应力评价指标的权重系数最大,为 0.5128,表明此处由焊缝引起的失效更容易发生。而由图 8-5 可知,检测点 1 位于臂架根部与转台铰接的耳板铰接孔处,由臂架结构失效情况统计结果可知,此处局部应力集中较大,重复载荷作用下易形成缺口裂纹,表 8-12 的结果与实际情况不符,而表 8-10 的结果更符合实际情况。

对于基于 BP 神经网络的结构安全评估法而言,由图 8-2 及表 8-1 可知,流动式起重机臂架结构风险评价指标有 9 个,评价等级为 5 级,同时根据 BP 神经

网络隐含层节点个数经验公式确定 QY130 汽车起重机臂架结构的 BP 网络拓扑结构为（9-13-5），设置网格的学习率为 0.9，训练的结果精度为 1×10^{-2}，10 位专家根据检测结果对臂架结构的安全状态进行打分，并以此作为训练样本，经 10763 次迭代以后收敛，最终的训练结果见表 8-13。对于基于贝叶斯网络的结构安全评估法而言，具体的计算过程可参考文献，计算结果见表 8-13。

由表 8-13 可知，基于层次分析的模糊综合评估法得到 QY130 汽车起重机臂架结构的风险度最小，为 45.061，比基于 BP 神经网络的结构安全评估法的风险度降低了 2.5%，比基于贝叶斯网络的结构安全评估法的风险度降低了 3.2%，比基于改进 DEMATEL 法的臂架结构风险评估方法的风险度最大降低了 17.04%。究其原因，采用基于层次分析的模糊综合评估法虽然可以对臂架结构的安全性进行量化处理，并能评价出起重机的安全等级，但权重的确定需依赖于专家的知识和经验，因此，在进行综合评价时会损失很多信息以至于得出不合理的评价结果。同时，由表 8-13 可知，采用基于贝叶斯网络的结构安全评估法得到臂架结构的风险度为 46.526，比基于 BP 神经网络的结构安全评估法的风险度提高了 0.69%，这是由于 BP 网络在确定隐含层节点个数时，无统一的方法，需依据经验公式，因此，导致该权重的学习方法存在一定的局限性，而基于贝叶斯网络的结构安全评估法可以有效地处理专家意见不一致的情形，并能够在某些专家意见缺失的情况下得到合理的结果。

表 8-13　五种结构风险/安全评估法的臂架结构风险评估结果对比

评估方法	臂架结构综合评价矩阵	风险度 风险度＝100-安全度
基于层次分析的模糊 综合评估法	(0.0732, 0.1054, 0.1238, 0.3942, 0.3034)	45.061
基于 BP 神经网络的 结构安全评估法	(0.0529, 0.1345, 0.1817, 0.3317, 0.2992)	46.204
基于贝叶斯网络的 结构安全评估法	(0.0626, 0.1613, 0.1238, 0.3444, 0.3079)	46.526
基于潜在失效模式的流动式 起重机臂架结构风险评估方法	[(0.052, 0.092, 0.099)(0.126, 0.145, 0.150) (0.208, 0.222, 0.228)(0.319, 0.323, 0.335) (0.295, 0.218, 0.188)]	46.42~52.74

相对上述其他三种方法而言，基于潜在失效模式的臂架结构风险评估方法得到的风险度最高，为 46.42～52.74。究其原因是基于层次分析的模糊综合评估法、基于 BP 神经网络的结构安全评估法和基于贝叶斯网络的结构安全评估法没有考虑评价指标之间相互影响所产生的效果，导致决策缺失科学性和客观性。基于潜在失效模式的臂架结构风险评估方法，通过构建各级评价指标之间的直

接、间接影响模糊关系矩阵，推导各级指标的影响度矩阵与被影响度矩阵，从而获得各级评价指标的中心度和原因度。以此为基础，分析评价指标间的关联性与影响性，根据关联程度与影响程度分配权重，充分考虑了风险评估依赖专家经验与知识的不确定性与模糊性，提高了风险评估的科学性与准确性。

本章小结

本章针对多重耦合失效模式下在役流动式起重机臂架结构的风险性以及风险评价因素的关联性与影响性，以流动式起重机臂架结构潜在失效模式预测方法为基础，构建基于改进 DEMATEL 法的流动式起重机臂架结构风险评估模型，提出基于潜在失效模式的流动式起重机臂架结构风险评估法。

注：1. 项目名称："863"国家高新技术研究发展计划"工程机械共性部件再制造关键技术及示范"，编号：2013AA040203。

2. 验收单位：科技部高技术研究发展中心

3. 验收评价：2016 年 5 月 8 日，验收组专家认为，项目研究了工程机械再制造部件超高压水射流自动化清洗技术，开发了变曲率表面高效清洗工艺参数优化匹配和旋转清洗盘柔性悬浮式附壁技术。研究了基于磁记忆、超声、油液检测方法的裂纹、锈蚀、表面损伤等复合缺陷的无损检测技术，实现了工程机械典型零部件无损检测、精准定位及量化评价。开发了高能束熔敷、超声冲击、碳纤维增强、纳米复合电刷镀及热喷涂等再制造成形关键技术，实现了再制造成形过程的精确控形与控性。提出了工程机械关键部件的剩余寿命预测方法，建立了再制造毛坯评估准则，实现了再制造成形过程的精确控形和控性。

第 9 章

——

工程机械金属结构修复利用技术

9.1　引言

对于金属结构而言，能否通过修复恢复其性能、延长其服役寿命仍需进一步研究。一般而言，金属结构可分为三大类：第一类为"继续使用型"，该类金属结构经过检测后可直接使用；第二类为"修复型"，该类金属结构可通过先进修复技术使其性能得以恢复；第三类为"报废型"，指不具有疲劳剩余寿命的金属结构或具有疲劳剩余寿命，但在疲劳剩余寿命内金属结构的现役性能（可靠性、强度冗余性）及使用的安全性难以保证。因此，金属结构可修复性决策结果：继续使用、修复再用或报废处理。其中，修复再用对延长服役寿命、节约能源、减少材料利用率及环境保护意义重大。

在役工程机械损伤臂架可修复性决策，旨在建立可修复性能量化方法，以判断金属结构是否具有修复价值。经历过一个或多个检测周期的臂架结构，其类型、服役工况、作业环境、损伤情况和失效模式等因素的差异性，使得其修复效益和可修复性具有不确定性。因此，起重机厂实施修复前，需对损伤臂架的可修复性进行评估及决策。为全面考虑在役工程机械损伤臂架的可修复性，从结构现役性能可利用性、技术可行性、经济可行性及环境资源可行性的维度，建立损伤臂架可修复性综合评估与决策模型，如图 9-1 所示。在此基础上，给出损伤臂架可修复性的最终决策结果：继续使用，修复再用或报废处理。

由图 9-1 可知，损伤臂架可修复性综合评估与决策模型包括 4 个方面，即结构现役性能的可利用性分析、修复技术可行性分析、经济可行性分析和环境资源可行性分析。其中，对于处于损伤臂节截面拉应力区域的危险点，在确保其具有疲劳剩余寿命的条件下，通过疲劳剩余寿命可靠性分析，确定危险点处损伤臂节的现役性能。对于处于损伤臂节截面压应力区域的危险点，在确保其进入修复准入期的条件下，通过强度冗余性分析，确定危险点处损伤臂节的现役性能，进而判断危险点处损伤臂节的现役性能是否具有修复优势。在现役性能具有修复优势的条件下，以修复工艺过程为基础，量化分析修复技术可行性评价指标（拆卸简易程度、清洗可行性、检测分类可行性、修复处理可行性、再装配简易性），确定修复技术可行性指标值 T，结合修复技术可行性阈值 TT 确定修复技术的可行性。在修复技术可行的条件下，通过预测待评估工程机械损伤臂架的修复成本 XF，结合购置新品所需费用 GF，确定损伤臂架经修复后是否具有经济性优势。在经济可行性得以满足的条件下，利用环境资源可行性分析方法，对损伤臂架从节省材料、节约能源、减少污染物排放等方面分析修复的环境资源效益，给出损伤臂架可修复性综合评估的最终决策结果。

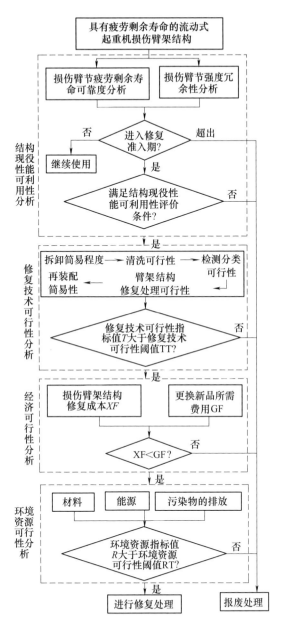

图 9-1　损伤臂架可修复性综合评估与决策模型

9.2　现役性能可利用性分析

在役工程机械损伤臂架本身的现役性能是决定修复能否有效实施的评价维

度之一，是进行修复技术、经济、环境资源可行性分析的基础。针对损伤臂架危险点的分布及其失效模式，分别采用疲劳剩余寿命可靠性分析方法和强度冗余性分析方法，确定危险点处损伤臂节现役性能的可利用性。

9.2.1 基于疲劳剩余寿命可靠度的现役性能可利用性

经历过一个或多个检测周期的臂架结构，由于其服役工况、服役环境、失效模式的差异性，导致即使是同一机型的产品，金属结构危险点的寿命特征也不相同，其危险点处损伤臂节的可靠性及使用过程中的安全性也具有差异性。疲劳剩余寿命评估是在役工程机械损伤臂节可修复性判断的基础。对于在役工程机械损伤臂节而言，其是否具有疲劳剩余寿命，其疲劳剩余寿命能否维持下一个检测周期，直接影响现役性能可利用性的评估结果，进而影响以现役性能可利用性为评价指标的可修复性决策结果。

为准确评价危险点处损伤臂节的现役性能，针对处于损伤臂节截面拉应力区域的危险点（易发生疲劳破坏），以臂架结构疲劳剩余寿命估算法为基础，结合结构可靠性分析方法与新型智能优化算法，建立在役工程机械损伤臂节的疲劳剩余寿命可靠性分析模型，分析当前检测节点及下一个检测周期节点时损伤臂节危险点处疲劳剩余寿命的可靠度，结合金属结构可靠性阈值，判断损伤臂节现役性能的可利用性，并给出以损伤臂节现役性能可利用性为评价指标的可修复性决策结果。基于疲劳剩余寿命可靠度的损伤臂节现役性能可利用性评估及可修复性决策如图9-2所示。

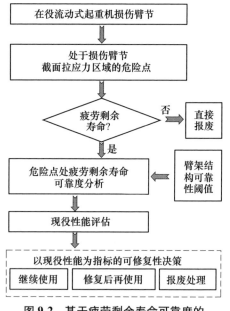

图9-2 基于疲劳剩余寿命可靠度的损伤臂节现役性能可利用性评估及可修复性决策框图

1. 损伤臂节疲劳剩余寿命可靠性

结构可靠性是指规定条件下和规定时间内，结构完成规定功能的能力。对工程机械损伤臂节而言，其疲劳剩余寿命可靠性的定义为：在正常作业条件下，设计寿命期内，损伤臂节不发生疲劳失效并能正常作业的能力。以断裂力学理论为基础，利用疲劳剩余寿命大于设计寿命的概率来评价臂架结构的可靠性。

（1）损伤臂节疲劳剩余寿命功能函数　疲劳载荷作用下，臂架结构材料内部的损伤不断加强，性能逐渐弱化，疲劳剩余寿命随着工作时间或起升循环次

数的增加而减少，损伤臂节发生疲劳破坏的概率不断上升。这种关系可用极限状态函数（即功能函数）表示为

$$L_s(t) = L_f(t) - L_d(t) \tag{9-1}$$

式中，$L_f(t)$ 为疲劳剩余寿命，是一个随工作时间 t 或起升循环次数增加而下降的动态随机过程；$L_d(t)$ 为设计寿命，是一个随自然年增加而减小的动态随机过程；$L_s(t)$ 为安全余量，即极限状态的随机过程。

若某一时刻损伤臂节的疲劳剩余寿命 $L_f(t)$ 小于或等于其设计寿命 $L_d(t)$，即 $L_s(t) \leq 0$，损伤臂节处于失效状态；若损伤臂节疲劳剩余寿命 $L_f(t)$ 大于其设计寿命 $L_d(t)$（即金属结构的设计寿命），即 $L_s(t) > 0$，则损伤臂节处于安全状态。

由臂架结构疲劳剩余寿命评估方法可知，耦合失效模式或单一失效模式时，采用 Forman 模型与 Pairs 模型得到危险点处疲劳剩余寿命计算结果的相对误差均小于 10%（工程实际所允许的误差范围），两者均适用于工程机械臂架疲劳剩余寿命估算。但 Forman 模型的比较复杂，且高强度钢（臂架结构常用材料）在该模型下的材料疲劳裂纹扩展参数 C_F、m_F 难以获得，通常通过 Pairs 公式中的材料疲劳裂纹扩展参数 C、m 经公式 $C_F = C[(1 - R)K_C - \Delta K]$、$m_F = m$ 转换得到。同时，由材料疲劳裂纹扩展试验可知，对于低应力比的疲劳裂纹扩展，Paris 模型、Forman 模型均具有较好的准确度，但是随着应力比的增大，Forman 模型的研究结果有较大失真，出现这种结果的原因除了模型理论本身的因素外，参数的增加也给拟合带来困难和误差。综合上述分析，本章采用 Pairs 模型构建损伤臂节疲劳剩余寿命可靠性分析中的极限状态函数。

对于工程机械而言，企业、用户及检验机构重点关注检测时间节点上损伤臂节疲劳剩余寿命的可靠度指标。因此，将设计寿命、疲劳剩余寿命的动态随机化过程按检测周期离散化，将每个检测时间节点的疲劳剩余寿命及其设计寿命转化为随机变量。

由于工程机械损伤臂节各危险点的应力比均大于 0，因此，以 Pairs 模型为基础，确定各检测周期节点上损伤臂节疲劳剩余寿命可靠性分析中的极限状态函数为

$$L_{si} = \int_{a_i}^{a_l} \frac{1}{C(Y\Delta\sigma\sqrt{\pi a})^m} da - L_{di} \tag{9-2}$$

式中，L_{si} 为第 i 个检测周期节点的安全余量；a_i 为第 i 个检测周期节点的初始裂纹尺寸；a_l 为临界裂纹尺寸；L_{di} 为第 i 个检测周期节点的设计寿命；C、m 为疲劳裂纹扩展参数；Y 为形状参数；$\Delta\sigma$ 为应力变程。

（2）疲劳剩余寿命可靠性分析中关键参数及其获取方法　由式（9-2）可知，影响疲劳剩余寿命可靠性分析的关键参数有：第 i 个检测周期节点的初始裂

纹尺寸 a_i、临界裂纹尺寸 a_l、疲劳裂纹扩展参数 m 和 C、形状参数 Y、应力变程 $\Delta\sigma$ 和第 i 个检测周期节点的设计寿命 L_{di}。因此，可将损伤臂节疲劳剩余寿命安全余量视为多个随机变量的函数，即

$$L_{si} = f(a_i,\ a_l,\ m,\ C,\ Y,\ \Delta\sigma,\ L_{di}) \tag{9-3}$$

1）第 i 个检测周期节点的初始裂纹尺寸 a_i。臂架结构作为典型的焊接结构，在焊接过程中不可避免地出现各种各样的焊接缺陷，主要包括外观缺陷和内在缺陷两大类。外观缺陷有咬边、气孔、夹渣、焊瘤及未焊透等；内在缺陷有未熔合、内在裂纹及焊接残余应力。通过无损检测技术对焊缝缺陷进行判断，对裂纹参数（长度、深度、自身高度、埋藏深度、方位及走向等）进行识别，经当量化处理，将其转化为用于疲劳剩余寿命评估的规则裂纹（表面裂纹、中心裂纹和边裂纹），并给出初始裂纹尺寸。由于在役工程机械已服役多年，其原始新品时金属结构焊接处的初始裂纹长度难以获得，因此，以 100 台同型号的臂架结构现阶段的宏观裂纹 $a(0.1\mathrm{mm} < a < a_l)$ 检测结果为基础，结合扩展后的裂纹尺寸计算公式，反推可得到 100 组金属结构焊接处的初始裂纹长度 a_0 及各检测周期节点的初始裂纹尺寸 a_i。

2）临界裂纹尺寸 a_l。在给定疲劳载荷的作用下，构件未发生疲劳断裂所允许的最大裂纹尺寸即为临界裂纹尺寸。由线弹性断裂判定准则可知，临界裂纹尺寸 $a_l = \pi^{-1}(K_C/Y\sigma_{\max})^2$，其中，$K_C$ 为材料断裂韧度，$\sigma_{\max}$ 为最大循环应力。因此，以 100 台在役工程机械的小样本实测载荷谱为基础，利用基于改进相关向量机的当量载荷谱预测模型及金属结构危险点处第一主应力-时间历程理论仿真模型进行 100 次预测与仿真，获得 100 组第一主应力-时间历程仿真结果，从而得到 100 个最大循环应力，继而得到 100 个临界裂纹尺寸。

3）Pairs 模型中疲劳裂纹扩展参数 m_P 和 C_P。对 Pairs 模型 $\mathrm{d}a/\mathrm{d}N = C_P(\Delta K)^{m_P}$ 两边同时取对数，可得

$$\lg(\mathrm{d}a/\mathrm{d}N) = \lg C_P + m_P \lg(\Delta K) \tag{9-4}$$

由式（9-4）可知，在双对数坐标系下，Pairs 公式中 $\mathrm{d}a/\mathrm{d}N$ 与 ΔK 呈线性关系，对结构相应材料试验数据 $[(\mathrm{d}a/\mathrm{d}N)_i,\ (\Delta K)_i]$ 进行最小二乘线性拟合，即可确定相应材料的参数 m_P 和 C_P。对臂架结构而言，其主体结构常采用低合金高强度钢。GH960 钢材取 $C_P = 2.690\times10^{-9}$ 和 $m_P = 2.52$。通过试验拟合得到焊接高强度钢板 Pairs 模型中，参数 m_P 的分布范围为 $1.9 \sim 2.5$，参数 C_P 的取值范围可根据式 $\lg C_P = -1.6927 m_P - 3.2563$ 确定。屈服强度 $\geqslant 420\mathrm{MPa}$ 的高强度钢，应力比为 0.25，施加恒定最大载荷 35kN 和最小载荷 8.8kN 时，Pairs 模型中 m_P 的取值范围为 $3.05 \sim 3.49$，C_P 的取值范围为 $5.72\times10^{-10} \sim 1.16\times10^{-8}$。屈服强度 $\geqslant$ 785MPa 的高强度钢，应力比 0.1 时，Pairs 模型中 m_P 的取值范围为 $2.461 \sim$

2.790，C_P 的取值范围为 $1.052 \times 10^{-8} \sim 3.664 \times 10^{-8}$。以混凝土泵车金属结构为研究对象，其 Pairs 模型中疲劳扩展参数 $m_P = 2.42$、$C_P = 1.21 \times 10^{-9}$。由此可见，裂纹扩展参数 m_P、C_P 具有较大的分散性。综合考虑参数的取值范围，确定 m_P 符合均值为 2.566、标准差为 0.134 的正态分布，同时由于参数 m_P 和 C_P 是通过疲劳裂纹扩展试验拟合得到的常数，两者之间具有很强的相关性，C_P 可通过式（9-4）计算得到。

4）形状参数 Y。形状参数 Y 一般指裂纹尺寸 a 和板宽 W 的函数 $Y(a, W)$。臂架结构翼缘板、腹板的宽度远大于裂纹尺寸 a。因此，可将带裂纹的翼缘板和腹板视为中心裂纹无限大板或单边裂纹无限大板。对于中心裂纹无限大板，$Y = 1$；对于单边裂纹无限大板，$Y = 1.12$。

5）应力变程 $\Delta\sigma$。以上述 100 组第一主应力-时间历程理论仿真结果为基础，采用雨流技术法，获取 100 组 10 级应力幅值谱和应力均值谱，结合 Miner 应力幅等效法，继而得到 100 个等效应力变程。

6）设计寿命 L_d。臂架结构的设计寿命可根据其整机的工作级别来确定。由《起重机设计规范》可知，根据使用等级（新品起重机将其可能完成的总工作循环次数划分为 10 个使用等级 $U_0 \sim U_9$）与载荷状态级别（以载荷谱系数为依据，将载荷状态级别划分为 4 个级别 $Q_1 \sim Q_4$），起重机的工作级别被划分为 $A_1 \sim A_8$ 共 8 个级别。臂架结构的总应力循环次数 n_T（即设计寿命）与其整机的总工作循环次数 C_T 之间存在一定的比例关系。因此，在给定工作级别的条件下，通过分析载荷状态级别，确定整机的使用等级，得到整机的总工作循环次数 C_T，继而得到金属结构的总应力循环次数 n_T。

例如，当给定工程机械整机工作级别为 A_4 时，由《起重机设计规范》中的表 3 可知，与其对应的整机使用等级和载荷状态级别为（U_2, Q_4），（U_3, Q_3），（U_4, Q_2），（U_5, Q_1）。利用基于改进相关向量机的当量载荷谱预测模型，确定定检周期内的当量载荷谱，结合式（9-5）计算出该工程机械的载荷谱系数 K_p。根据《起重机设计规范》中的表 2，确定整机的载荷状态级别，若 $0.125 < K_p \leqslant 0.25$，则整机的载荷状态级别为 Q_2，此时整机的使用等级为 U_4。由《起重机设计规范》中的表 1 查得整机的总工作循环次数 $1.25 \times 10^5 < C_T \leqslant 2.5 \times 10^5$。工程机械经历一个工作循环，其金属结构可能经历几个应力循环。因此，可以确定金属结构使用等级比整机使用等级高出 1 个或 2 个级别，即金属结构的使用等级为 B_5 和 B_6，对应的总应力循环次数为 $2.5 \times 10^5 < n_T \leqslant 5.0 \times 10^5$ 或 $5.0 \times 10^5 < n_T \leqslant 1.0 \times 10^6$。

$$K_p = \sum_{i=1}^{n} \left[\frac{C_i}{C_T} \left(\frac{m_{Qi}}{m_{Qmax}} \right)^m \right] \tag{9-5}$$

式中，C_i 为当量载荷谱中与各起升载荷相对应的工作循环次数，$C_i = C_1$，C_2，$\cdots$，C_n；C_T 为工程机械的总工作循环次数，$C_T = C_1 + C_2 + \cdots + C_n$；$m_{Qi}$ 为当量载荷谱中的各起升载荷；m_{Qmax} 为由工程机械额定起重量表确定与各起升载荷对应的额定起重量；m 为幂指数，为便于级别的划分，约定取值为 3。

臂架结构可靠性设计时，常认为其设计寿命服从正态分布，根据金属结构的总应力循环次 $2.5 \times 10^5 < n_T \leqslant 5.0 \times 10^5$ 或 $5.0 \times 10^5 < n_T \leqslant 1.0 \times 10^6$，结合 3σ 原则，可知其设计寿命 $L_d \sim N(3.75 \times 10^5, 1.736 \times 10^9)$ 或 $L_d \sim N(7.5 \times 10^5, 6.944 \times 10^9)$。

设计寿命是一个随自然年增加而减小的动态随机过程，同样按检测周期离散化，将每个检测节点的设计寿命转化为随机变量，则

$$L_d = \sum_{i=1}^{n} X_i \tag{9-6}$$

式中，X_i 为第 i 个检测周期内设计寿命的随机变量；n 为整个生命周期内的总检测次数。

假设每个检测周期节点的设计寿命独立同分布，且均服从正态分布 $N(\mu, \sigma^2)$，根据式 (9-7)，结合臂架结构的设计寿命 $L_d \sim N(\mu_T, \sigma_T^2)$，反推得到金属结构各检测周期节点设计寿命的分布参数为

$$\begin{cases} \mu = \mu_T / n \\ \sigma^2 = \sigma_T^2 / n \end{cases} \tag{9-7}$$

经过第 i 个检测周期节点后，设计寿命 $L_{di} \sim N(\mu_i, \sigma_i^2)$，该检测周期节点设计寿命的分布参数为

$$\begin{cases} \mu_i = (1 - i/n)\mu_T \\ \sigma_i^2 = (1 - i/n)\sigma_T^2 \end{cases} \tag{9-8}$$

（3）关键参数的数据处理　疲劳剩余寿命可靠性分析中，关键参数的数据处理方式与小样本实测载荷谱中特征参数的数据处理方式完全相同，即选取常用的 6 种概率分布模型：正态分布 $N(\mu, \sigma^2)$、对数正态分布 $L_n(\mu, \sigma^2)$、伽马分布 $\Gamma(\alpha, \lambda)$、指数分布 $E_{xp}(\mu)$、两参数威布尔分布 $W(m, \eta)$ 和三参数威布尔分布 $W(m, \eta, \gamma)$，对关键参数的数据样本进行概率分布拟合，结合赤池信息准则（AIC 准则）对拟合结果进行优度检验，进而确定各关键参数的最佳概率分布模型。

▶▶ 2. 损伤臂节疲劳剩余寿命可靠性分析模型

可靠性理论是以产品寿命特征为主要研究对象的一门边缘性和综合性科学。从 20 世纪 60 年代发展至今，出现了多种分析方法，大致可分为直接分析法和间接分析法。直接分析法适用于功能函数可显示表达的情况，分为近似解析法和

数字模拟法。间接分析法适用于隐式功能函数的情况，通常利用响应面函数或支持向量机将隐式功能函数显示化。近似解析法是在非线性功能函数线性化的基础上，根据线性化功能函数的期望和方差，确定结构的失效概率，常用的方法有点估计法、均值一次二阶矩法、改进一次二阶矩法等。当功能函数非线性程度不高时可得到精确解。数字模拟法是在随机抽样获取大量样本的基础上，通过仿真对其进行统计试验，用于解决功能函数复杂度、非线性较高的情况。Monte Carlo 法是可靠性分析中适用范围最广的数字模拟法。该方法对功能函数的形式及维数、基本变量的维数及分布均无特殊要求。

对于工程机械损伤臂节疲劳剩余寿命可靠性分析而言，其功能函数可显示表达，但功能函数复杂程度较高、影响因素较多，非线性程度明显，失效概率较小，传统 Monte Carlo 法必须抽取大量的样本点才能得到收敛结果，抽样效率极低。因此，本章以新型智能优化算法（自适应双层果蝇算法）为基础，通过重要抽样法构建工程机械损伤臂节疲劳剩余寿命可靠性分析模型，从疲劳剩余寿命的角度分析损伤臂节的可靠性。

重要抽样法是基于 Monte Carlo 法的一种最常用的改进数字模拟技术，基本原理是通过构建重要密度函数代替原有的抽样密度函数，致使样本落入失效域的概率增加，以此提高抽样效率和收敛速度。

以式（9-2）为基础，设损伤臂节疲劳剩余寿命的功能函数为 $f(\boldsymbol{x})$，随机向量 x 包含 7 个随机向量 $\boldsymbol{x} = (x_1, x_2, \cdots, x_7) = (a_i, a_l, m, C, Y, \Delta\sigma, L_{\mathrm{di}})$，极限状态方程 $f(\boldsymbol{x}) = 0$ 将基本变量空间分为可靠区域和失效区域两部分，失效概率可表示为

$$P_f = \int \cdots \int_{f(\boldsymbol{x}) \leqslant 0} g_x(x_1, x_2, \cdots, x_m) \mathrm{d}x_1 \mathrm{d}x_2 \cdots \mathrm{d}x_m \tag{9-9}$$

式中，$g_x(x_1, x_2, \cdots, x_m)$ 为基本随机变量 $\boldsymbol{x} = (x_1, x_2, \cdots, x_m)^{\mathrm{T}}$ 的联合概率密度函数。

由于基本变量之间是相互独立的，则

$$P_f = \int \cdots \int_{f(\boldsymbol{x}) \leqslant 0} g_{x_1}(x_1) g_{x_2}(x_2) \cdots g_{x_m}(x_m) \mathrm{d}x_1 \mathrm{d}x_2 \cdots \mathrm{d}x_m \tag{9-10}$$

式中，$g_{x_i}(x_i)$ 为随机变量 x_i 的概率密度函数，其中 $i = 1, 2, \cdots, m$。

若定义失效域的指示函数为 $I_F(\boldsymbol{x}) = \begin{cases} 1 & (f(\boldsymbol{x}) \leqslant 0) \\ 0 & (f(\boldsymbol{x}) > 0) \end{cases}$，并引入重要抽样密度函数 $h_x(\boldsymbol{x})$，则式（9-10）可转换为

$$P_f = \int \cdots \int_{\mathbf{R}^n} I_F(\boldsymbol{x}) \frac{g_{x_1}(x_1) g_{x_2}(x_2) \cdots g_{x_m}(x_m)}{h_x(\boldsymbol{x})} h_x(\boldsymbol{x}) \mathrm{d}x_1 \mathrm{d}x_2 \cdots \mathrm{d}x_m = E\left[I_F(\boldsymbol{x}) \frac{g_x(\boldsymbol{x})}{h_x(\boldsymbol{x})} \right]$$

$$\tag{9-11}$$

式中，$\mathbf{R}^n$ 为 n 维变量空间。

由重要抽样密度函数 $h_x(\boldsymbol{x})$ 抽取 N 个样本点 $x_j(j = 1, 2, \cdots, N)$，则式（9-11）可转换为

$$\hat{P}_f = \frac{1}{N} \sum_{j=1}^{N} I_F(x_j) \frac{g_x(x_j)}{h_x(x_j)} \qquad (9\text{-}12)$$

由式（9-12）可知，失效概率估计值 $\hat{P}_f$ 为 x_j 的函数，因此 $\hat{P}_f$ 也是一个随机变量，为验证 $\hat{P}_f$ 的收敛性，需分析 $\hat{P}_f$ 的方差。

对式（9-12）等号两边求期望，可得

$$E(\hat{P}_f) = E\left[\frac{1}{N} \sum_{j=1}^{N} I_F(x_j) \frac{g_x(x_j)}{h_x(x_j)}\right] = E\left[I_F(\boldsymbol{x}) \frac{g_x(\boldsymbol{x})}{h_x(\boldsymbol{x})}\right] = P_f \qquad (9\text{-}13)$$

式（9-13）表明，由重要抽样法求得失效概率的估计值为无偏估计。

对式（9-12）等号两边求方差，结合样本 x_i 之间的独立性，可得

$$\mathrm{Var}(\hat{P}_f) = \mathrm{Var}\left[\frac{1}{N} \sum_{j=1}^{N} I_F(x_j) \frac{g_x(x_j)}{h_x(x_j)}\right] = \frac{1}{N^2} \sum_{j=1}^{N} \mathrm{Var}\left[I_F(x_j) \frac{g_x(x_j)}{h_x(x_j)}\right] \qquad (9\text{-}14)$$

样本 x_i 与母体独立同分布 $\boldsymbol{x}$，即

$$\mathrm{Var}(\hat{P}_f) = \frac{1}{N} \mathrm{Var}\left[I_F(x_j) \frac{g_x(x_j)}{h_x(x_j)}\right] = \frac{1}{N} \mathrm{Var}\left[I_F(\boldsymbol{x}) \frac{g_x(\boldsymbol{x})}{h_x(\boldsymbol{x})}\right] \qquad (9\text{-}15)$$

由于样本方差依概率收敛于母体方差，则方差 $\mathrm{Var}\left[I_F(\boldsymbol{x}) \dfrac{g_x(\boldsymbol{x})}{h_x(\boldsymbol{x})}\right]$ 可用 $I_F(\boldsymbol{x}) \dfrac{g_x(\boldsymbol{x})}{h_x(\boldsymbol{x})}$ 的样本方差进行替代，则

$$\mathrm{Var}(\hat{P}_f) = \frac{1}{N} \mathrm{Var}\left[I_F(x_j) \frac{g_x(x_j)}{h_x(x_j)}\right] = \frac{1}{N} \mathrm{Var}\left[I_F(\boldsymbol{x}) \frac{g_x(\boldsymbol{x})}{h_x(\boldsymbol{x})}\right] \qquad (9\text{-}16)$$

根据 $\hat{P}_f$ 的期望与方差，可求得 $\hat{P}_f$ 的变异系数为

$$\mathrm{Cov}(\hat{P}_f) = \sqrt{\mathrm{Var}(\hat{P}_f)} \big/ E(\hat{P}_f) \qquad (9\text{-}17)$$

（1）重要密度函数的构造 构造重要抽样密度函数 $h_x(\boldsymbol{x})$ 的基本原则是，为减小估计值的方差，使得对失效概率贡献较大的样本以较大的概率出现。由于设计点是失效域中对失效概率贡献最大的点。因此，一般将密度中心在极限状态函数设计点的密度函数作为重要抽样密度函数。基于此，构造 $h_x(\boldsymbol{x})$，以设计点 x^* 为均值，σ^* 为均方差的正态分布。

对于重要密度函数 $h_x(\boldsymbol{x})$ 均方差 σ^* 的确定，原随机变量均服从标准正态分布，均方差 σ^* 取标准差 1 可满足要求；若原随机变量均服从其他分布，则 σ^* 取原方差的 1~3 倍可满足要求；若原随机变量并非全满足正态分布，均方差 σ^*

的取值应保证 $h_x(x_i)$ 的变异系数等于原分布的变异系数。

（2）设计点的确定　通常情况下，基本变量为正态分布时，设计点可通过改进一次二阶矩法（AFOSM）确定，基本变量为非正态分布时，可采用等价正态变量算法（即 R-F 法）进行求解。R-F 法的基本思路是将非正态变量化为等价的正态变量后再采用 AFOSM 法进行求解。以上两种方法不能反映功能函数的非线性对失效概率的影响，且当功能函数非线性程度较大时，迭代算法受初始点影响较大，有可能陷入局部最优，甚至不收敛。针对上述问题，龙兵等以"取长补短"为理念，将遗传算法（GA）的收敛速度快、全局寻优特性强与模拟退火算法（SAA）的局部寻优特性相结合，提出基于 GA-SAA 混合算法的结构可靠性分析方法。郑灿赫等针对传统结构可靠性优化设计效率较低的问题，提出基于 PSO-DE 混合算法的结构可靠性优化设计方法。

上述方法克服了传统算法出现局部最优甚至不收敛的情形，也显著提高了结构可靠性分析的计算效率，但分析复杂结构的可靠性时，其精度及效率仍无法得以保证。基于此，本章提出利用效率更高的新型智能优化算法（自适应双层果蝇算法），确定工程机械损伤臂节疲劳剩余寿命功能函数的设计点 x_i^*。

求解工程机械损伤臂节疲劳剩余寿命功能函数设计点 x_i^* 的优化问题可转化为

$$\begin{cases} \min \mid L_{si}(x_i) \mid \\ \text{s. t.} \quad x_i \in [p_i, q_i] \end{cases} \tag{9-18}$$

式中，$[p_i, q_i]$ 为设计变量 x_i 的取值范围。

采用自适应双层果蝇算法优化设计点 x_i^* 的基本原理及计算步骤可参考自适应双层果蝇相关向量机中混合核参数 w、σ 和 d 的自动寻优过程，其区别仅在优化变量和目标函数上，即用设计点的基本变量 x_i 代替混合核参数 w、σ 和 d，用目标函数 $f(x_1, x_2, \cdots, x_m)$ 代替 RVM 输出结果的均方根误差就可得到最优的设计点 x_i^*。

▶ 3. 损伤臂节疲劳剩余寿命可靠性分析实现步骤

综合上述理论，在役工程机械损伤臂节疲劳剩余寿命可靠性分析流程如图 9-3 所示。

该方法的具体步骤如下：

1）以疲劳剩余寿命评估理论及结构可靠性理论为基础，构建工程机械损伤臂节疲劳剩余寿命功能函数 $f(x)$。

2）以上述 6 种概率分布模型为基础，结合 AIC 准则，对功能函数中关键参数（即随机变量）的数据样本进行概率分布拟合和拟合优度检验，确定对应参数的最佳概率分布模型。

3）利用自适应双层果蝇算法确定功能函数的设计点 x^*。

4）构造重要抽样密度函数 $h_x(x)$，满足均值为 x^*、均方差为 σ^* 的正态分布，同时产生 $h_x(x)$ 的 N 个随机样本点 $x(j = 1, 2, \cdots, N)$。

5）将随机样本点 x_j 代入功能函数，并确定状态指示函数，在此基础上对 $\dfrac{g_x(x_j)}{h_x(x_j)}$ 和 $\dfrac{g_x^2(x_j)}{h_x^2(x_j)}$ 进行累加。

6）利用式（9-13）确定金属结构的失效概率 $\hat{P}_f$。

7）利用式（9-13）、式（9-16）和式（9-17）确定失效概率估计值的数学期望、方差及变异系数。迭代终止的条件为达到抽样次数或估计值变异系数小于给定上限 0.01。

▶▶ 4. 现役性能可利用性评估及可修复性决策

对于可继续使用或修复再用的在役工程机械损伤臂节一定具有疲劳剩余寿

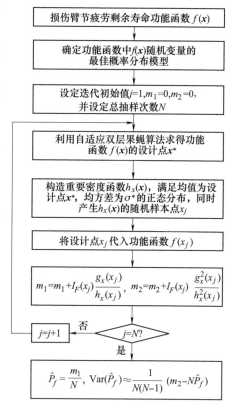

图 9-3　流动式起重机损伤臂节疲劳剩余寿命可靠性分析流程图

命，但具有疲劳剩余寿命的在役工程机械损伤臂节并不意味着可以继续使用或修复再用，需根据金属结构的可靠性阈值 R^*（企业制订），即设计之初预先确定容许损伤的可靠度指标，结合其疲劳剩余寿命内的可靠度，评估危险点处损伤臂节现役性能的可利用性。在此基础上，给出以疲劳剩余寿命可靠度为评价指标的可修复性决策结果，即继续使用、修复再用或报废处理。

1）若危险点处损伤臂节当前检测周期节点时的可靠度 $R(t_1) > R^*$，且下一个检测周期节点时的可靠度 $R(t_2) > R^*$，表明该危险点处损伤臂节现役性能能维持下一个或下几个检测周期，不经过修复就可直接使用，即"继续使用"，如图 9-4a 所示。

2）若危险点处损伤臂节当前检测周期节点时的可靠度 $R(t_1) > R^*$，且下一个检测周期节点时的可靠度 $R(t_2) < R^*$，表明该危险点处损伤臂节现役性能不能维持下一个检测周期，但其现役性能具有可利用性，即需对该危险点处损伤臂节进行修复来提高其可靠度，即"修复再用"，如图 9-4b 所示。

3）若危险点处损伤臂节当前检测周期节点时的可靠度 $R(t_1) < R^*$，且下一个检测周期节点的可靠度 $R(t_2) < R^*$，表明该危险点处损伤臂节现役性能不具有可利用性，此时需对该危险点所处臂节进行"报废处理"，如图 9-4c 所示。

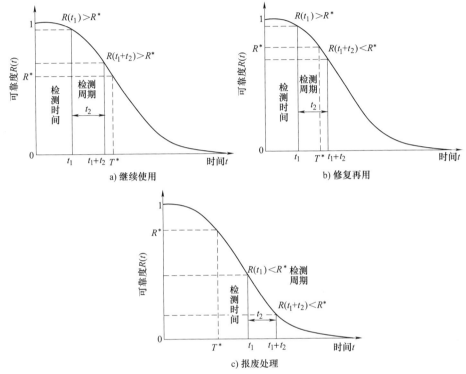

图 9-4　损伤臂节疲劳剩余寿命方面的可修复性决策

9.2.2　基于强度冗余的现役性能可利用性

强度冗余是以臂架结构的广义强度（焊缝强度、裂纹长度和局部失稳时的强度等）为基础，用于表征可修复性的量化指标。针对不同的失效模式，确定影响臂架结构的广义强度指标 $I_i (i = 1, 2, \cdots, m; m$ 为指标个数），追溯其新品阶段该广义强度指标所具有的最大允许损伤量 D_i 以及服役阶段（即修复前）的损伤量 $S_i(t)$，则其剩余强度为 $D_i - S_i(t)$。假设可进行修复，则修复完成后，将产生 $H_i(t)$ 的强度恢复，强度性能退化过程如图 9-5 所示。

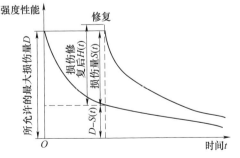

图 9-5　臂架结构的强度性能退化过程

臂架结构服役过程中，对于不同的强度指标 I_i、D_i、$S_i(t)$ 和 $H_i(t)$ 表示不同的含义；对于同一强度指标，D_i、$S_i(t)$ 和 $H_i(t)$ 具有相同的纲量。

以修复前后各损伤臂节的强度性能退化过程为基础，针对处于损伤臂节截面压应力区域的危险点（不易发生疲劳破坏），根据"拆解→检测→损伤评定"过程分析，建立强度冗余的层次模型（见图9-6），包括失效对象层、失效模式层、评定指标层、强度损伤层和强度冗余层。

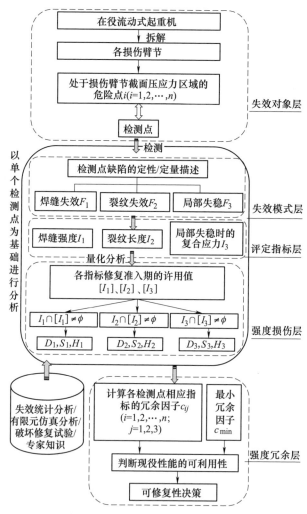

图 9-6　损伤臂节结构强度冗余的层次分析模型

（1）失效对象层　对在役流动式起重机进行拆解、分类得到臂架结构中的损伤臂节，通过现代检测技术，确定损伤臂节上的危险点，以此为研究对象。

（2）失效模式层　以现代检测技术为手段，对单个危险点（即检测点）进行定性、定量描述，工程机械工作过程中面临多失效模式耦合的影响且工作载荷在时空上的复杂性和随机性，导致金属结构损伤部位存在多种形式的缺陷，如焊接缺陷、局部失稳、裂纹缺陷等。以检测点的定性、定量描述为基础，确定检测点的主要失效模式，为焊缝失效 F_1、裂纹失效 F_2 或局部失稳 F_3。

（3）评定指标层　根据失效模式确定与之对应的失效模式评定指标，各失效模式 F_1、F_2、F_3 对应的评定指标分别为焊缝强度 I_1、裂纹长度 I_2、局部失稳时的复合应力 I_3。

（4）强度损伤层　以检测点的检测结果为基础，结合《起重机设计规范》，利用臂架结构焊缝失效分析法、局部稳定性失效仿真法和可视裂纹失效仿真法，确定典型工况下各检测点处，与其失效模式相对应的评定指标的量化分析结果，即强度损伤结果，结合与失效模式评定指标对应的修复准入期的许用值（$[I_1]$、$[I_2]$、$[I_3]$），判断损伤臂节上的检测点能否进入修复准入期。对于进入修复准入期的检测点，根据失效统计分析、有限元仿真分析、破坏修复试验或专家知识，确定各指标 I_1、I_2、I_3 的最大允许损伤量、损伤量和强度恢复量，即 $\{D_1, S_1, H_1\}$、$\{D_2, S_2, H_2\}$、$\{D_3, S_3, H_3\}$。对于未进入修复准入期的检测点，表明该检测点处损伤臂节现役性能能维持下一个或下几个检测周期，不经过修复就可直接使用，即继续使用。对于超出修复准入期的检测点，表明该检测点处损伤臂节现役性能不具有可利用性，应进行报废处理。

（5）强度冗余层　以损伤臂节上的单个检测点为基础，通过层与层之间的映射关系，定义检测点的强度冗余 R_i ($i = 1, 2, 3, \cdots, n$)［见式（9-19）］，将损伤臂节的失效信息与强度冗余有机地联系起来。同时，为了定量描述在役工程机械损伤臂节现役性能的可利用性，在强度冗余 R_i 的基础上，引入冗余因子 c，用于表示冗余量的相对大小。针对损伤臂节的检测点，通过式（9-20）确定各检测点 i 对应评定指标的强度冗余因子 c_{ij} ($i = 1, 2, 3, \cdots, n$; $j = 1, 2, 3$)，结合最小冗余因子，判断检测点处损伤臂节现役性能的可利用性，并给出以损伤臂节现役性能可利用性为评价指标的可修复性决策结果。

$$R_i = f(p_i) = f(\phi_i(F_1, F_2, F_3)) = f(\phi_i(g(I_1, I_2, I_3)))$$
$$= f\{\phi_i(g(l_1(D_1, S_1, H_1), l_2(D_2, S_2, H_2), l_3(D_3, S_3, H_3)))\}$$

$$(9-19)$$

式中，ϕ_i 为失效对象层与失效模式层的关系函数，其中 $i = 1, 2, 3, \cdots, n$，n 为检测点的个数；g 为失效模式层与失效模式评定指标层的关系函数；l_j 为评定指标层与强度损伤层的关系函数，其中 $j = 1, 2, 3$。

$$c_{ij}(t) = \frac{D_{ij} - S_{ij}(t) + H_{ij}(t)}{S_{ij}(t)} \quad (i = 1, 2, \cdots, n; j = 1, 2, 3) \quad (9-20)$$

式中，$c_{ij}(t)$ 为检测点 i 对应评定指标的强度冗余因子；t 为损伤臂架修复前的使用时间，单位为年。

若损伤臂节检测点的强度冗余因子 c_{ij} 大于金属结构的最小强度冗余因子 c_{min}，表明该检测点处损伤臂节现役性能具有可利用性，以金属结构现役性能的可利用性为评价指标时，该损伤臂节检测点的可修复性决策结果为修复再用，否则应进行报废处理。

9.3 修复技术可行性分析

大型机械装备修复技术是以节材、减能、绿色环保为目标，以先进制造技术理论为基础，实现损伤产品的修复，使其性能得以恢复的现代制造技术。对于工程机械损伤臂架而言，应根据修复工艺过程对技术可行性进行评价，评价指标包括：拆卸简易程度、清洗可行性、检测分类可行性、修复处理可行性及再装配的简易性。

▷▷ 1. 拆卸简易程度

拆卸简易程度是用来评价在役工程机械损伤臂架修复过程中拆解难易程度的定性指标，一般由专家根据连接方式、连接结构、结构件数量等对其进行评价。为了量化拆卸简易程度，对拆卸时间进行定量评定，即

$$T_d = \begin{cases} 0(\xi \leqslant 1.0) \\ 0.2(1.0 < \xi \leqslant 1.2) \\ 0.4(1.2 < \xi \leqslant 1.4) \\ 0.6(1.4 < \xi \leqslant 1.5) \\ 0.8(1.5 < \xi \leqslant 1.6) \\ 1.0(\xi > 1.6) \end{cases} 且 \xi = \frac{\sum\limits_{i=1}^{n} a_i \times t_i}{t_s} \quad (i = 1, 2, \cdots, n) \quad (9\text{-}21)$$

式中，T_d 为拆卸简易程度的指标值；t_i 为第 i 类连接件的平均拆卸时间；a_i 为第 i 类连接件的数量；t_s 为损伤臂架的理想拆卸时间；ξ 为拆卸系数。

▷▷ 2. 清洗可行性

清洗用于除去工程机械损伤臂架表面油渍、污渍、锈蚀和腐蚀等，是修复过程中进行检测分类的前提条件。臂架损伤情况的差异性导致清洗方法的差异性，进而导致清洗难度的差异性。一般的清洗方法有：吹、擦、化学洗涤剂喷洗和超声波清洗，其清洗难度分别为 0.2、0.4、0.7、0.9。为量化清洗可行性，从损伤臂节数量及清洗方法难易程度方面进行综合考量，即

$$T_c = 1 - \frac{\sum\limits_{i=1}^{4} N_i \times M_i}{\sum\limits_{i=1}^{4} N_i} \quad (i = 1, 2, 3, 4) \quad (9\text{-}22)$$

式中，T_c 为清洗可行性的指标值；N_i 为采用第 i 类清洗方法的损伤臂节数量；M_i 为第 i 类清洗方法的难易程度。

▶▶ 3. 检测分类可行性

检测分类用来评估结构件损伤程度，是保证在役工程机械损伤臂架修复质量的重要步骤和关键环节。检测分类的可行性涉及损伤臂节的数量、损伤程度、检测时间和分类标准等。为简化计算难度，将损伤臂节按损伤程度（重度损伤 0.9、中度损伤 0.7、轻度损伤 0.4）分为四大类，用损伤程度及不同损伤程度下损伤臂节数量来评定检测分类的可行性，即

$$T_t = 1 - \frac{\sum_{i=1}^{3} n_i \times D_i}{\sum_{i=1}^{3} n_i} \quad (i = 1,\ 2,\ 3,\ 4) \tag{9-23}$$

式中，T_t 为检测分类可行性的指标值；n_i 为采用第 i 类损伤程度的损伤臂节数量；D_i 为第 i 类损伤程度。

▶▶ 4. 修复处理可行性

作业环境、使用工况的不确定性导致臂架结构质量水平的差异性，质量水平越高的损伤臂架，其修复成功的概率越大。为量化损伤臂架修复处理可行性，通过损伤臂节数量和修复成功率进行定义，即

$$T_m = \frac{\sum_{i=1}^{3} K_i \times \lambda_i}{\sum_{i=1}^{3} K_i} \quad (i = 1,\ 2,\ 3,\ 4) \tag{9-24}$$

式中，T_m 为修复可行性的指标值；K_i 为拆卸及清洗后第 i 类损伤程度的损伤臂节数量；λ_i 为第 i 类损伤程度的损伤臂节修复的成功率。

▶▶ 5. 再装配简易性

再装配简易性与连接结构、连接件的数量、装配精度、装配路径等因素密切相关，为了量化再装配简易性，用装配时间进行评定，即

$$T_a = \begin{cases} 0(\delta \leqslant 1.0) \\ 0.2(1.0 < \delta \leqslant 1.15) \\ 0.4(1.15 < \delta \leqslant 1.3) \\ 0.6(1.3 < \delta \leqslant 1.45) \\ 0.8(1.45 < \delta \leqslant 1.6) \\ 1.0(\delta > 1.6) \end{cases} \text{且} \delta = \frac{\sum_{i=1}^{n} z_i \times t_i}{t_z} \quad (i = 1,\ 2,\ 3,\ \cdots,\ n)$$

$$\tag{9-25}$$

式中，T_a 为再装配简易性的指标值；t_i 为第 i 类连接件的装配时间；z_i 为第 i 类连接件的数量；t_z 为修复损伤臂架的理想装配时间；δ 为装配系数。

以上述修复技术可行性评价指标的分析过程为基础，修复技术可行性的指标值为

$$T = T_d w_d + T_c w_c + T_t w_t + T_m w_m + T_a w_a \qquad (9\text{-}26)$$

式中，T 为修复技术可行性指标值；w_d、w_c、w_t、w_m 和 w_a 分别为 T_d、T_c、T_t、T_m 和 T_a 的权重值，可通过层次分析法进行求解。

若修复技术可行性指标值 T 大于修复技术可行性阈值 TT，说明以修复技术为评判条件时，对损伤臂架实施修复是可行的，否则应进行报废处理。

9.4 经济可行性分析

臂架结构部分的附加值较高，修复后的经济效益显著。修复成本是衡量经济可行性的关键因素，可有效地反映在役工程机械损伤臂架的可修复性。

工程机械损伤臂架只有经过修复后才能统计得到具体的修复成本，而在修复可行性评估前，修复成本无法预知。因此，以企业特定时间段内工程机械损伤臂架的修复总费用为基础，通过作业成本法，追溯不同失效特征对应损伤臂节的修复成本，形成损伤臂节修复成本库。检测待评估工程机械各损伤臂节的失效特征，利用改进相关向量机，预测与失效特征对应的损伤臂节的修复成本，进而确定损伤臂架的修复成本 XF（各损伤臂节修复成本及更换新品臂节的成本之和），结合购置臂架新品所需费用 GF，评价损伤臂架经修复后是否具有经济性优势。基于作业成本法的损伤臂架修复经济性评估模型如图 9-7 所示。

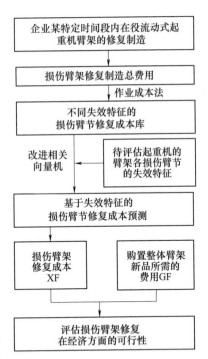

图 9-7 基于作业成本法的损伤臂架修复经济性评估模型

9.4.1 基于失效特征的损伤臂节修复成本

就某一特定型号的工程机械损伤臂架而言，并不是所有臂节都失效，也并不是所有失效臂节的失效特征都相同。修复过程中，由于包含了不同数量、不

同失效特征的臂节，导致工程机械损伤臂架的修复成本均不相同。现有的传统成本法忽略了损伤臂节失效特征的差异性，无法确定不同失效特征下损伤臂节的修复成本，难以揭示损伤臂节失效特征与修复成本之间的关系，而作业成本法以损伤臂节修复过程中的各项作业为成本核算对象，在追踪、动态反映所有作业活动的基础上，确定作业和成本对象消耗的成本费用，可有效地解决上述问题。基于失效特征的损伤臂节修复成本分析流程如图 9-8 所示。

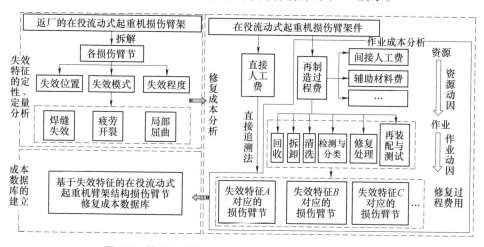

图 9-8　基于失效特征的损伤臂节修复成本分析流程图

▶ 1. 失效特征的定性/定量分析

为有效表示损伤臂节的失效特征，可从失效位置 X^1、失效模式 X^2 和失效程度 X^3 三个层面进行描述。因此，损伤臂节的失效特征可描述为 $X_i = \{X_i^1, X_i^2, X_i^3\}$，其中，$i = 1, 2, \cdots, n$ 且 n 为损伤臂节个数。对于损伤臂节的失效位置，可表示为 $X_i^1 = \{x_i, y_i, z_i\}$，其中 x_i 表示失效位置处于上翼缘板、下翼缘板或腹板；y_i 表示距各自根部的距离；z_i 表示距上翼缘板/下翼缘板/腹板中心线的距离。就失效模式而言，未经历修复的损伤臂节，可能面临的失效模式包括焊缝失效、疲劳开裂和局部屈曲等，根据损伤臂节的失效模式，结合失效程度的判定指标（腹板/翼缘板的高度 δ_h、宽度 δ_w、厚度 δ_t、焊缝厚度 t_h、缺口裂纹长度 a、局部弯曲度 Z_b、垂直度 Z_v、翘曲度 Z_c）量化该结构件的失效程度为 $X_i^3 = \{\delta_h, \delta_w, \delta_t, t_{hi}, a_i, Z_{bi}, Z_{vi}, Z_{ci}\}$。

▶ 2. 修复成本分析

损伤臂节的修复成本由直接人工费和修复过程费构成。直接人工费指工程机械损伤臂节修复过程中，直接从事现场生产的人工费用。除直接人工费外的其余费用可归为修复过程费。直接人工费可直接追溯到损伤臂节的修复成本，而修复过程费用可通过作业成本法进行分配。

（1）作业资源的确定 对于工程机械损伤臂节而言，其修复过程的资源指特定时间段内，作业实施过程中消耗各种费用的项目，主要包括辅助材料费（修复过程中起辅助作用的材料费用）、能源费（水费、电费）、间接人工费（修复车间管理人员的费用）及其他费用。

（2）作业识别及资源分配 以损伤臂节修复成本分析流程为基础，根据工程机械损伤臂节的修复流程（回收→拆卸→清洗→检测与分类→修复处理→再装配与测试→其他），确定其修复过程的作业，即拆卸作业、清洗作业、检测与分类作业、修复作业、再装配与测试作业、其他作业。

（3）作业成本归集及分配 将工程机械损伤臂节修复过程中的资源费用分配到各个作业中心，从而确定各作业成本库（见表 9-1），进而确定作业动因数和作业动因分配率（见表 9-2）。以此为依据，将各作业成本库费用分配给不同失效特征下的损伤臂节，从而得到与失效特征对应的损伤臂节修复过程的总费用。

表 9-1 工程机械损伤臂节修复过程作业成本归集表

作业成本库 费用项目	各作业成本库					
	拆卸	清洗	检测与分类	修复处理	再装配与测试	其他
辅助材料费	X_{11}	X_{12}	X_{13}	X_{14}	X_{15}	X_{16}
能源费	X_{21}	X_{22}	X_{23}	X_{24}	X_{25}	X_{26}
间接人工费	X_{31}	X_{32}	X_{33}	X_{34}	X_{35}	X_{36}
其他费用	X_{41}	X_{42}	X_{43}	X_{44}	X_{45}	X_{46}
合计	$\sum_{i=1}^{4} X_{i1}$	$\sum_{i=1}^{4} X_{i2}$	$\sum_{i=1}^{4} X_{i3}$	$\sum_{i=1}^{4} X_{i4}$	$\sum_{i=1}^{4} X_{i5}$	$\sum_{i=1}^{4} X_{i6}$

表 9-2 作业动因数和作业动因分配率

作业成本库	拆卸作业 成本库	清洗作业 成本库	检测与分类 作业成本库	修复作业 成本库	再装配与测试 作业成本库	其他 作业成本库
成本库费用	m_1	m_2	m_3	m_4	m_5	m_6
作业动因	拆卸时间	清洗时间	检测与分类时间	设备工时	再装配与测试时间	作业时间
作业动因数	S_1	S_2	S_3	S_4	S_5	S_6
作业动因分配率	λ_1	λ_2	λ_3	λ_4	λ_5	λ_6

注：$\lambda_i = m_i / S_i (i = 1, 2, \cdots, 6)$。

以作业动因分配率为基础，根据损伤臂节消耗各作业成本库的作业动因数来分配作业成本库的费用，与失效特征对应的损伤臂节各作业成本库的费用之和为该损伤臂节修复过程的总费用，计算公式为

$$C_{pk} = \sum_{i=1}^{6} \lambda_i S_{ki} \qquad (9\text{-}27)$$

式中，C_{pk} 为第 k 个损伤臂节的修复过程的总费用，$k=1$，2，…，n，n 为损伤臂节个数；S_{ki} 为第 k 个损伤臂架消耗第 i 个作业成本库的作业动因数，$i=1$，2，…，6。

根据各损伤臂节修复过程的总费用，结合其直接人工费，确定其修复成本，计算过程为

$$C_k = C_{pk} + C_{rk} \qquad (9\text{-}28)$$

式中，C_k 为第 k 个损伤臂节的修复成本；C_{rk} 为第 k 个损伤臂节的直接人工费。

9.4.2 损伤臂节修复成本数据库

损伤臂节修复成本数据库是在役工程机械损伤臂节修复成本预测的基础，其内容与结构直接影响预测的效率和精度。对于损伤臂节而言，其失效特征的差异性与多样性，导致修复成本的不确定性。通过失效特征的定性/定量分析及修复成本分析，可计算出不同失效特征下在役工程机械损伤臂节的修复成本，确定损伤臂节失效特征（包括失效位置、失效程度和失效模式）与修复成本之间的关系，从而构建工程机械损伤臂节修复成本数据库，图 9-9 所示为工程机械损伤臂节修复成本数据库的整体框架。

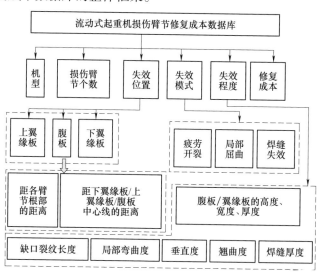

图 9-9 流动式起重机损伤臂节修复成本数据库的整体框架

9.4.3 损伤臂节修复成本预测

以工程机械损伤臂节修复成本数据库为基础，结合改进相关向量机理

论（在机型及损伤臂节个数的基础上，以失效位置、失效模式、失效程度及与之相对应的评判指标作为输入，修复成本作为输出），预测待评估工程机械损伤臂节的修复成本 XF_{Ji}，结合更换新品臂节的费用 XF_{Cj}，按式（9-29）确定损伤臂架的修复成本 XF，若修复成本 XF 小于购置新品金属结构的费用 GF，说明以成本为评价指标的条件下，损伤臂架实施修复是可行的，否则应进行报废处理。

$$XF = \sum_{i=1}^{m} XF_{Ji} + \sum_{j=1}^{k} XF_{Cj} \tag{9-29}$$

式中，XF 为损伤臂架的修复成本；XF_{Ji} 为损伤臂节 i 的修复成本，$i=1$，2，…，m，m 为损伤臂节个数，不大于该起重机金属结构的总臂节数；XF_{Cj} 为更换新品臂节 j 的费用，$j=1$，2，…，k，k 为更换新品臂节个数，小于该起重机金属结构的总臂节数。

9.5 环境资源可行性分析

与购置新品臂架结构相比，损伤臂架修复在节省材料、节约能源、减少污染物排放等方面具有显著的效果。

工程机械损伤臂架修复最大限度地延长了金属结构的使用寿命，提高了材料的利用率。相比购置新品而言，修复提高材料的重用率为

$$\xi_m = \frac{\sum_{i=1}^{k} M_{Zi} + \sum_{j=1}^{m} M_{Cj}}{\sum_{i=1}^{k} M_{Zi} + \sum_{j=1}^{m} M_{Cj} + \sum_{p=1}^{n} M_{Xp}} \tag{9-30}$$

式中，M_{Zi} 为损伤臂架中，仍可继续使用的损伤臂节 i 的质量，$i=1$，2，…，k，k 为仍可继续使用的损伤臂节个数；M_{Cj} 为损伤臂架中，需修复的损伤臂节 j 的质量，$j=1$，2，…，m，m 为需修复的损伤臂节个数；M_{Xp} 为损伤臂架中，报废处理臂节 p 的质量，$p=1$，2，…，n，n 为报废处理臂节的总个数。

工程机械损伤臂架修复明显减少了臂架新品制造过程中污染物的排放量，然而由于污染物数据难以测定，很难以量化的形式表示出来。因此，通过定性分析法将污染物的排放量用评定指标（较大、稍大、一般、较小）来描述，对应的评定指标值为（0.95，0.80，0.65，0.40）。

综上分析，工程机械损伤臂架的环境资源评定指标计算公式为

$$R = w_m \xi_m + w_p p \tag{9-31}$$

式中，R 为环境资源可行性的指标值；p 为污染物排放量的指标值；w_m、w_p 分别为 ξ_m、p 的权重，可用层次分析法计算得到。

若环境资源可行性指标值 R 大于环境资源可行性阈值 RR，说明以环境资源

为评判条件时，对损伤臂架实施修复是可行的，否则应进行报废处理。

本章小结

在役流动式起重机损伤臂架结构可修复性研究是通过修复恢复其性能、延长其服役寿命。经历过一个或多个检测周期的在役流动式起重机臂架结构，由于其类型、服役工况、作业环境、损伤情况，失效模式等因素的差异性，使得其可修复性和修复效益具有不确定性。为全面考虑在役流动式起重机损伤臂架结构的可修复性，本章提出从结构现役性能可利用性、技术可行性、经济可行性及环境资源可行性的维度，建立损伤臂架结构可修复性综合评估与决策模型，给出损伤臂架结构可修复性的综合决策结果，为报废及相关标准的制定提供重要的理论依据。

注：1. 项目名称："863"国家高新技术研究发展计划"工程机械共性部件再制造关键技术及示范"，编号：2013AA040203。

　　2. 验收单位：科技部高技术研究发展中心。

　　3. 验收评价：2016年5月8日，验收专家组认为，项目提出了工程机械关键部件的剩余寿命预测方法，开发了相应支持系统。完成了任务书规定的各项研究内容，达到了考核指标要求。

第 10 章

——

工程机械成套装备绿色供应链技术

10.1 绿色供应链标准体系及关键技术

10.1.1 绿色供应链关键支撑理论与技术

1. 基于复杂产品全生命周期的碳足迹建模理论

产品碳足迹是指在某个产品的特定系统边界内，该产品生命周期各阶段产生的温室气体排放之和（以二氧化碳当量表示），以测度它们对全球变暖影响的贡献；而系统边界为原材料及能源获取、制造和装配、运输、使用和回收阶段。根据功能结构映射关系，产品族可分解为若干功能模块单元，通过需求驱动各功能模块单元又可派生出功能相同而碳足迹不同的若干模块单元。在确定统一的功能单位及系统边界的基础上，借鉴鲍宏、刘光复等人的"采用碳足迹分析的产品低碳优化设计"，研究采用基于过程的清单分析方法及基于碳排放因子的计算方法，得到产品系统或模块单元中每一过程的碳排放。为了计算方便，需要根据每一类产品的具体特点构建对应的输入/输出清单分析模板，列出对产品碳排放影响较大的重要过程及其数据输入项，并规定统一的数据格式和质量要求。当产品数据不全时，可参考企业同类相似产品的已有数据项或该数据项行业平均水平进行数据补偿。基于产品结构的碳足迹分析模型如图 10-1 所示。

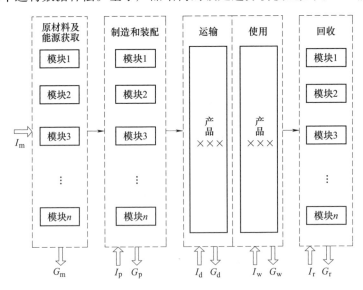

图 10-1 基于产品结构的碳足迹分析模型

根据产品及模块单元的碳足迹分析结果，可以确定对产品碳足迹贡献较大的生命周期阶段及相应的需低碳设计改进的关键模块单元。针对关键模块单元，分别从能量消耗与材料消耗两方面分析其碳排放产生形式并识别与提取关键低碳设计参数，基于敏感性分析方法得到关键低碳设计参数变化与碳排放变化之间的映射关系。以关键模块单元的各低碳设计参数改进引起的碳排放减少量最大为优化目标，并考虑敏感性分析结果对优化目标进行量化分析，在确定各参数改进范围约束的基础上构建低碳设计改进多目标优化模型，通过模型求解确定关键模块单元的各低碳设计参数改进的最优解。基于碳足迹分析的产品低碳优化设计与概念设计、详细设计等阶段相集成，旨在设计早期提高产品低碳排放性能，其过程如图 10-2 所示。

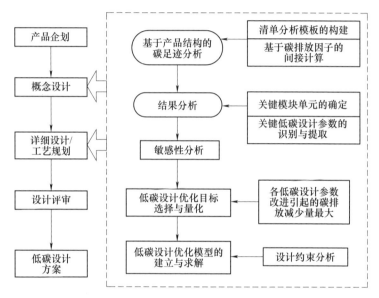

图 10-2　基于碳足迹分析的产品低碳优化设计过程

2. 绿色供应链及其体系结构技术研究

现有关于绿色供应链的研究主要是针对供应链某些环节的单项技术，如绿色采购、供应链绿色度评估、绿色供应链伙伴选择和供应链环境管理等，还未形成绿色供应链系统的理论、方法和技术体系。因此，建立绿色供应链系统的理论体系，并将环境意识（绿色）的哲理贯穿整个供应链，以环境效果、资源利用和经济效益等综合最优为目标，进行绿色供应链系统的关键技术研究和应用，是今后绿色供应链研究和实施的核心内容。可借鉴但斌、刘飞的"绿色供应链及其体系结构研究"，研究绿色供应链的理论体系和关键技术，包括绿色供应链的体系结构（见图 10-3）、决策支持技术、运作、管理技术和集成技术等。

（1）绿色供应链的体系结构和建模　绿色供应链的体系结构应是绿色供应链的内容、目标和过程等多方面的集合，能为人们研究和实施绿色供应链提供

327

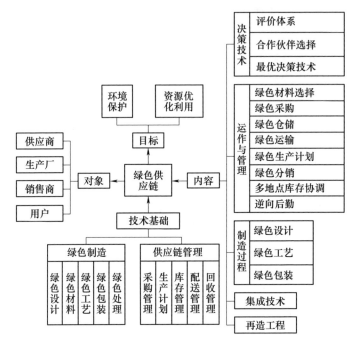

图 10-3   绿色供应链体系结构

多方位的视图和模型。绿色供应链的建模是应用数学和计算机等手段建立绿色供应链的功能系统模型、信息系统模型、物流系统模型、资源系统模型、组织系统模型、过程系统模型，以及制造系统绿色供应链总体模型。由于绿色供应链的概念和内容尚处于探索阶段，尚未形成完整的体系结构和系统模型，因此这方面的研究将是绿色供应链的一个重要研究内容。

（2）绿色供应链的评价体系和决策技术   要实施绿色供应链，必然面临着一系列决策问题。如何提高决策的科学性和可靠性，是一个十分复杂但又很有研究意义的问题。绿色供应链的评价体系和决策技术的主要研究内容如下：通过研究供应链中企业、供应者和消费者的资源和环境性能影响，建立供应链及其组成部分"绿色度"的评价指标体系，研究其量化评估方法和面向绿色制造的供应链伙伴的选择方法；建立绿色供应链的决策支持体系和决策框架模型，研究面向绿色制造的供应链最优化决策技术。

（3）绿色供应链的运作、控制和管理技术   在绿色供应链的实施过程中，要涉及绿色供应链的运作、控制和管理等使能技术和具体问题。这些问题包括绿色材料选择、绿色采购、绿色仓储、绿色运输、绿色生产计划、绿色分销、多地点库存协调和逆向后勤（回收和处理）等。借助于上述绿色供应链的体系结构、模型和评价体系等，尽可能选用对生态环境影响小的材料，尽可能使材料的采购、材料和产品的仓储、运输、产品的分销过程占用的空间、消耗的资源和造成的环境损害最小。研究多地点库存协调问题，使材料和产品在到达目的地时消耗的资源和造成的环境损害最小。在做生产计划时也要尽可能考虑到资源消耗和环境影响。另外，产品寿命终结后的回收和处理问题，即逆向后勤，也是一个重要的研究课题。

3. 基于产品生命周期主线的绿色制造技术

产品生命周期主线的第一个主导环节是产品设计。产品能否达到绿色标准要求，关键取决于在设计时是否采用绿色设计。绿色设计的基本思想是：在设计阶段就面向产品生命周期全过程，将减少环境影响和降低资源消耗的措施纳入设计之中，力求使产品对环境的影响最小，资源利用率最高。借鉴刘飞等人的"基于产品生命周期主线的绿色制造技术内涵及技术体系框架"，以产品生命周期主线为基础，研究四层结构的绿色制造的技术体系框架，如图10-4所示，包括产品生命周期过程技术层、绿色制造特征技术层、绿色制造评估及监控技术层和绿色制造支撑技术层。

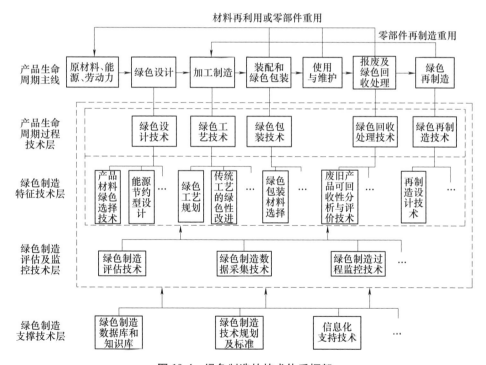

图 10-4　绿色制造的技术体系框架

（1）产品生命周期过程技术层　面向产品生命周期主线，将绿色制造技术划分为绿色设计技术、绿色工艺技术、绿色包装技术、绿色回收处理技术及绿色再制造技术五个大类关键技术。

1）绿色设计，又称生态设计、面向环境的设计等，是指借助产品生命周期中与产品相关的各类信息（如技术信息、环境协调性信息、经济信息），利用各种先进的设计理论，使设计出的产品具有先进的技术性、良好的环境协调性以及合理的经济性的一种系统设计方法。

2）绿色工艺，又称为绿色生产，是指在制造过程中采用先进制造工艺或持续改进传统制造工艺，以改善产品制造过程中的资源消耗和环境污染状况，节约原材料和能源，减少排放物和废物的排放，并保障生产人员的职业安全与健康。

3）绿色包装是指能够循环复用、再生利用或降解腐化，且在产品的整个生命周期中对人体及环境不造成公害的适度包装。当今世界公认的发展绿色包装的原则为"3R1D"，即减量化（Reduce）、重复利用（Reuse）、易回收再生（Recycle）、可降解（Degradable）。

4）绿色回收处理的主要流程包括产品回收、拆卸、清洗、检测、重用和再生循环等。

5）绿色再制造，是以机电产品全生命周期设计和管理为指导，以废旧机电产品实现性能恢复和提升为目标，以优质、高效、节能、节材、环保为准则，以先进技术和产业化生产为手段，对废旧机电产品进行修复和改造的技术。

（2）绿色制造特征技术层　面向生命周期主线的五项关键技术需要根据其实施的技术特征进一步划分。通过对比国内外现有文献及分析近年来绿色制造技术发展的趋势，各关键技术的特征各具特点，如绿色设计技术主要包括能源节约型设计、环境友好型设计、可拆节约和环境友好的功能目标特征；绿色工艺技术包括通过技术变革而出现的新型绿色工艺技术、通过技术改进的传统工艺绿色改进技术或者通过工艺系统优化而达到绿色改进的生产过程绿色优化技术等。因此，根据各项关键技术的绿色制造特征，可以将产品生命周期过程技术层进一步细分，即构成绿色制造特征技术层。

（3）绿色制造评估及监控技术层　绿色制造评估及监控技术是对产品全生命周期进行数据采集、监视、综合评价及反馈控制的相关技术，是绿色制造技术成功实施的保障。主要包括：绿色制造评估技术、绿色制造数据采集技术和绿色制造过程监控技术等。

（4）绿色制造支撑技术层　绿色制造支撑技术对前三层提供基础支持，主要包括绿色制造数据库和知识库、绿色制造技术规范及标准、信息化支持技术等。

10.1.2　绿色供应链绿色能效评估方法与技术

图10-5所示为多角度系统级能效评估模型，这是一个递阶综合评估模型。一级指标评价值来源于相应二级指标评价值的加权值之和，综合评价值来源于一级指标评价值的加权值之和。

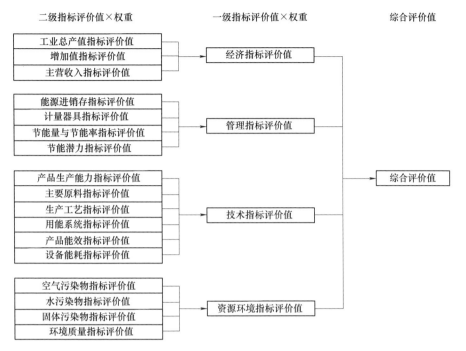

图 10-5　多角度系统级能效评估模型

首先，利用主成分分析（Principal Component Analysis，PCA）和相关分析对初步能效指标体系进行筛选优化，以保证评估模型的科学性和可靠性。其次，基于递阶综合评价方法的能效评估模型将能效评估过程分解为三个层次，分别为基于层次分析法（Analytic Hierarchy Process，AHP）的一级指标评估、基于熵权法的二级指标评估以及最终的综合评估。

▶▶ **1. 基于主成分分析和相关分析的能效指标筛选**

在用统计分析方法研究多变量的课题时，变量个数太多就会增加课题的复杂性。当两个变量之间有一定相关关系时，可以解释为这两个变量反映此课题的信息有一定的重叠。主成分分析是对于原先提出的所有变量，将重复的变量（关系紧密的变量）删去多余，建立尽可能少的新变量，使得这些新变量是两两不相关的，而且这些新变量在反映课题的信息方面尽可能保持原有的信息。构造原变量的一系列线性组合，使各线性组合在互不相关的前提下尽可能多地反映原变量的信息（使其方差最大），这些新变量就称为主成分。

▶▶ **2. 基于层次分析法的一级指标主观评估**

层次分析法是将与决策总是有关的元素分解成目标、准则、方案等层次，在此基础之上进行定性和定量分析的决策方法。所谓层次分析法，是指将一个复杂的多目标决策问题作为一个系统，将目标分解为多个目标或准则，进而分解为多指标（或准则、约束）的若干层次，通过定性指标模糊量化方法算出层次单排序（权数）和总排序，以作为目标（多指标）、多方案优化决策的系统方法。

层次分析法是将决策问题按总目标、各层子目标、评价准则直至具体备择方案的顺序分解为不同的层次结构，然后用求解判断矩阵特征向量的办法，求得每一层次的各元素对上一层次某元素的优先权重，最后再以加权和的方法递阶归并各备择方案对总目标的最终权重，此最终权重最大者即为最优方案。所谓"优先权重"，是指一种相对的量度，它表明各备择方案在某一特点的评价准则或子目标下优越程度的相对量度，以及各子目标对上一层目标而言重要程度的相对量度。层次分析法比较适合于具有分层交错评价指标的目标系统，而且目标值又难以定量描述的决策问题。其用法是构造判断矩阵，求出其最大特征值及其所对应的特征向量 W，归一化后，即为某一层次指标对于上一层次某相关指标的相对重要性权值。

▶ 3. 基于熵权法的二级指标客观评估

熵权法是一种根据各项指标观测值所提供的信息量的大小来确定指标权重的方法。其基本思想是：若某项指标熵值较小，则说明该指标数据序列的变异程序较大，应重视该评价指标对于整个评估模型的作用，其权重也应较大。

对于每个能效评价子系统，以指标数据序列为基础，利用熵权法确定每个二级评价指标在各个子系统中的权重。

▶ 4. 综合权重的确定

设一级指标的权向量为 $w = (w_1, w_2, \cdots, w_m)$，并已知其第 i 项一级指标中二级指标的权向量 $Q = (q_{i1}, q_{i2}, \cdots, q_{in})$，则用户综合能效评估模型为

$$y = \sum_{i=1}^{m} w_i \left(\sum_{j=1}^{n} q_{ij} x_{ij} \right)$$

基于递阶综合评估方法对用户能效进行综合评估，本质上是对各级指标值均分别进行了两次加权综合，同时，将专家经验和客观数据有机结合，以保证评价模型的科学性和可靠性。

▶ 10.1.3 绿色供应链平台建设关键支撑技术

▶ 1. 支持多模式的第三方数据接入技术

适配器是针对遗留系统，提供各类服务包装工具，通过对遗留系统进行信息抽取，提供信息资源服务虚拟化能力。适配器是第三方数据接入的关键设施，支持多模式的第三方数据接入（见图 10-6），为解决异构系统之间的连接提供了可重用的、统一的接口。

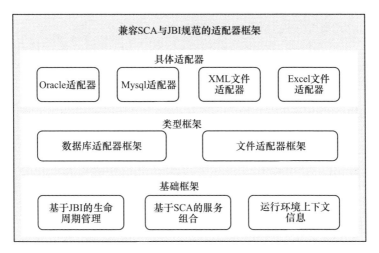

图 10-6 多模式的第三方数据接入技术

⟫ 2. 海量非结构化数据云存储技术

智能化工程机械大型成套装备绿色供应链平台将汇聚海量数据，这些不断激增的数据量对数据存储、数据处理提出了很大的挑战。云存储是云计算的关键技术之一，课题拟提出基于分布式文件服务器的云存储技术，它可以有效利用存储设备构成的巨大存储空间，实现海量存储，提高存储效率。

基于分布式文件服务器的云存储（见图 10-7）整合了集群和分布式文件系统等技术，实现云存储中多个存储设备之间的协同工作，使众多的存储设备可以透明地对外提供统一服务，并提供更大更强更好的数据访问性能。因此，如何对海量数据有效地进行隔离与共享管理是实现该技术的一个重大难点。分布式云存储系统拟通过元数据服务器集群和基于对象的存储设备集群两大部分来解决该问题。

⟫ 3. 海量异构信息查询与共享技术

海量异构信息查询和共享是绿色供应链平台需要支持的一类典型的计算密集型和数据密集型的应用，其数据容量大，数据类型多、存储结构多样且分散，且数据查询、计算、融合过程对计算资源的要求高，是绿色供应链平台应支持的一类重要网络应用。传统的数据集成与查询采用静态集中方式和单一模式，适用于小规模集成，无法满足互联网中广泛分布、深度异构、海量级的数据集成、共享和查询需求。本项目拟引入语义 Web 和 Map/Reduce 并行化技术实现基于语义本体的数据集成和查询服务。一方面采用语义本体实现对异构数据的语义标注，去除语义歧义，并利用语义推理实现异构数据间的语义关联；另一方面采用 Map/Reduce 并行化思想，将海量数据查询请求进行查询重写和分解，形成多个分布的高效查询操作，在各个异构数据源上进行查询，进而在语义一致

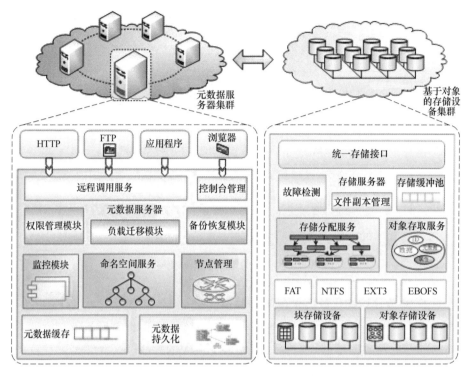

图 10-7　基于分布式文件服务器的云存储

性的基础上，实现数据集合的融合，从而不仅解决了传统数据集成语义歧义的问题，而且提供了高效、可靠、快速的并行查询服务，如图 10-8 所示。

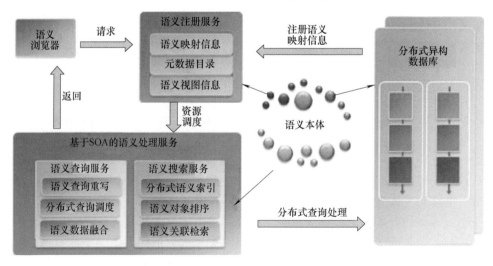

图 10-8　基于语义的海量异构数据查询与共享

10.1.4 绿色供应链绿色标准体系

1. 绿色制造标准

选取智能化工程机械大型成套装备的最先进的生产线，以制造耗材最少、节能减排、产品质量可靠、生产环境绿色化等为目标，构建面向工程机械大型成套装备绿色制造标准。

2. 绿色物流标准

以最低资源和能耗的空间布局、最优的流程绿色优化及集装箱船舶自动配载、物流路径优化、自动堆场、设备智能调度为目标，制定面向工程机械大型成套装备的绿色物流标准。

3. 绿色运维标准

围绕智能化工程机械大型成套装备的运维过程，以设备远程监控、健康监测、远程监视、自动识别、故障诊断及预防为目标，制定绿色运维标准。

10.2 基于物联网和大数据的智能化工程机械大型成套装备绿色供应链平台

10.2.1 绿色供应链信息集成和共享平台

智能化工程机械大型成套装备绿色供应链平台涉及众多的业务系统，这些应用系统归属于不同的企业，采用异构的信息技术搭建，它们之间不能直接进行信息交互，在整体供应链的信息中存在大量不同格式的数据文件和文本文件，形成了信息孤岛，无法实现信息共享和利用。信息集成与共享是实现绿色供应链管理的基础，信息孤岛阻碍了企业内部的信息流通，为供应链的协同管理带来了很多的信息障碍。为了消除信息孤岛，突破原有各个独立系统之间的壁垒，提升各系统间的业务协作能力和数据交互能力，项目组将基于企业服务总线，构建面向智能化工程机械大型成套装备绿色供应链的信息集成和共享平台。

项目组将基于企业服务总线制订一套符合智能化工程机械大型成套装备绿色供应链实际需求的集成方案，一方面对现有交互方案进行适配；另一方面提供简单易用的集成开发环境构建新的交互方案，以此快速简便地接入各种应用系统，突破原有各个独立系统之间的壁垒，实现企业信息的无缝集成。企业服务总线可以带来两方面的优势：第一，帮助企业快速实现多个异构应用系统的互联互通、功能互调、资源复用，促进跨地域、跨部门的数据共享与业务流程协作，实现业务的敏捷性；第二，为企业创建一个可持续拓展的、松耦合的、可靠可管的面向服务架构（Service Oriented Architecture，SOA）的基础设施环境，支撑整个组织信息化可持续建设与管理，实现技术的优化。

企业信息集成系统的架构如图 10-9 所示，它由若干个分布式的容器组成。在总线平台中，服务交互的参与方并不直接交互，而是通过一个总线交互，该总线提供虚拟化和管理功能来实现和扩展 SOA 的核心定义。因此，集成总线平台使请求者不需要了解服务提供者的物理实现，从应用程序开发人员和部署人员的角度来看均是如此。总线负责将请求交付给提供所需功能和服务质量（QoS）的服务提供者。提供者接收它们要响应的请求，而不知道消息的来源。总线平台本身对使用它的服务请求者和提供者均不可见。应用程序逻辑可以使用各种编程模型和技术调用或交付服务，而无须考虑是直接连接还是通过集成总线平台传递的。连接到信息集成系统是部署决策，应用程序源代码不会受到影响。

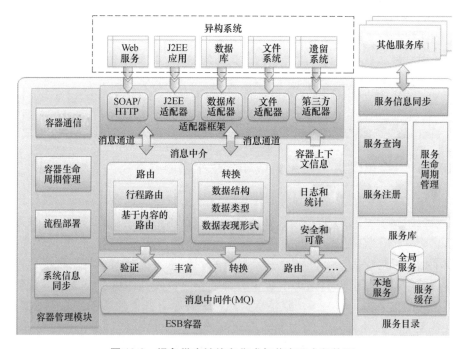

图 10-9 绿色供应链信息集成与共享平台架构图

通过服务总线相连，实现集成方案的解耦，方便了进一步的复用与优化。基于总线的集成方式具体可以分为三种：

（1）基于数据库的集成 因为这些信息系统底层都是基于关系型数据库构建的，可以直接监听底层数据库的行为，通过编写适配器进行数据格式的转换，再配合各种消息路由机制，实现信息的实时无缝集成。

（2）基于中间格式的集成 如 XML，使用 XML 作为信息交换的载体，异构系统之间不仅可以使用已定义的公共数据结构交换信息，也可以在公共交换协议的基础上利用 XML 的数据自定义功能定义自己的特殊格式。由于 XML 的含义性使客户端在收到 XML 数据的同时也能理解 XML 数据的含义，十分便于将 XML 数据映射到客户端系统，从而达到信息共享与数据交换的目的。集成方案将以适配器的形式支持中间格式的读取与转换，从而实现基于中间格式的集成。

（3）基于交互标准的集成　目前，针对不同的系统信息交互，已经形成一些交互标准，如针对制造业自动化系统的 OPC 标准。OPC 定义了一套应用于支持过程数据访问、报警、事件、过程历史数据访问等功能的 COM 接口。OPC 服务器一方面负责与现场设备的通信，另一方面将获取的数据通过标准的 OPC 接口供调用方调用。OPC 采用 Client/Server 的通信模式，客户应用程序通过标准的 OPC 协议和 OPC Server 进行通信，从 OPC Server 中取得所需的实时数据。集成方案也将通过适配器为业内普遍采用的交互标准提供支持。

10.2.2　大型成套装备工控安全管理平台

随着计算机和网络技术的发展，特别是信息化与工业化深度融合及物联网的快速发展，工业控制系统产品越来越多地采用通用协议、通用硬件和通用软件，以各种方式与互联网等公共网络连接，病毒、木马等威胁正在向工业控制系统扩散，工业控制系统信息安全问题日益突出。智能化工程机械大型成套装备是国家重点基础设施，必须保障整体建设和运行过程的安全可控，因此，本项目将根据工业控制系统的应用环境需求，研制专业化的、适用于工控环境的相关安全防护及安全加固系统，提供安全网关、安全审计、安全管理和漏洞挖掘等功能，实现工控信息安全的全方位保障。工控信息安全保障系统架构如图 10-10 所示。

为了实现工控信息安全的全方位保障，项目拟采用工作站卫士、工控安全网关、工控安全审计平台、工控安全管理平台和工控漏洞挖掘平台五个子系统（见图 10-11）实现安全可控智能制造手段的实施，各子系统协同工作，共同维护工业控制系统的环境安全。

（1）工作站卫士　基于"白名单"主动防御技术构建主机安全防护软件，以解决工控系统主机病毒感染、恶意脚本执行、操作系统内核漏洞隐患、应用程序缓冲区溢出攻击等问题。

（2）工控安全网关　提供工控协议深度解析、工控指令访问控制和日志审计等综合安全功能，保护工业控制网与管理信息网之间、工业控制网内部区域之间的安全。利用安全网关可以建立可信任的数据通信模型，采用黑白名单互补的安全策略，过滤一切非法访问，保证只有可信任的设备才可以接入工控网络，只有可信任的流量才可以在工控网络间传输。

（3）工控安全审计平台　对生产网络的访问行为、特定控制协议内容的真实性、完整性进行审计。基于对工业控制协议（如 OPC、Modbus TCP、IEC

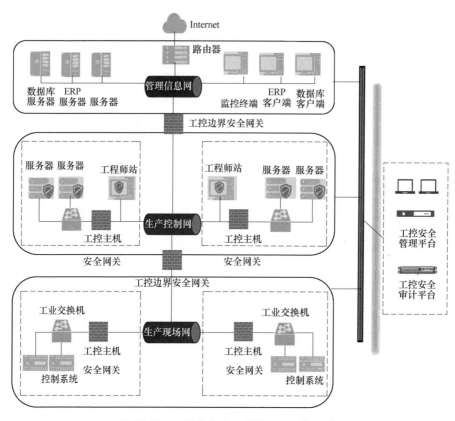

图 10-10　工控信息安全保障系统架构设计

60870-5-104、DNP3 等）的通信报文进行深度解析，能够实时监测针对工业协议的网络攻击、用户误操作、用户违规操作、非法设备接入以及蠕虫、病毒等恶意软件的传播并实时报警，同时，翔实记录一切网络通信行为，为工业控制系统的安全事故调查提供坚实的基础。

（4）工控安全管理平台　平台将提供对工控网络中的工控安全产品进行统一管理的能力、并支持分组管理，灵活掌握现有网络拓扑和分布情况。通过收集并分析来自其他设备的日志信息，发生事件后快速定位事件发起源。平台将

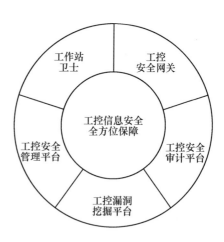

图 10-11　工控信息安全保障系统

对工控系统中的网络设备、安全设备、工程师站、操作员站的运行状态进行监

控，及时发现并通知管理人员。

（5）工控漏洞挖掘平台　采用先进的漏洞挖掘算法，以支持对各类工控设备的漏洞挖掘，并对漏洞进行精确的定位和根源分析。平台将支持各种主流工控网络协议，且具备强大的图形化自定义测试框架，使用户可以轻松自定义协议，并根据相应规约自定义设计流程。同时，平台将能够方便扩充第三方功能，并且提供灵活的报告系统。

10.3　智能化工程机械大型成套装备绿色供应链示范应用

⟫⟫1. 基于产品全生命周期的绿色供应链示范应用

结合智能化工程机械大型成套装备绿色供应链在绿色制造、绿色物流和绿色运营等全生命周期环节的绿色化改造和建设的成果，联合最终用户，建立绿色供应链示范线，在同行业进行示范应用验证。

⟫⟫2. 搭建的绿色供应链平台示范应用

对搭建的基于物联网和大数据的智能化工程机械大型成套装备绿色供应链平台，以及集成的各个子系统和相关功能模块，在同行业进行示范应用。

⟫⟫3. 绿色供应链标准应用推广

将本项目中研究和开发的关键技术，结合绿色供应链实际需求，总结和抽象出来的绿色供应链标准，在同行业进行示范，指导和引领同行业在绿色供应链方向上的发展。

本章小结

本章针对智能化工程机械大型成套装备绿色供应链标准体系问题，介绍了绿色供应链关键支撑理论与技术、绿色能效评估方法与技术、平台建设关键支撑技术，形成了绿色标准体系。在此基础上，搭建了基于物联网和大数据的智能化工程机械大型成套装备绿色供应链平台。

注：1. 项目名称：工业和信息化部绿色制造专项"智能化港口大型成套装备绿色供应链标准体系建设及示范应用"。
　　2. 验收单位：上海市经济和信息化委员会。
　　3. 验收评价：2019年3月5日，验收专家组认为，项目单位完成了项目申报书及实施方案的建设任务内容，超额完成了绩效考核指标要求，一致通过智能化港口大型成套装备绿色供应链标准体系建设及示范应用项目验收。

参 考 文 献

［1］ WANG J X, WANG N X, YU X J, et al. A Method for Compiling Load Spectrum of Transmission System of Wheel Loader ［J］. Advanced Materials Research, 2010, 108-111（1）: 1314-1319.

［2］ 李莺莺, 杨清淞, 刘志东, 等. 挖掘机液压泵载荷分析及编谱方法研究 ［J］. 工程机械, 2015, 46（2）: 14-20.

［3］ LI Y, WU Y Q, ZHANG Y S, et al. A Review of the Extrapolation Method in Load Spectrum Compiling ［J］. Journal of Mechanical Engineering, 2016, 62（1）: 60-75.

［4］ SOCIE D F, POMPETZKI M A. Modeling Variability in Service Loading Spectra ［J］. Journal of Astm International, 2004, 1（2）: 1-12.

［5］ SCOTT D W. Multivariate Density Estimation: Theory, Practice, and Visualization ［M］. 2th ed. Hoboken: John Wiley & Sons, 2015.

［6］ RUDEMO M. Empirical Choice of Histograms and Kernel Density Estimators ［J］. Scandinavian Journal of Statistics, 1982: 65-78.

［7］ BOWMAN A W. An Alternative Method of Cross-Validation for the Smoothing of Density Estimates ［J］. Biometrika, 1984, 71（2）: 353-360.

［8］ SILVERMAN B W. Density Estimation for Statistics and Data Analysis ［M］. Boca Raton: CRC press, 1986.

［9］ WAND M P, JONES M C. Comparison of Smoothing Parameterizations in Bivariate Kernel Density Estimation ［J］. Journal of the American Statistical Association, 1993, 88（422）: 520-528.

［10］ GOIĆ R, KRSTULOVIĆ J, JAKUS D. Simulation of Aggregate Wind Farm Short-term Production Variations ［J］. Renewable Energy, 2010, 35（11）: 2602-2609.

［11］ 尤爽. 轮式装载机载荷极值度量与时域外推方法研究 ［D］. 长春: 吉林大学, 2016.

［12］ KOTZ S, NADARAJAH S. Extreme Value Distributions. Theory and Applications ［M］. London: Imperial College Press, 2000.

［13］ GUMBEL E J. Statistics of Extremes ［M］// Statistics of extremes. New York: Columbia University Press, 1958: 1-30.

［14］ THOMPSON P, CAI Y Z, REEVE D, et al. Automated Threshold Selection Methods for Extreme Wave Analysis ［J］. Coastal Engineering, 2009, 56（10）: 1013-1021.

［15］ DUPUIS D J. Exceedances over High Thresholds: A Guide to Threshold Selection ［J］. Extremes, 1999, 1（3）: 251-261.

［16］ HANDCOCK M S, HUNTER D R, GOODREAU S M. Goodness of Fit of Social Network Models ［J］. Journal of the American Statistical Association, 2008, 103（481）: 248-258.

［17］ W J J. Review on Multi-Criteria Decision Analysis Aid in Sustainable Energy Decision-Making ［J］. Renewable & Sustainable Energy Reviews, 2009, 13（9）: 2263-2278.

［18］ WANG J X, YOU S, WU Y Q, et al. A Method of Selecting the Block Size of BMM for Estimating Extreme Loads in Engineering Vehicles ［J］. Mathematical Problems in Engineering, 2016 (1)：1-9.

［19］ JOHANNESSON P. Extrapolation of Load Histories and Spectra ［J］. Fatigue & Fracture of Engineering Materials & Structures, 2006, 29 (3)：209-217.

［20］ CARBONI M, CERRINIL A, JOHANNESSON P, et al. Load Spectra Analysis and Reconstruction for Hydraulic pump Components ［J］. Fatigue & Fracture of Engineering Materials & Structures, 2008, 31 (3-4)：251-261.

［21］ 张英爽, 王国强, 王继新, 等. 工程车辆传动系载荷谱编制方法 ［J］. 农业工程学报, 2011, 27 (4)：179-183.

［22］ 贾海波. 轮式装载机传动系载荷谱测试与编制方法研究 ［D］. 长春：吉林大学, 2009.

［23］ RICE J A · Mathematical Statistics and Data Analysis ［M］. 3rd ed. Belmont：Duxbury Press, 2006.

［24］ ZABARANKIN M, Uryasev S. Maximum Likelihood Method ［M］. New York：Springer 2014.

［25］ BALAKRISHNAN N, KATERI M. On the Maximum Likelihood Estimation of Parameters of Weibull Distribution Based on Complete and Censored Data ［J］. Statistics & Probability Letters, 2008, 78 (17)：2971-2975.

［26］ SULTAN K S, MAHMOUD M R, SALEH H M. Estimation of Parameters of the Weibull Distribution Based on Progressively Censored Data ［J］. International Mathematical Forum, 2007, 2 (41-44)：2031-2043.

［27］ REN T T, PETOVELLO M. An Analysis of Maximum Likelihood Estimation Method for Bit Synchronization and Decoding of GPS L1 C/A Signals ［J］. EURASIP Journal on Advances in Signal Processing, 2014：(3).

［28］ DRUSKA V, HORRACE W C. Generalized Moments Estimation for Spatial Panel Data：Indonesian Rice Farming ［J］. American Journal of Agricultural Economics, 2004, 86 (1)：185-198.

［29］ JIANG F H. Optimizing Source Parameters with Correlation Coefficient Method ［J］. Oil Geophysical Prospecting, 2011, 46 (2)：176-321.

［30］ WHALEN T M, SAVAGE G T, JEONG G D. An Evaluation of the Self-determined Probability-Weighted Moment Method for Estimating Extreme Wind Speeds ［J］. Journal of Wind Engineering & Industrial Aerodynamics, 2004, 92 (3-4)：219-239.

［31］ TORABI H, MONTAZERI N H, CRANE A. A Test for Normality Based on the Empirical Distribution Function ［J］. Sort, 2016, 40 (1)：55-88.

［32］ WANG A H, XU G N, GAO Y S, et al. Bridge Crane Load Spectrum Distribution Good-of-Fit Testing ［J］. Applied Mechanics & Materials, 2010, 20-23：512-517.

［33］ 刘飞, 李聪波, 曹华军, 等. 基于产品生命周期主线的绿色制造技术内涵及技术体系框架 ［J］. 机械工程学报, 2009 (12)：115-120.

［34］ BINDER K, HEERMANN D W. Monte Carlo Simulation in Statistical Physics ［M］. 14th ed. Berlin：Springer, 2010.

［35］CHEN G Q, ZHAO J W. Application and Implementation of Monte Carlo Method in Mechanical Engineering ［J］. Applied Mechanics & Materials, 2010, 26-28 (4): 925-930.

［36］曹成军, 别朝红, 王锡凡. 蒙特卡洛法全周期抽样的研究［J］. 西安交通大学学报, 2002, 36 (4): 344-347; 352.

［37］方磊. 基于 LHS 抽样的不确定性分析方法在概率安全评价中的应用研究［D］. 合肥: 中国科学技术大学, 2015.

［38］邵小健. 支持向量机中若干优化算法研究［D］. 青岛: 山东科技大学, 2005.

［39］侯伟真. 求解支持向量机的若干优化算法的研究［D］. 青岛: 山东科技大学, 2007.

［40］LIU L J, SHEN B, WANG X. Research on Kernel Function of Support Vector Machine ［J］. Advanced Technologies, Embedded and Multimedia for Human-centric Computing, 2014: 827-834.

［41］IKEDA K. Relationship between Properties of Kernel Function and v-SVM Solutions ［J］. Ieice Technical Report Neurocomputing, 2005, 105: 1-6.

［42］白清顺, 孙靖民, 梁迎春. 机械优化设计［M］. 6 版. 北京: 机械工业出版社, 2017.

［43］HU H Y, LEE Y C, YEN T M, et al. Using BPNN and DEMATEL to Modify Importance-Performance Analysis Model - A Study of the Computer Industry ［J］. Expert Systems with Applications, 2009, 36 (6): 9969-9979.

［44］张学东, 田丽, 王勇, 等. 基于支持向量机模型的产品意象评价研究［J］. 机械设计, 2014 (10): 105-109.

［45］RAKOTOMAMONJY A. Variable Selection Using SVM Based Criteria ［J］. Journal of Machine Learning Research, 2003, 3 (7-8): 1357-1370.

［46］TIPPING M E. Sparse Bayesian Learning and the Relevance Vector Machine ［J］. Journal of Machine Learning Research, 2001, 1 (3): 211-244.

［47］BISHOP C M, TIPPING M E. Variational Relevance Vector Machines ［J］. Computer Science, 2013, 28 (3): 46-53.

［48］KOLODNER J. Case-based reasoning ［M］. San Mateo: Morgan Kaufmann, 1993.

［49］WATSON I, MARIR F. Case-Based Reasoning: A review ［J］. The Knowledge Engineering Review, 1994, 9 (4): 327-354.

［50］CASTRO J L, NAVARRO M, SÁNCHEZ J M, et al. Loss and Gain Functions for CBR Retrieval ［J］. Information Sciences, 2009, 179 (11): 1738-1750.

［51］GUO Y, HU J, PENG Y H. Research on CBR System Based on Data Mining ［J］. Applied Soft Computing, 2011, 11 (8): 5006-5014.

［52］MÜLLER G, BERGMANN R. Learning and Applying Adaptation Operators in Process-Oriented Case-Based Reasoning ［M］ // Case-Based Reasoning Research and Development. Berlin: Springer, 2015: 259-274.

［53］MAHER M L, BALACHANDRAN M B, ZHANG M D. Case-Based Reasoning in Design ［M］. London: Psychology Press, 2015.

［54］龚锦红. 案例推理技术的研究与应用［J］. 科技广场, 2007 (3): 61-63.

[55] 中华人民共和国国家质量监督检验检疫总局. 起重机械定期检验规则：TSG Q7015—2016［S］. 北京：新华出版社, 2016.

[56] 罗忠良, 王克运, 康仁科, 等. 基于案例推理系统中案例检索算法的探索［J］. 计算机工程与应用, 2005, 41（25）: 230-232.

[57] SAATY T L. Analytic Hierarchy Process［M］. Pittsburgh：Rws Publications, 2013.

[58] GRIME M M, WRIGHT G. Delphi Method［M］. Bloomfield：American Cancer Society, 2016.

[59] 全国起重机械标准化技术委员会. 起重机设计规范：GB/T 3811—2008［S］. 北京：中国标准出版社, 2008.

[60] 全国起重机械标准化技术委员会. 起重机 金属结构能力验证：GB/T 30024—2013［S］. 北京：中国标准出版社, 2014.

[61] 刘健. 实腹式伸缩臂架局部稳定性失效仿真与性能评估［D］. 太原：太原科技大学, 2015.

[62] 郝凯. 实腹式伸缩臂架焊缝失效分析方法研究［D］. 太原：太原科技大学, 2015.

[63] 徐格宁, 范小宁, 陆凤仪, 等. 起重机焊接箱形梁疲劳可靠度及初始裂纹的蒙特卡罗仿真［J］. 机械工程学报, 2011, 47（20）: 41-44.

[64] 范小宁, 徐格宁, 杨瑞刚. 基于损伤-断裂力学理论的起重机疲劳寿命估算方法［J］. 中国安全科学学报, 2011, 21（9）: 58-63.

[65] 翟甲昌, 王生, 申增元, 等. 桥式起重机焊接箱形梁的疲劳试验［J］. 起重运输机械, 1994（2）: 3-8.

[66] 王生, 翟甲昌. 桥式类型起重机箱形梁变幅疲劳试验研究［J］. 太原重型机械学院学报, 1996, 19（2）: 139-144.

[67] 李晓朋. 基于断裂力学的工程起重机疲劳寿命评估［D］. 大连：大连理工大学, 2012.

[68] 熊伟红. 桥式起重机用钢丝绳疲劳寿命预测［D］. 武汉：武汉科技大学, 2014.

[69] 周张义, 李芾, 卜继玲. 基于名义应力的焊接结构疲劳强度评定方法研究［J］. 内燃机车, 2007（7）: 1-4.

[70] 杨智棕. 海洋平台起重机转台焊缝多轴疲劳寿命评估［D］. 大连：大连理工大学, 2015.

[71] 姚卫星. 结构疲劳寿命分析［M］. 北京：科学出版社, 2019.

[72] 李舜酩. 机械疲劳与可靠性设计［M］. 北京：科学出版社, 2006.

[73] FALATOONITOOSI E, LEMAN Z, SOROOSHIAN S, et al. Decision-Making Trial and Evaluation Laboratory［J］. Research Journal of Applied Sciences Engineering & Technology, 2013, 5（13）: 3476-3480.

[74] AMIRI M, SADAGHIYANI J S, PAYANI N, et al. Developing a DEMATEL method to prioritize distribution centers in supply chain［J］. Management Science Letters, 2011, 1（3）: 279-288.

[75] 全国起重机械标准化技术委员会. 起重机械安全规程 第1部分：总则：GB 6067.1—2010［S］. 北京：中国标准出版社, 2011.

[76] WANG S. ME-OWA based DEMATEL-ISM Accident Causation Analysis of Complex System

[M]// Proceedings of the 5th International Asia Conference on Industrial Engineering and Management Innovation (IEMI2014). Paris：Atlantis Press, 2015, 1：39-44.

[77] 晋民杰，李辰，范英，等.基于损失费用的风险优先数分析方法研究 [J]. 中国安全科学学报, 2013, 23（9）：45-50.

[78] 李辰，晋民杰，范英，等.基于 FMEA 改进方法的场内机动车辆风险评价研究 [J]. 太原科技大学学报, 2013, 34（6）：425-429.

[79] CAI F H, ZHAO F, WANG X, et al. Dynamic Reliability of the Weight Index Model Research of Residual Fatigue Life of the Crane Boom [J]. Lecture Notes in Electrical Engineering, 2015, 286：137-153.

[80] 张杰，马永亮.3 种疲劳裂纹扩展速率模型比较 [J]. 实验室研究与探索, 2012, 31（8）：35-38.

[81] TAO Y, WANG W, SUN B S. Nondestructive Online Detection of Welding Defects in Track Crane Boom Using Acoustic Emission Technique [J]. Advances in Mechanical Engineering, 2015, 6（1）：464-505.

[82] KUROSHIMA Y, IKEDA T, HARADA M, et al. Subsurface Crack Growth Behavior on High Cycle Fatigue of High Strength steel. [J]. Nihon Kikai Gakkai Ronbunshu A Hen/transactions of the Japan Society of Mechanical Engineers Part A, 1998, 64（626）：2536-2541.

[83] 张杰.高强钢疲劳裂纹扩展特性研究 [D]. 哈尔滨：哈尔滨工程大学, 2009.

[84] WU Y Z, LI W J, LIU Y H. Fatigue Life Prediction for Boom Structure of Concrete Pump Truck [J]. Engineering Failure Analysis, 2016, 60：176-187.

[85] WU Y Z, LI W J, YANG P. A study of Fatigue Remaining Useful Life Assessment for Construction Machinery Part in Remanufacturing [J]. Procedia CIRP, 2015, 29：758-763.

[86] BAI Q, BAI Y. Fatigue and Fracture [M]//Subsea Pipeline Design, Analysis, and Installation, 2014：283-318.

[87] 陈传尧，高大兴.疲劳断裂基础 [M]. 武汉：华中科技大学出版社, 1991.

[88] ZIEGEL E R. System Reliability Theory：Models, Statistical Methods, and Applications [J]// Technometrics,2004, 46（4）：495-496.

[89] ROSS S M. Reliability theory [J]. Introduction to Probability Models, 2014：559-606.

[90] GNEDENKO B V, BELYAEV J K. Mathematical Methods in The Reliability Theory [M].2nd ed. Burlington：Academic Press, 2014.

[91] TSAI T L, TSAI P Y, YANG P J. Probabilistic Modeling of Rainfall-Induced Shallow Landslide Using A Point-Estimate Method [J]. Environmental Earth Sciences, 2015, 73（8）：4109-4117.

[92] PARK D, KIM H M, RYU D W, et al. Application of A Point Estimate Method to the Probabilistic Limit-State Design of Underground Structures [J]. International Journal of Rock Mechanics & Mining Sciences, 2012, 51：97-104.

[93] LIU Y, MENG L L, LIU K, et al. Chatter Reliability of Milling System Based on First-Order Second-Moment Method [J]. The International Journal of Advanced Manufacturing Technology, 2016, 87：801-809.

［94］ SANKARARAMAN S, DAIGLE M J, GOEBE K. Uncertainty Quantification in Remaining Useful Life Prediction Using First-Order Reliability Methods ［J］. IEEE Transactions on Reliability, 2014, 63 （2）: 603-619.

［95］ BINDER K, HEERMANN D W. Monte Carlo Simulation in Statistical Physics ［J］. Developmental Psychology, 2014, 43 （1）: 111-120.

参考文献